PATOLOGIA DAS CONSTRUÇÕES

O GEN | Grupo Editorial Nacional – maior plataforma editorial brasileira no segmento científico, técnico e profissional – publica conteúdos nas áreas de ciências exatas, humanas, jurídicas, da saúde e sociais aplicadas, além de prover serviços direcionados à educação continuada e à preparação para concursos.

As editoras que integram o GEN, das mais respeitadas no mercado editorial, construíram catálogos inigualáveis, com obras decisivas para a formação acadêmica e o aperfeiçoamento de várias gerações de profissionais e estudantes, tendo se tornado sinônimo de qualidade e seriedade.

A missão do GEN e dos núcleos de conteúdo que o compõem é prover a melhor informação científica e distribuí-la de maneira flexível e conveniente, a preços justos, gerando benefícios e servindo a autores, docentes, livreiros, funcionários, colaboradores e acionistas.

Nosso comportamento ético incondicional e nossa responsabilidade social e ambiental são reforçados pela natureza educacional de nossa atividade e dão sustentabilidade ao crescimento contínuo e à rentabilidade do grupo.

JEAN R. GARCIA
PAULO J. R. ALBUQUERQUE

ORGANIZADORES

PATOLOGIA DAS CONSTRUÇÕES

Adla Kellen Dionisio
Alexandre Duarte Gusmão
Alexsander Silva Mucheti
Ariovaldo Fernandes de Almeida
Carlos Eduardo Marmorato Gomes
Cláudio Vidrih Ferreira
Eliane Betânia Carvalho Costa
Fabio André Viecili
Francisco Antonio Romero Gesualdo

Joel Araújo do Nascimento Neto
José Neres da Silva Filho
Julio Eustaquio de Melo
Leandro Mouta Trautwein
Marcel Aranha Chodounsky
Marcos Roberto Ceccato
Maria Cláudia de Freitas Salomão
Mikhael Ferreira da Silva Santos
Neusa Maria Bezerra Mota

- Os autores deste livro e a editora empenharam seus melhores esforços para assegurar que as informações e os procedimentos apresentados no texto estejam em acordo com os padrões aceitos à época da publicação, *e todos os dados foram atualizados pelos autores até a data de fechamento do livro.* Entretanto, tendo em conta a evolução das ciências, as atualizações legislativas, as mudanças regulamentares governamentais e o constante fluxo de novas informações sobre os temas que constam do livro, recomendamos enfaticamente que os leitores consultem sempre outras fontes fidedignas, de modo a se certificarem de que as informações contidas no texto estão corretas e de que não houve alterações nas recomendações ou na legislação regulamentadora.

- Data do fechamento do livro: 29/01/2025

- Os autores e a editora se empenharam para citar adequadamente e dar o devido crédito a todos os detentores de direitos autorais de qualquer material utilizado neste livro, dispondo-se a possíveis acertos posteriores caso, inadvertida e involuntariamente, a identificação de algum deles tenha sido omitida.

- **Atendimento ao cliente: (11) 5080-0751 | faleconosco@grupogen.com.br**

- Direitos exclusivos para a língua portuguesa
  Copyright © 2025 by
  LTC | Livros Técnicos e Científicos Editora Ltda.
  Uma editora integrante do GEN | Grupo Editorial Nacional
  Travessa do Ouvidor, 11
  Rio de Janeiro – RJ – 20040-040
  www.grupogen.com.br

  Reservados todos os direitos. É proibida a duplicação ou reprodução deste volume, no todo ou em parte, em quaisquer formas ou por quaisquer meios (eletrônico, mecânico, gravação, fotocópia, distribuição pela Internet ou outros), sem permissão, por escrito, da LTC | Livros Técnicos e Científicos Editora Ltda.

- Capa: Leonidas Leite

- Imagem de capa: iStockphoto | VitaliyPestov

- Editoração eletrônica: Sílaba Produção Editorial

- Ficha catalográfica

- **CIP-BRASIL. CATALOGAÇÃO NA PUBLICAÇÃO
  SINDICATO NACIONAL DOS EDITORES DE LIVROS, RJ**

P338

Patologia das construções / organizadores Jean R. Garcia, Paulo J. R. Albuquerque. – 1. ed. – Rio de Janeiro : LTC, 2025.

   Inclui bibliografia e índice
   ISBN 978-85-216-3909-1

   1. Engenharia civil. 2. Construção de concreto – Deterioração. 3. Construção de concreto – Manutenção e reparos. I. Garcia, Jean R. II. Albuquerque, Paulo J. R.

24-95127

CDD: 624.1834
CDU: 624.012.3/.4

Meri Gleice Rodrigues de Souza - Bibliotecária – CRB-7/6439

Dedico este livro aos incansáveis colaboradores e especialistas, cuja dedicação e conhecimento enriqueceram estas páginas com insights valiosos e experiências preciosas. Que esta obra seja um tributo ao esforço conjunto em prol da compreensão e solução dos desafios enfrentados nesta complexa disciplina da engenharia civil. Agradeço profundamente por sua contribuição fundamental para tornar este projeto uma realidade.

Não posso deixar de dedicar este trabalho aos meus pais, Francisco e Mercedes, cujo amor e apoio inabaláveis sempre me impulsionaram a alcançar meus objetivos. À minha esposa, Ana Maria, e à minha filha, Mariana, que são a fonte do meu amor e inspiração, agradeço por sua compreensão, paciência e apoio durante os momentos dedicados a esta obra.

Com sincera gratidão,

Jean R. Garcia

A organização de um livro demanda atribuições que, por vezes, superam as atividades cotidianas, requerendo conhecimento, tempo, energia, planejamento, persistência e, principalmente, apoio das pessoas mais próximas. Sendo assim, dedico esta obra à minha amada Elisete, companheira de todos os momentos da minha vida. Tendo ela ao meu lado, consigo ter equilíbrio, paz e a segurança de realizar todos os projetos de vida. É uma pessoa iluminada, de um coração grandioso e que por vezes deixa de fazer as coisas de que mais gosta, para ajudar o próximo. Por trás deste bom coração, há também uma mulher forte e decidida, e que é o esteio da família. Agradeço a Deus todos os dias por ter você ao meu lado!

Não posso deixar de agradecer ao nosso filho, Rodrigo, pela sua existência e pelos bons momentos que passamos quando estamos juntos. À nossa filha de quatro patas, Jolie, que nos traz alegria e a certeza de que são os melhores amigos do homem.

Aos meus pais, Paulo e Lucy, e aos meus irmãos, Beth e Antônio, que certamente estão felizes por mais esta conquista. Um dia irei reencontrá-los!

Às minhas irmãs, Lúcia e Patrícia, pelo carinho e cuidado. Aos meus sobrinhos, Bruno, Natalie, Eric, Flávia, Talitha, Vitória, Lívia e Pedro, pelos momentos incríveis que passamos juntos.

Paulo J. R. Albuquerque

SOBRE OS AUTORES-ORGANIZADORES

Jean Rodrigo Garcia

Professor da Faculdade de Engenharia Civil na Universidade Federal de Uberlândia (UFU). Conclui a graduação em Engenharia Civil pela Universidade Estadual Paulista "Júlio de Mesquita Filho" (Unesp), Mestrado e Doutorado em Engenharia Civil pela Universidade Estadual de Campinas (Unicamp). Atua na área de análise do comportamento da interação solo e estrutura por meio de ensaios experimentais e análises numéricas computacionais. Possui experiência em projetos de infraestrutura (UHE-Tucuruí, Pontes, Viadutos e Túneis).

Paulo José Rocha de Albuquerque

Professor Titular da Faculdade de Engenharia Civil, Arquitetura e Urbanismo (FECFAU) da Universidade Estadual de Campinas (Unicamp). Pós-doutorado pela Universidade Politécnica da Catalunha (UPC), na Espanha. Doutor em Engenharia Civil pela Escola Politécnica da Universidade de São Paulo (Poli-USP). Mestre e bacharel em Engenharia Civil pela Unicamp.

SOBRE OS AUTORES

Adla Kellen Dionisio
Doutora em Engenharia Civil pela Universidade Estadual de Campinas (Unicamp). Mestra em Engenharia Civil pela Universidade Federal do Rio Grande do Norte (UFRN) e graduada em Engenharia Civil pela mesma instituição. Professora na área de Construção Civil nos cursos de graduação em Engenharia Civil e Arquitetura e Urbanismo na Universidade Federal Rural do Semi-Árido (UFERSA, *Campus* Pau dos Ferros). Atualmente, dedica-se à pesquisa na área de Materiais e Processos Construtivos, com foco principalmente nos seguintes temas: materiais alternativos; tecnologias das argamassas e concretos; patologia das edificações; sistemas construtivos e inteligência artificial na construção.

Alexandre Duarte Gusmão
Engenheiro civil pela Universidade Federal de Pernambuco (UFPE). Mestre em Engenharia Civil pelo Instituto Alberto Luiz Coimbra de Pós-Graduação e Pesquisa de Engenharia da Universidade Federal do Rio de Janeiro (COPPE/UFRJ). Doutor em Engenharia Civil pela Pontifícia Universidade Católica do Rio de Janeiro (PUC-Rio). Professor associado da Universidade de Pernambuco (UPE). Diretor técnico da Gusmão Engenheiros Associados Ltda. Ex-Presidente da Associação Brasileira de Mecânica dos Solos e Engenharia Geotécnica (ABMS).

Alexsander Silva Mucheti
Engenheiro civil pela Universidade Santa Cecília (UNISANTA), mestre em Engenharia Geotécnica pela Escola Politécnica da Universidade de São Paulo (Poli-USP) e doutorando na Universidade Estadual de Campinas (Unicamp). Atua em Geotecnia desde 1998 com experiência em fundações e contenções.

Engenheiro geotécnico na ZF & Engenheiros Associados. Foi professor universitário entre 2011 e 2018 das disciplinas de Mecânica dos Solos, Fundações e Obras de Terra. Faz parte da diretoria do Núcleo Regional São Paulo da Associação Brasileira de Mecânica dos Solos e Engenharia Geotécnica (ABMS) biênios de 2020-2022 e 2023-2024.

Ariovaldo Fernandes de Almeida

Doutor em Arquitetura e Urbanismo com ênfase em Estruturas Metálicas pela Universidade de Brasília (UnB), Mestre em Engenharia Civil pela Universidade Federal de Goiás (UFG), graduado em Engenharia Civil pela Pontifícia Universidade Católica de Goiás (PUC Goiás), com MBA Executivo em Liderança e Gestão Empresarial pelo Instituto de Pós-Graduação e Graduação (IPOG). Atua como professor da área de estruturas de aço dos cursos de graduação e pós-graduação em Engenharia Civil, Engenharia Mecânica e Arquitetura e Urbanismo da UFG e do curso de Engenharia Civil do IPOG. Atualmente, desenvolve pesquisas nas áreas estruturas de aço e estruturas mistas de aço e concreto, além de patologias nestas estruturas.

Carlos Eduardo Marmorato Gomes

Doutor em Ciência e Engenharia de Materiais pelo Instituto de Física de São Carlos (IFSC), com pós-doutorado em Materiais de Construção pela Faculdade de Zootecnia e Engenharia de Alimentos da Universidade de São Paulo (FZEA – USP) e pós-doutorado em Sistema Construtivo LSF pelo Instituto de Arquitetura e Urbanismo da USP (IAU. USP). Possui graduação em Engenharia Civil pela USP e em Administração de Empresas pela Associação de Escolas Reunidas (ASSER), além de mestrado em Arquitetura e Urbanismo pela USP. Atua como Professor Doutor da Faculdade de Engenharia Civil, Arquitetura e Urbanismo (FECFAU) da Universidade Estadual de Campinas (Unicamp). Autor de vários artigos em congressos e periódicos no tema de compósitos reforçados com fibras. Membro de comitês científicos e normativos. Coordenador do Laboratório de Materiais de Construção da Unicamp. Participa como consultor e prestador de serviços em várias empresas por meio de atividades de extensão universitária. Atualmente, é presidente da Associação Brasileira da Indústria de Concreto Reforçado com Fibras e Produtos Afins (ABIFIBRA).

Cláudio Vidrih Ferreira

Doutor e mestre em Engenharia Civil pela Escola de Engenharia de São Carlos da Universidade de São Paulo (EESC/USP). Graduado em Engenharia Civil pela Faculdade de Engenharia de Bauru (FEB) e em Física pela Faculdade de Ciências (FC), ambas da Universidade Estadual Paulista "Júlio de Mesquita Filho" (UNESP/Bauru). Professor aposentado da FEB/UNESP, onde também foi coordenador do Curso de Especialização em Perícias de Engenharia e Avaliações e do Curso de Especialização em Planejamento, Gerenciamento e Controle de Obras. Atuou como Professor Convidado da Pós-Graduação da Faculdade de Engenharia Civil, Arquitetura e Urbanismo (FECFAU) da Universidade Estadual de Campinas (Unicamp). No UniFacema – Centro Universitário de Ciência e Tecnologia do Maranhão, foi coordenador dos cursos de Engenharia Civil e Elétrica, bem como diretor da Escola Politécnica. Foi avaliador *ad hoc* da Comissão de Especialistas do Instituto Nacional de Estudos e Pesquisas Educacionais Anísio Teixeira (Inep), do Ministério da Educação (MEC). Foi consultor *ad hoc* da Fundação de Amparo à Pesquisa do Estado de São Paulo (FAPESP) e da Fundação de Amparo à Ciência e Tecnologia do Estado de Pernambuco (FACEPE). Foi inspetor do Conselho Regional de Engenharia e Agronomia do Maranhão (CREA-MA). Desde 1996, atua como perito judicial do Tribunal de Justiça de São Paulo (TJSP) e como assistente técnico em processos judiciais em Perícias de Engenharia. Foi sócio fundador e diretor da empresa Via Vidrih – Engenharia e Meio Ambiente Ltda.

Eliane Betânia Carvalho Costa

Doutora em Engenharia de Construção Civil e Urbana pela Escola Politécnica da Universidade de São Paulo (Poli-USP), mestre em Engenharia Civil pela Universidade Federal de Goiás (UFG) e graduada em Engenharia Civil pela Universidade Estadual de Goiás (UEG). Professora efetiva na Universidade Tecnológica Federal do Paraná (UTFPR – *campus* Curitiba), no período de 2014-2018. Atualmente, é docente na graduação e na pós-graduação em Engenharia Civil da Faculdade de Engenharia Civil da Universidade Federal de Uberlândia (UFU). Atua na área de Construção Civil – Materiais e Componentes de Construção com ênfase em Materiais Cimentícios.

Fabio André Viecili

Engenheiro Civil, formado pela Universidade Federal do Rio Grande do Sul (UFRGS), mestre em Engenharia Civil pela Escola de Engenharia da mesma instituição. Atua desde 1998 na especificação, no planejamento, na execução e na coordenação de obras de pisos industriais de concreto e revestimentos industriais. Participante de diversos cursos de formação no setor nos Estados Unidos, sendo certificado pelo American Concrete Institute (ACI) como "Concrete Flatwork Technician". Professor convidado no Curso de Especialização em Patologia e Perícia das Edificações, na disciplina de Patologia em Pisos Industriais na Universidade do Vale do Rio dos Sinos (Unisinos). Professor no Curso de Pós-Graduação em Gerenciamento e Execução de Obras, na disciplina de Execução de Pisos Industriais no Centro de Estudos Superiores (IDD). Atualmente, desempenha atividades ligadas ao desenvolvimento de produtos químicos para construção, inspeção e recuperação de estruturas de concreto.

Francisco Antonio Romero Gesualdo

Graduado em Engenharia Civil pela Escola de Engenharia de São Carlos da Universidade de São Paulo (EESC-USP), mestre e doutor em Engenharia de Estruturas pela mesma instituição. Pós-doutor pela University of Illinois at Urbana-Champaign, nos Estados Unidos, e pela University of Toronto, no Canadá. Foi professor no Departamento de Engenharia Civil na Universidade Estadual Paulista "Júlio de Mesquita Filho" (Unesp Ilha Solteira), de 1981 a 1985. Ingressou como docente na Faculdade de Engenharia Civil da Universidade Federal de Uberlândia (UFU), em 1985, onde, em 1992, tornou-se Professor Titular e da qual foi diretor, de 2001 a 2005. Aposentado pela UFU em 2019, continuou como Professor Voluntário na mesma instituição até 2021. Em 2012, foi professor na Universidade de Uberaba (UNIUBE), na unidade de Uberlândia. Sempre atuou nas áreas de análise estrutural, métodos numéricos computacionais, estruturas de madeira, formas e escoramentos, perfis tubulares metálicos e otimização.

Joel Araújo do Nascimento Neto

Possui graduação em Engenharia Civil pela Universidade Federal da Paraíba (UFPB), Mestrado e Doutorado em Engenharia de Estruturas pela Escola de Engenharia de São Carlos da Universidade de São Paulo (EESC-USP). Atualmente, é Professor Titular do Departamento de Engenharia Civil e Ambiental da Universidade Federal do Rio Grande do Norte (UFRN). Tem desenvolvido pesquisas relacionadas à alvenaria estrutural desde 1997, com diversos trabalhos publicados em congressos nacionais e internacionais e em revistas especializadas. Possui experiência na área de Engenharia Civil, atuando principalmente com temas sobre concreto armado, alvenaria estrutural, interação solo-estrutura e projeto de edifícios. Tem participação em comissões de norma brasileira relacionadas à alvenaria estrutural.

José Neres da Silva Filho

Possui graduação em Engenharia Civil pela Universidade Federal de Viçosa (UFV), Mestrado e Doutorado em Estruturas e Construção Civil pela Universidade de Brasília (UnB), com parte do doutoramento realizado na North Carolina State University (NCSU), nos Estados Unidos, e MBA Executivo em Gerência e Controle de Projetos pela Universidade Gama Filho (UGF). Atualmente, é Professor Associado do Departamento de Engenharia Civil e da Pós-Graduação em Engenharia Civil da UFRN. Tem experiência na área de Engenharia Civil com ênfase em Planejamento e Controle de Obras, Licitação de Obras Públicas, Estruturas de Concreto Armado e Protendido, Patologia das Estruturas, Projeto de Edifícios, Estruturas de Madeira, Projeto Recuperação e Reforço de Estruturas, Interação Solo-Estruturas, Aerogeradores Onshore, Pontes em Concreto Armado e Protendido e Modelagem de Estruturas.

Julio Eustaquio de Melo

Pesquisador do Laboratório de Produtos Florestais (LPF), incorporado ao Serviço Florestal Brasileiro (SFB), do Ministério do Meio Ambiente e Mudança do Clima (MMA) de 1972 a 2011. Professor da Faculdade de Arquitetura e Urbanismo da Universidade de Brasília (FAU UnB) de 1995 a 2020. Graduado em Engenharia Civil pela UnB, mestre em Engenharia Civil (Engenharia de Estruturas) pela Universidade de São Paulo (USP) e doutor em Ciências Florestais pela Faculdade de Tecnologia/Departamento de Engenharia Florestal da UnB. Tem experiência na área de Engenharia Civil, com ênfase em Construção Civil, atuando principalmente nos seguintes temas relativos à madeira: caracterização, sistemas construtivos, propriedades físicas e mecânicas, estruturas e construção civil.

Leandro Mouta Trautwein

Doutor em Engenharia Civil pela Escola Politécnica da Universidade de São Paulo (Poli-USP), mestre em Engenharia Civil pela Universidade de Brasília (UnB) e graduado pela Pontifícia Universidade Católica de Goiás (PUC Goiás). Professor livre-docente na área de Estruturas de Concreto Armado nos cursos de graduação e pós-graduação da Faculdade de Engenharia Civil, Arquitetura e Urbanismo (FECFAU) da Universidade Estadual de Campinas (Unicamp). Desenvolve pesquisas nas áreas de concreto armado, concreto protendido, patologia em estruturas de concreto e análise numérica em elementos finitos.

Marcel Aranha Chodounsky

Engenheiro Civil pela Escola Politécnica da Universidade de São Paulo (Poli-USP), com MBA em Gestão Financeira e Controladoria pela Fundação Getulio Vargas (FGV) e Especialização em Economia Financeira pela Unicamp. Concluiu também cursos de atualização e especialização na área de pisos industriais, pavimentação e tecnologia do concreto no Brasil, Estados Unidos, Bélgica, Índia e Peru. Atua como diretor na Trima Engenharia desde 2001 como responsável por projetos de pisos industriais. Coautor do livro *Pisos industriais de concreto: aspectos teóricos e executivos*.

Marcos Roberto Ceccato

Mestre em Engenharia Civil pela Escola Politécnica da Universidade de São Paulo (Poli-USP). Graduado em Engenharia Civil pela Universidade Estadual de Campinas (Unicamp). Atua como diretor na Trima Engenharia desde 2001, dedicando-se a projetos e consultorias em pisos industriais de concreto.

Maria Cláudia de Freitas Salomão

Mestre e graduada em Engenharia Civil pela Universidade Federal de Uberlândia (UFU). Doutora em Construção Civil pela Universidade de Brasília (UnB). Atualmente, é docente da Faculdade de Engenharia Civil da UFU e atua na área de Construção Civil nos cursos de Engenharia Civil e Arquitetura e Urbanismo.

Mikhael Ferreira da Silva Santos

Mestre e doutorando em Engenharia Civil pela Universidade Federal de Pernambuco (UFPE). É especialista em Engenharia de Segurança do Trabalho pela Universidade Cruzeiro do Sul (UNICSUL). Graduado em Engenharia Civil pelo Centro Universitário de Ciências e Tecnologia do Maranhão (UNIFACEMA). Professor de graduação e pós-graduação do UNIFACEMA, do Instituto Navigare e do Instituto Federal de Educação, Ciência e Tecnologia do Maranhão (IFMA). Desde 2018, atua como perito judicial no Tribunal de Justiça do Maranhão (TJMA) e assistente técnico em processos judiciais. Atua também na área de ensino a distância (EaD), ministrando cursos de extensão para profissionais de Engenharia e Arquitetura. É membro do Comitê de Ética em Pesquisa (CEP) e membro do Grupo de Pesquisa Grupo de Resíduos Sólidos (GRS), ambos da UFPE. É sócio-fundador da MF Engenharia e Consultoria e atua no ramo de construção, reabilitação de estruturas, estudos e projetos. É o responsável pelo setor de Engenharia do Grupo EDUCA (CEFA, UNIFACEMA Caxias, UNIFACEMA Presidente Dutra, UNIFACEMA Codó).

Neusa Maria Bezerra Mota

Doutora em Geotecnia pela Universidade de Brasília (UnB), desenvolveu atividades de pós-doutorado na Faculdade de Engenharia da Universidade do Porto (FEUP), em Portugal. Mestre em Engenharia Civil pela Universidade Federal da Paraíba (UFPB), é graduada pela mesma instituição. Possui experiência profissional na docência, na pesquisa, na orientação em nível de pós-graduação *lato sensu* e *stricto sensu*. Atua no Brasil e em Portugal em obras de Infraestrutura Urbana, Desempenho de Fundações, Perícias e Fiscalização de Engenharia, e na pesquisa, com os seguintes temas de interesse: fundações, ensaios de campo, sistemas construtivos, comportamento higrotérmico, patologia e manutenção de obras civis.

PREFÁCIO

Caro leitor,

Em um universo repleto de grandiosidade e engenhosidade, é fácil se maravilhar com os arranha-céus que tocam o firmamento e as pontes majestosas que ligam continentes. No entanto, nem tudo é o que parece. Por trás da beleza aparente, escondem-se problemas invisíveis aos olhos desatentos, manifestando-se de maneiras insidiosas. É nesse momento que a patologia das construções entra em cena, revelando os seus segredos e desvendando as causas subjacentes aos danos e falhas que acometem essas estruturas aparentemente invencíveis.

Este livro nos insere nas profundezas dessa ciência fascinante, decifrando as razões que explicam rachaduras, infiltrações, corrosões e tantas outras patologias que ameaçam a integridade das construções. Desvendaremos os mistérios por trás daqueles sons inquietantes, daquelas manchas sinistras e daquela sensação persistente de que algo está errado. Aqui, você encontrará respostas para as perguntas que ecoam na mente de arquitetos, engenheiros e amantes da construção: O que deu errado? Por que isso está acontecendo? Como podemos corrigir?

Ao longo das páginas, vamos mergulhar em casos reais, envolvendo desde pequenas residências até grandes empreendimentos. Por meio de histórias envolventes e análises aprofundadas, desvendaremos as lições aprendidas com o passado e as soluções inovadoras que surgem no presente. Com olhar aguçado e conhecimentos técnicos sólidos, revelaremos os segredos das patologias das construções e mostraremos como enfrentar esses desafios de maneira eficiente e segura.

Abra sua mente, erga suas vigas de conhecimento e adentre nesta obra que pretende desvendar os mistérios da patologia das construções. Que a luz da compreensão ilumine nosso caminho e nos conduza a um futuro de edificações mais sólidas, seguras e duradouras.

Seja bem-vindo ao universo da patologia das construções!

Os autores

SUMÁRIO

CAPÍTULO 1 – INTRODUÇÃO AO ESTUDO DAS PATOLOGIAS, 1
Cláudio Vidrih Ferreira e Mikhael Ferreira da Silva Santos

- 1.1 Considerações iniciais, 1
- 1.2 Breve histórico da patologia das construções, 2
- 1.3 Conceitos e definições, 5
    - 1.3.1 Patologia e terapia, 8
    - 1.3.2 Reforço e recuperação, 9
    - 1.3.3 Desempenho, 10
    - 1.3.4 Durabilidade, 11
    - 1.3.5 Manutenção, 12
- 1.4 Patologias: sintomas, diagnóstico, prognóstico e terapia, 14
- 1.5 Responsabilidade civil, 15
    - 1.5.1 Fundamentos da responsabilidade, 16
    - 1.5.2 Responsabilidades da construção, 17
    - 1.5.3 Prazos da responsabilidade civil, 17
- 1.6 Considerações finais, 18

CAPÍTULO 2 – PROPRIEDADES DOS MATERIAIS, 19

Carlos Eduardo Marmorato Gomes e Adla Kellen Dionisio

2.1 Considerações iniciais, 19

2.2 Propriedades físicas e químicas, 20

2.3 Propriedades mecânicas e estruturais, 26

2.4 Qualidade e controle tecnológico, 28

2.5 Durabilidade e alterações químicas, 32

2.6 Incompatibilidade de materiais, 35

2.7 Considerações finais, 36

CAPÍTULO 3 – PATOLOGIAS EM ALVENARIAS DE VEDAÇÃO E REVESTIMENTOS, 37

Eliane Betânia Carvalho Costa e Maria Cláudia de Freitas Salomão

3.1 Considerações iniciais, 37

3.2 Elementos da alvenaria de vedação e revestimentos, 38

    3.2.1 Alvenaria de vedação, 38

    3.2.2 Revestimento argamassado, 39

    3.2.3 Revestimento cerâmico, 41

3.3 Mecanismos de degradação em alvenarias e revestimentos, 43

    3.3.1 Degradação mecânica da alvenaria de vedação e revestimentos, 45

    3.3.2 Degradação térmica, 46

    3.3.3 Degradação química, 47

    3.3.4 Degradação biológica, 49

3.4 Fissuras, 50

    3.4.1 Fissuras estruturais, 50

    3.4.2 Fissuras decorrentes de retração da argamassa, 53

    3.4.3 Fissuras decorrentes de movimentação de origem térmica, 54

    3.4.4 Fissuras decorrentes de movimentação higroscópica, 55

    3.4.5 Fissuras decorrentes de gretamento das placas cerâmicas, 56

3.5 Descolamentos, 57

3.6 Pulverulência/desagregação, 58

3.7 Eflorescência e criptoflorescência, 58

3.8 Manchas, 59

3.9 Vesículas, 60

3.10 Estudo de caso, 61

3.11 Considerações finais, 63

CAPÍTULO 4 – PATOLOGIAS EM ALVENARIA ESTRUTURAL, 65

Leandro Mouta Trautwein, José Neres da Silva Filho e Joel Araújo do Nascimento Neto

4.1   Considerações iniciais, 65

4.2   Fissuração em alvenarias estruturais, 69

4.3   Fissuras causadas por sobrecargas de compressão, 70

    4.3.1   Fatores que influenciam a resistência à compressão das alvenarias, 70

    4.3.2   Padrão de fissuras causadas por sobrecargas de compressão, 73

4.4   Fissuras causadas por deformação da laje, 76

4.5   Fissuras provocadas por movimentações térmicas, 77

4.6   Fissuras causadas por movimentação higroscópica, 79

4.7   Fissuras causadas por retração, 80

4.8   Fissuras causadas por recalques diferenciais em fundações, 82

4.9   Estudo de caso, 83

4.10   Considerações finais, 87

CAPÍTULO 5 – PATOLOGIAS EM ESTRUTURAS DE CONCRETO ARMADO, 89

Leandro Mouta Trautwein e José Neres da Silva Filho

5.1   Considerações iniciais, 89

5.2   Durabilidade das estruturas de concreto armado, 90

    5.2.1   Classes de agressividade, 92

    5.2.2   Cobrimento, 93

5.3   Vida Útil (VU) × Vida Útil de Projeto (VUP), 96

5.4   Inter-relacionamentos entre conceitos de durabilidade e desempenho, 99

5.5   Patologia das estruturas, 100

5.6   Manifestações patológicas em estruturas de concreto armado, 101

5.7   Mecanismos de envelhecimento e deterioração do concreto, 104

5.8   Manifestações patológicas, 105

    5.8.1   Fissuração, 105

    5.8.2   Corrosão, 107

    5.8.3   Manchas e eflorescências, 112

5.9   Estudo de caso, 112

5.10   Considerações finais, 119

CAPÍTULO 6 – PATOLOGIAS EM ESTRUTURAS DE AÇO, 121

Ariovaldo Fernandes de Almeida

6.1   Considerações iniciais, 121

6.2   Concepção estrutural, 121

6.3   Definição do tipo de aço e tipos de perfis, 123

6.4   Escolha correta do tipo de ligação, 124

6.5   Principais tipos de pintura, 126

6.6   Proteções passivas contra incêndio, 127

6.7   Como evitar erros de projeto, 128

6.8   Transporte e içamento, 128

6.9   Patologias nos telhados, 132

6.10   Interface entre estrutura e alvenarias, 133

6.11   Estudo de caso, 135

    6.11.1   Características da estrutura de aço e das manifestações patológicas, 135

    6.11.2   Carregamentos e combinações de carregamentos considerados, 138

    6.11.3   Resultado da análise numérica, 139

    6.11.4   Proposta de reforço, 141

6.12   Considerações finais, 142

CAPÍTULO 7 – PATOLOGIAS EM ESTRUTURAS DE MADEIRA, 143

Francisco Antonio Romero Gesualdo e *Julio Eustaquio de Melo*

7.1   Considerações iniciais, 143

    7.1.1   Introdução, 143

7.2   Durabilidade e tratamento, 145

7.3   Fungos, 146

7.4   Insetos, 148

7.5   Prevenção natural e induzida, 149

7.6   Tratamento com preservativos, 151

7.7   Acabamento, manutenção e projeto, 153

7.8   Equívocos em projetos, 156

7.9   Estudos de casos, 156

    7.9.1   Caso de pilares: prevenção e recuperação, 157

    7.9.2   Concepção clássica de estrutura para coberturas, 159

    7.9.3   Apoio estendido, 161

    7.9.4   Falta de contraventamento, 161

    7.9.5   Transferência de esforços por encaixes, 162

    7.9.6   Desafiando a gravidade, 164

    7.9.7   Deformação excessiva, 164

7.10   Considerações finais, 165

CAPÍTULO 8 – PATOLOGIA DAS FUNDAÇÕES, 167

Neusa Maria Bezerra Mota e Alexandre Duarte Gusmão

8.1 Considerações iniciais, 167

8.2 Desempenho da fundação, 168

    8.2.1 Requisitos de projeto, 168

8.3 Movimentos da fundação, 175

8.4 Instrumentação para medição dos recalques, 179

    8.4.1 Instrumentos, 179

    8.4.2 Planejamento, 184

8.5 Estudo de casos, 190

    8.5.1 Caso I, 190

    8.5.2 Caso II, 199

    8.5.3 Caso III, 213

8.6 Considerações finais, 230

CAPÍTULO 9 – PATOLOGIA DAS CONTENÇÕES, 231

Neusa Maria Bezerra Mota, Alexsander Silva Mucheti e Alexandre Duarte Gusmão

9.1 Considerações iniciais, 231

9.2 Introdução, 231

9.3 Obras de contenção em solo, 232

    9.3.1 Muros de contenção à gravidade, 233

    9.3.2 Muros de flexão, 233

    9.3.3 Estruturas de contenção ancoradas, 234

    9.3.4 Estruturas de contenção em solo reforçado, 234

9.4 Desempenho das contenções, 235

    9.4.1 Requisitos de projeto, 236

9.5 Manifestações patológicas, 239

    9.5.1 Manifestações patológicas típicas em taludes, estruturas de contenção e cortinas ancoradas, 240

    9.5.2 Manifestações patológicas típicas em solo grampeado, 244

9.6 Estudo de caso – Muro em solo reforçado, 250

9.7 Considerações finais, 259

CAPÍTULO 10 – PATOLOGIAS EM PISOS INDUSTRIAIS, 261

Fabio André Viecili, Marcel Aranha Chodounsky e Marcos Roberto Ceccato

10.1 Considerações iniciais, 261

10.2 Fissuras, 262

    10.2.1 Fissuras de retração plástica, 263

10.2.2 Fissuras de retração hidráulica, 265

10.2.3 Microfissuras tipo "pé de galinha" (*crazing* ou *map cracks*), 268

10.3 Métodos de reparação de fissuras, 269

10.4 Empenamento (*curling*), 270

10.5 Borrachudo (*crusting*), 274

10.6 Delaminação (*delamination/blister*), 276

10.7 Esborcinamento de juntas, 281

10.8 Desgaste superficial, 283

10.9 *Pop out*, 285

10.10 Recalques, 285

10.11 Ataques químicos, 287

10.12 Contaminações, 288

10.13 Afloramento de brita e/ou de fibras, 290

10.14 Manchas superficiais, 291

10.15 Estudo de caso: concretagem a céu aberto, com ocorrência de desplacamentos e fissuração, 294

10.15.1 Caracterização da obra e das ocorrências, 294

10.15.2 Histórico do fornecimento do concreto, 296

10.15.3 Traço utilizado, 297

10.15.4 Condição de execução, 298

10.15.5 Proposição do traço, 299

10.15.6 Recomendações da execução, 300

10.15.7 Como ocorreu a nova etapa de execução, 301

10.16 Considerações finais, 302

BIBLIOGRAFIA, 303

ÍNDICE ALFABÉTICO, 315

CAPÍTULO 1

INTRODUÇÃO AO ESTUDO DAS PATOLOGIAS

Cláudio Vidrih Ferreira
Mikhael Ferreira da Silva Santos

1.1 CONSIDERAÇÕES INICIAIS

Desde o início da humanidade, o homem tem se preocupado com a construção de habitações, saindo das cavernas, buscando abrigo das intempéries e proteção contra os animais, adaptando suas necessidades de acordo com os materiais e técnicas disponíveis em cada época. Assim, a arte de construir é inerente ao processo de desenvolvimento da humanidade, tanto por uma questão de sobrevivência, quanto por conforto e funcionalidade (Watt, 2009).

Nesse cenário, há mais de 5.000 anos, diante da organização precária do meio em que existia, o homem começou a viver em sociedade. Observando a evolução das interações humanas, podem-se distinguir nitidamente três momentos diferentes: o homem pré-urbano, constituído por pequenos grupos dedicados apenas à alimentação não estocada; o homem pré-feudal, cuja organização social se baseava na especialização do trabalho, motivada principalmente pela agricultura; e a sociedade organizada, caracterizada pela cidade industrial moderna, mais presente atualmente (Watt, 2009).

No panorama da cidade organizada, a construção em larga escala foi iniciada, utilizando materiais e técnicas que variavam conforme os recursos disponíveis e características do local. Nessa perspectiva, a Revolução Industrial, ocorrida no século XVIII, culminou no uso de novos materiais, tais como o aço, o vidro, o ferro fundido e posteriormente o concreto.

Com a evolução das cidades, as necessidades socioeconômicas de países em desenvolvimento, como o Brasil, fizeram com que as obras fossem projetadas e executadas com mais velocidade, deixando de lado os rigores nos controles de serviços, materiais e mão de obra.

O eventual emprego de mão de obra não qualificada, aliado à utilização de materiais não conformes e, algumas vezes, o uso inadequado das habitações promoveram o aparecimento de anomalias que passaram a trazer desconforto, transtornos e problemas de desempenho, durabilidade e redução da vida útil da edificação.

Esse complexo conjunto de fatores promoveu o aparecimento de um novo ramo da Engenharia Civil denominado Patologia das Construções, que foi se disseminando entre os profissionais, objetivando o estudo das origens, manifestações, consequências e ações mitigadoras.

1.2 BREVE HISTÓRICO DA PATOLOGIA DAS CONSTRUÇÕES

Embora a área de patologia das construções possa parecer nova, o tratamento de defeitos de construção certamente não é um fenômeno novo. O Código de Hamurabi, que vigorou de 1792 a 1750 a.C., pode ser considerado como o primeiro Código de Construção, pois atesta uma punição bastante rigorosa em caso de construção com falhas. Pode-se dizer que, de acordo com esse código, a patologia do edifício não é apenas relacionada a defeitos, mas também a questões de responsabilidade (Carretero-Ayuso et al., 2021).

O Código de Hamurabi, originado na Mesopotâmia, há mais de quatro mil anos, representa o primeiro reconhecimento datado da existência de problemas construtivos (Fig. 1.1).

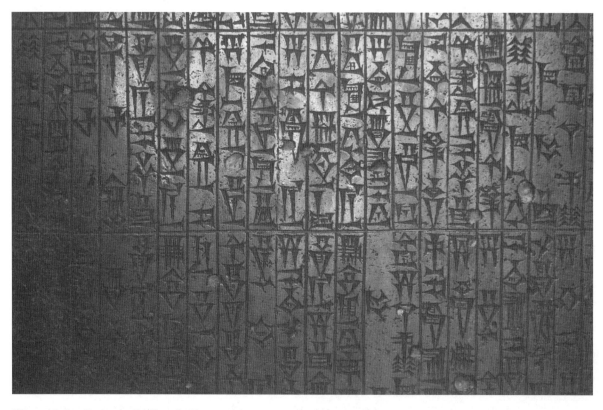

Figura 1.1   Parte do Código de Hamurabi.

A ideia do código era coagir o construtor a construir uma casa segura para os proprietários. Estes procuravam sempre utilizar metodologias construtivas tradicionais para evitar quaisquer riscos. Em síntese, o manuscrito pode ser resumido em um conjunto de cinco leis que estabeleciam a responsabilidade do construtor com o proprietário da edificação:

1. Se um construtor constrói uma casa para um homem e esta não for forte o bastante, e a casa que ele construiu entrar em colapso, causando a morte do dono, o construtor deverá ser condenado à morte.

2. Se um construtor causar a morte do filho do dono da casa, então o filho do construtor deverá ser condenado à morte.

3. Se um construtor causar a morte de um escravo do dono da casa, então o construtor deverá ressarcir o dono da casa com outro escravo de igual valor.

4. Se o construtor destruir uma propriedade do dono da casa, então ele deverá reconstruir esta propriedade por sua própria conta.

5. Se o construtor construir uma casa para um homem e não a construir de acordo com as especificações, se uma parede estiver ameaçando cair, o construtor deverá reforçá-la por sua própria conta.

São inúmeros os casos de colapsos das edificações relatados no decorrer da história. Entretanto, não houve uma catalogação sistemática das causas ou a definição das técnicas construtivas utilizadas na época. Somente a partir da Revolução Industrial, no século XVIII, houve mudança nesse panorama, havendo registros técnicos dos colapsos ocorridos.

Robert Stephenson, presidente do Instituto dos Engenheiros Civis da Grã-Bretanha, propôs em 1856 a primeira catalogação de acidentes, suas causas e técnicas de remediação. A partir desse ilustre trabalho, diversas outras pesquisas foram executadas, visando estabelecer a relação entre acidente e causa para diversos problemas patológicos que assolavam a construção (Herrera Cardenete; Martínez-Ramos e Iruela; García Nofuentes, 2016).

No ano de 1926, Henry Lossier empregou, pela primeira vez registrado na história, o termo "patologia" para delimitar o estudo dos danos nas edificações. Lossier ressaltou a importância da retroanálise de acidentes ocorridos para a consolidação da engenharia civil (Herrera Cardenete; Martínez-Ramos e Iruela; García Nofuentes, 2016).

É inegável que no século passado a construção civil no Brasil teve grande desenvolvimento. Nas décadas de 1930 e 1940, os primeiros edifícios surgiram em algumas capitais do país. Essa tendência foi, aos poucos, se propagando por, praticamente, todas as cidades brasileiras.

Outro marco importantíssimo ocorreu em 1951, ano em que o italiano Gaetano Castelli publicou o livro sobre manifestações patológicas no concreto armado, denominado *Patologia del cemento armato* (Porras-Alfaro; Garcia-Baltodano; Mendez-Alvarez, 2020).

Em 1964, por meio do American Concrete Institute, Jacob Feld publicou a obra *Lessons from failures of concrete structures*, com 179 páginas, abordando falhas de estruturas de concreto. Outro texto clássico sobre o assunto, *Construction failure*, foi escrito por Jacob Feld em 1968. Posteriormente, esse trabalho foi revisado e reescrito por Kenneth Carper, garantindo que a mensagem póstuma de Feld continuaria a ser ouvida ao longo dos anos que se seguiram (Porras-Alfaro; Garcia-Baltodano; Mendez-Alvarez, 2020).

Em 1976, o Instituto Eduardo Torroja, situado na Espanha, inaugurou o primeiro curso de especialização na área de patologia das construções, chamado de "Patología de las Construcciones", para pesquisadores ou professores.

Em 1991, foi criada na Argentina a Asociación Internacional de Control de Calidad, Patología y Recuperación de la Construcción (Q+PARECO), visando congregar os profissionais e os pesquisadores da América Latina que se dedicavam ao estudo das Patologias da Construção. Também em 1991, essa entidade organizou o I Congreso Latinoamericano de Patología de la Construcción e o III Congreso de Control de Calidad (CONPAT).

Diante da importância e do sucesso alcançado, em 1993 o CONPAT passou a ser denominado Congresso Iberamericano de Patologia das Construções. Em evolução constante, em 1999 ocorreu a alteração do Q+PARECO para Asociación Latinoamericana de Control de Calidad, Patología y Recuperación de la Construcción (ALCONPAT).

Em março de 2003, na cidade do Porto, em Portugal, na Faculdade de Engenharia da Universidade do Porto, foi realizado o 1º Encontro Nacional sobre Patologia e Reabilitação de Edifícios (PATORREB, 2003), que contou com mais de 600 participantes.

O Instituto Brasileiro de Avaliações e Perícias de Engenharia (IBAPE) foi fundado em 1957, entretanto seu enfoque principal, naquela época, era a Engenharia de Avaliações. No Brasil, o estudo das manifestações patológicas só se desenvolveu, de verdade, a partir dos grandes acidentes ocorridos no ano de 1971, especificamente no pavilhão de exposição da Gameleira em Belo Horizonte e no viaduto Paulo de Frontin na cidade do Rio de Janeiro (De Mendonça; Mounzer, 2021).

No ano subsequente aos acidentes, houve a criação do Instituto Brasileiro do Concreto (IBRACON), promovendo diversos estudos sistematizados sobre problemas que ocorriam nas edificações em geral. Posteriormente, em 1979, foi criado o IBAPE/SP, resultando, no início dos anos 1980, no I Congresso Brasileiro de Engenharia de Avaliações e Perícias (COBREAP).

Em nível nacional, a primeira instituição a implantar um curso de especialização sobre Patologia das Construções foi a Escola Politécnica da Universidade de São Paulo (Poli-USP), no ano de 1979. Outras universidades também se destacaram, como a Universidade Federal do Rio Grande do Sul (UFRGS), gerando contribuição no desenvolvimento de pesquisas na área. Desde então, inúmeros trabalhos foram publicados consolidando conceitos e ideias sobre diversos aspectos da área de patologia das construções.

Nos anos 1980, a verticalização das construções no Brasil foi ponto primordial nas cidades de médio e grande porte. Essas edificações, ao longo de sua vida, poderiam apresentar algum problema de desempenho, com o aparecimento de manifestações patológicas que precisariam ser diagnosticadas e corrigidas.

A ocorrência de acidentes na construção civil, em conjunto com a acentuada verticalização das obras, fez com que os componentes dos grupos que desenvolviam pesquisas isoladas se aglutinassem, visando iniciar o estudo das edificações de maneira global, a fim de melhorar e/ou recompor seu pleno desempenho, garantindo ou ampliando sua vida útil.

Desse modo, como a Indústria da Construção Civil foi exigindo mais pesquisas nas suas diversas áreas, paulatinamente foram surgindo estudos sistemáticos no Brasil, com uma proposta de unir conhecimentos específicos que resultassem em melhorias da qualidade e melhor desempenho das edificações.

Os estudos e as pesquisas, aliados ao crescimento da construção no Brasil, foram motivando a organização de eventos voltados aos problemas construtivos. A partir do ano 2000, foi-se evidenciando a contribuição de diversos engenheiros especializados em patologias da construção, bem como de peritos judiciais, profissionais da engenharia diagnóstica, entre outros.

No ano 2000, um grupo de docentes e pesquisadores das prestigiadas instituições Universidade Estadual Paulista, *campus* Bauru (Unesp), Universidade Estadual de Campinas (Unicamp) e Universidade Federal de Lavras (UFLA) uniu suas competências para lançar as bases de um projeto de pesquisa colaborativo, em parceria com o Conselho Nacional de Desenvolvimento Científico e Tecnológico (CNPq). O propósito central dessa iniciativa consistia em aprofundar a investigação acerca das Patologias das Construções.

É importante, também, enfatizar que a introdução da área de Patologia das Construções nos currículos de engenharia ocorreu a partir do ano 2000, juntamente com a impulsão de conteúdos e eventos voltados à área. Naquela oportunidade, devido ao crescente número de edificações que apresentavam manifestações patológicas, começaram a ser criados inúmeros grupos de pesquisa nas universidades, voltados ao estudo das Patologias das Construções (Porras-Alfaro; Garcia-Baltodano; Mendez-Alvarez, 2020).

Consolidando a importância dos estudos voltados ao adequado desempenho das edificações que garantissem boa durabilidade e vida útil esperada, a Câmara de Inspeção Predial do IBAPE/SP, no ano 2000, foi responsável pela publicação da primeira norma brasileira de Inspeção Predial, publicada em 2003, com a denominação Norma de Inspeção Predial do IBAPE/SP. Em 2020, foi publicada a ABNT NBR 16747 – Inspeção Predial – Diretrizes, Conceitos, Terminologia e Procedimento.

Como resultado do Grupo de Pesquisa de Patologia das Construções, em 2003 foi lançado na Unesp de Bauru o Curso de Especialização em Perícias de Engenharia e Avaliações. Nesse mesmo ano de 2003, na cidade de Sobral/CE, foi realizado o I Congresso Internacional de Patologia e Recuperação de Estruturas (CINPAR).

O CINPAR é considerado um dos mais importantes fóruns de Engenharia da América Latina, reunindo periodicamente pesquisadores ibero-americanos e europeus na área de patologia e reabilitação de estruturas.

Com a crescente proliferação de manifestações patológicas nas edificações e o maior envolvimento de profissionais e pesquisadores interessados no assunto, em 2005, foi fundada a Associação Brasileira de Patologia das Construções (ALCONPAT Brasil), ligada à federação das ALCONPAT's, com sede em Madri, na Espanha.

Em 2014, ocorreu o 1º Congresso Brasileiro de Patologia das Construções (CBPAT). Com isso, atualmente há uma gama de eventos, espalhados pelo mundo, no qual pesquisadores, profissionais, construtores etc. apresentam seus problemas e discutem formas de recuperar e reforçar os elementos das construções. Esse conjunto de eventos, em níveis nacional e internacional, pode contribuir decisivamente para que em breve haja minimização dessas manifestações patológicas, resultando em edificações com maior segurança e melhor desempenho, refletindo-se em maior durabilidade e extensão de sua vida útil.

1.3 CONCEITOS E DEFINIÇÕES

O termo "patologia" provém do grego *Phatos* (sofrimento ou doença) + *Logos* (estudo), que significa o estudo das doenças. Pode ser definido como o estudo sistemático das doenças com o foco em entender suas causas, sintomas e tratamentos.

Nessa nova área da Engenharia, foram aproveitados diversos termos e conceitos da Medicina, fazendo-se uma analogia do corpo humano com as edificações. A Tabela 1.1 realça a comparação de algumas similaridades e diferenças entre o corpo humano e a edificação (Bartoli *et al.*, 2018). A Figura 1.2 mostra um paralelo entre duas estruturas de uma edificação e o esqueleto humano.

Tabela 1.1 Analogia entre o corpo humano e a edificação.

Semelhanças	
Esqueleto	Estrutura
Circulação – sangue	Circulação de pessoas
Pele	Revestimento externo
Carne	Alvenaria
Membros/corpo/cabeça	Pilotis/corpo/coroamento
Pés	Fundação
Sistema nervoso	Sistema elétrico
Sistema urinário	Sistema hidráulico
Rins	Reúso da água
Visão/olhos	Aberturas/janelas
Sistema respiratório	Ar-condicionado/ventilação
Roupa/chapéu/boné	Brises/vedações
Orifícios	Aberturas
Saúde	Manutenção
Cérebro	Sala de controle predial
Cabelo	Telhado/cobertura

Fonte: Watt (2009).

Vale destacar que a base teórica é fundamental para entender as causas e consequências de manifestações patológicas nas edificações. Sem uma base teórica sólida, é impossível identificar corretamente as patologias existentes, avaliar sua gravidade e propor soluções adequadas para sua correção.

Além disso, a falta de conhecimento teórico pode levar a soluções erradas ou até mesmo a um agravamento do problema, o que pode acarretar prejuízos financeiros e riscos à segurança das pessoas envolvidas. Por isso, é crucial que profissionais envolvidos na área de patologia das construções possuam uma base teórica sólida, atualizada e embasada em fontes confiáveis.

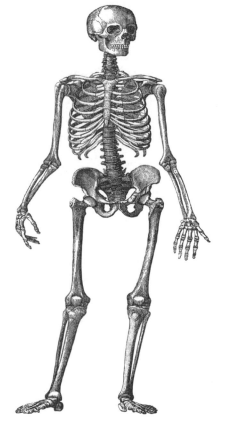

Figura 1.2 Paralelo entre estruturas de uma edificação e o esqueleto humano.

A origem das patologias em edificações pode ser classificada em três grupos a seguir descritos (Herrera Cardenete; Martínez-Ramos e Iruela; García Nofuentes, 2016):

1. **origem exógena:** causas com origem fora da obra e provocadas por fatores produzidos por terceiros, tais como: vibrações provocadas por estaqueamento ou máquinas, ou tráfego externo; escavações de vizinhos; rebaixamento do lençol freático; influência do bulbo de pressão de fundações diretas de obra de grande porte em construção ao lado; trombadas de veículos em alta velocidade; explosões, incêndios, acidentes envolvendo veículos em circulação;

2. **origem endógena:** causas com origem em fatores inerentes à própria edificação, que podem ser subdivididos em: falhas de projeto; falhas de gerenciamento e execução (desobediência às normas técnicas, ausência ou precariedade de controle tecnológico, utilização de mão de obra desqualificada); falhas de utilização (sobrecargas não previstas no projeto, mudança de uso); deterioração natural de partes da edificação pelo esgotamento da sua vida útil;

3. **origem na natureza:** causas que podem ser falhas previsíveis ou imprevisíveis, evitáveis ou inevitáveis, entre as quais se destacam: movimentos oscilatórios causados por abalos sísmicos, cravação de estacas, percussão de máquinas industriais; ação de ventos anormais; inundações provocadas por chuvas anormais, neve; acomodações das camadas adjacentes ao solo; alteração do nível do lençol freático por estiagem prolongada ou pela progressiva impermeabilização das áreas adjacentes; variações da temperatura ambiente (calor, variações bruscas).

As manifestações patológicas que afetam as construções também podem ser chamadas de congênitas, executivas, acidentais ou de utilização.

As patologias congênitas são decorrentes de projetos mal elaborados, inobservância das normas técnicas pertinentes, erros e omissões dos projetistas que podem se refletir nas edificações, comprometendo as condições de segurança, solidez e perfeição da obra.

As patologias executivas, também chamadas de construtivas, são aquelas que se originam durante a execução da obra. São decorrentes, principalmente, do emprego de mão de obra não qualificada, utilização de materiais não conformes, erros de execução, falta de fiscalização, entre outras.

As patologias acidentais são decorrentes de algum fenômeno aleatório, inesperado, podendo ser natural, vinculado a ventos, tempestades incomuns, bem como de reflexos de danos de obras vizinhas, incêndio, acidentes veiculares etc.

As patologias relativas à utilização da edificação dizem respeito à forma indevida de uso e ausência ou falta de manutenção adequada da edificação que podem ensejar o aparecimento de manifestações patológicas.

De maneira mais holística, pode-se conceituar patologia das construções enfatizando três áreas de interesse (Carper, 1996):

1. identificação, investigação e diagnóstico de falhas existentes nas edificações;
2. prognóstico das falhas diagnosticadas e recomendação da melhor abordagem para recuperar a edificação;
3. projeto, especificação, implementação e supervisão do programa de recuperação, considerando o monitoramento.

De acordo com o Conselho Regional de Engenharia e Agronomia de São Paulo (CREA-SP) e com o IBAPE/SP, o conceito de patologias construtivas baseia-se no estudo das origens, causas, mecanismos de ocorrência, manifestação e consequências das situações em que os edifícios ou suas partes apresentam um desempenho abaixo do mínimo preestabelecido, sendo este a eficiência e durabilidade dos materiais e técnicas construtivas necessárias para assegurar a vida útil de determinada edificação – encontradas em normas específicas de cada material empregado na construção.

Assim, à medida que o homem busca melhores soluções construtivas (matérias leves, resistentes, duráveis, de menor custo, evolução das técnicas de projetos e execução de obras), passa a utilizar a ciência "Patologia das Construções", devido à intensificação da frequência de falhas construtivas como um todo (Pinheiro; Barbosa, 2019).

A expressão "patologia das construções" pode ser considerada o estudo das falhas, ao longo do tempo, nos materiais e componentes da edificação. Outro conceito aplicado é o estudo das anormalidades presentes na edificação e suas partes, considerando a relação de materiais e técnicas construtivas com o ambiente e seus ocupantes (Silva *et al.*, 2020).

É possível sintetizar sua definição como a área que estuda os mecanismos de degradação, suas causas e repercussões para a durabilidade das construções, assim como as técnicas de reabilitação. Patologia das construções é uma "ciência" que busca estudar os efeitos dos materiais, dos componentes, dos elementos ou da edificação como um todo.

Outra forma de definir a área de patologia das construções é com o conceito de desempenho, que será tratado posteriormente. O importante, por ora, é entender que desempenho é o comportamento em uso de uma edificação e de seus sistemas.

Outra definição de patologia das construções é aquela que ocorre quando há perdas ou queda de desempenho da estrutura (Ferreira; Lobão, 2018). Em uma estrutura, um sintoma, para ser patológico, deve ter perda de desempenho em um dos componentes de um trinômio (capacidade mecânica, funcional ou estética).

Qualquer que seja a definição proposta, é certo que a patologia das construções é uma área extremamente complexa, pois as edificações não existem de forma isolada. Na verdade, longe disso. As edificações apresentam diversos níveis de ação e interação, conforme mostrado na Figura 1.3.

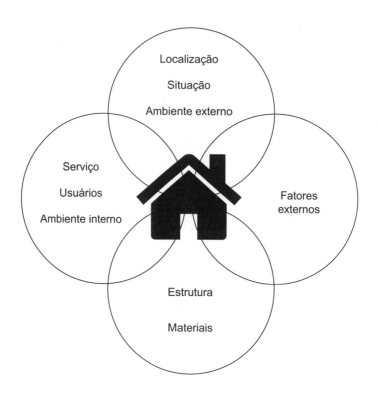

Figura 1.3 Contexto geral em que uma edificação está inserida.
Fonte: adaptada de Watt (2009).

Em outras palavras, quaisquer que sejam as características de uma edificação, há sempre uma relação permanente entre pessoas, lugar e ambiente. Não é possível analisar uma edificação sem entender seu contexto (Watt, 2009).

1.3.1 Patologia e terapia

Na área de patologia das construções, patologia refere-se ao estudo da degradação e dos problemas presentes em uma edificação, enquanto terapia se refere à aplicação de soluções para corrigir esses problemas (Tabor, 1978).

> "A patologia pode ser entendida como a parte da Engenharia que estuda os sintomas, os mecanismos, as causas e as origens dos defeitos das construções civis, ou seja, é o estudo das partes que compõem o diagnóstico do problema" (Helene, 1992).

À terapia cabe estudar a correção e a solução desses problemas patológicos. Para obter êxito nas medidas terapêuticas, é necessário que o estudo precedente da questão, ou seja, o diagnóstico, tenha sido bem conduzido.

Assim, à medida que o homem busca melhores soluções construtivas (matérias leves, resistentes, duráveis, de menor custo, evolução das técnicas de projetos e execução de obras), passa a utilizar a ciência "Patologia das Construções", diante da intensificação da frequência de falhas construtivas como um todo (Alegre, 2019).

Em outras palavras, no jargão médico, a patologia é o diagnóstico da doença, e a terapia é a cura dessa doença. Sendo um pouco mais específico, a patologia inclui a identificação de fatores de degradação, avaliação dos danos e dos efeitos desses fatores, enquanto a terapia envolve a seleção e a implementação de soluções para corrigir ou prevenir danos futuros. Ambas as áreas são importantes para garantir a saúde, o desempenho e a durabilidade das edificações.

Podem-se exemplificar os conceitos da seguinte forma: uma patologia pode ser a presença de umidade em paredes ou o aparecimento de fissuras em pilares. Já a terapia, por sua vez, é o tratamento ou solução para a patologia identificada.

No exemplo da umidade em paredes, a terapia pode ser a aplicação de um revestimento impermeabilizante, enquanto, no caso de rachaduras em colunas, a terapia pode ser o reforço da estrutura com a adição de elementos estruturais adicionais.

É importante destacar que a terapia correta só pode ser proposta após uma avaliação detalhada da patologia, o que reforça a importância da base teórica e conhecimento na área de patologia das construções.

A relevância dessa área reside na necessidade de se ter informações mais precisas e apropriadas para embasar decisões das mais variadas naturezas. Essa necessidade, então, pode surgir por diversos motivos, por exemplo, para:

1. determinar o grau de deterioração da estrutura e a influência no valor de mercado do imóvel;
2. fornecer informações técnicas para reparação de danos causados por locatários de um imóvel;
3. determinar a estabilidade e o risco de falha de uma edificação;
4. estabelecer responsabilidade por mau estado de conservação;
5. diagnosticar as anormalidades em edificações;
6. determinar a eficácia de reparos ou manutenções anteriores;
7. avaliar o estado de degradação dentro de um processo jurídico;
8. garantir a conformidade da edificação com as normas legais e técnicas vigentes;
9. fornecer um plano de reabilitação da edificação.

Pode-se definir o princípio geral da patologia das construções como o conhecimento detalhado de como as edificações foram projetadas, construídas, utilizadas e modificadas, além dos diversos mecanismos inerentes à estrutura, aos materiais e às condições ambientais.

As manifestações patológicas em edificações estão cada vez mais comuns. Mão de obra desqualificada, emprego de materiais inadequados, erros de projeto, execução e utilização, entre outras diversas causas, estão impulsionando o aparecimento de uma série de anomalias.

Os problemas nas estruturas de concreto armado decorrem, em grande parte, de um projeto inadequado e de uma execução descuidada (Bolina; Tutikian; Helene, 2019). A gama de profissionais desqualificados que chegam ao mercado de trabalho está cada vez mais presente.

De fato, a maioria das manifestações patológicas poderia ser evitada se houvesse projetos bem detalhados, escolha correta de materiais, correta execução, assim como maior preocupação com a etapa de prevenção e manutenção. Muitos cuidados são deixados de lado quando se projeta durante o uso da edificação, o que reduz significativamente o desempenho e sua vida útil (Estacechen; Cormin, 2017).

1.3.2 Reforço e recuperação

Ambos os conceitos estão intimamente ligados à patologia das estruturas. O reforço é o processo de aumentar a capacidade resistente de uma estrutura, geralmente com a adição de elementos estruturais, como vigas, pilares ou tirantes, para melhorar a segurança da estrutura. Já a recuperação é o processo de restaurar a capacidade original de uma estrutura danificada, geralmente com a reparação ou substituição de elementos danificados (Helene, 1992).

Em outras palavras, a recuperação é o processo de restaurar uma estrutura danificada ao seu estado original, geralmente por meio da reparação ou substituição de elementos danificados. Já o reforço é o processo de melhorar a capacidade resistente de uma estrutura, geralmente com a adição de novos elementos estruturais.

1.3.3 Desempenho

Desempenho é o comportamento em serviço de cada produto, ao longo da vida útil. O conceito de vida útil é o período durante o qual as propriedades de determinado material permanecem acima do mínimo preestabelecido (Lima, 2020).

Desempenho é o "comportamento em serviço de cada produto, ao longo da vida útil, e a sua medida relativa espelhará, sempre, o resultado do trabalho desenvolvido nas etapas de projeto, construção e manutenção". Já a vida útil corresponde ao período em que suas propriedades permanecem acima dos limites mínimos especificados (Helene, 1992).

A vida útil de uma estrutura é entendida como o período em que ela mantém suas características mínimas de funcionalidade, resistência e aspecto visual, atendendo aos requisitos exigidos, sem a necessidade de intervenções significativas.

Já a durabilidade de uma construção é a capacidade que ela tem de manter suas características estruturais e funcionais originais pelo tempo de vida útil esperado e/ou para as condições já previamente estabelecidas.

A partir disso, fazem-se constantemente analogias do desempenho que devemos ter em todos os processos da vida com o desempenho que as edificações devem mostrar ao longo de sua vida útil. Para isso, é preciso que se façam manutenções periódicas nos edifícios, visto que eles possuem tendência de perder o desempenho ao longo dos anos de sua existência.

O desempenho das edificações costuma cair ao longo do tempo, havendo necessidade de manutenções periódicas até alcançar o nível de desempenho satisfatório, obrigando geralmente a manutenções e/ou restaurações caras (Gonzales; Oliveira; Amarante, 2020).

Nesse contexto, pode-se notar que existe forte correlação entre manifestações patológicas e desempenho das edificações, seja na fase de projeto, execução ou funcionalidade.

Conforme descrito na ABNT NBR 15575:2021, desempenho é o comportamento em uso de uma edificação e de seus sistemas. Nessa perspectiva, desempenho é o resultado de sua capacidade em atender às exigências funcionais e estruturais (estabelecidas em normas regulamentadoras e boas práticas de construção), além de resistir às ações do ambiente ao longo do tempo. É um conceito amplo que envolve vários aspectos, como segurança, durabilidade, conforto e sustentabilidade (Cotta; Roberto; Andery, 2014).

Em outras palavras, é a avaliação do funcionamento adequado da edificação durante seu ciclo de vida. A avaliação do desempenho de uma edificação é importante para garantir que a edificação esteja em boas condições de uso e possa atender às expectativas de seus usuários. É importante lembrar que o desempenho de uma edificação pode ser afetado por vários fatores, como más condições climáticas, instalações inadequadas, uso excessivo, entre outros.

Diferentemente das diversas outras normas técnicas, a ABNT NBR 15575 traz a visão e as exigências do usuário em si, garantindo que ele esteja satisfeito com as condições de uso da sua edificação.

É possível generalizar a definição anterior afirmando que patologia ocorre quando há perdas ou queda de desempenho da estrutura (Cotta; Roberto; Andery, 2014).

Segundo a ABNT NBR 15575, que trata do desempenho das edificações voltadas para os usuários, o desempenho está relacionado, basicamente, a três exigências dos usuários: **segurança** – estrutural, contra fogo, no uso e operação; **habitabilidade** – desempenho térmico, acústico, lumínico, saúde, higiene, qualidade do ar, funcionalidade e acessibilidade, conforto tátil e estanqueidade; e **sustentabilidade** – durabilidade, manutenibilidade e impacto ambiental.

Nesse cenário, pode-se notar que existe forte correlação entre manifestações patológicas e desempenho das edificações, seja na fase de projeto, execução ou funcionalidade. Em outras palavras, o desempenho de uma edificação é baseado na avaliação das manifestações patológicas. Outro conceito que deve ser englobado é o de durabilidade, sendo definido como a capacidade de um edifício, componente ou estrutura manter o equilíbrio mínimo exigido sob a influência das intempéries ambientais ou agentes degradantes (Alencar *et al.*, 2020).

Por isso, vida útil, durabilidade e desempenho estão intimamente ligados. Quanto maior a durabilidade dos componentes ou estrutura como um todo, maior o seu desempenho e, por conseguinte, maior sua vida útil.

Se houver falhas na durabilidade, como, por exemplo, a falta de manutenção, automaticamente o desempenho irá cair e poderá chegar a ficar abaixo do mínimo exigido, atingindo sua vida útil precocemente. A Figura 1.4 realça a inter-relação entre vida útil, durabilidade e desempenho, permitindo observar nitidamente que todos os três são interdependentes.

Figura 1.4 Relação entre vida útil, durabilidade e desempenho.
Fonte: adaptada de Conceição (2022).

A avaliação do desempenho de uma edificação é fundamental para garantir que ela atenda às suas necessidades ao longo do tempo. Isso inclui a identificação precoce de patologias, como problemas estruturais ou de impermeabilização, e a implementação de medidas corretivas para garantir a segurança e a integridade da edificação. Segundo a norma ABNT NBR 15575, a avaliação do desempenho deve ser realizada periodicamente para garantir a continuidade do uso da edificação (Conceição, 2022).

1.3.4 Durabilidade

Nos últimos anos, os usuários da construção civil, seja pública ou privada, têm sofrido com a falta de durabilidade de suas construções. Diversas edificações de pequeno, médio e grande porte apresentam desempenhos mínimos antes mesmo de entrar em funcionamento, pois já mostram manifestações patológicas relacionadas com diversos agentes de deterioração (Conceição, 2022).

O problema não é o aparecimento das manifestações patológicas em si, pois elas são inevitáveis com o envelhecimento das estruturas, é fatídico. Não obstante, a idade em que elas aparecem é o grande problema.

Em estudo realizado na Amazônia, cujo espaço amostral era composto de 348 edificações em concreto armado que foram recuperadas, em cerca de 90% dos casos, as ações terapêuticas ocorreram antes de 20 anos de idade (Aranha, 1994).

Quando se discutem a durabilidade e o custo de recuperação, sempre vem à tona a lei dos cinco, que mostra a importância do controle de qualidade nas etapas de projeto e construção (Sitter, 1983).

Quanto mais precocemente planejados e gerenciados os riscos de falhas ou queda de desempenho, menos recursos financeiros serão usados para medidas de manutenção, recuperação e/ou reforço. A Figura 1.5 ilustra a lei de Sitter em sua íntegra.

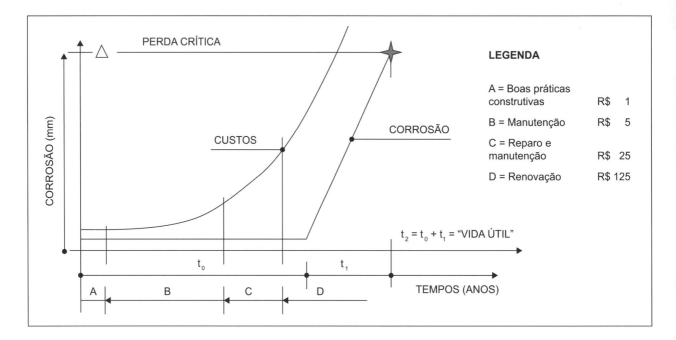

Figura 1.5 Lei de Sitter.
Fonte: adaptada de Sitter (1983).

Os custos crescem em uma razão geométrica de ordem cinco (1, 5, 25, 125), ou seja, gastar-se-ia 125 vezes mais na fase de renovação (D) do que as boas práticas construtivas (A). O ponto mais forte da lei de Sitter não são os valores em si, pois são simbólicos, mas a consciência de que se deve focar nas fases de projeto e execução, bem como em planos de manutenção, para obter a durabilidade adequada da estrutura.

1.3.5 Manutenção

A manutenção pode ser vista como um conjunto de ações que possui o objetivo de conservar as condições de desempenho mínimo da edificação ao longo de sua vida útil, evitando o envelhecimento precoce (Watt, 2009).

A ABNT NBR 5674:2024; que trata da manutenção das edificações, define o termo como ações que visam conservar e recuperar a funcionalidade das edificações, ou parte delas, para atender aos requisitos dos usuários quanto a segurança, funcionalidade e durabilidade (Negreiros da Silva *et al.*, 2023).

O conceito de manutenção é pouco explorado pelos profissionais e usuários das edificações. Geralmente, apenas em edificações condominiais são elaborados os manuais de operação, uso e manutenção. Dificilmente esses conceitos são levados em consideração nos projetos residenciais em geral (França *et al.*, 2011).

A ABNT NBR 5674 descreve três tipos de manutenção:

1. **manutenção rotineira**: serviços simples e constantes nas edificações com uso de equipamentos disponíveis na própria edificação;
2. **manutenção planejada**: as ações levam em conta as expectativas de durabilidade da edificação ou de seus componentes;
3. **manutenção não planejada**: são intervenções imediatas decorrentes de graves manifestações patológicas.

É possível correlacionar a manutenção com o desempenho da edificação, conforme indicado na Figura 1.6 (Aranha, 1994; Sitter, 1983).

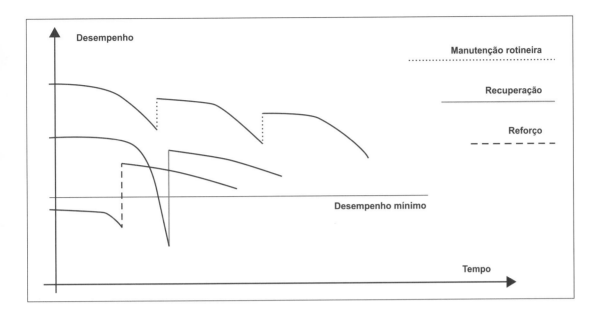

Figura 1.6 Queda de desempenho natural da edificação.
Fonte: Lopes (2005).

Conforme a Figura 1.6, a manutenção rotineira é utilizada para evitar que se atinja o desempenho mínimo. Quando esse nível mínimo já é alcançado, é necessária uma recuperação (manutenção corretiva) com o objetivo de retornar o desempenho acima do nível mínimo. Apenas lembrando, o reforço ocorre quando a estrutura já inicia sua vida útil abaixo do desempenho mínimo exigido, geralmente devido a uma mudança da exigência mínima.

Vale ratificar a importância de se pensar na manutenção desde a fase de concepção e projeto, pois as possíveis falhas podem ser discutidas. O custo de manutenção cresce significativamente, isto é, a manutenção realizada na fase de projeto é bem menor que uma manutenção corretiva quando a edificação já estiver em funcionamento (Soares *et al.*, 2014).

Muitos estudos avaliaram financeiramente o custo da manutenção, conforme o avanço do tempo. As análises indicaram, de maneira bem clara, que ocorre uma evolução gradativa com o passar do tempo (Santos *et al.*, 2014).

Destaque-se que a manutenção nas edificações é um aspecto crucial para garantir a sua integridade e segurança ao longo do tempo. É uma prática que consiste na realização de inspeções periódicas, manutenção corretiva e preventiva, a fim de identificar e corrigir problemas antes que se tornem graves.

A manutenção é importante porque contribui para prolongar a vida útil da edificação, melhorar sua aparência, aumentar sua eficiência energética e, principalmente, garantir a segurança das pessoas que a utilizam.

A relação entre manutenção e manifestação patológica das construções é direta, pois a manutenção pode prevenir o aparecimento de manifestação patológica ou, quando já existentes, minimizar seus efeitos.

A manutenção é a primeira linha de defesa contra problemas estruturais, funcionais e estéticos, e é fundamental para garantir a integridade da edificação e a segurança de seus ocupantes. Além disso, a manutenção contribui para a identificação precoce de problemas, facilitando sua correção e evitando a necessidade de grandes reformas futuras.

Em resumo, a manutenção nas edificações é essencial para garantir sua integridade e segurança ao longo do tempo. Ela contribui para prevenir o aparecimento de patologias e minimizar seus efeitos, além de prolongar a vida útil da edificação e garantir sua eficiência e segurança. Portanto, é importante investir em manutenção periódica nas edificações, para garantir sua durabilidade e integridade.

1.4 PATOLOGIAS: SINTOMAS, DIAGNÓSTICO, PROGNÓSTICO E TERAPIA

Conforme descrito anteriormente, diversos conceitos da medicina foram internalizados na área de Engenharia, conduzindo ao ramo denominado patologia das construções. A Tabela 1.2 ilustra a definição de alguns termos importantes e sua relação com a medicina.

Tabela 1.2 Termos importantes na área de patologia das construções.

Termos	Definição	Patologia das construções	Patologia médica
Sintomas	São evidências visíveis de um problema nas construções, como fissuras, deformações, descolorações, entre outros	Fissuras, deformações, descolorações etc.	Dor, febre, tosse etc.
Mecanismos	São os processos físicos ou químicos responsáveis pelo aparecimento dos sintomas	Processos físicos ou químicos que levam aos sintomas	Processos biológicos ou bioquímicos que levam aos sintomas
Origem	É a fonte do problema, que pode ser um erro de projeto, materiais inadequados, condições climáticas etc.	Erro de projeto, materiais inadequados, condições climáticas etc.	Genética, fatores ambientais, hábitos de vida etc.
Causa	É o fator que desencadeia o problema, como sobrecarga, umidade, expansão térmica, entre outros	Sobrecarga, umidade, expansão térmica etc.	Agente infeccioso, lesão, estresse etc.
Consequência	São os resultados negativos da patologia, como a perda de estabilidade estrutural, degradação do material, redução da vida útil do edifício, entre outros	Perda de estabilidade estrutural, degradação do material, redução da vida útil do edifício etc.	Problemas de saúde, perda de funções corporais, incapacidade etc.

Fonte: Costa, Amorim e Fraga (2020).

Imaginando-se um exemplo hipotético, como um edifício residencial no qual são observadas fissuras nas paredes do apartamento localizado no último andar, têm-se:

1. **sintomas**: fissuras nas paredes do apartamento localizado no último andar;
2. **mecanismo**: degradação da estrutura decorrente da contração e da dilatação diferencial dos materiais por conta das variações de temperatura e umidade, por exemplo;
3. **origem**: problemas climáticos, como variações de temperatura e umidade excessiva, e falta de manutenção do sistema de climatização;
4. **causa**: exposição prolongada a variações de temperatura e umidade excessiva, combinadas com falta de manutenção do sistema de climatização;
5. **consequência**: degradação da estrutura e do revestimento, perda de valor do imóvel, possível ameaça à segurança dos usuários.

Logo, nesse exemplo, o sintoma é a presença de fissuras nas paredes. O mecanismo é a degradação da estrutura adiante da contração e dilatação diferencial dos materiais devido às variações de temperatura e umidade. A origem dos problemas é a combinação de problemas climáticos e a falta de manutenção do sistema de climatização. A causa é a exposição prolongada a variações de temperatura e umidade excessiva combinadas com a falta de manutenção do sistema de climatização. As consequências incluem degradação da estrutura e do revestimento, perda de valor do imóvel e possível ameaça à segurança dos usuários.

Desse modo, fica evidente que é fundamental conhecer os conceitos de sintomas, mecanismo, origem, causa e consequência na patologia das construções, pois isso permite a compreensão dos problemas e a busca de soluções mais eficientes.

A identificação dos sintomas é o primeiro passo para a detecção de problemas, enquanto a compreensão dos mecanismos permite a identificação de suas causas. A determinação da origem das manifestações patológicas é importante para a prevenção de futuros vícios e defeitos. Por fim, é fundamental avaliar as consequências dos problemas, a fim de garantir a segurança dos usuários e minimizar a perda de valor do imóvel.

Em resumo, conhecer os conceitos de sintomas, mecanismo, origem, causa e consequência é crucial para a efetiva solução de problemas estruturais em construções, e é importante para profissionais que trabalham na área de patologia das construções, como engenheiros e arquitetos. A compreensão desses conceitos permite uma abordagem mais eficiente e estruturada na resolução de problemas, garantindo a segurança e a integridade das construções.

1.5 RESPONSABILIDADE CIVIL

Quando o assunto é patologia das construções, é extremamente importante discorrer sobre as responsabilidades do profissional diante dos possíveis problemas nas edificações. A Engenharia Legal é uma área de atuação da Engenharia que envolve a aplicação de conhecimentos técnicos e científicos para resolver questões jurídicas e judiciais que envolvem projetos, obras e edificações (Ferreira *et al.*, 2003).

Essa disciplina visa solucionar litígios que surgem em processos judiciais envolvendo manifestações patológicas nas edificações, análises de contratos e perícias, além de auxiliar em processos de arbitragem e mediação.

Um exemplo prático de aplicação da Engenharia Legal é a análise de contratos de empreendimentos imobiliários. Os engenheiros legais são responsáveis por analisar todos os aspectos técnicos envolvidos no projeto, desde a análise de solo até a verificação da qualidade dos materiais utilizados na construção. Essa análise é fundamental para verificar se a construção foi feita dentro das normas técnicas e legais, evitando problemas futuros.

Outro exemplo é a realização de perícias técnicas em edificações com problemas estruturais. Os engenheiros são responsáveis por investigar as causas desses problemas e avaliar a necessidade de reparos ou até mesmo a demolição da construção.

A Engenharia Legal é muito importante na engenharia civil, pois ajuda a garantir a segurança das construções e a prevenir litígios judiciais envolvendo projetos e obras. Além disso, os engenheiros legais têm papel fundamental na mediação de conflitos e na resolução de disputas que envolvem questões técnicas e legais. A Figura 1.7 ilustra o conceito de Engenharia Legal.

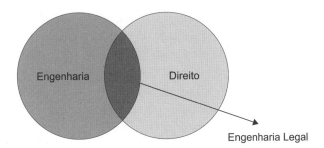

Figura 1.7 Definição da Engenharia Legal.

A ABNT NBR 13752 estabelece o ramo de especialização da Engenharia para os profissionais registrados no CREA que atuam na interface entre Direito e Engenharia, colaborando com juízes, advogados e as partes, para esclarecer aspectos técnicos-legais envolvidos em demandas.

As perícias são diversas, como: avaliações, arbitramentos, obras irregulares, patologias dos mais diversos tipos, desapropriação, impacto de vizinhança, vistoria cautelar, entrega e recebimento de obras, inspeção predial, inspeção de manutenção, entre outras.

Nesse diapasão, podem os engenheiros, arquitetos e construtores, na qualidade de responsáveis pela perfeição, solidez e segurança das obras, ficar obrigados a ressarcirem o dono da obra.

Com o advento do Código de Defesa do Consumidor, aliado ao Código Civil, observou-se que a sociedade foi, aos poucos, se conscientizando dos seus direitos, enquanto os profissionais da construção nem sempre se dão conta dos seus deveres, atuando, praticamente, às margens da legislação e das normas técnicas em vigor.

Assim, não raro, a conduta desses profissionais permite ou favorece a edificação de obras sob sua responsabilidade ao arrepio das normas técnicas e inobservância dos diplomas legais, entre eles o Código de Defesa do Consumidor, que se tornou um marco extraordinário desde 1991.

Conforme bem destaca o ilustre Professor Meirelles, em seu livro *Direito de construir*, "a responsabilidade pela perfeição da obra, sua solidez e segurança é integral e única do construtor, mas pode ser transferida ao autor do projeto ou partilhada com os que neles interfiram, conforme a culpa de cada um".

É inegável que a negligência, a imprudência e a imperícia têm contribuído para a proliferação de graves manifestações patológicas que comprometem as condições de habitabilidade e o desempenho esperado e/ou prometido das construções, deteriorando-a precocemente, abreviando drasticamente sua vida útil. A celeridade de alguns processos patológicos, não raros, tem conduzido imóveis a um estado crítico de equilíbrio que coloca em risco a vida e a integridade física de moradores e usuários (Ferreira *et al.*, 2003).

A responsabilidade civil tem como fonte de origem o interesse em restabelecer o equilíbrio violado por um dano, e a perda ou diminuição no patrimônio, ou uma repercussão na esfera moral do lesado, é que desencadeiam esta reação legal (Neves Filhos, 2000).

Segundo o CREA-SP, "a responsabilidade civil decorre da obrigação de reparar e/ou indenizar por eventuais danos causados. O profissional que, no exercício de sua atividade, lesa alguém tem a obrigação legal de cobrir os prejuízos". Prevê, ainda, a divisão dessas responsabilidades, como:

1. responsabilidade contratual;
2. responsabilidade pela solidez e segurança da construção;
3. responsabilidade pelos materiais;
4. responsabilidade por danos a terceiros.

Nesses casos, à luz do Código Civil e do Código de Defesa do Consumidor, a Justiça tem sido implacável, condenando os responsáveis a arcarem com o ônus da restauração e/ou reparação total dos danos decorrentes.

1.5.1 Fundamentos da responsabilidade

A responsabilidade civil apresenta-se como um importante instrumento utilizado para resguardar o equilíbrio dos relacionamentos sociais. Diante da liberdade de escolha e das diferentes alternativas de condutas existentes, o homem passa a ser responsável pela atitude que tomou, incumbindo-se a dar uma resposta, ou contraprestação, caso sua ação, ou até omissão, se houver a obrigação de agir, cause efeitos danosos a outrem.

Sua origem se deve ao aspecto moral intrinsecamente incluso neste instituto, onde aquele que se apresenta como agente causador de um evento danoso torna-se obrigado a restaurar a situação ao seu estado anterior ou indenizar o respectivo valor do prejuízo (Ferreira *et al.*, 2003).

Para que se concretize a incidência da responsabilidade civil, isto é, para que se origine o dever de reparação, há a necessidade da ocorrência de três pressupostos, que são: Dano, Nexo de Causalidade e Culpa, os quais configuram a teoria de responsabilidade subjetiva, adotada pelo antigo Código Civil de 1916.

Sendo assim, nessa perspectiva, excetuando-se algumas situações em que a lei exclui a necessidade de culpa e adota a teoria da responsabilidade objetiva, como, por exemplo, no Código de Defesa do Consumidor, tornava-se imperiosa a existência não apenas do dano, ou seja, a lesão ou prejuízo, e do nexo de causalidade, que se apresenta como o liame entre a conduta agressora e o dano, mas também a existência da culpa do agressor, agindo omissiva ou comissivamente com imprudência, imperícia ou negligência.

Nesse sentido, observa-se que o novo Código Civil adotou uma nova premissa quanto ao dever de indenizar, adotando o princípio da responsabilidade objetiva, com a presunção da culpa, aplicando-se nas relações privadas não de maneira plena, mas, sim, mitigada, pois não resta suficiente a ocorrência da lesão e sua autoria para surgir a necessidade de reparação, sendo estritamente necessário que o fato em si, caracterizado como ato ilícito (arts. 186 e 187 do Código Civil), esteja previsto em lei ou que a atividade desenvolvida pelo autor do dano tenha por natureza causar risco a outrem (Ferreira *et al.*, 2003).

Apesar de estabelecer a presunção da culpa na configuração da responsabilidade civil, entende-se que, em termos práticos, não haverá alterações na concretização deste instituto, pois o código adota uma definição de ato ilícito na qual se insere a conceituação de culpa, caracterizada pela conduta negligente ou imprudente ou aquela em que o agente excedeu em seus direitos, como previsto nos arts. 186 e 187:

- "Art. 186. Aquele que, por ação ou omissão voluntária, negligência ou imprudência, violar direito e causar dano a outrem, ainda que exclusivamente moral, comete ato ilícito";
- "Art. 187. Também comete ato ilícito o titular de um direito que, ao exercê-lo, excede manifestamente os limites impostos pelo seu fim econômico ou social, pela boa-fé ou pelos bons costumes".

1.5.2   Responsabilidades da construção

No exercício de suas atividades, os profissionais da construção civil estão sujeitos a se deparar com diversas responsabilidades, não somente em relação ao dono da obra, mas também com vizinhos e terceiros prejudicados, tanto pelo fato da construção em si quanto pelos atos de sua execução.

Apesar da amplitude da lei, aqui se analisa somente a aplicação da responsabilidade civil quanto ao surgimento de patologias nos imóveis, seja na propriedade do dono da obra, na qual o construtor atuou, seja nos imóveis vizinhos.

Especificamente no âmbito da construção civil, o construtor, assim entendido como todos os profissionais atuantes nesse segmento, responderá pela perfeição, solidez e segurança da obra, responsabilidades essas que se apresentam com características próprias e prazos diferenciados para sua reclamação.

A perfeição da obra consubstancia-se como o primeiro dever do profissional da construção, estando implícita essa condição em todos os contratos, sejam eles públicos ou privados, haja vista, hoje, a atividade da construção civil ser considerada como processo altamente especializado, aliando a *peritia artis* e a *peritia technica* (Meirelles, 1996).

No caso da construção civil, a incidência da responsabilidade técnica corresponde àquela atribuída a profissionais portadores de conhecimentos específicos que se tornam responsáveis pela condução das edificações em consonância com normas técnicas e padrões de qualidade, tendo como função complementar as responsabilidades impostas pela lei, nunca podendo ser transferida ao dono da obra.

Nesse sentido é a Anotação de Responsabilidade Técnica (ART), instituída pela Lei nº 6.496/77, documento que constitui e delimita o campo de atuação da responsabilidade técnica, instrumento este de presença obrigatória na prestação de serviços de engenharia, arquitetura e demais áreas afins, dotado de fé pública, expressando fielmente o acordado entre as partes.

1.5.3   Prazos da responsabilidade civil

Em termos gerais, as manifestações patológicas que afetam as obras, também denominadas vícios e defeitos construtivos, podem ser consideradas aparentes ou ocultas. As aparentes são aquelas perceptíveis logo quando da entrega da obra, momento em que o proprietário da obra tem o direito de rejeitá-la, caso esteja defeituosa, ou, se lhe convier, recebê-la com abatimento no preço. As ocultas apresentam-se como os vícios e defeitos que se manifestam ao longo da utilização do imóvel.

Os pequenos defeitos, relativos à perfeição da obra, possuem prazo de garantia menor, por não afetarem a solidez e segurança da obra. No caso dos vícios aparentes, ou seja, aqueles de fácil e imediata constatação, o prazo de garantia é de 90 dias, contado da data de entrega da obra.

No caso dos vícios ocultos, também chamados de redibitórios, o prazo de garantia é de um ano, contado a partir da data de entrega do imóvel. Caso o vício só apareça após esse tempo, o prazo de garantia só começará a fluir do momento da constatação do vício ou defeito.

No que tange às responsabilidades quanto à solidez e segurança da obra, o novo Código Civil é mais explícito, estipulando um prazo de garantia, bem como as hipóteses em que o construtor é responsável pela obra.

O art. 618 dispõe que: "nos contratos de empreitada de edifícios ou outras construções consideráveis, o empreiteiro de materiais e execução, responderá, durante o prazo irredutível de 5 anos, pela solidez e segurança do trabalho, assim em razão dos materiais, como do solo".

Nesse período, caso ocorra o aparecimento de vícios e/ou defeitos, é presumida a culpa do construtor, cabendo a este o ônus de provar que não é o responsável por tais danos. Nesse sentido, o novo Código Civil fixa um prazo decadencial de 180 dias, a partir da constatação do dano, para que o dono da obra proponha a ação de ressarcimento. Após o término desse período, não assiste mais ao dono da obra o direito de ser ressarcido por esses danos.

Em termos gerais, mesmo cientificando o dono da obra quanto às más condições do solo, o construtor ainda se apresenta como responsável, pois suas obrigações éticas e técnicas impõem o dever de recusar-se em prosseguir uma obra, a qual esteja ciente de que está fadada ao insucesso.

Com a observância de danos oriundos de defeitos na concepção da obra, o construtor ainda é responsável, podendo chamar para responder solidariamente os profissionais envolvidos na atividade que concorreu para o dano.

Terminado o prazo de garantia, ou seja, terminados os cinco anos após a entrega da obra, pode o dono protestar pelo ressarcimento, só que, nesse caso, em virtude de estar encerrada a garantia, caberá a ele provar a culpa do construtor nos vícios ou defeitos constatados. Importante salientar que, com a vigência do novo Código Civil, o prazo máximo para se pleitear a ação e reparação de danos ou indenização contra o construtor é de dez anos.

1.6 CONSIDERAÇÕES FINAIS

A perda de desempenho precoce e a vida útil abreviada de algumas construções, afetadas por manifestações patológicas, tem destacado a importância de se executarem obras que retratem de forma fidedigna os projetos e apresentem maior solidez, segurança e conforto aos usuários.

Para tanto, é imprescindível que os responsáveis pelas obras, quer projetistas, incorporadores, empreendedores, fabricantes, construtores e toda a gama de profissionais envolvidos na construção civil, contribuam e/ou promovam estrita observância das normas técnicas, com emprego de materiais conformes e mão de obra qualificada para se atingir a excelência nas edificações.

Em um eventual aparecimento de manifestações patológicas em uma obra, é necessário que se faça adequada anamnese que permita traçar ou definir um adequado diagnóstico que favoreça um correto prognóstico e se proponha uma terapia que recomponha o desempenhado esperado ou desejado da edificação.

Diante da diversidade de patologias que podem vir a afetar uma construção ao longo de sua vida útil, é importante que o profissional, ou empresa, responsável pela intervenção e correção dessas falhas tenha amplo e adequado conhecimento das patologias, das propriedades dos materiais empregados, bem como das formas de reparação/recuperação de fundações e contenções, alvenarias, revestimentos de pisos e paredes, estruturas de concreto armado, aço e madeira.

Vale ressaltar que a ocorrência de manifestações patológicas nas construções pode ensejar responsabilidade civil. "A responsabilidade pela perfeição da obra e pela sua solidez e segurança é integral e única do construtor, mas pode ser transferida ao autor do projeto ou partilhada com os que nele interfiram, conforme a culpa de cada um" (Meirelles, 1996).

Segundo Neves Filhos (2000):

> pode-se estabelecer um símile entre o responsável pela execução da obra, com um maestro, regente, "condutor" de uma orquestra. Este deve obedecer "*in totum*" o que está determinado na partitura, dirigindo o conjunto de vários músicos, executantes dos instrumentos. Para isso, o maestro, ao se comprometer a dirigir a orquestra, deve escolher bem os seus integrantes. Não é possível discrepâncias no conjunto. A partitura na execução não pode ser alterada, admitindo-se que a sua concepção é perfeita. Se tal acontecer, o único responsável é o maestro regente.

CAPÍTULO 2

PROPRIEDADES DOS MATERIAIS

Carlos Eduardo Marmorato Gomes
Adla Kellen Dionisio

2.1 CONSIDERAÇÕES INICIAIS

Neste capítulo, é realizada uma correlação entre as propriedades físicas, químicas e mecânicas dos materiais com as manifestações patológicas mais comuns da construção civil, com ênfase não somente nos elementos construtivos, mas também nas características micro ou macroestruturais dos materiais. Assim, é importante salientar que não se deve qualificar os materiais como bons ou ruins e associar seu uso à ocorrência das patologias, pois também seu emprego inadequado bem como desconhecimento de suas propriedades são fatores determinantes para possível perda de desempenho nas funções em que estão sujeitos ou são especificados. Assim, em várias situações, os materiais são expostos química e fisicamente a situações agressivas ou solicitados a tensões além de sua capacidade mecânica com implicações que resultam em menor durabilidade ou prejuízos à sua integridade estrutural. Essas questões não se relacionam apenas com suas aplicações, mas, também, podem estar associadas ao seu processo produtivo na indústria. Em ambas as situações, o controle tecnológico por meio das normas técnicas ou práticas recomendadas é fundamental. Porém, o atendimento aos padrões normativos de cada produto, bem como suas especificações técnicas, pode não ser suficiente para garantia de bom desempenho se eles forem empregados de forma incorreta. Assim, é fundamental atentar-se às propriedades e características de cada material empregado na construção civil, bem como usá-lo de forma racional para, assim, obter não somente um bom desempenho, mas, também, durabilidade, em consonância com os princípios da sustentabilidade aplicada à construção civil.

2.2 PROPRIEDADES FÍSICAS E QUÍMICAS

Embora na construção civil seja possível o uso de materiais tecnologicamente mais avançados ou com maior nível de industrialização, o emprego de materiais *in natura* ou pouco processados é preponderante, como, por exemplo, os agregados usados na construção civil para produção de argamassas e concreto de cimento Portland. No entanto, em qualquer situação, independentemente do nível tecnológico com que os materiais de construção são produzidos ou processados, o entendimento do seu desempenho mecânico e comportamento frente às mais diversas condições de exposição faz-se necessário para prevenir ou mitigar eventuais patologias. Entre as características mais importantes desses materiais, estão as propriedades físicas e químicas expostas a seguir.

Densidade: é a relação entre a massa e o volume ocupado pelo material. Para materiais granulares temos duas definições: a densidade real e a densidade aparente, que leva em consideração o volume total, incluindo os vazios entre partículas. Embora relativamente simples, essa propriedade, por exemplo, está correlacionada diretamente com o desempenho acústico, térmico e mecânico dos materiais. Do ponto de vista estrutural, em regra, materiais mais densos são mais resistentes, pois apresentam menor índice de vazios, ou seja, mais massa para suportar determinadas ações ou solicitações. Tomemos como exemplo a madeira. Espécies que apresentam maior densidade são entendidas como madeira dura e apresentam melhores propriedades mecânicas. Espécies menos densas são denominadas madeiras moles ou macias e, portanto, menos resistentes às ações mecânicas ou às intempéries.

Compacidade: a compacidade dos materiais pode ser entendida por densificação. Quanto maior for a quantidade de massa por determinando volume, mais compacto é o material. Esse conceito está muito associado às cerâmicas, como os tijolos, as argamassas e o concreto de cimento Portland. Para maior compacidade, há tendência de melhores propriedades mecânicas e, consequentemente, diminuição da permeabilidade ou absorção, por exemplo. Isso pode ser determinante na prevenção de determinadas patologias. O aumento da compacidade do material, por exemplo, permite a produção de concretos de alto desempenho. Embora aparentemente simples, o ganho de resistência mecânica, com diminuição da porosidade e permeabilidade, somente foi possível por meio da incorporação de adições minerais e redução da água de amassamento por meio de aditivos plastificantes de última geração. Assim, é importante associar a densificação ou compacidade com o desempenho físico e mecânico dos materiais como forma de proporcionar melhor desempenho e maior durabilidade.

Porosidade: relaciona-se diretamente com o índice de vazios do material e pode ser natural ou incorporada no processo produtivo do elemento construtivo. São exemplos de materiais naturais muito porosos a pedra-pomes e a terra diatomácea. Por outro lado, a vermiculita e a argila expandida são materiais processados com finalidade de obter elevada porosidade e maior leveza. A porosidade (Fig. 2.1) do material não implica diretamente maior permeabilidade. Para que haja maior permeabilidade ou maior absorção, é necessário atentarmos ao conceito de porosidade aberta ou porosidade fechada, ou seja, se os poros são comunicantes ou não. Assim, no tocante às manifestações patológicas, a porosidade aberta implica maior permeabilidade ou absorção das intempéries e agentes agressivos, que, ao percolarem pelo material, podem acarretar indesejáveis reações químicas, lixiviação, expansão por umidade, que são manifestações patológicas muito comuns para materiais que possuem essa característica.

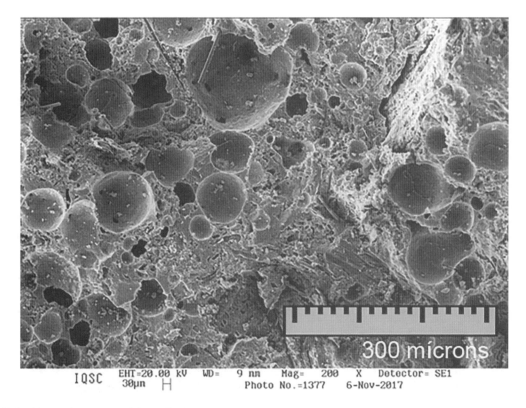

Figura 2.1 Poros de uma matriz cerâmica.

Absorção: ocorre quando um meio líquido consegue penetrar na estrutura do material. Muitas manifestações patológicas estéticas ou estruturais estão relacionadas com a presença da umidade, como a umidade ascendente em alvenarias, onde, por capilaridade, a água pode ser absorvida pelos tijolos ou blocos de maneira geral. Embora muito relacionada com os materiais cerâmicos, a absorção de líquidos pode prejudicar o desempenho de vários materiais, como a madeira, por exemplo, pois favorece a proliferação de fungos. Substratos com elevada absorção comprometem também a integridade de outros sistemas, como os revestimentos e pinturas de maneira geral. As tintas e os revestimentos, com frequência, tendem a se degradar quando os álcalis do substrato são lixiviados para a superfície, causando eflorescências. Assim, tintas pouco resistentes à alcalinidade tendem a se decompor, fenômeno conhecido como saponificação (Figs. 2.2 e 2.3).

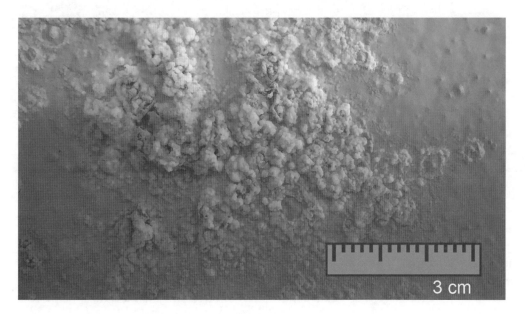

Figura 2.2 Saponificação do revestimento – tintas.

Figura 2.3 Saponificação do revestimento – formação de sais.

Uma das patologias mais comuns oriundas da absorção de água é a fissuração (Fig. 2.4) por dilatação higroscópica de materiais cerâmicos. A reidratação de alguns compostos, assim como a alteração das tensões internas dos materiais, faz com que o material se expanda. Então, ciclos de saturação e secagem produzem estresse e fadiga, levando à formação de fissuras. Em revestimentos argamassados, elas normalmente são identificadas pela formação de mapeamento conhecido como escamas de peixe.

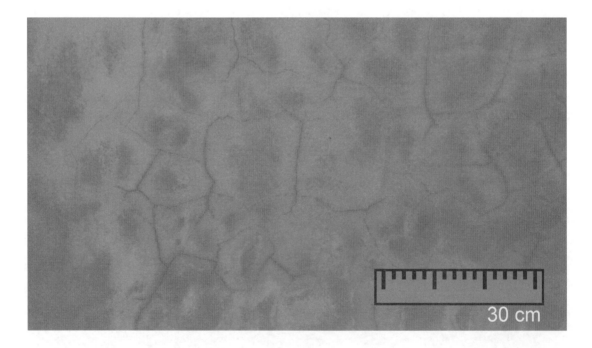

Figura 2.4 Expansão por umidade do substrato – fissuração higroscópica.

Também, considerando a elevada absorção das cerâmicas porosas, não somente a sua porosidade é uma condicionante para a perda de desempenho, mas também suas condições de queima em seu processo produtivo (Fig. 2.5). Cerâmicas pouco calcinadas têm menor resistência mecânica, baixa resistência ao impacto, à abrasão e menor durabilidade quando expostas às intempéries.

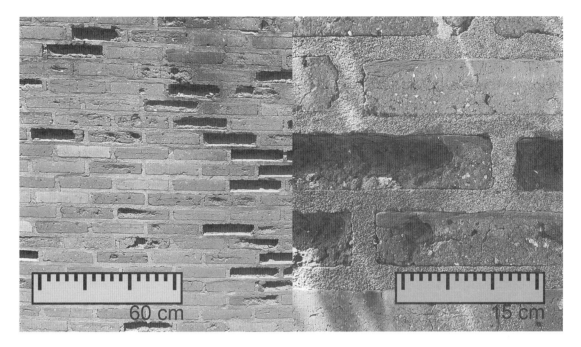

Figura 2.5 Perda de massa em cerâmicas porosas calcinadas a baixa temperatura.

Permeabilidade: caracterizada pela facilidade de um meio líquido atravessar a estrutura interna dos materiais. Está relacionada não somente à porosidade aberta, mas, também, à presença de fissuras (Fig. 2.6) ou trincas no elemento construtivo. O concreto de cimento Portland, por exemplo, é um material compósito que pode apresentar fissuras em nível microestrutural, como são as fissuras oriundas da retração hidráulica, ou estruturais, quando submetido a solicitações mecânicas indesejáveis ou não previstas em projeto. Assim, a permeabilidade pode potencializar o surgimento de manifestações patológicas, prejudicando o desempenho mecânico do material. A eflorescência de sais e a formação de carbonato de cálcio dão origem às estalactites (Figs. 2.7 e 2.8), patologias comuns que comprometem a estrutura do concreto armado e diminuem sua durabilidade e vida útil.

Figura 2.6 Fissura por dilatação higroscópica.

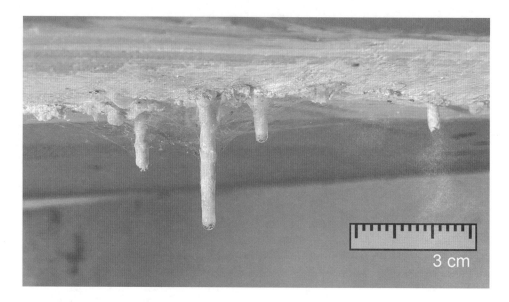

Figura 2.7 Formação de estalactite por permeabilidade e lixiviação de sais.

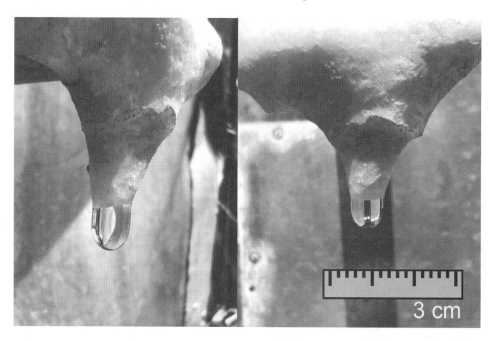

Figura 2.8 Lixiviação de sais em estrutura de concreto armado.

Hidrofilicidade e hidrofugação: hidroficilidade refere-se à afinidade do material com a água, por atração molecular, e pode prejudicar o desempenho estético ou estrutural da maioria dos materiais ou elementos construtivos. Por sua vez, hidrofugação refere-se à repulsão da água, característica de alguns materiais usados em impermeabilização. Nesse sentido, uma das formas de prevenir determinadas patologias é o uso de materiais hidrofugantes em substratos muito porosos.

Condutibilidade térmica e dilatação: condutibilidade térmica é a propriedade do material de transportar energia térmica e possui implicação direta na dissipação do calor. A dificuldade na dissipação dessa energia pode resultar no aumento da temperatura e consequentemente em dilatação térmica dos elementos construtivos. A dilatação pode gerar tensões de tração interna nesses materiais ou, então, tensões de compressão nos elementos adjacentes se estiverem confinados, induzindo, assim, o aparecimento de fissuras que podem comprometer a integridade do elemento construtivo. No Quadro 2.1, em conformidade com a ABNT NBR 15575 – Edificações habitacionais – Desempenho – Parte 1: Requisitos gerais, são apresentados os principais métodos de medição dessa propriedade e demais propriedades térmicas correlacionadas.

Quadro 2.1 ABNT NBR 15575 – Métodos de medição de propriedades térmicas de materiais e elementos construtivos.

Propriedade	Determinação
Condutividade térmica	ASTM C518, ASTM C177, ASTM C1363, ISO 8301, ISO 8302, ISO 8990
Calor específico	ASTM E1269, ASTM D4611
Densidade de massa aparente	ASTM D854
Emissividade	ASTM C1371
Absortância à radiação solar	ASTM C1549, ASTM E903, ASTM E1918
Resistência ou transmitância térmica de elementos	ABNT NBR 15220
Fator solar e características espectrais de vidros (transmitância, refletância, absortância e emitância)	ASTM E903, ISO 9050, EN 410, EN 12898, NFRC 300, NFRC 301, ASHRAE 74

Fonte: ABNT (2021).

Condutividade elétrica: é a facilidade de um material para transportar cargas elétricas. Possui relação direta com as principais manifestações patológicas em metais, favorecendo, por exemplo, a formação de pilhas galvânicas, levando ao surgimento da corrosão e perda de massa do material, especialmente do metal menos nobre de maior reatividade.

Resistência à alcalinidade ou aos ácidos: algumas manifestações patológicas em materiais estão relacionadas com o pH do meio em que se inserem ou são oriundas de agentes externos. Alguns polímeros, por exemplo, possuem baixa resistência à alcalinidade e podem se degradar com facilidade, como o poliéster e o polietileno tereftalato (PET). Materiais como o concreto e a argamassa de cimento Portland, por serem básicos, não combinam com meios ácidos. A Figura 2.9 mostra um compósito de cimento Portland com a fibra atacada pelos álcalis da matriz cimentícia.

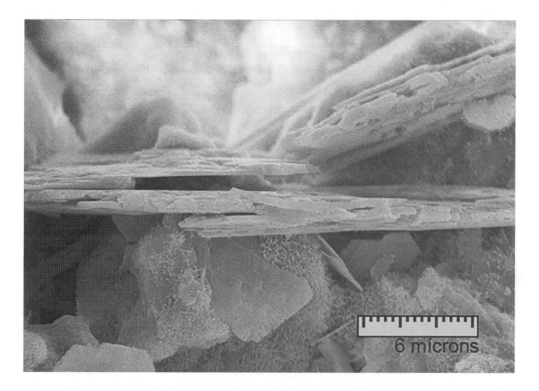

Figura 2.9 Fibra atacada pelos álcalis da matriz cimentícia.

Resistência à radiação ultravioleta: os raios ultravioleta são responsáveis pela maioria das manifestações patológicas em materiais poliméricos, que são formados por cadeias longas e facilmente quebradas pela ação do UV. Ao longo do tempo, a maioria dos plásticos expostos a essa radiação se torna quebradiça, sendo alguns mais duráveis que os outros. Por exemplo, o polipropileno, que apresenta melhor desempenho à radiação. O policarbonato, muito empregado em coberturas e fechamentos, necessita de tratamento e estabilizantes contra a ação dos raios ultravioleta para ter maior durabilidade.

2.3 PROPRIEDADES MECÂNICAS E ESTRUTURAIS

O conhecimento das propriedades mecânicas dos materiais é fundamental para seu desempenho e prevenção das manifestações patológicas, especialmente aquelas de ordem estrutural, pois sua capacidade em suportar ações, permanentes ou variáveis, implica maior ou menor durabilidade e vida útil. Portanto, além da resistência à compressão, tração, flexão, também propriedades como rigidez ou deformabilidade são importantes, expressas por meio de seu módulo de elasticidade ou módulo de deformação. Essas propriedades são fundamentais para quaisquer aplicações ou finalidades a que esses materiais se destinam em uma obra. Nesse contexto, destaca-se a classificação dos materiais conforme sua origem ou processo produtivo, como uma das formas mais simples para podermos estabelecer quadros comparativos. Por exemplo, a classe dos materiais cerâmicos possui boa resistência à compressão, mas baixa resistência à tração e ao impacto. A classe dos materiais metálicos possui boa resistência à compressão e à tração, bem como elevada rigidez. Por outro lado, a classe dos materiais poliméricos possui boa resistência à tração e baixo módulo de elasticidade, é capaz de suportar cargas e é muito deformável. A Tabela 2.1 apresenta uma comparação da resistência entre alguns materiais conforme sua classificação.

Tabela 2.1 Propriedades mecânicas e classificação dos materiais.

Material (classificação)	Resistência à compressão [f_c]	Resistência à tração [f_t]	Modulo de deformação ou elasticidade [E]
Argamassa (cerâmica)	4 a 70 MPa	~ 10 % f_c	10 a 20 GPa
Concreto (cerâmica)	10 a 120 MPa	~ 10 % f_c	30 a 35 GPa
Madeira (natural)	20 a 40 MPa	~ 1,30 f_c	3 a 15 GPa
Aço (metálico)	500 MPa	500 MPa	210 GPa
Alumínio (metálico)	450 MPa	450 MPa	~ 70 GPa
Polímeros (orgânico)	Alta (ex.: 100 MPa)	Alta (ex.: 500 MPa)	Baixo (ex.: 4 GPa)

A resistência mecânica e a capacidade de deformação são fundamentais para suportar cargas ou ações sem prejuízos de ordem estrutural. De maneira geral, podem-se classificar, no âmbito da construção civil, os materiais como elásticos, plásticos ou elastoplásticos, que apresentam parcelas de deformação elástica e plástica. Elásticos compreendem todos os materiais que suportam ações sem apresentar deformações permanentes. Por outro lado, os plásticos são materiais que apresentam deformações residuais ou permanentes quando solicitados mecanicamente. Porém, no campo da ciência, os materiais são predominantemente elásticos ou predominantemente plásticos.

Na área de impermeabilizações das estruturas, por exemplo, há impermeabilizações rígidas ou flexíveis. As rígidas são argamassas cimentícias compostas com aditivos que conferem um grau de impermeabilidade. No entanto, possuem pouca flexibilidade e capacidade de deformação. As impermeabilizações flexíveis são compostas geralmente por polímeros que, além de impermeabilizarem o substrato, apresentam boa capacidade de acompanhar eventuais movimentações da estrutura. Não seria adequando associar os sistemas de impermeabilização rígidos onde previamente se espera a movimentação da estrutura, seja por atuação das cargas ou por origem física, como a dilatação térmica ou expansão por umidade. Como exemplo, pode-se citar uma patologia muito comum em estruturas de Light Steel Frame. Nesse sistema construtivo, algumas placas cimentícias podem apresentar acentuada variação dimensional frente à umidade. Como essas placas são fixadas nos perfis metálicos, as juntas são preenchidas com selantes. Tanto a dilatação térmica quanto a expansão por umidade das placas podem levar à fissuração dos materiais que compõem as juntas. Assim, recomenda-se o emprego de placas mais estáveis dimensionalmente ou de materiais com grande capacidade de deformação nas juntas.

O desempenho mecânico dos principais materiais portantes usados na produção dos sistemas estruturais também deve ser correlacionado às exigências da ABNT NBR 15575 – Edificações habitacionais – Desempenho – Parte 1: Requisitos gerais. A perda de desempenho e a ocorrência de patologias interferem diretamente na vida útil da edificação e, por muitas vezes, leva à não garantia de que determinado sistema atinja a vida útil de projeto (VUP) mínima exigida neste documento normativo (Tab. 2.2).

Tabela 2.2 Vida útil mínima de projeto.

Sistema	VUP mínima em anos
Estrutura	≥ 50, Conforme ABNT NBR 8681
Pisos internos	≥ 13
Vedação vertical externa	≥ 40
Vedação vertical interna	≥ 20
Cobertura	≥ 20

Fonte: ABNT (2021).

Os Quadros 2.2 a 2.4 mostram a correlação entre as propriedades do cimento Portland, dos aços e das madeiras, respectivamente.

Quadro 2.2 Propriedades do concreto de cimento Portland.

Propriedades gerais do concreto convencional	Desempenho
Compressão	Bom
Tração	Débil
Flexão	Fraco
Deformabilidade	Rígido
Forma de ruptura	Frágil
Resistência aos ácidos	Fraco
Resistência às bases	Bom
Comportamento frente ao fogo	Regular

Quadro 2.3 Propriedades gerais dos aços.

Propriedades gerais dos aços	Desempenho mecânico
Compressão	Bom
Tração	Bom
Flexão	Bom
Maleabilidade	Bom
Forma de ruptura	Dúctil ou tenaz
Comportamento frente ao fogo	Ruim

Quadro 2.4 Propriedades gerais das madeiras.

Propriedades gerais das madeiras	Desempenho mecânico
Compressão	Regular
Tração	Bom
Flexão	Bom
Forma de ruptura	Tenaz
Comportamento frente ao fogo	Bom
Desempenho térmico e acústico	Bom

2.4 QUALIDADE E CONTROLE TECNOLÓGICO

O conceito de qualidade para uma construção está atrelado ao desempenho, que se refere ao comportamento durante o uso. A qualidade significa empregar materiais adequados à construção e ao ambiente local, projetar e executar respeitando as normas vigentes e a boa técnica. Além disso, mantém-se bom desempenho e, por consequência, boa qualidade quando há correto uso e manutenção da construção.

Em relação aos projetos, podem interferir na qualidade em relação aos erros de projeto ou, por exemplo, detalhes construtivos que possam influenciar no surgimento de manifestações patológicas (Fig. 2.10). Acrescenta-se a isso o fator de escolha dos materiais adequados para cada construção, ambiente da construção e localização.

Figura 2.10 Detalhes arquitetônicos em fachada que contribuíram para o aparecimento de sujidade na superfície do revestimento.

Em situações de pintura em ambientes externos, devido à exposição aos raios solares, é necessário escolher uma tinta com boa resistência à radiação ultravioleta. A escolha de tinta com baixa resistência aos raios UV para fachada ou para elementos de madeira com propriedade inadequada pode causar perda de brilho e descascamento da pintura (Fig. 2.11).

Com relação ao revestimento cerâmico, a especificação deve ser de acordo com a resistência à abrasão do material e local de aplicação. Caso se indique um material inadequado, poderão ocorrer manifestações patológicas ou acidentes. No caso de uma fachada, a seleção de um revestimento cerâmico com alto nível de porosidade poderá, durante uma chuva, absorver muita água e ter a tonalidade alterada. O mesmo se dá com a escolha de revestimento cerâmico para áreas molhadas, como piscinas, que são ambientes em que o material deve ter maior resistência ao atrito para evitar acidentes.

Figura 2.11 Pintura descascada em painel de madeira.

Por outro lado, quando se utiliza concreto armado, é preciso escolher adequadamente o tipo de cimento Portland e a resistência mínima adequada, de acordo com a classe de agressividade estabelecida pela norma ABNT NBR 12655, como mostram os Quadros 2.5 e 2.6.

Quadro 2.5 Classe de agressividade ambiental conforme ABNT NBR 12655.

Classe de agressividade ambiental	Agressividade	Classificação geral do tipo de ambiente para efeito de projeto	Risco de deterioração da estrutura
I	Fraca	Rural	Submersa
		Insignificante	
II	Moderada	Urbana	Pequeno
III	Forte	Marinha	Grande
		Industrial	
IV	Muito forte	Industrial	Elevado

Fonte: ABNT (2022).

Quadro 2.6 Correspondência entre classe de agressividade e qualidade do concreto.

Concreto	Tipo	Classe de agressividade			
		I	II	III	IV
Relação água/cimento em massa	CA	≤ 0,65	≤ 0,60	≤ 0,55	≤ 0,45
	CP	≤ 0,60	≤ 0,55	≤ 0,50	≤ 0,45
Classe de concreto	CA	≥ C20	≥ C25	≥ C30	≥ C40
	CP	≥ C20	≥ C25	≥ C30	≥ C40
Consumo de cimento Portland por m³ de concreto kg/m³	CA e CP	≥ 260	≥ 280	≥ 320	≥ 360

Legenda: CA – Componentes e elementos estruturais de concreto armado; CP – Componentes e elementos estruturais de concreto protendido.

Fonte: ABNT (2022).

A qualidade dos materiais está relacionada com suas condições de fabricação e, consequentemente, com suas propriedades. Para os materiais que são produzidos na indústria, suas propriedades devem ser verificadas. Por isso, é necessário realizar o controle tecnológico nas empresas. A indústria que produz cimento Portland deve verificar a finura, o tempo de cura, a resistência mecânica à compressão, entre outras propriedades.

Para alguns materiais, como agregados, o controle tecnológico pode ser realizado em laboratórios especializados nesse serviço. Por exemplo, em uma construção de grande porte, como um estádio de futebol ou uma ponte de concreto armado, é imprescindível realizar o controle tecnológico para investigar as propriedades dos agregados que serão empregados. Nesse caso, é necessário, além de analisar a granulometria dos agregados, investigar a possibilidade de o agregado ou outro constituinte estar contaminado, reagir com o cimento Portland e desencadear a formação do gel que caracteriza a reação álcali-agregado.

No que diz respeito aos materiais, como concreto e argamassa, o primeiro pode ser produzido em obra ou comprado de uma central de dosagem, o segundo pode ser produzido em obra, comprado de uma central ou adquirido em lojas de materiais de construção (produzido na indústria). O material produzido em central de dosagem deve passar por controle tecnológico pela central de dosagem, que deve fazer os testes dos materiais constituintes do concreto e/ou argamassa e do próprio concreto e/ou argamassa. Na construção, tanto o concreto produzido em central de dosagem como o concreto produzido *in loco* na obra devem ser submetidos, no estado fresco, ao ensaio de abatimento (*slump test*), que deve ser realizado como preconiza a ABNT NBR 16889. Além disso, devem-se coletar amostras de concreto para realizar o ensaio de resistência à compressão, pois é por meio dessa propriedade que é realizado o controle da resistência do concreto. Para o concreto, as propriedades utilizadas para seu controle tecnológico e, assim, para avaliar sua qualidade, são o abatimento em obra e o ensaio de resistência à compressão.

Outro fator que pode influenciar na qualidade dos materiais e, consequentemente, nas propriedades dos materiais é o armazenamento inadequado em obra. Nesse sentido, é preciso atentar-se ao estoque adequado de cada tipo de material presente em um canteiro de obra. Por exemplo, no caso do cimento Portland, deve ser mantido distante das paredes e do chão, para evitar que absorva umidade. Caso isso ocorra e o cimento seja utilizado, pode causar o aparecimento de manifestações patológicas.

Ainda no canteiro de obra, na fase de execução é preciso observar a qualidade do material empregado e aplicá-lo corretamente. Erros na execução podem acarretar o surgimento de problemas, de forma que os materiais ou sistemas da construção não desempenhem suas propriedades e funções adequadamente. Por exemplo, a ausência ou a inadequada impermeabilização da fundação pode causar absorção de umidade pela alvenaria e posterior aparecimento de eflorescência na alvenaria e/ou no revestimento. A Figura 2.12 mostra um exemplo de eflorescência, como indicador da presença de umidade. Nesse caso, a função do sistema fica comprometida, pois a umidade afeta a resistência mecânica da alvenaria.

Figura 2.12 Eflorescência como indicador da presença de umidade e de ausência ou inadequada impermeabilização.

Problemas de impermeabilização também podem aparecer em esquadrias quando há deficiências na impermeabilização, por exemplo, em esquadrias de vidro e material metálico. A Figura 2.13 ilustra a presença de umidade no revestimento causada pela deficiência na vedação entre o vidro e a estrutura da esquadria. A ausência ou deficiência na impermeabilização pode acarretar a absorção de água, por exemplo, pelo revestimento e pela alvenaria, fator que compromete a integridade do sistema de vedação e pode causar manifestações patológicas, como eflorescência ou aparecimento de microrganismos – algas, mofo, bolor.

Adicionalmente aos fatores citados, o uso em operação inadequada e a falta de manutenção, principalmente preventiva, podem afetar a qualidade em serviço de maneira que o material tenha sua propriedade afetada e deixe de exercer sua função. Por exemplo, a mudança de uso de uma laje de concreto armado, que foi projetada para ser uma residência e passou a ser uma academia, que usa máquinas, ou uma biblioteca que terá o peso de estantes e livros. A mudança no uso a laje afetará seu desempenho estrutural em serviço; isso pode acarretar o aparecimento de manifestações patológicas, como fissuração.

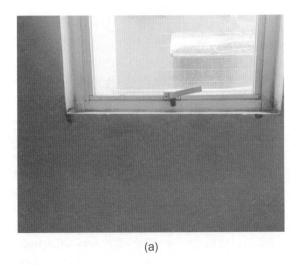
(a)

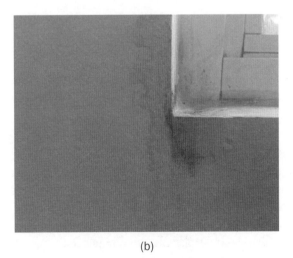
(b)

Figura 2.13 Esquadria de alumínio e vidro com problema de impermeabilização devido à inadequada vedação do vidro com o alumínio. Há presença de (a) manchas de umidade e de (b) mofo.

A alteração, seja por erro de projeto, fabricação, execução, uso inadequado ou falta de manutenção, afeta a qualidade dos materiais, e, por consequência, suas propriedades e o desempenho dos sistemas na construção. Esses fatores influenciam na vida útil da construção. Para uma edificação, o uso dos sistemas, ações de manutenção, as mudanças climáticas e no entorno afetam as propriedades dos materiais, a qualidade da construção e, portanto, seu desempenho e sua vida útil ao longo do tempo.

2.5 DURABILIDADE E ALTERAÇÕES QUÍMICAS

A durabilidade dos materiais e dos sistemas está relacionada com a qualidade, o desempenho e a vida útil da construção. A durabilidade, conforme a norma de desempenho ABNT NBR 15575-1 (ABNT, 2021), é a "capacidade da edificação ou de seus sistemas desempenhar suas funções, ao longo do tempo e sob condições de uso e manutenção especializadas no manual de uso, operação e manutenção". Adotando esse conceito para todas as construções, pode-se referir a durabilidade como a habilidade de uma construção para desempenhar suas funções ao longo do tempo de vida útil.

A vida útil refere-se ao tempo em que a construção desempenha suas funções regularmente. Esse tempo pode variar conforme os materiais empregados, o sistema construtivo adotado, as condições de execução e entorno, incluindo o local e o clima da região. Todas as construções sofrem degradação e têm sua durabilidade reduzida ao longo do tempo. Em consequência disso, o desempenho e a vida útil diminuem.

A Figura 2.14 ilustra a relação entre a qualidade, o desempenho e a durabilidade das construções. Alterações na qualidade afetarão o desempenho e, por consequência, a durabilidade do material e da construção, assim como a redução no desempenho poderá afetar a durabilidade e, também, a qualidade. Esses fatores irão influenciar na capacidade do material de desempenhar suas funções. Portanto, o comprometimento da durabilidade pode afetar as propriedades do material.

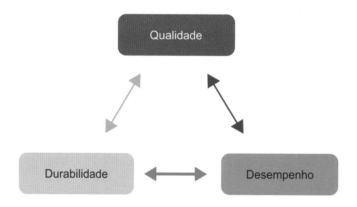

Figura 2.14 Correlação entre qualidade, durabilidade e desempenho.

O Quadro 2.7 mostra algumas alterações que podem afetar a durabilidade e a capacidade do material de desempenhar sua função e alterar suas propriedades prévias. Essas alterações podem ser físicas, químicas, mecânicas e biológicas.

As alterações físicas que podem influenciar na durabilidade são: variações volumétricas, porosidade, desgaste superficial, cristalização dos sais e exposição a extremos de temperatura. As variações volumétricas podem ser devidas à existência de gradiente de temperatura, presença de umidade ou cristalização de sais nos poros. A presença de umidade pode alterar as propriedades dos materiais, pois altera sua permeabilidade, além de ser um fator desencadeador para aparecimento de microrganismos biológicos, por exemplo, em revestimentos argamassados, cerâmicos, de pintura e no concreto armado. Além disso, a expansão pode desencadear o deslocamento do material (Fig. 2.15), que deixará de exercer sua função e terá suas propriedades prévias alteradas. Outra alteração física é o desgaste da superfície que vai alterar a resistência à abrasão do material e pode desencadear acidentes, por exemplo, em pisos industriais, estradas de asfalto ou concreto armado e pistas de aeroportos.

Quadro 2.7 Alterações que podem afetar a durabilidade dos materiais.

Físicas	Químicas	Mecânicas	Biológicas
• Variações volumétricas • Porosidade • Desgaste da superfície • Exposição a extremos de temperatura	• Carbonatação • Alterações devidas às reações expansivas • Corrosão • Lixiviação de sais	• Esforços excessivos • Redução da resistência mecânica em decorrência da perda de massa • Deformação lenta (fluência)	• Presença de mofo, bolor, algas • Presença de insetos, como cupins

Figura 2.15 Desplacamento do revestimento com exposição da alvenaria.

Carbonatação, modificações devidas às reações expansivas, corrosão e lixiviação de sais são algumas das alterações que podem afetar as propriedades dos materiais. Por exemplo, a corrosão (Fig. 2.16), que ocorre nos materiais metálicos, acarreta perda de massa desses materiais e reduz a resistência mecânica. Além disso, a corrosão, por exemplo, na armadura do concreto armado pode acarretar perda de massa do aço e do concreto e, também, fissuração no concreto.

Figura 2.16 Corrosão da estrutura metálica de uma ponte.

As alterações mecânicas podem estar relacionadas com esforços excessivos, perda de massa, deformação lenta, entre outras causas. Exemplificando: a perda de massa, que pode ser em decorrência de corrosão, fissuração, exposição ao fogo, umidade, entre outros fatores, reduz a resistência mecânica do revestimento, da alvenaria e até do concreto armado. A Figura 2.17 ilustra a perda de massa do concreto em um viaduto de concreto armado.

Por outro lado, a presença de microrganismos biológicos, como mofo, bolor, algas e/ou insetos, pode danificar os diversos materiais. Os insetos, como cupins, danificam a madeira (Fig. 2.18), alimentando-se dela e alterando sua resistência mecânica.

Figura 2.17 Viaduto ferroviário danificado com perda de massa do concreto e exposição da armadura.

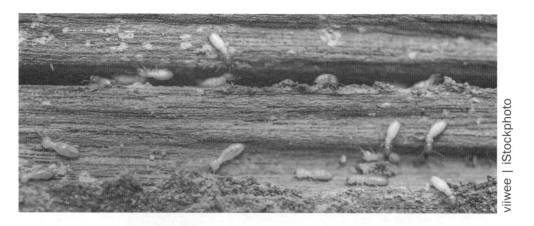

Figura 2.18 Ataque de cupins e danos à madeira.

Nesse aspecto, nas construções a durabilidade é influenciada pela qualidade dos materiais e pelo desempenho de cada sistema. Conforme a norma de desempenho Parte 1 (ABNT NBR 15575-1, de 2021), "a durabilidade de um produto se extingue quando ele deixa de atender às funções que lhe forem atribuídas, quer seja pela degradação que o conduz a um estado insatisfatório de desempenho, quer seja por obsolescência funcional". Assim, a durabilidade das construções e a manutenção das propriedades prévias dos materiais dependem de diversos fatores e pode ser acelerada pela ausência de manutenção preventiva ou corretiva.

2.6 INCOMPATIBILIDADE DE MATERIAIS

Algumas manifestações patológicas da construção civil estão associadas à incompatibilidade química entre os materiais. Entre elas, a alcalinidade ou acidez do meio, representada por seu pH. Em compósitos cimentícios reforçados com fibras, deve ser necessariamente álcali-resistente, uma vez que o pH das argamassas e concretos normalmente apresenta-se acima de 12. Assim, essas fibras, seja para reforço mecânico ou para mitigação das fissuras de retração hidráulica, necessariamente devem resistir ao meio básico da matriz de cimento Portland. A degradação dessas fibras (Fig. 2.19) pode comprometer a vida útil de um revestimento argamassado ou mesmo de um elemento estrutural de concreto. Podem-se citar, então, fibras que devem ser evitadas, como as de poliéster, de politereftalato de etileno (PET) ou mesmo as fibras de vidro comuns do tipo E.

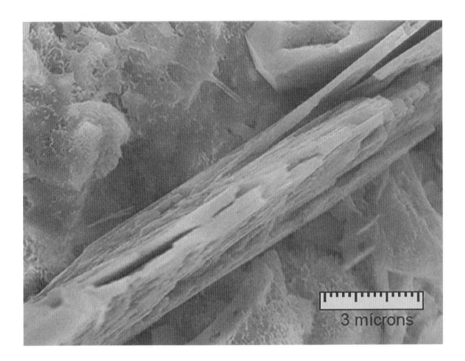

Figura 2.19 Degradação de elemento fibroso no meio alcalino do cimento Portland.

Da mesma forma que se deve considerar a alcalinidade das argamassas e dos concretos, pode-se concluir que tais materiais não podem ser expostos aos meios ácidos, mesmo que leves. Isso porque cerca de 18 % do volume de uma pasta de cimento hidratada é composto por hidróxido de cálcio, elemento facilmente friável e lixiviável. Assim, mesmo as intempéries na forma de ácidos leves são capazes de reagir com os álcalis presentes na estrutura interna desses materiais e proporcionar sua perda de massa ao longo do tempo na forma de sais.

Sistemas construtivos mais industrializados, como o Wood Frame ou Light Steel Frame, também estão sujeitos à incompatibilidade de materiais e podem apresentar patologias entre materiais. Uma incompatibilidade química nesse sistema, por exemplo, ocorre entre uma placa plana de oxicloreto de magnésio e perfis de aço galvanizados usados na produção dos painéis de fechamento. Os íons de cloro livre presentes na placa de fechamento podem promover a corrosão da galvanização do aço. Portanto, como alternativa às placas cimentícias convencionais de cimento Portland, devem-se empregar as placas magnesianas oxissulfatadas, que não atacam quimicamente os perfis que compõem a estrutura desse sistema construtivo.

A corrosão galvânica tratada anteriormente também é oriunda da incompatibilidade entre materiais metálicos, especialmente quando um metal menos nobre é colocado em contato com um material de maior estabilidade química.

No caso de edificações históricas, o revestimento argamassado geralmente é à base de cal e não contém cimento Portland. O emprego desse material em situação de reparo pode afetar o revestimento. A cal e o cimento Portland comportam-se de maneiras diferentes, pois têm coeficientes de dilatação distintos. Assim, uma argamassa à base de cal – e sem cimento Portland – irá se movimentar de forma diferente de uma argamassa à base de cimento Portland, o que pode gerar fissuração no revestimento.

2.7 CONSIDERAÇÕES FINAIS

A seleção adequada dos materiais conforme suas propriedades e condições de uso é fundamental para um bom desempenho e durabilidade das construções ao longo do tempo. Destaca-se que não somente a escolha do material mas, também, sua correta aplicação permitem seu desempenho minimamente satisfatório nas situações de serviço dos sistemas construtivos, em diferentes condições de exposição ambientais ou estruturais. Dessa forma, conclui-se que desconsiderar as propriedades físicas, químicas e mecânicas dos materiais tanto na fase de projeto quanto durante as etapas de construção poderá causar manifestações patológicas que irão impactar na vida útil de todo o sistema construtivo.

CAPÍTULO 3

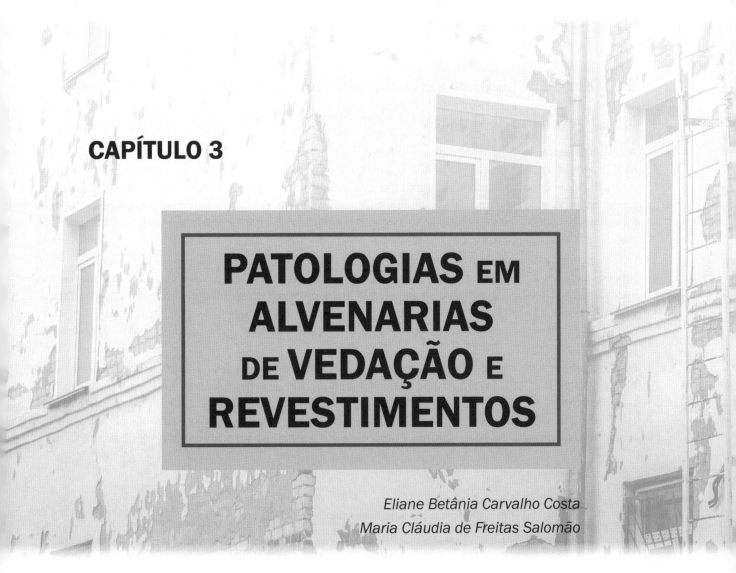

PATOLOGIAS EM ALVENARIAS DE VEDAÇÃO E REVESTIMENTOS

Eliane Betânia Carvalho Costa
Maria Cláudia de Freitas Salomão

3.1 CONSIDERAÇÕES INICIAIS

A alvenaria de vedação e o revestimento são elementos constituintes do sistema de vedação vertical. O desempenho desse sistema e de seus componentes pode ser avaliado pelos critérios propostos pela ABNT NBR 15575-4, que estabelece os requisitos mínimos de segurança estrutural, segurança contra o fogo, estanqueidade, desempenho térmico e acústico, durabilidade e manutenibilidade.

A ocorrência de manifestações patológicas, muito comum nos sistemas de vedação vertical, pode contribuir para alteração e redução do desempenho de seus componentes. A incidência de fissuras, trincas, desagregações, descolamento, destacamento e manchas são as manifestações patológicas mais comuns e podem ser oriundas de falhas no projeto e/ou execução, uso inadequado, ação de agentes externos e falta de manutenção.

Medidas corretivas mais assertivas na prevenção e eliminação das manifestações patológicas podem ser tomadas a partir do entendimento da origem da degradação. Nesse sentido, o presente capítulo tem como objetivo abordar as patologias em alvenarias de vedação e revestimentos, discutindo as causas dessas manifestações. Inicialmente, serão abordadas algumas características dos componentes e elementos que constituem a alvenaria e os revestimentos das edificações e, posteriormente, os mecanismos de degradação atuantes e as principais manifestações patológicas resultantes deles.

3.2 ELEMENTOS DA ALVENARIA DE VEDAÇÃO E REVESTIMENTOS

3.2.1 Alvenaria de vedação

A alvenaria de vedação pode ser definida como um componente construtivo do sistema de vedação vertical, conformado em obra, constituído por blocos ou tijolos unidos entre si por juntas de assentamento de argamassa, formando um conjunto monolítico com características próprias destinado a compartimentar espaços e preencher os vãos de estruturas (Fig. 3.1). Esse componente tem como função principal proteger os ambientes e a edificação contra intempéries, contribuindo para o isolamento térmico e acústico, não sendo dimensionado para resistir a esforços além do seu peso próprio e cargas de utilização, como armários, redes de dormir e outros.

A alvenaria de vedação é composta por elementos que têm características particulares, desempenham funções específicas, mas são dependentes e interagem. Os blocos ou tijolos[1] devem apresentar dimensões adequadas, resistência à compressão compatível com o projeto, permeabilidade e variações volumétricas compatíveis com as condições de exposição/uso a que a alvenaria estará submetida, além de características superficiais, como rugosidade (textura superficial) e distribuição de poros, apropriadas à argamassa de assentamento e revestimento.

A argamassa de assentamento[2] deve apresentar consistência adequada para suportar o peso dos blocos/tijolos e mantê-los alinhados em virtude do assentamento, a fim de evitar uma distribuição não uniforme das cargas atuantes; aderência com a base, para garantir a resistência aos esforços de cisalhamento e de tração; estanqueidade, a fim de impedir a penetração de água das chuvas; resistência à compressão para permitir o assentamento de várias fiadas no mesmo dia; e capacidade de deformação para minimizar a ocorrência de fissuras.

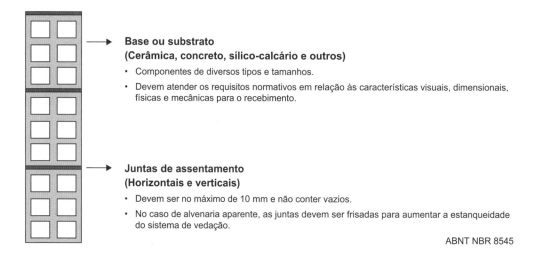

Figura 3.1 Representação esquemática dos componentes da alvenaria de vedação.

Os métodos de execução da alvenaria devem atender os requisitos exigidos pela função que irão desempenhar durante sua vida útil sem apresentar problemas patológicos. É importante garantir que as paredes apresentem locação, planeza, prumo e nivelamento, de acordo com as tolerâncias especificadas, e juntas de assentamento e/ou de controle, aparelhos e fixação homogêneos e regulares, compatíveis com o projeto de alvenaria. Algumas diretrizes para execução de alvenaria de tijolos e blocos cerâmicos, destacando os cuidados e critérios que devem ser verificados durante a marcação, a amarração, a elevação e a fixação da alvenaria (região de encunhamento), estão descritas na ABNT NBR 8545.

---

[1] Os requisitos para os componentes cerâmicos e de concreto para a alvenaria são apresentados na ABNT NBR 15270-1 – Componentes cerâmicos – Blocos e tijolos para alvenaria; na ABNT NBR 6136 – Blocos vazados de concreto simples para alvenaria; na ABNT NBR 13438 – Blocos de concreto celular autoclavado; e na ABNT NBR 14974-1 – Blocos sílico-calcários para alvenaria.

[2] ABNT NBR 13281 – Argamassas inorgânicas – requisitos e métodos de ensaios. Parte 2: Argamassas para assentamento e argamassas para fixação de alvenaria.

A alvenaria pode ser utilizada de modo aparente ou revestida. A alvenaria aparente, também denominada tijolo à vista, deve receber uma proteção superficial pela aplicação de hidrofugante, ou devem ser utilizados componentes com baixa porosidade, para que suas características sejam preservadas e apresentem vida útil compatível com as especificações normativas. Nesse caso, recomenda-se que a argamassa de assentamento também apresente características hidrófobas, a fim de aumentar a impermeabilidade do conjunto.

Os revestimentos são aplicados sobre a alvenaria com o objetivo de proporcionar proteção contra intempéries e agentes externos, contribuindo com a estanqueidade, isolamento térmico, proteção ao fogo do sistema de vedação vertical. A alvenaria pode ser revestida por múltiplas camadas de revestimento de modo aderido ou não aderido. Nos sistemas aderidos, é comum o uso de argamassa com acabamento em pintura ou placas cerâmicas. Os não aderidos geralmente são compostos por placas fixadas em perfis metálicos. Este capítulo restringe-se à análise das manifestações patológicas nos sistemas de revestimentos aderidos, especificamente os argamassados e cerâmicos.

3.2.2 Revestimento argamassado

Os revestimentos argamassados atuam no recobrimento da alvenaria por meio de uma ou mais camadas, tornando-a apta para receber um acabamento decorativo, como pintura ou cerâmica. Tal como exemplificado na Figura 3.2, um revestimento argamassado pode ser constituído pelas seguintes camadas:

- **camada de base (chapisco)**: essa primeira camada é aplicada diretamente na superfície da alvenaria com função de regularizar sua absorção de água e aumentar a área de contato com as camadas subsequentes. Geralmente, é utilizada uma argamassa de chapisco que, conforme o tipo de base a ser revestida, pode apresentar diferentes composições e formas de aplicação (chapisco convencional, rolado e desempenado). A argamassa de chapisco é utilizada principalmente na alvenaria externa;
- **camada de regularização (emboço)**: trata-se da segunda camada e tem como função corrigir possíveis irregularidades da base e garantir uma superfície plana para aplicação do acabamento. Essa camada é constituída por uma argamassa obtida a partir da mistura de um ou mais ligantes inorgânicos (cimento e cal), agregados miúdos e água, podendo conter ainda fibras, adições minerais e/ou aditivos químicos;
- **camada de acabamento (reboco)**: refere-se à camada final, responsável por dar o acabamento estético, tornando a parede mais lisa para receber pintura. Nessa camada, normalmente, a argamassa é constituída por uma areia com granulometria mais fina do que a camada de emboço. Essa camada não é aplicada no uso de revestimentos cerâmicos.

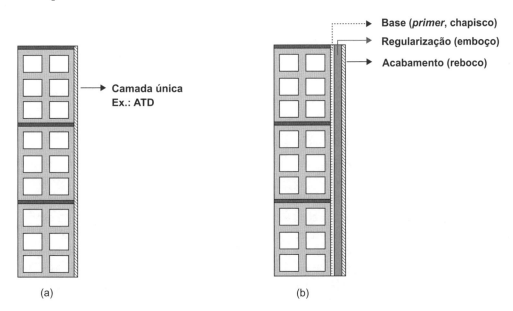

Figura 3.2 Representação esquemática de revestimento argamassado: (a) camada única e (b) múltiplas camadas.

Os revestimentos argamassados podem ser constituídos de uma camada única aplicada diretamente sobre a base sem a necessidade de argamassas de regularização, como, por exemplo, as argamassas técnicas decorativas (ATD). Além das camadas supracitadas, também podem ser incluídas camadas que visam contribuir com o desempenho térmico e acústico do sistema de vedação vertical.

As argamassas devem ser formuladas e/ou produzidas de forma que suas propriedades sejam compatíveis com a superfície na qual serão aplicadas (rugosidade, porosidade e capacidade de absorção) e com as intempéries às quais o conjunto será submetido (sol, vento, chuva, outras). Para uso de revestimentos argamassados, devem ser observadas a ABNT NBR 13281-1 e a ABNT NBR 13749.

Segundo a ABNT NBR 7200, a etapa de execução do revestimento é a principal responsável pelas manifestações patológicas nos revestimentos argamassados. A fim de minimizar os problemas oriundos dessa etapa, a norma estabelece orientações para execução do sistema de revestimento de argamassa, ressaltando a importância da colaboração entre a equipe de projetistas e construtores na adoção de estratégias que promovam a melhoria da qualidade em todas as fases do processo. Isso inclui cuidados com o projeto, seleção criteriosa de materiais, treinamento da mão de obra e inspeção. Ainda nesse sentido, a ABNT NBR 13749 estabelece algumas diretrizes para o controle de qualidade das etapas do revestimento de argamassa, como ilustrado na Figura 3.3.

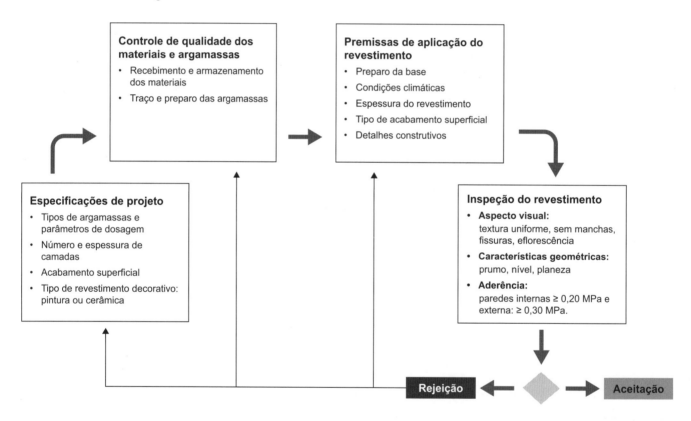

Figura 3.3 Parâmetros para controle de qualidade dos revestimentos argamassados.

Fonte: adaptada da NBR 13749 (ABNT, 2013).

Em relação aos aspectos visuais, o revestimento de argamassa deve apresentar textura uniforme, sem imperfeições como cavidades, fissuras, manchas e eflorescências, devendo ser prevista, na especificação de projeto, a aceitação ou rejeição, conforme níveis de tolerâncias admitidas. A espessura admissível para os revestimentos internos está compreendida entre 0,5 e 2 cm e externos entre 2 e 3 cm. Para uso em revestimentos cerâmicos, a ABNT NBR 13755 estabelece os limites de 2 e 5 cm, mínimo e máximo, para espessura da camada de emboço. Além disso, indica que a espessura total das camadas de argamassa deve estar compreendida entre 2 e 8 cm. Em ambos os tipos de revestimentos, devem ser tomados cuidados especiais na aplicação de camadas de argamassa com espessuras superiores, como, por exemplo, o uso de telas metálicas para minimizar a ocorrência de fissuras e descolamentos.

O revestimento de argamassa deve apresentar aderência com a base de revestimento e entre suas camadas constituídas. A avaliação dessa propriedade é realizada pelos ensaios de percussão, identificando as falhas de aderência por meio de som cavo, e de resistência de aderência à tração, conforme metodologia preconizada pela ABNT NBR 13528-2. Segundo a ABNT NBR 13749, durante a inspeção, os revestimentos que apresentarem som cavo na área avaliada (1 m² a cada 100 m²) devem ser reparados; e para aplicação de acabamento de pintura, a resistência de aderência à tração mínima é de 0,20 MPa para parede interna e 0,30 MPa para a externa. No caso de acabamento cerâmico, ela deve ser no mínimo de 0,30 MPa.

Além do valor da resistência de aderência, outro parâmetro importante a ser analisado após a realização do ensaio é a forma de ruptura predominante: coesiva ou adesiva. A ruptura coesiva ocorre no substrato ou no interior de uma das camadas de argamassa que compõe o revestimento; os valores, nesse caso, são menos preocupantes, exceto se forem extremamente baixos. Por outro lado, a ruptura adesiva ocorre nas interfaces entre as camadas constituintes do conjunto revestimento-base, tornando-se crucial que o valor de resistência de aderência atenda aos requisitos mínimos. Caso contrário, há aumento no risco de descolamento ao longo do tempo.

3.2.3 Revestimento cerâmico

O revestimento cerâmico é constituído pelas camadas de argamassa colante, placas cerâmicas e rejuntamento aplicadas sobre a alvenaria após a sua regularização (Fig. 3.4). A aplicação das placas cerâmicas diretamente sobre a alvenaria carece de atenção, pois a camada de regularização auxilia na absorção de tensões causadas pela movimentação da base sobre o revestimento cerâmico, minimizando os riscos de desplacamentos.

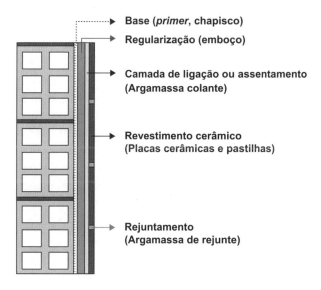

Figura 3.4 Representação esquemática das camadas do revestimento cerâmico.

3.2.3.1 Argamassa colante

A argamassa colante tem como função promover a fixação das placas cerâmicas à base. Trata-se de um material industrializado composto por cimento, agregados miúdos, adições minerais e aditivos químicos. Os principais aditivos utilizados são os celulósicos e vinílicos (redispersíveis). Os aditivos à base de éter de celulose atuam modificando a viscosidade da argamassa colante para obtenção de maior capacidade de retenção de água e resistência ao deslizamento das partículas de argamassa, facilitando a aplicação e formação de cordões. O uso de polímeros redispersíveis favorece a aderência química da argamassa colante com a placa cerâmica, garantindo maior contato interfacial e flexibilidade ao conjunto. Isso, por sua vez, contribui na absorção das deformações oriundas de movimentações térmicas e higroscópicas.

Ao ser aplicada sobre o substrato, a argamassa tende a perder água para a base, e, caso essa perda seja excessiva, pode prejudicar a hidratação do cimento. No caso das argamassas colantes, além disso, podem reduzir o seu tempo em aberto – período no qual a argamassa permanece aderente e trabalhável após a aplicação sobre a superfície de instalação antes que ela comece a perder aderência e a endurecer. Se esse tempo for muito curto, a argamassa pode não apresentar aderência suficiente para fixação das placas cerâmicas, aumentando a incidência de descolamentos.

Segundo a ABNT NBR 14081-1, as argamassas colantes são classificadas em função do tempo em aberto, deslizamento e resistência de aderência à tração sob diferentes tipos de cura, em três tipos: ACI; ACII e ACIII, podendo essas apresentar o tempo em aberto estendido (E). Produtos bicomponentes ou não cimentícios utilizados no assentamento de placas cerâmicas não contemplados pela norma supracitada devem ser especificados em projeto.

A especificação do tipo de argamassa colante deve considerar a superfície onde será aplicada, as características dimensionais e a absorção de água das placas cerâmicas, e as condições de exposição a que estará sujeita durante o uso. Em ambientes externos, como fachadas, recomenda-se o uso de argamassa colante tipo ACIII, principalmente no assentamento de placas com baixa capacidade de absorção. Isso se deve ao fato de que essa argamassa apresenta maior flexibilidade, logo tende a absorver maior nível de deformação ao qual o conjunto estará sujeito, devido a variações de temperatura, reduzindo, assim, o risco de desplacamentos. A argamassa tipo ACII pode ser utilizada, desde que especificada em projeto e em edificações com altura inferior a 15 metros em relação ao nível do solo.

3.2.3.2 *Placas cerâmicas*

As placas cerâmicas conferem ao revestimento maior estanqueidade, resistência, facilidade de manutenção e durabilidade, sobretudo em regiões litorâneas com maior incidência de sol, umidade e maresia. Quando se trata de revestimentos de parede, um aspecto relevante na escolha das placas cerâmicas é a capacidade de absorção. Isso é importante, pois influencia a seleção do tipo de argamassa colante a ser utilizado, bem como a determinação da quantidade e do espaçamento das juntas.

De acordo com a ABNT NBR ISO 13006, as placas cerâmicas são classificadas em três grupos de absorção de água: baixa ≤ 3 %; média: entre 3 e 10 %; e alta: > 10 %, em função do seu processo de produção (extrudado ou prensado a seco). Os porcelanatos apresentam coeficiente de absorção menores que 0,5 %. As placas cerâmicas com maior capacidade de absorção de água são mais sensíveis a expansão. Mesmo que as argamassas de fixação e de rejunte resistam a deformações oriundas de ciclos de expansão e retração, pode ocorrer fadiga do revestimento cerâmico e, posteriormente, o descolamento (Loturco, 2006).

A dimensão da placa cerâmica também irá influenciar na capacidade de absorver tensões e esforços gerados pelo peso próprio. O uso de placas com menor dimensão promove uma distribuição de tensões mais uniforme na superfície do revestimento, devido à maior quantidade de juntas de assentamento, minimizando os riscos de destacamento. Além disso, as placas menores são mais leves e fáceis de manusear, o que reduz as chances de deslizamento e danos durante o assentamento. Tais vantagens justificam o aumento do uso de pastilhas cerâmicas e de porcelanas em revestimentos de paredes, principalmente em fachadas.

As pastilhas cerâmicas são componentes com área igual ou inferior a 100 cm², com maior lado da peça limitado em 10 cm, conformadas com prensagem a seco. Elas são agrupadas em três classes de absorção: (Ia) ≤ 0,5 %; (Ib) entre 0,5 e 3 %; e (II) entre 3 e 6 %. As pastilhas de porcelana enquadram-se no grupo Ia. As características, a classificação e os requisitos para pastilhas cerâmicas são apresentados pela ABNT NBR 16928.

A ABNT NBR 13755 apresenta alguns critérios que as placas cerâmicas devem atender para aplicação em revestimentos: (a) absorção máxima de 6 ou 3 %, esta última no caso de regiões onde a temperatura atingir 0 °C; (b) expansão por umidade (EPU) limitada a 0,6 mm/m e, em situações específicas, recomenda-se o uso de placas com valores inferiores; (c) a quantidade de engobe de muratura na área do tardoz não deve ser superior a 30 % (análise visual); (d) as placas devem estar secas para o assentamento;

e (e) no caso de uso de pastilhas cerâmicas montadas com auxílio de telas, malhas, pontos de cola ou outros processos que as mantenham unidas no tardoz, esses fatores não devem interferir no desempenho da argamassa colante e de rejuntamento.

3.2.3.3 Rejuntamento

O rejuntamento consiste no preenchimento das juntas de assentamento entre as peças cerâmicas. Esse componente tem como funções: selar as juntas visando impedir a penetração de água, sujeira, insetos e outras condições que possam manchar ou danificar a superfície do revestimento; facilitar a substituição de peças cerâmicas; absorver pequenas deformações do sistema; e aparência estética.

O rejuntamento pode ser realizado com argamassas cimentícias ou materiais poliméricos como a resina epóxi e acrílicos. A ABNT NBR 14992 especifica dois tipos de argamassas cimentícias para rejuntamento: tipo I (ARI) e tipo II (ARII). No caso de aplicações em revestimento de paredes, indica-se a ARI para locais com uso de placas cerâmicas com absorção de água superior a 3 % e ambientes externos com áreas inferiores a 18 m^2 (limite a partir do qual são exigidas juntas de movimentação), e a ARII para placas com absorção de água inferior a 3 %, ambientes externos sem restrição de área ou sempre que sejam exigidas juntas de movimentação. No caso de ambientes agressivos (quimicamente ou mecanicamente) ou com temperaturas acima de 70 °C ou acima de 0 °C, a norma ressalva que o fabricante deve ser consultado. Os requisitos mínimos para dois tipos estão apresentados na Tabela 3.1.

Tabela 3.1 Requisitos mínimos para as argamassas de rejunte segundo ABNT NBR 14992.

Propriedades	ARI	ARII
Retenção de água (mm) – 10 min	≤ 75	≤ 65
Variação dimensional (mm/m) – 7 dias	≤ |2,00|	≤ |2,00|
Resistência à compressão (MPa) – 14 dias	≥ 8,0	≥ 10
Resistência à tração na flexão (MPa) – 7 dias	≥ 2,0	≥ 3,0
Absorção de água por capilaridade aos 300 min (cm³) – 28 dias	≤ 0,60	≤ 0,30
Permeabilidade aos 240 min (cm³) – 28 dias	≤ 2,0	≤ 1,0

Os rejuntes à base de epóxi e acrílico apresentam menor permeabilidade à água em relação aos cimentícios, contribuindo para a estanqueidade do sistema de vedação. São mais resistentes a manchas e a proliferação de fungos e, por conferirem superfície lisa e impermeável, reduzem a fixação de partículas (sujeira) na superfície.

A manutenção dos rejuntes, principalmente em fachadas, deve ser realizada a fim de evitar a penetração de água e/ou agentes agressivos que possam comprometer o desempenho do revestimento cerâmico. A ABNT NBR 5674 recomenda que a integridade do rejunte seja avaliada anualmente por uma equipe de manutenção ou empresa capacitada, assim como a reconstituição quando necessário.

Complementos construtivos, juntas, selantes, limitadores de profundidade e telas metálicas, embora sejam componentes dos sistemas de revestimentos aderidos, não serão abordados neste capítulo.

3.3 MECANISMOS DE DEGRADAÇÃO EM ALVENARIAS E REVESTIMENTOS

As alvenarias e os revestimentos estão sujeitos a ações que podem provocar alterações na composição ou microestrutura nos seus componentes e materiais constituintes ao longo do tempo. Estas podem afetar uma ou mais propriedades, comprometendo o desempenho da edificação pelo surgimento de anomalias (ASTM E 632-82; BS ISO 15686-1).

As ações atuantes nos elementos do sistema de vedação estão associadas às suas condições de produção e exposição e à ação dos usuários. Cincotto, Silva e Carasek (1995) destacam que, entre esses fatores, estão os **intrínsecos**, relacionados a produção, propriedades e composição dos materiais que constituem os componentes e elementos do sistema, e os **extrínsecos**, associados às condições de exposição e uso/ocupação da edificação, como mostrado na Figura 3.5.

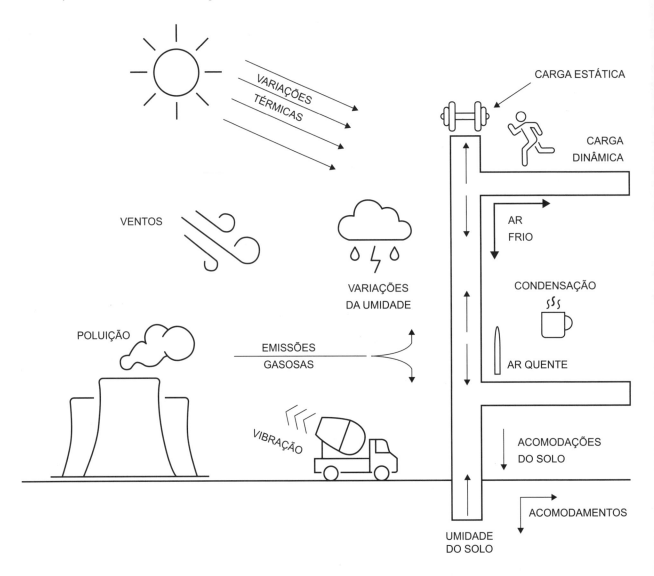

Figura 3.5 Representação esquemática dos agentes atuantes no sistema de vedação vertical.

Fonte: adaptada de Selmo (1989).

Os agentes de degradação podem atuar de maneira isolada, no entanto, é comum que dois ou mais fatores ocorram simultaneamente. De acordo com a sua natureza, eles são classificados em mecânicos, térmicos, eletromagnéticos, químicos e biológicos (ASTM E 632-82, 2021; BS ISO 15686-1, 2011). De forma análoga, um mecanismo de degradação pode envolver uma ou mais alterações, mudanças de propriedade ou agentes de degradação. No Quadro 3.1, estão compilados os principais agentes atuantes nas alvenarias e revestimentos, bem como os mecanismos de degradação e as manifestações patológicas gerados por eles.

Quadro 3.1 Agentes e mecanismos de degradação e manifestações patológicas atuantes na alvenaria e revestimento.

Natureza/origem	Agentes de degradação	Mecanismos de degradação	Manifestações patológicas
Física/mecânica	Cargas e sobrecargas, vibrações, movimentos diferenciais	Deformações Concentração de esforços	Fissuras
Térmica/ Eletromagnética	Temperatura (gradientes térmicos, choque térmico) Radiação ultravioleta (UV)	Deformações	Fissuras Descolamentos Destacamentos
Química	Água (umidade, chuva dirigida) Poluentes atmosféricos Ácidos, bases, sais	Deformações Cristalização de sais Acúmulo de sujeiras Reações químicas Dissolução	Fissuras Descolamentos Destacamentos Eflorescências Manchas Pulverulência Vesículas/bolhas
Biológica	Fungos Bactérias Algas e liquens	Proliferação de micro-organismos Formação de biofilme	Manchas Fissuras Pulverulência

3.3.1 Degradação mecânica da alvenaria de vedação e revestimentos

A degradação mecânica em alvenarias e revestimentos ocorre quando a resistência do material é inferior às tensões às quais a edificação será submetida ao longo do tempo.

Os materiais podem se deformar sob a ação de carregamento estático, dinâmico ou cíclico. A deformação lenta e contínua sob carga ou tensão constante é denominada fluência (Callister; Rethwisch, 2014).

A degradação dos materiais devido à fluência pode ser classificada em dois tipos: (a) mecânica: relacionada às mudanças das dimensões dos componentes, devido à deformação plástica dependente do tempo; e (b) ambiental: devido à reação do material com o meio ou à difusão de elementos externos nos componentes do sistema. A falha por fluência pode resultar de dano localizado ou generalizado.

Quando um material é submetido a solicitações cíclicas, após certo número de ciclos de carregamento, passa a sofrer alterações progressivas e localizadas de forma irreversível que podem resultar em fissuras e, até mesmo, na ruptura por fadiga. Nos revestimentos argamassados ou cerâmicos, a fadiga ocorre principalmente devido à expansão/contração dos componentes ocasionadas pelas variações térmicas e higroscópicas a que estão sujeitos.

Os revestimentos são suscetíveis às deformações da alvenaria, assim quaisquer vibrações, concentração de tensões, fluência, retração e outras ações que promovam tensões na base podem ocasionar falhas. A deformação de qualquer uma das camadas ligadas resultará em tensões, as quais, dependendo da sua magnitude, podem produzir fissuração imediata e/ou progressiva, até ruptura das ligações entre as camadas do revestimento e sua base. Nesse caso, a perda de aderência pode ocasionar o descolamento de revestimentos argamassados ou o desplacamento do revestimento cerâmico.

A capacidade que um material possui em absorver as deformações que lhe estão impostas sem ocorrência de fissuras e/ou falhas está associada ao módulo de elasticidade. Quanto maior o módulo de elasticidade do material, menor a sua capacidade de absorver deformações. No caso de revestimentos, a espessura das camadas e as juntas de trabalho também colaboram para absorção das deformações.

A ABNT NBR 15575-4 estabelece os limites de deslocamentos, fissuras e ocorrência de falhas nos sistemas de vedação vertical interna e externa (SVVIE), a fim de garantir a segurança e o funcionamento dos elementos e componentes da edificação. A ocorrência de fissuras ou descolamentos são consideradas toleráveis, desde que atendam aos critérios apresentados no Quadro 3.2, conforme o local de aparecimento.

Em relação às ações horizontais devidas ao vento, se elas produzirem esforço de compressão sobre as paredes, a norma sugere que sejam consideradas em projeto e que se realizem ensaio de tipo, análise de projeto ou cálculos para os sistemas de vedação vertical externa (SVVE) e a indicação de ocorrência de fissuras, deslocamentos ou falhas que repercutam no estado limite último de serviço (prejuízo ao desempenho) ou no estado limite último (prejuízo à segurança estrutural).

Quadro 3.2 Critérios de desempenho dos elementos do sistema de vedação vertical interna e externa (SVVIE) quanto a fissuras, deslocamentos e falhas sob a ação de cargas de serviço.

Elemento	Critério
SVVI ou SVVE (faces internas)	Fissuras no corpo dos SVVI ou nos seus encontros com elementos estruturais, destacamentos entre placas de revestimento e outros seccionamentos do gênero, desde que não sejam detectáveis a olho nu por um observador posicionado a 1 m da superfície do elemento em análise, em um cone visual com ângulo igual ou inferior a 60°, sob iluminamento igual ou maior que 250 lux, ou desde que a soma das extensões não ultrapasse 0,1 m/m², referente à área total das paredes do ambiente.
SVVE (fachadas)	Fissuras no corpo das fachadas, descolamentos entre placas de revestimento e outros seccionamentos do gênero, desde que não sejam detectáveis a olho nu por um observador posicionado a 1 m da superfície do elemento em análise, em um cone visual com ângulo igual ou inferior a 60°, sob iluminamento natural em dia sem nebulosidade.
SVVI ou SVVE (faces internas)	Descolamentos localizados de revestimentos, detectáveis visualmente ou por exame de percussão (som cavo), desde que não impliquem descontinuidades ou risco de projeção de material, não ultrapassando área individual de 0,15 m² ou área total correspondente a 15 % do elemento em análise.
SVVE (fachadas)	Descolamentos de revestimentos localizados, detectáveis visualmente ou por exame de percussão (som cavo), desde que não impliquem descontinuidades ou risco de projeção de material, não ultrapassando área individual de 0,10 m² ou área total correspondente a 5 % do pano da fachada em análise.
SVVIE – até cinco pavimentos (sem função estrutural)	Não ocorrência de falhas, tanto nas paredes como interfaces da parede com outros componentes devido à solicitação de cargas permanentes e deformações impostas.
SVVE (paredes de fachada)	Não ocorrência de falhas devido a carregamento horizontal; Limitação dos deslocamentos horizontais: – Instantâneo (d_h): $d_h \leq h/350$ e residual (d_{hr}): $d_{hr} \leq h/1750$. Sendo h: altura do elemento parede. No caso de paredes de fachada leves, o valor de deslocamento instantâneo pode ser multiplicado por dois.

Fonte: ABNT NBR 15575-4.

3.3.2 Degradação térmica

A principal fonte de calor que incide na superfície externa de uma edificação é a energia emitida pelo sol por meio das ondas eletromagnéticas (infravermelho, espectro visível e UV). A incidência da radiação solar na edificação depende do período do dia, estação do ano, localização geográfica, altitude, condições de exposição, características dos materiais e detalhes construtivos do sistema de vedação vertical. A incidência direta de chuvas e ventos também influencia na amplitude térmica de uma superfície (Bauer; Souza; Mota, 2021).

As variações de temperatura promovem a expansão ou contração dos materiais. Cada material apresenta um comportamento térmico distinto, sendo a variação dimensional influenciada pelo coeficiente de dilatação térmica (Tab. 3.2) e absortância. Materiais com maiores coeficiente de dilatação térmica tendem a apresentar maior variação dimensional. Superfícies com coloração escura absorvem maior radiação solar em comparação com as de cores claras, elevando a temperatura em uma mesma condição de insolação. Esse conceito não se aplica com o uso de tintas com pigmentos frios.

Tabela 3.2 Coeficientes de dilatação térmica de materiais de componentes da alvenaria e revestimentos.

Material	Coeficiente de dilatação térmica (mm/mm/°C)	Referência
Bloco cerâmico	$6,5 \times 10^{-6}$	ASTM C1472
Tijolo ou telha cerâmica	$4,5 \times 10^{-6}$	
Placas cerâmicas	$5,9 \times 10^{-6}$	
Concreto (agregado calcário)	$9,0 \times 10^{-6}$	
Concreto (agregado silicoso)	$10,8 \times 10^{-6}$	
Concreto (agregado quartzo)	$12,6 \times 10^{-6}$	
Argamassa (agregado normal)	$9,4 \times 10^{-6}$	
Argamassa (agregado leve)	$7,7 \times 10^{-6}$	
Placa cerâmica	$4,6 \times 10^{-6}$	Silva *et al.* (1999)
Argamassa colante	$10,0 \times 10^{-6}$	
Argamassa (revestimento/assentamento)	$9,6 \times 10^{-6}$	

A restrição da variação dimensional nos componentes da alvenaria e nas camadas de revestimento, devido às alterações de temperatura, introduz tensões ao longo da espessura da camada e nas interfaces entre materiais. A magnitude das tensões resulta da intensidade do gradiente térmico, do grau de restrição imposto e da capacidade de deformação das camadas constituintes.

A oscilação da taxa e a amplitude de temperatura em um pequeno intervalo de tempo geram um choque térmico nas camadas constituintes do sistema, intensificando as tensões. Se as tensões geradas pelas variações de temperatura forem superiores à resistência do material ou das interfaces presentes, ocorre fissuração que, em um nível mais elevado, pode resultar em descolamentos, comprometendo a integridade do sistema de vedação vertical. Esses efeitos podem ocorrer de modo imediato ou gradativo, por fadiga, devido aos ciclos de variação de temperatura (Fiorito, 1994).

Segundo a ABNT NBR 15575-4, as fissuras, os deslocamentos e as falhas no SVVE devem ser limitados em função de ciclos de exposição ao calor e resfriamento que ocorrem durante a vida útil do edifício. Assim, estabelece que as paredes externas, após serem submetidas a dez ciclos sucessivos de exposição ao calor (T = 80±3 °C, durante 1 hora) e resfriamento por meio de jato de água (até T = 20±5 °C), não podem apresentar: (i) deslocamento horizontal instantâneo (d_h), no plano perpendicular ao corpo de prova, superior a h/300; e (ii) presença de fissuras, destacamentos, empolamentos, descoloração e outros danos que possam comprometer a utilização do SVVE.

3.3.3 Degradação química

A degradação química ocorre a partir de reações entre os materiais e os agentes químicos presentes no ambiente, como a água, poluentes atmosféricos, ácidos, bases, sais, entre outros. A interação pode resultar em alterações indesejadas nas características superficiais dos revestimentos e na alvenaria aparente (sujidade, descoloração e manchamento) e nas propriedades físicas dos materiais devido a dissolução (perda de massa) ou a mecanismos expansivos (fissuras e/ou descolamentos).

A água é o principal agente de degradação química em alvenarias e revestimento, oriunda de um contato não previsto ou mal dimensionado da vedação com uma fonte de umidade. O ingresso da água pode ocorrer por meio de capilaridade, infiltração, permeabilidade de vapor de água ou pela própria higroscopicidade do material. A intensidade desses fenômenos depende da posição da parede na edificação (interna ou externa e em contato com o solo), propriedades da parede (propriedades dos materiais constituintes e arranjo das camadas) e características ambientais (vento, chuva dirigida, temperatura e umidade). As principais fontes de umidade atuantes na alvenaria e revestimentos são:

- **umidade ascensional**: a umidade pode ascender do solo para a alvenaria devido às forças capilares, provocando aumento gradual na parte inferior da parede. A umidade constante pode levar a pulverulência, desagregação, descolamentos, formação de manchas, eflorescências e proliferação de microrganismos nos componentes da alvenaria e nos revestimentos;
- **umidade devido à infiltração**: a alvenaria e os revestimentos externos estão sujeitos a chuva dirigida. Ela é resultante da ação do vento sobre a precipitação, que atua projetando a chuva na superfície da edificação. A penetração da água da chuva pode desencadear manifestações patológicas oriundas dos ciclos de molhagem e secagem, variações higrotérmicas e perda de estanqueidade dos constituintes;
- **umidade devido à condensação**: produzida quando o vapor de água existente no interior de um ambiente entra em contato com superfícies mais frias, formando pequenas gotas de água. As manifestações mais comuns associadas à umidade por condensação são o surgimento de manchas, formação de mofo e bolores, pulverulência, destacamento de pinturas de paredes e tetos;
- **umidade devido à higroscopicidade**: resulta da capacidade dos materiais em absorver ou liberar umidade do ar para o interior do material por meio dos poros. Quando o teor de água do ambiente é superior ao do interior do material, as forças de Van Der Waals que atuam na interface sólido-fluido no interior dos poros irão atrair o vapor de água até que o equilíbrio higroscópico seja estabelecido. A higroscopicidade depende da temperatura, da umidade do ar e da porosidade do material. Esse fenômeno contribui com o desenvolvimento de fissuras, criptoflorescência e eflorescências na alvenaria e/ou revestimentos;
- **umidade proveniente do processo de construção**: caracteriza-se pela introdução de umidade nos elementos construtivos durante a etapa de execução. Por exemplo, ao aplicar revestimentos, a argamassa é colocada em estado fresco, perdendo parte da sua água para a base e/ou ambiente, enquanto o restante demora mais tempo para evaporar, permanecendo nos elementos constituintes até atingir o equilíbrio higroscópico;
- **umidade acidental**: esse tipo de umidade é oriundo de falhas pontuais, como defeitos de projeto, execução, uso e operação. Geralmente, caracteriza-se pelo surgimento de manchas isoladas na alvenaria e/ou revestimento e, em algumas situações, pode provocar pulverulência na região afetada.

As variações de umidade às quais os componentes estão submetidos podem ocorrer ao longo do tempo, expandindo-se com o aumento do teor de umidade e se contraindo com a perda desta, dando origem a movimentos reversíveis ou irreversíveis. Na Tabela 3.3, estão apresentados valores típicos de movimentos de umidade de alguns materiais de construção utilizados em alvenaria e revestimentos.

Tabela 3.3 Coeficientes de movimentação higroscópica de alguns materiais de construção (ASTM C1472).

Material	Movimentos higroscópicos	
	Reversível	Irreversível
Tijolo ou bloco cerâmico	0,02	0,02 – 0,09 (+)
Concreto (agregado brita)	0,02 – 0,06	0,03 – 0,06 (–)
Concreto (agregado calcário)	0,02 – 0,03	0,03 – 0,04 (–)
Concreto (agregado leve)	0,03 – 0,06	0,03 – 0,09 (–)
Argamassa (agregado normal)	0,02 – 0,04	0,02 – 0,06 (–)
Argamassa (agregado leve)	0,03 – 0,06	0,02 – 0,06 (–)

Nota: (–) retração; (+) expansão.

Os movimentos reversíveis são ocasionados pelo aumento ou pela diminuição da pressão entre os poros com a mudança de umidade. Além destes, alguns materiais podem apresentar movimentações irreversíveis oriundas das variações de umidade após a sua produção, da transferência ou ganho de água até que se atinja a umidade higroscópica de equilíbrio.

Os mecanismos de transporte de água e a degradação são dependentes das propriedades dos materiais constituintes da alvenaria e revestimentos, como a densidade, a absorção de água, a permeabilidade ao vapor de água, a retenção de água e os fatores ligados à sua aplicação, como cura, temperatura e umidade de exposição.

Blocos, placas cerâmicas e argamassas contêm em sua composição sais solúveis. Estes podem ser transportados pela água ou umidade e se acumular na superfície. A deposição de sais pode desencadear processos físicos e químicos que comprometem a integridade dos materiais, como eflorescências, cristalização e reações, variando de acordo com a natureza dos sais envolvidos.

Outros agentes de deterioração química são os oriundos da poluição atmosférica, como materiais particulados, gases e/ou agentes biológicos (bactérias, algas e esporos de fungos) emitidos à atmosfera por fenômenos naturais ou atividades humanas. Após serem emitidos para a atmosfera, os poluentes podem interagir com a superfície de alvenarias e revestimentos, provocando alterações físicas ou químicas.

Os poluentes atmosféricos particulados podem ter diferentes origem, composição química, granulometria e forma, tais como: poeiras, sujeiras, fuligem, partículas industriais, sais e minerais presentes em ambientes marítimos, entre outras. Quando em suspensão no ar, podem se depositar na superfície do revestimento ou alvenaria aparente e, ao longo do tempo, causar sujidades e manchas.

A interação química irá depender da reatividade química entre os constituintes do poluente atmosférico e dos materiais de construção utilizados. Gases como dióxido de enxofre (SO_2), dióxido de nitrogênio (NO_2) e ozônio (O_3), presentes na atmosfera, podem reagir com os materiais constituintes da alvenaria e revestimentos causando descoloração.

As condições atmosféricas (vento, chuva e temperatura) condicionam a dispersão dos poluentes na atmosfera, logo, podem favorecer ou não o aparecimento das sujidades nos revestimentos. Além destas, as características da superfície, como rugosidade, porosidade e capacidade de absorção de água e a disposição dos elementos, também contribuem para a deposição de partículas na superfície.

3.3.4 Degradação biológica

A degradação biológica ou biodeterioração ocorre quando organismos, como fungos, algas, liquens, bactérias e animais (insetos, roedores e pássaros), alteram as propriedades dos materiais de construção, causando danos de ordem estética e/ou funcional (Gaylarde; Ribas Silva; Warscheid, 2003).

A biodeterioração pode ser acelerada quando o micro-organismo encontra condições adequadas para se desenvolver e crescer. Depende da composição do material, dos micro-organismos e das condições ambientais. A umidade e a temperatura são fatores que contribuem para a proliferação dos micro-organismos.

A biodeterioração geralmente é classificada em quatro categorias, a saber: física ou mecânica, ocorre quando os organismos provocam a ruptura do material devido à pressão exercida durante o seu crescimento ou locomoção; estética, na qual a presença de organismos provoca a alteração da coloração da superfície pela formação de manchas escuras; química assimilatória, processo no qual o material se torna fonte de alimento para os micro-organismos e estes liberam ácidos ou outros compostos químicos que o danificam; e química não assimilatória, quando os micro-organismos produzem compostos químicos que não são utilizados como fonte de energia, mas que podem reagir com os componentes do material levando à sua degradação (Shirakawa, 1999; Sanchez-Silva; Rosowsky, 2008). Esses processos podem ocorrer isolada ou simultaneamente.

Segundo Gaylarde, Ribas Silva e Warscheid (2003), micro-organismos de todas as classes, exceto vírus, podem atuar em materiais de construção. A maioria deles provoca a descoloração das superfícies, porém algumas espécies promovem a degradação física e química (Quadro 3.3).

Quadro 3.3 Efeitos de micro-organismos em materiais de construção.

Micro-organismos	Mecanismo de ação	Efeito
Fungos, bactérias	Excreção de enzimas hidrolíticas Produção de ácido	Quebra de ligações Biocorrosão
Fungos, cianobactérias, algas	Crescimento de filamentos	Desagregação do material
Fungos e produtores de ácidos orgânicos	Quelação de constituintes iônicos	Perda de resistência e dissolução
Algas e bactérias fotossintetizantes	Presença física	Multiplicação de organismos heterotróficos
Todos	Presença física Remoção de íons	Descoloração e retenção de água Perda de resistência e dissolução

Fonte: adaptado de Gaylarde, Ribas Silva e Warscheid (2003).

Perda estética, odores, desagregação são os principais tipos de danos causados por bactérias, algas, fungos e liquens em blocos e tijolos cerâmicos. Além das alterações estéticas, as argamassas podem sofrer danos mineralógicos e microestruturais, como redução do pH, formação de fissuras, perda de coesão e resistência. A presença de calcita e sílica desempenha papel importante na biorreceptividade, favorecendo a colonização de micro-organismos (Shirakawa, 1999; Kirthika *et al.*, 2023).

3.4 FISSURAS

Segundo a ABNT NBR 13755, fissura é o "seccionamento na superfície ou em toda a seção transversal de um componente, com abertura capilar, provocado por tensões normais ou tangenciais". Ainda segundo essa norma, fissuras com abertura superior ou igual a 0,6 mm são denominadas trincas. As fissuras podem ser classificadas de acordo com a sua origem, sendo suas causas, muitas vezes, determinadas em função da sua direção e localização.

A abertura das fissuras (largura) pode variar de acordo com a intensidade da movimentação e a rigidez da estrutura; quanto maior o deslocamento, maior a abertura das fissuras. Além disso, é importante verificar se há uma progressão das fissuras ao longo do tempo, pois isso pode ocasionar o surgimento de novas fissuras e/ou ampliação da abertura das existentes (Cursini, 2010).

Dependendo do comportamento das fissuras em relação à deformação da estrutura subjacente, elas são classificadas em passivas ou ativas. As fissuras passivas são aquelas que se formam em resposta a tensões ou deformações na própria estrutura subjacente, mas que não se desenvolvem ao longo do tempo (abertura constante). Por sua vez, as fissuras ativas são aquelas que continuam a se desenvolver em resposta às alterações na estrutura subjacente, como pelas movimentações do solo, cargas dinâmicas ou expansão térmica (Cursini, 2010). Essas fissuras são mais problemáticas, pois podem contribuir para a entrada de água ou outros materiais, comprometendo o desempenho da edificação.

3.4.1 Fissuras estruturais

As fissuras estruturais podem ser oriundas de recalques diferenciais na fundação, sobrecargas, vibrações, movimentações de lajes e vigas de cobertura. O recalque na fundação ocorre quando a estrutura de uma edificação se desloca em relação ao solo subjacente, de modo uniforme ou com distorção. A deformação da estrutura pela movimentação da fundação pode levar à formação de fissuras na alvenaria e nos revestimentos do edifício, apresentando diferentes configurações, como mostrado no Capítulo 8. Em alguns casos, quando o recalque é acentuado, pode-se observar a formação de degraus nas fissuras, indicando os diferentes níveis de deslocamento do solo (Fig. 3.6). Normalmente, essas fissuras aparecem em locais onde há maior concentração de tensões, como nas extremidades das lajes, nos cantos das paredes ou em torno das aberturas de portas e janelas.

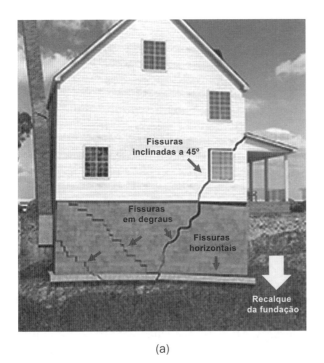
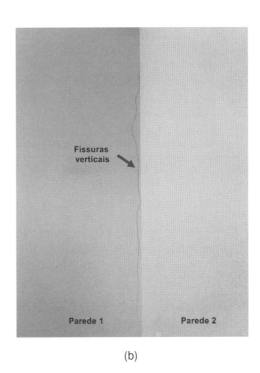

(a)   (b)

Figura 3.6   Fissuras na alvenaria e no revestimento causadas por recalques diferenciais: (a) fachada da edificação; (b) encontro entre paredes internas.

Fonte: (a) adaptada de Ohio Basement Authority [20--].

Quando os elementos estruturais são submetidos a cargas que excedem a sua resistência, há deformação excessiva deles, provocando o surgimento de fissuras. Elementos estruturais desalinhados, mal posicionados ou subdimensionados podem estar sujeitos a deformações excessivas. As fissuras causadas por deformações excessivas dos elementos estruturais podem surgir na alvenaria e na superfície dos revestimentos, caso eles não sejam capazes de absorver as deformações a que estão sujeitos. Em alguns casos, pode-se observar o surgimento de fissuras horizontais, principalmente devido a ações de cargas laterais (Fig. 3.7), como, por exemplo, esforços de ventos em fachadas de edifícios altos ou paredes em contato com solo; ou fissuras verticais nos elementos da alvenaria (Fig. 3.8), caso ocorram esforços que ultrapassem a resistência à compressão dos componentes da alvenaria.

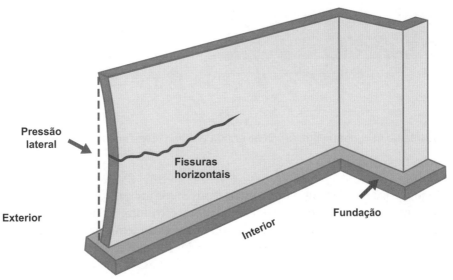

Figura 3.7   Fissuras horizontais oriundas de ações laterais.

Fonte: Real Dry Waterproofing [20--].

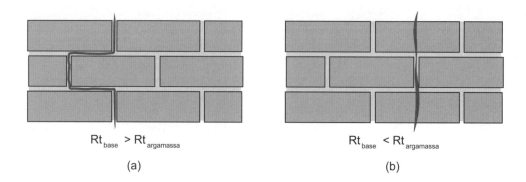

Figura 3.8 Fissuras verticais oriundas de sobrecargas nos componentes da alvenaria: (a) base ou substrato; (b) junta de assentamento.

Fonte: Thomaz (2020).

As edificações que adotam o método construtivo de estruturas de concreto armado empregam o encunhamento para conectar a alvenaria com vigas ou lajes. Isso porque esses elementos possuem capacidades de deformação distintas devido às suas propriedades intrínsecas. Além de preencher o espaço entre a última fiada da alvenaria e o elemento estrutural, o encunhamento tem como função principal distribuir e absorver as cargas aplicadas sobre a vedação.

As fissuras de encunhamento ocorrem na região de encontro entre o elemento estrutural e a alvenaria, podendo estender-se nas camadas do revestimento, devido ao deslocamento relativo entre a parede e o elemento estrutural ocasionado pela sobrecarga (Fig. 3.9). As fissuras de encunhamento geralmente não representam risco imediato para a estabilidade da estrutura, no entanto, podem se tornar um problema, caso não sejam tratadas.

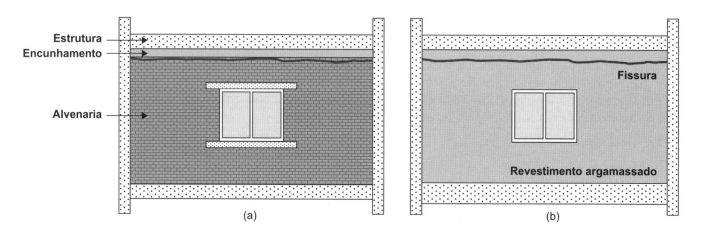

Figura 3.9 Fissuras de encunhamento: (a) na alvenaria e (b) no revestimento.

Fonte: adaptada de Thomaz (2020).

Vergas e contravergas são elementos horizontais da alvenaria utilizados para distribuir as cargas verticais das paredes em portas e janelas, garantindo a estabilidade da estrutura. As fissuras na região desses elementos manifestam-se como linhas inclinadas a 45° ou 60°, que se estendem a partir dos cantos das janelas e/ou portas, devido a maior concentração de tensões nessas regiões (Fig. 3.10).

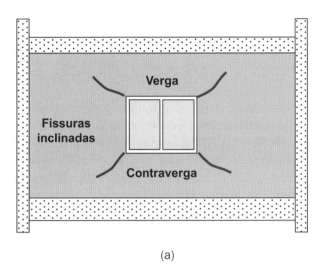 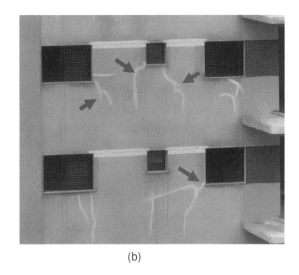

Figura 3.10 Fissuras inclinadas na região das vergas e contravergas.

Fonte: (a) adaptada de Thomaz (2020).

3.4.2 Fissuras decorrentes de retração da argamassa

A retração é um fenômeno decorrente da perda de água das argamassas para o ambiente e para a base. A saída da água pode ocorrer por evaporação e/ou sucção, e tem início imediatamente após a aplicação da argamassa, seguindo até o seu endurecimento. A retração plástica da argamassa é uma contração volumétrica do material pela saída da água livre da mistura. Com a saída da água, meniscos formam-se entre as partículas sólidas, aumentando a pressão capilar, dando origem a tensões. No caso dos revestimentos, a argamassa ainda é aplicada sobre uma base praticamente indeformável, portanto há restrição à sua retração. Se o nível de tensão gerado pela pressão capilar e pela restrição da argamassa durante o processo de secagem for superior à capacidade de resistência da argamassa, fissuras começam a se formar (Fig. 3.11).

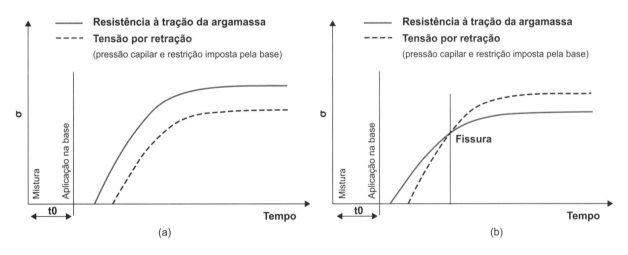

Figura 3.11 Desenvolvimento de tensões na argamassa de revestimento após a aplicação sobre a base (t0): (a) sem fissuras; (b) presença de fissuras. As fissuras por retração ocorrem quando as tensões atuantes na argamassa são superiores à sua resistência à tração.

A formação de fissuras por retração plástica depende das condições ambientais durante as primeiras horas após a aplicação, da composição da argamassa, da espessura da camada e da capacidade de absorção da base. Argamassas com maior capacidade de retenção de água produzidas com cal e/ou aditivos retentores de água minimizam a perda de água para o ambiente e para a base e, consequentemente, há o desenvolvimento de tensões causadas pela movimentação de água.

Regiões com baixa umidade relativa (< 50 %), temperaturas elevadas (> 30 °C), incidência de radiação solar e velocidade de vento elevada aumentam a taxa de evaporação de água, tornando as argamassas de revestimento mais suscetíveis à fissuração. Nesses casos, a ABNT NBR 7200 recomenda a realização de cura por meio de aspersão constante de água, quando for utilizado chapisco por no mínimo 12 horas, e de 24 horas para a argamassa de revestimento.

As fissuras por retração plástica desenvolvem-se de forma aleatória e caracterizam-se por serem superficiais, de pequena abertura e comprimento limitado, cujos problemas geralmente são de ordem estética. No caso da retração por secagem, as fissuras do revestimento são do tipo mapeadas e no caso de argamassa de assentamento, ainda podem ocorrer fissuras ao longo do contorno do componente da base, como mostrado na Figura 3.8. As fissuras mapeadas podem manifestar-se em argamassas com excesso de finos, elevado teor de cimento, e, no caso de revestimentos, por excesso de desempenamento (Fig. 3.12).

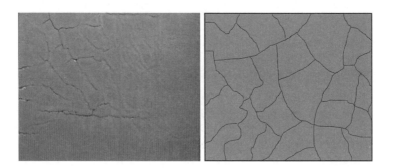

Figura 3.12 Fissuras mapeadas ocasionadas por retração da argamassa de revestimento.

3.4.3 Fissuras decorrentes de movimentação de origem térmica

As movimentações de origem térmica dos sistemas de vedação são resultantes de três fatores: (i) a união de materiais com coeficientes de dilatação térmica distintos sujeitas às mesmas variações de temperatura; (ii) exposição de componentes e/ou elementos a diferentes solicitações térmicas naturais, como, por exemplo, a exposição ao sol de uma cobertura e das paredes de um edifício; e (iii) gradiente de temperaturas ao longo de um mesmo componente (Thomaz, 2020).

As fissuras oriundas de movimentações térmicas manifestam-se no sentido em que ocorrem a dilatação e a retração dos componentes do revestimento e alvenaria, preferencialmente nas regiões de interface com o elemento estrutural. Algumas configurações típicas de fissuras ocasionadas pelas variações dimensionais ocasionadas por gradientes térmicos estão exemplificadas na Figura 3.13.

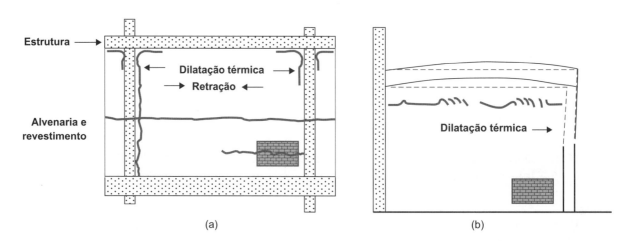

Figura 3.13 Fissuras típicas das movimentações de origem térmica dos componentes da alvenaria e revestimentos.

Fonte: (a) adaptada de Duarte (1998); (b) adaptada de Sousa *et al.* (2014).

A movimentação dos componentes da alvenaria/revestimentos geralmente é resultante de ações simultâneas de variações térmicas e higroscópicas ao longo do tempo, tornando-se difícil a distinção entre a configuração das fissuras.

3.4.4 Fissuras decorrentes de movimentação higroscópica

Movimentos higroscópicos ocasionados pela expansão em componentes ou seções de alvenaria não restringidos irão se expandir verticalmente em direção ao apoio e horizontalmente a partir do centro [Fig. 3.14(a)]. Caso haja alguma restrição ou vínculo, a movimentação gera tensões que podem dar origem a fissuras nos componentes ou elementos da alvenaria e revestimentos na direção da expansão, como exemplificado na Figura 3.14(b). As fissuras seguem a linha de menor resistência, e, em alguns casos, podem apresentar-se de forma escalonada (degraus).

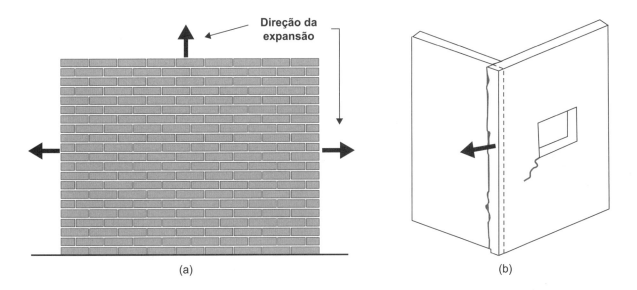

Figura 3.14 (a) Direção da expansão por umidade em seção de alvenaria não restringida; (b) fissuras oriundas da expansão por umidade dos componentes da alvenaria.

Fonte: adaptada de (a) Brick Industry Association (2019) e (b) Sousa *et al.* (2014).

A magnitude das alterações volumétricas devido à adsorção de umidade depende da composição, estrutura molecular e porosidade dos materiais. Os materiais de base cimentícia apresentam retração devido ao assentamento plástico e a secagem inicial. Nos componentes cerâmicos (blocos, tijolos e placas cerâmicas), ocorre a retração após a queima, e uma ligeira expansão após a saída do forno, durante as primeiras semanas, podendo se estender a uma taxa muito menor ao longo dos anos (Brick Industry Association, 2019). Esse fenômeno é denominado expansão por umidade (EPU) ou dilatação higroscópica.

A queima dos materiais cerâmicos influencia na porosidade e, consequentemente, na sua capacidade de expansão. Blocos cerâmicos queimados em temperatura mais baixas tendem a se expandir mais do que aqueles submetidos a temperaturas mais elevadas (Chiari *et al.*, 1996; Brick Industry Association, 2019). O uso de ciclos de queima rápida e baixas temperaturas no processamento de componentes cerâmicos tende a formar maior quantidade de fase amorfa – mais suscetível a apresentar elevada EPU. Nesses casos, apesar de as fases vítreas apresentarem menor área superficial, podem sofrer processos de lixiviação que fazem com que sua superfície passe a apresentar elevada energia superficial, semelhantemente às fases amorfas (Menezes *et al.*, 2006).

A variação das dimensões da peça ocasionada pela expansão devido à umidade pode levar à desagregação e à formação de fissuras nos componentes cerâmicos. A Figura 3.15 ilustra o efeito da expansão devido à umidade em tijolos cerâmicos aparentes. Pode-se observar que houve a remoção da camada superficial vitrificada da peça.

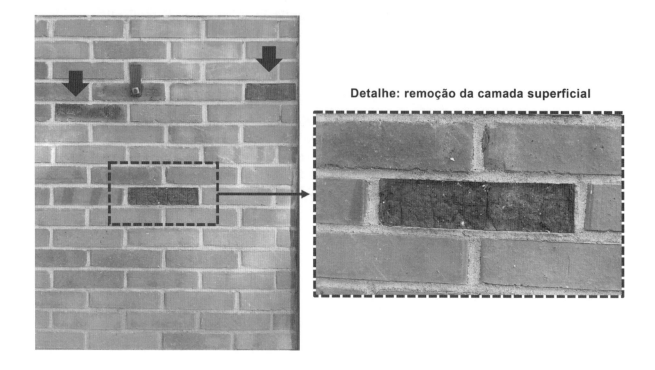

Figura 3.15 Expansão por umidade de tijolos cerâmicos aplicados em parede de alvenaria aparente.

No caso das placas cerâmicas, segundo a ABNT NBR ISO 10545-10, a maioria das peças fabricadas possui expansão devido à umidade natural negligenciável, não acarretando problemas no revestimento cerâmico quando são assentadas corretamente. No entanto, sob determinadas condições climáticas e assentamento inadequado, a expansão por umidade natural pode agravar os problemas, principalmente quando as peças são assentadas diretamente sobre bases cimentícias com tempo de cura inadequado. Nesses casos, é recomendado o limite máximo de expansão por umidade da placa cerâmica de 0,06 %, determinada conforme recomendações da normativa supracitada. Valores de expansão por umidade superiores podem propiciar o surgimento de gretamento e até mesmo o destacamento cerâmico, uma vez que a expansão da placa cerâmica será excessiva e, provavelmente, as argamassas colantes, o rejuntamento e as juntas não serão suficientes para restringir a deformação imposta.

3.4.5 Fissuras decorrentes de gretamento das placas cerâmicas

O gretamento das placas cerâmicas ocorre devido ao movimento diferencial entre o esmalte e a base da placa cerâmica. O gretamento da placa cerâmica pode ocorrer de forma imediata logo após a saída do forno, pouco tempo depois, ou de forma retardada devido à umidade adsorvida pela peça assentada ou retração da argamassa de fixação (gretamento diferido). Durante o processo de produção, a placa cerâmica é submetida à tensão de compressão, visando aumentar sua resistência mecânica. Essa tensão residual distribui-se principalmente nas camadas superficiais da placa cerâmica e, com o passar do tempo, vai sendo dissipada. A expansão por umidade da placa cerâmica introduz gradativamente tensões de tração no esmalte, compensando as tensões de compressão. A partir do momento em que as tensões se anulam, pode-se iniciar o surgimento do gretamento na superfície (Melchiades; Boschi, 2021).

O gretamento das placas cerâmicas manifesta-se sob a forma de fissuras com aberturas inferiores a 1 mm na superfície esmaltada da placa, em um aspecto de teia de aranha, como exemplificado na Figura 3.16.

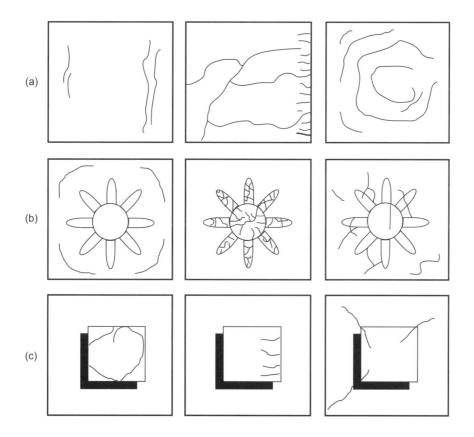

Figura 3.16 Exemplos de gretamento em placas cerâmicas: (a) monocolores, (b) decoradas e (c) com relevos na superfície.

Fonte: ABNT NBR ISO 10545-11.

A resistência ao gretamento das placas cerâmicas é determinada por meio do contato da placa com vapor a alta pressão em autoclave e, posteriormente, exame para verificar o surgimento de fissuras nas placas após a aplicação de um agente manchante na superfície esmaltada, conforme proposto pela ABNT NBR ISO 10545-11.

Após o assentamento, as placas cerâmicas passam a ser parte do revestimento ao qual foram aderidas. Assim, o comportamento das outras camadas constituintes pode afetar as características originais das placas. A retração da argamassa e, mais especificamente, a colante utilizada na fixação das placas cerâmicas pode tensioná-las, alterando os esforços a que a camada de esmalte estava originalmente submetida. A restrição à movimentação da placa cerâmica pela argamassa provocaria esforço de compressão, induzindo o seu curvamento. Essa curvatura faria com que a camada de esmalte, que inicialmente estava sob ligeira compressão, passasse a estar sob tração, o que aumentaria a probabilidade do gretamento do esmalte (Melchiades; Boschi, 2021).

3.5 DESCOLAMENTOS

O descolamento de revestimentos argamassados e/ou cerâmicos é uma manifestação patológica grave, sobretudo em fachadas, uma vez que, além de comprometer as funções de proteção e estanqueidade do sistema de vedação vertical, representa um risco de acidentes para os transeuntes. Segundo a ABNT NBR 15575-4, "descolamento é a perda de aderência entre o componente de acabamento e sua respectiva base".

A aderência surge das ligações que se estabelecem na interface entre duas superfícies. Quanto maior o contato interfacial, maior a intensidade das ligações e, consequentemente, a aderência. Defeitos como fissuras ou bolhas na interface reduzem o contato, diminuindo a aderência. O descolamento ocorre quando as tensões de tração e cisalhamento superam a resistência dos materiais empregados no revestimento, ou quando excedem a aderência entre as camadas, resultando em falhas ou rupturas na interface das camadas que compõem o revestimento, ou mesmo na interface com o substrato. O descolamento pode ocorrer de forma localizada ou generalizada, cujo risco de ocorrência é intensificado por variações de temperatura e umidade. Nesses casos, a perda de aderência é causada por fadiga.

3.6 PULVERULÊNCIA/DESAGREGAÇÃO

A pulverulência caracteriza-se pela presença de partículas soltas na superfície da alvenaria, revestimento argamassado ou sistema de pintura. A pulverulência pode evoluir, causando a perda de coesão e/ou desagregação do material e o descolamento das camadas.

Segundo a ABNT NBR 13749, as principais causas de pulverulência nos revestimentos argamassados são: excesso de finos no agregado, traço pobre em aglomerante; carbonatação insuficiente da cal (argamassas de cal ou mista); perda precoce de água para a base e/ou ambiente acentuada por clima seco e temperatura elevada por ação do vento. A exposição a ações mecânicas e agentes externos, como umidade, radiação solar, poluição atmosférica ou produtos químicos, pode resultar em pulverulência e desagregação dos componentes da alvenaria e dos revestimentos.

3.7 EFLORESCÊNCIA E CRIPTOFLORESCÊNCIA

A eflorescência é resultado da deposição de sais solúveis na forma de pó solto ou incrustações em uma dada superfície, afetando a estética da edificação por meio de manchas, geralmente esbranquiçadas. A ocorrência da eflorescência está condicionada a três fatores: (i) teor de sais solúveis existentes nos materiais e componentes; (ii) presença de água; e (iii) pressão hidrostática necessária para que a solução água/sais migre para a superfície (Russel, 2005; Sousa et al., 2011). O controle ou a eliminação de um desses fatores inibe a formação de eflorescências.

Essa é uma manifestação patológica comum em alvenarias, argamassas e placas cerâmicas, visto que os sais solúveis estão presentes na composição dos materiais cerâmicos e cimentícios (Fig. 3.17). Argamassas produzidas com cimento de elevado teor de álcalis e cal hidratada em sua composição são mais suscetíveis a eflorescências. Nos revestimentos cerâmicos, o surgimento delas acontece principalmente devido à passagem da água por fissuras na interface entre rejunte e bordas da placa.

Os sais eflorescentes também podem ter origem pelo contato direto com solo, outros materiais cimentícios ou argilosos, poluição atmosférica e ambiente marinho. O grau de deterioração causado pela eflorescência depende do formato do sal (origem química) e da posição em que a frente de cristalização aconteceu. Quando a taxa de evaporação é inferior à umidade no interior do material, a cristalização do sal ocorre na superfície externa, sem causar qualquer dano – eflorescência. No entanto, quando a taxa de migração da solução de sal através dos poros é mais lenta do que a velocidade de reposição, a zona de secagem ocorre predominantemente no interior – criptoflorescência (Sousa et al., 2011; Mehta; Monteiro, 2014). A cristalização de sais nas camadas internas provoca uma pressão que pode acarretar a formação de fissuras ou desagregação do material, ou, também, descolamento entre camadas.

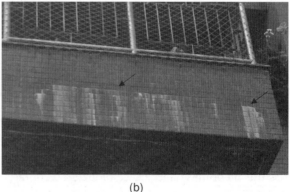

(a)   (b)

Figura 3.17 Eflorescências na superfície da (a) alvenaria aparente e de (b) placas cerâmicas.

Os danos por pressão de cristalização estão correlacionados com a dissolução dos sais solúveis, recristalização ou formação de sais mais complexos pela variação de umidade, podendo ocorrer pela presença de um ou mais sais (Mehta; Monteiro, 2014).

A ASTM C67 propõe método de ensaio para avaliar o potencial de eflorescência de componentes cerâmicos para alvenaria. O método consiste em imergir parcialmente os blocos/tijolos em água destilada por sete dias e, após esse período, efetua-se a secagem e uma análise visual quanto à ocorrência de eflorescência por meio de um comparativo com componentes não submetidos a umedecimento/secagem.

3.8 MANCHAS

Manchas ou sujidades referem-se à descoloração ou presença de marcas indesejáveis em uma superfície. Estas podem ocorrer na alvenaria, nos revestimentos de argamassas, nas placas cerâmicas e em pinturas de forma pontual (*pits*) ou generalizada. O aparecimento delas afeta a estética da edificação e pode ser causado por diversos fatores, tais como a presença de umidade, deposição de sais e poluentes atmosféricos na superfície, radiação solar e microrganismos. O Quadro 3.4 apresenta uma compilação dos principais agentes causadores de manchas em alvenarias e revestimentos e as alterações das características superficiais provocadas por eles.

Quadro 3.4 Agentes causadores de manchas em alvenarias e revestimentos.

Agentes	Alteração da superfície
Umidade	Marcas de água
Sais solúveis	Eflorescências geralmente esbranquiçadas, com a cor alterada em função do tipo de sal
Presença de pirita ou concreções ferruginosas no agregado miúdo	Manchas de cor marrom-avermelhada
Presença de matéria orgânica no agregado miúdo	Manchas negras
Poluentes atmosféricos: poeira, fuligem, materiais particulados	Manchamentos de diversas cores em função da cor da partícula, incrustações, espectros de juntas
Poluentes atmosféricos: gases dióxido de enxofre (SO_2), dióxido de nitrogênio (NO_2) e ozônio (O_3)	Descoloração da superfície
Radiação solar (UV)	Descoloração da superfície
Bactérias autotróficas	Incrustações negras, formação de ferrugem ou pátinas (oxidação) negra ou marrom, biofilmes, esfoliação e pulverulência
Bactérias heterotróficas	Incrustações negras, formação de óxidos negros ou marrons, biofilmes, esfoliação, alteração de cores
Cianobactérias	Formação de ferrugem ou pátinas e placas de várias cores e consistência
Fungos	Manchamentos de diversas cores, mofos, bolores e biofilmes
Liquens	Incrustações, formação de placas e corrosão pontual (pites)
Musgos e hepáticas	Descoloração, formação de placas cinza-esverdeadas
Produtos químicos	Manchas de diferentes tonalidades conforme o produto e descoloração

Fonte: baseado em Cincotto, Silva e Carasek (1995); Gaylarde, Ribas Silva e Warscheid (2003); Sousa *et al.* (2011); Kirthika *et al.* (2023).

A porosidade, a rugosidade e a capacidade de absorção de água dos componentes, bem como os detalhes construtivos do elemento, influenciam na formação de manchas, pois podem favorecer a adesão e ancoragem de partículas ou microrganismos na superfície. Superfícies mais rugosas, por exemplo, têm maior tendência a acumular poluição atmosférica e micro-organismos. As condições ambientais, como vento, chuva e temperatura, também colaboram para a ocorrência destes. A incidência da chuva na superfície pode remover ou arrastar partículas soltas e sujidades, deixando manchas na superfície, e esse efeito pode ser mais pronunciado em fachadas pela ocorrência de chuva dirigida.

Os espectros de juntas (ou fantasmas) são manchas ou sombras visíveis em fachadas, que se destacam pelo delineamento das juntas verticais e horizontais da argamassa de assentamento no revestimento. Essas manchas são causadas pelas variações da espessura das juntas e capacidade de absorção de água da argamassa de revestimento e dos componentes da alvenaria. Essas variações resultam no depósito diferencial de sujidades na superfície do revestimento argamassado. Esse efeito é mais pronunciado em temperaturas mais baixas, que aumentam a incidência das manchas (Freitas, 2012).

Os micro-organismos proliferam-se de maneira distinta conforme as condições ambientais, por exemplo: os fungos causadores de mofo e bolores desenvolvem-se em superfícies úmidas, quentes e com matéria orgânica disponível; as algas em superfícies úmidas, com disponibilidade de luz solar para a realização de fotossíntese, temperaturas amenas e locais com baixa circulação de ar; os liquens são adaptáveis a áreas expostas à luz solar e, embora sobrevivam em ambientes secos por longos períodos, requerem umidade para o seu crescimento e reprodução; os musgos, por sua vez, preferem ambientes úmidos e sombreados.

3.9 VESÍCULAS

A formação de pequenas cavidades na superfície do revestimento de argamassa é denominada vesículas (Fig. 3.18). As principais causas de formação de vesículas incluem a presença de impurezas e/ou contaminantes nos constituintes da argamassa, tais como óxidos de cálcio e magnésio presentes na cal hidratada, bem como matéria orgânica e concreções ferruginosas no agregado miúdo. As vesículas surgem devido à reação química tardia destes no interior da argamassa. A coloração do interior das vesículas permite a identificação da origem e da causa da formação das vesículas no revestimento argamassado, conforme exemplificado no Quadro 3.5.

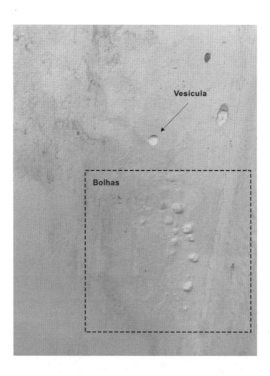

Figura 3.18 Presença de bolhas e vesículas na superfície do revestimento argamassado.

Quadro 3.5 Fonte, causas e características das vesículas em revestimentos de argamassa.

Fonte	Causa	Características
Cal hidratada	Hidratação retardada do óxido de cálcio ou óxido de magnésio	Interior com coloração branca
Agregado miúdo	Presença de concreções ferruginosas	Interior com coloração vermelha
	Presença de matéria orgânica ou pirita	Interior com coloração preta

Fonte: adaptado da ABNT NBR 13749.

3.10 ESTUDO DE CASO

Embora as manifestações patológicas em alvenarias e revestimentos sejam frequentes e comuns, o entendimento do processo de degradação é bastante complexo e requer o uso de técnicas e ferramentas específicas. Frequentemente, o que se observa é a ocorrência conjunta de mais de um tipo de manifestação patológica em revestimentos.

Por isso, o conhecimento dessas técnicas e ferramentas de diagnóstico é necessário, mas não suficiente. O diagnóstico correto do processo de degradação e, por consequência, do tratamento para a recuperação adequada exige profundo conhecimento dos processos de degradação.

Um tipo de agente cuja ocorrência normalmente resulta em mais de um tipo de manifestação patológica é a umidade. Conforme mencionado em 3.3.3, a umidade constante pode degradar a alvenaria por meio químico e biológico. Embora a origem seja a presença de água, a identificação da manifestação patológica é distinta quando se observa a degradação por eflorescência, degradação da camada de pintura ou descolamento de placas cerâmicas (Fig. 3.19).

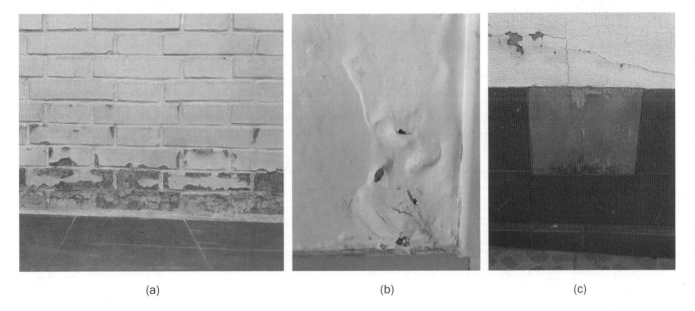

(a) (b) (c)

Figura 3.19 Deterioração de componentes de alvenaria e revestimentos devido a umidade ascendente do solo; (a) perda de coesão e eflorescências; (b) formação de bolhas e descamação da camada de tinta; (c) descolamento de placas cerâmicas, formação de bolores e descamação da camada de tinta.

Ainda nesse sentido, é comum a observação de alvenaria e revestimentos com estética comprometida em fachada, como ilustrado na Figura 3.20. O processo de recuperação dessas vedações envolve uma análise detalhada da extensão dos danos, agentes e mecanismos envolvidos nas manifestações patológicas. No exemplo citado, é importante identificar a origem das sujidades e desagregações, os micro-organismos envolvidos, assim como os agentes ambientais que favorecem a proliferação destes para o sucesso da recuperação. Uma vez obtido o diagnóstico detalhado, a remoção das sujidades e micro-organismos presentes pode envolver a aplicação de métodos físicos, químicos ou biológicos. A escolha dos métodos deve levar em consideração não apenas a eficácia da remoção, mas também a preservação da integridade e estética da fachada. Recomenda-se, também, que sejam estabelecidas medidas preventivas, a fim de minimizar as condições favoráveis de sujidades e proliferação de micro-organismos futuramente.

(a) (b)

Figura 3.20 Atuação de micro-organismos na superfície: (a) alvenaria aparente e (b) revestimento argamassado e camada de pintura.

Ademais, em casos de intervenções tardias em vedações amplamente degradadas, há a possibilidade de que o fenômeno observado não seja a causa primária da degradação. E, por isso, nem sempre esse fenômeno deve ser o principal foco do tratamento, como exemplificado pelo revestimento argamassado na Figura 3.21. Nesse caso, observa-se a desagregação do revestimento, mas a sua origem pode estar relacionada à pulverulência. A pulverulência em revestimentos argamassados pode ser atribuída a uma série de causas (composição inadequada da argamassa, umidade excessiva, agentes químicos agressivos, entre outras) e a compreensão desses fatores é crucial para a implementação de medidas preventivas e corretivas eficazes.

Figura 3.21 Aspecto superficial da camada de argamassa: pulverulência e perda de coesão.

3.11 CONSIDERAÇÕES FINAIS

Além do prejuízo estético, as manifestações patológicas podem causar danos funcionais capazes de afetar a durabilidade do sistema de vedação vertical e a qualidade de vida do usuário. Para garantir o desempenho do sistema de vedação vertical, é importante que cada um dos seus elementos e componentes seja escolhido e utilizado de forma adequada, considerando as características específicas da edificação.

As características referentes às condições de exposição nas quais a edificação está inserida, tais como carregamentos, acomodações do solo, vibrações, variações de umidade, temperatura, condensação, ação de ventos, entre outras, afetam o surgimento e o desenvolvimento das manifestações patológicas.

Além disso, a realização de manutenções preventivas também é importante para garantir a vida útil de projeto do sistema (mínima de 40 e 20 anos para vedação interna e externa, respectivamente)[3] e reduzir custos com correções de problemas mais graves.

---

[3] Conforme ABNT NBR 15575.

CAPÍTULO 4

PATOLOGIAS EM ALVENARIA ESTRUTURAL

Leandro Mouta Trautwein
José Neres da Silva Filho
Joel Araújo do Nascimento Neto

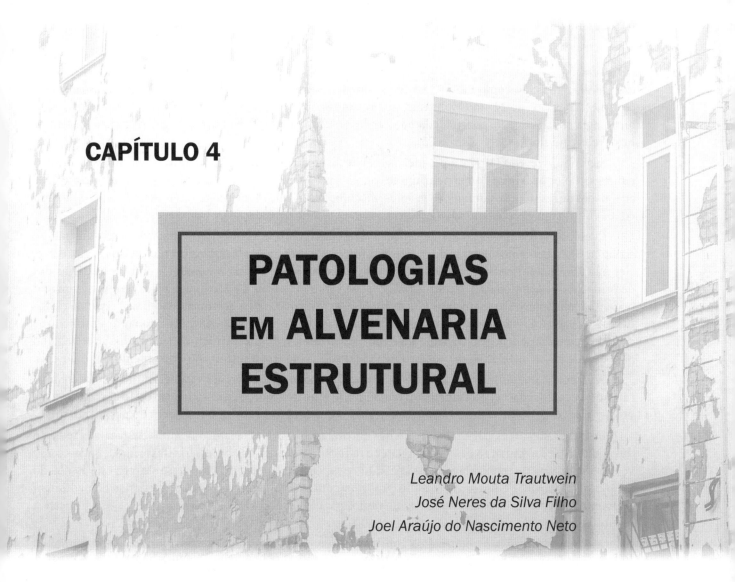

4.1 CONSIDERAÇÕES INICIAIS

A alvenaria estrutural é um dos mais antigos sistemas construtivos utilizados pela humanidade. Durante séculos, grandes obras foram construídas usando esse sistema. Edificações monumentais em alvenaria de pedras e tijolos, como as pirâmides do Egito e o Coliseu romano, ainda permanecem em pé, passados mais de 2.000 anos de sua construção, o que serve de testemunho da durabilidade desse sistema construtivo ao longo do tempo (Duarte, 1998).

Hendry (2002) relata que a alvenaria estrutural passou a ser tratada como uma tecnologia de construção civil por volta do século XVII, quando os princípios de estatística foram aplicados para a investigação da estabilidade de arcos e domos. Embora, no período entre os séculos XIX e XX, tivessem sido realizados testes de resistência dos elementos da alvenaria estrutural em vários países, ainda se elaborava o projeto de alvenaria estrutural de acordo com métodos empíricos de cálculo, apresentando, assim, grandes limitações.

Segundo Ramalho e Corrêa (2003), um edifício construído em 1950, na Basileia, Suíça, com 13 pavimentos, foi um marco importante na história da alvenaria estrutural, pois suas paredes internas foram reduzidas à espessura de 15 cm, e as paredes externas, a 37,5 cm de espessura.

No Brasil, a alvenaria estrutural é utilizada desde o início do século XVII. Entretanto, a alvenaria estrutural com blocos estruturais, encarada como um processo construtivo voltado para a obtenção de edifícios mais econômicos e racionais, demorou muito a encontrar seu espaço (Ramalho; Corrêa, 2003). Aqui, os primeiros edifícios em alvenaria estrutural armada foram construídos em São Paulo, no ano de 1966, no Condomínio Central Parque em São Paulo, com apenas quatro pavimentos, apresentando blocos de concreto com 19 cm de espessura. Em 1977, também em São Paulo, foi construído o primeiro edifício em alvenaria estrutural, conhecido como Edifício Jardim Prudência, que possui nove pavimentos concebidos com blocos sílico-calcários de 24 cm (Mohamad, 2015). Após anos de adaptação e desenvolvimento no país, essa tecnologia construtiva foi consolidada na década de 1980, por meio da normalização oficial consistente e razoavelmente ampla (Sabbatini, 2003).

Segundo Azevedo (1997), a definição geral de alvenaria contempla elementos constituídos de pedras naturais, tijolos ou blocos de concreto, unidos ou não, por meio de argamassas, que devem prover condições adequadas de resistência, durabilidade e impermeabilidade. As alvenarias podem ser diferenciadas de acordo com a função que exercem, sendo classificadas em alvenaria de vedação e alvenaria estrutural.

O que caracteriza a alvenaria de vedação (também chamada de não portante) é o fato de que não se atribui a esses elementos o papel de resistir a esforços além daqueles oriundos do seu peso próprio, isto é, eles não apresentam nenhuma função estrutural. Apesar disso, cargas acidentais, como as oriundas das deformações de acomodação da estrutura, ação do vento ou, ainda, de movimentações térmicas, também podem incidir sobre esses elementos (Silva, 2013). A prática que vigora atualmente no Brasil separa a classificação da execução das alvenarias em duas formas: a tradicional e a racionalizada. Enquanto a primeira se caracteriza pela ausência de planejamento e ocorrência de elevados desperdícios relacionados ao retrabalho para execução das instalações, o processo racionalizado preconiza o melhor aproveitamento dos materiais.

A alvenaria estrutural, por sua vez, é um processo construtivo no qual os painéis de alvenaria, além da função básica de vedação, desempenham também a função de absorção e distribuição dos esforços, tornando dispensável o uso de pilares e vigas, característica que configura enorme vantagem do uso do sistema.

Entre os fatores técnicos e econômicos que encorajam o uso da alvenaria estrutural, destaca-se a redução dos custos com a eliminação das vigas e pilares e redução da quantidade necessária de formas, as quais serão voltadas apenas para a concretagem das lajes. Outro aspecto que pesa em favor desse sistema está associado ao grande potencial de racionalização do processo construtivo. Uma vez que as alvenarias não admitem intervenções posteriores significativas, como rasgos para a execução das instalações, observa-se significativa redução na ocorrência de desperdícios.

A Figura 4.1 ilustra o potencial de construção que pode ser alcançado com a alvenaria estrutural. O L'acqua Condomínio Club é constituído por apartamentos destinados à classe média em Natal/RN, enquanto o Residencial Villa Vita é um empreendimento de apartamentos mais populares, com o detalhe da área de lazer com piscina, sauna e salão de festas estar localizada na cobertura do edifício.

(a) (b)

Figura 4.1 Exemplo de edifícios executados com alvenaria estrutural: (a) L'acqua Condomínio Club (18 pavimentos, Natal/RN); e (b) Residencial Villa Vita (21 pavimentos, Carapicuíba/SP).

É intuitivo observar que, a fim de garantir o bom funcionamento do sistema, deve haver um planejamento adequado para a sua execução, assegurando a aplicação eficiente dos recursos nas atividades desenvolvidas, tornando a execução da obra mais rápida, limpa e segura. É imprescindível que haja adequada compatibilização dos projetos arquitetônico, estrutural e de instalações na fase de projeto e, no que diz respeito à execução, o processo construtivo requer a participação de mão de obra especializada e bem qualificada. Embora esses aspectos sejam responsáveis por otimizar o processo construtivo, há quem considere que eles desencorajam o emprego da alvenaria estrutural quando comparada ao modelo tradicional em concreto armado.

O principal e mais conhecido ponto negativo associado à alvenaria estrutural refere-se ao fato de que, por sua natureza, são impossibilitadas quaisquer alterações significativas na arquitetura original. Segundo Ramalho e Corrêa (2003), essa limitação pode prejudicar vendas ou, até mesmo, comprometer a segurança de uma edificação durante a sua vida útil. Como forma de melhorar esse aspecto arquitetônico, é perfeitamente possível prever algumas paredes como sendo não estruturais, permitindo, dessa forma, certa flexibilização no *layout* dos apartamentos.

Apesar de todas essas considerações, afirmar se esse sistema estrutural é efetivamente mais adequado do que o sistema tradicional é uma comparação justa apenas quando se levam em conta as características do empreendimento. A alvenaria estrutural ajusta-se melhor quando empregada em edifícios residenciais de padrão médio ou baixo, nos quais os ambientes e os vãos são relativamente pequenos. Em contrapartida, esse sistema não é adequado para edifícios de alto padrão, nos quais os vãos das lajes são maiores e há necessidade de grande flexibilização no *layout* dos apartamentos.

Para tratar de manifestações patológicas que podem acometer alvenarias estruturais, é necessário possuir um conhecimento básico de seus elementos componentes, com o objetivo de entender melhor qual função cada um desempenha e de que forma interagem entre si. As alvenarias estruturais são formadas por blocos (por vezes denominados unidades), argamassa, graute e armadura.

O bloco é a unidade básica da alvenaria, responsável pela definição das características resistentes da estrutura. A distinção mais comum entre os blocos usados na construção de alvenarias estruturais é baseada no material constituinte. Nessa classificação, encontram-se as unidades de concreto, unidades cerâmicas ou unidades sílico-calcárias, sendo estas últimas pouco empregadas. A principal propriedade de um bloco é sua resistência característica à compressão, que é o fator mais influente na resistência final da alvenaria.

Além da resistência do bloco, existem outros aspectos relativos às unidades que precisam ser controlados, a fim de garantir que o produto final tenha a qualidade desejada. Um desses aspectos é a variabilidade dimensional, cuja tolerância é muito mais rigorosa do que aquela aplicada aos blocos utilizados em alvenarias de vedação. Isso se dá porque variações significativas na largura, na altura ou no comprimento podem afetar o desempenho da alvenaria estrutural. Segundo Parsekian e Soares (2010), variações na altura e no comprimento da unidade poderão obrigar que compensações sejam feitas na espessura da junta de argamassa. Esses "improvisos" seriam inconsequentes em alvenarias de vedações, mas os autores afirmam que podem prejudicar a modulação e, em casos extremos, afetar a resistência à compressão e ao cisalhamento.

Outro parâmetro crítico é a capacidade de absorção de água de um bloco. Além de ser um indicador de qualidade, por estar relacionado à porosidade do material, é um fator que precisa ser acompanhado e controlado, uma vez que uma alta absorção pode levar a fissuras ou mapeamento dos blocos no revestimento. O índice de absorção de água inicial (AAI) é um parâmetro que determina o quanto o bloco absorve de água por capilaridade logo após ser molhado. Se esse índice é elevado, o bloco irá "puxar" muita água da argamassa, podendo atrapalhar a hidratação do cimento, o que afetará diretamente sua resistência final. Por outro lado, se o bloco absorve pouca água, a aderência entre a argamassa e o bloco fica comprometida.

De acordo com Ramalho e Corrêa (2003), além de atuar como elemento de ligação entre os blocos, a argamassa também é responsável por transmitir e uniformizar as tensões entre as unidades, absorvendo pequenas deformações. Tradicionalmente, as argamassas utilizadas no assentamento de blocos resultam da mistura de cimento, cal e areia. Algumas podem ser compostas apenas por cal ou cimento, atuando como material ligante, embora argamassas apenas de cal não sejam empregadas em alvenaria estrutural.

De qualquer forma, argamassas muito rígidas devem ser evitadas, visto que isso prejudicaria a capacidade de acomodação de deformações. Segundo Gomes (1983), o aumento da resistência da argamassa contribui positivamente para a resistência da alvenaria, porém, pode induzir à ocorrência de rupturas excessivamente frágeis. De acordo com Parsekian e Soares (2010), argamassas rígidas sob tensões elevadas resultarão no aparecimento de fissuras. Por outro lado, argamassas muito fracas são insuficientes no quesito aderência, o que também pode gerar problemas. Logo, ainda que a adição de cal possa conduzir a uma perda de resistência da argamassa, também melhora as condições de trabalhabilidade e aderência da mistura.

A aderência entre o bloco e a argamassa se estabelece mediante penetração da água de amassamento nos poros do bloco, seguida da cristalização da argamassa. Logo, além de ser afetada pelas características do bloco, a capacidade de retenção de água apresentada pela argamassa também é um fator imperativo para que a aderência seja efetivada de maneira eficaz. Deve haver equilíbrio, de modo que a argamassa precisa ser capaz de ceder certo percentual de água para viabilizar a aderência, mas sem prejudicar o volume de água necessário para a hidratação do cimento.

Diferentemente do que ocorre com o bloco, a resistência à compressão da argamassa não impacta a resistência da alvenaria de maneira significativa. No entanto, a aderência da argamassa, conforme divulgado há bastante tempo pela literatura técnica, é a segunda propriedade mais influente na resistência da alvenaria, ficando atrás apenas da resistência à compressão do bloco.

O graute é um concreto com agregados de pequena dimensão, relativamente fluido, que, no contexto da alvenaria estrutural, exerce o papel de incrementar a área da seção transversal das unidades, aumentando a resistência à compressão da alvenaria, bem como de promover a solidarização entre os blocos e eventuais armaduras. Segundo Ramalho e Corrêa (2003), admite-se que o conjunto formado pelo graute, bloco e, eventualmente, armadura trabalhe monoliticamente, não divergindo muito do que se observa no concreto armado.

Em se tratando da armadura, as barras de aço utilizadas na alvenaria estrutural são as mesmas utilizadas nas estruturas de concreto armado, estando sempre envolvidas por graute, de modo a garantir o monolitismo do conjunto.

Em síntese, é possível perceber que, dada a natureza de sua formação, as alvenarias, no geral, são elementos heterogêneos, descontínuos e anisotrópicos, tendo em vista que as unidades utilizadas na sua construção (unidades de cerâmica ou concreto), bem como a argamassa utilizada no assentamento, são materiais cujos comportamentos têm natureza frágil. Em adição a esses fatores, tem-se que considerar a baixa resistência à tração na interface bloco-argamassa, o que deixa essas regiões suscetíveis à separação/fissuração.

Alguns dos principais problemas de patologia que podem ocorrer em alvenaria estrutural incluem:

1. **deslocamentos ou deformações excessivas**: podem ocorrer quando a alvenaria não foi projetada adequadamente para suportar as cargas ou quando há assentamentos diferenciais no solo. Isso pode levar ao desalinhamento de paredes, aberturas fora de esquadro e problemas estruturais mais graves;

2. **eflorescência**: trata-se da formação de manchas brancas na superfície da alvenaria devido à presença de sais solúveis que são transportados pela água. Isso pode ocorrer quando há infiltração de água na alvenaria e evaporação posterior, deixando os sais depositados na superfície. Isso resulta em manchas brancas ou acinzentadas que podem comprometer a aparência da estrutura;

3. **degradação dos materiais**: a alvenaria pode sofrer deterioração devido a fatores como exposição prolongada à umidade, ação de agentes químicos, ataque de fungos ou insetos, entre outros. Isso pode levar à perda de resistência e durabilidade dos elementos de alvenaria favorecendo a ocorrência de desplacamento, trincas e desgaste do revestimento, deixando a alvenaria exposta a danos adicionais;

4. **desplacamento de elementos**: em alguns casos, elementos de alvenaria podem sofrer deslocamentos ou inclinações. Isso pode ocorrer devido a recalques diferenciais da fundação, sobrecargas excessivas, falta de amarração adequada ou falhas na execução da estrutura;

5. **infiltração de água**: a alvenaria por si só não é impermeável, e a infiltração de água é uma das principais causas de danos em estruturas desse tipo. A água pode penetrar por meio de fissuras, juntas mal executadas ou por capilaridade, resultando em umidade excessiva, manchas, eflorescência e, em casos mais graves, deterioração dos materiais;

6. **problemas de fundação**: a alvenaria estrutural depende de uma base sólida e estável para garantir sua integridade. Problemas na fundação, como assentamentos diferenciais ou recalques excessivos, podem comprometer a estrutura como um todo.

Esses problemas vêm quase sempre acompanhados de um processo de fissuração que pode comprometer a estabilidade local ou global da estrutura e permitir a entrada de água, levando a danos adicionais.

É importante ressaltar que a prevenção e o diagnóstico precoce são fundamentais para evitar que as patologias se agravem. A manutenção regular, o uso de materiais adequados e a execução correta das obras são medidas importantes para minimizar o surgimento de problemas na alvenaria estrutural. Quando identificadas, as patologias devem ser avaliadas por profissionais especializados, como engenheiros estruturais com comprovada experiência com esse sistema construtivo, que poderão indicar as medidas corretivas necessárias para solucionar os problemas e garantir a segurança e durabilidade da estrutura.

4.2 FISSURAÇÃO EM ALVENARIAS ESTRUTURAIS

As fissuras são um tipo de patologia comum nas edificações e podem interferir na estética, na durabilidade e nas características estruturais da construção. Segundo Silva Filho e Helene (2011), a fissuração é decorrente de movimentações diferenciadas em pontos de contato entre materiais distintos ou, ainda, de esforços associados a fenômenos de retração ou térmicos. Além disso, a fissuração pode ser resultante da incapacidade do material componente da estrutura de suportar as tensões atuantes.

A fissuração é um processo que pode ser desencadeado por diversos fatores, os quais nem sempre estão relacionados com a ocorrência de danos estruturais. No entanto, a fissuração é um problema que prejudica a estética, a estanqueidade e o conforto do usuário. Portanto, identificar a causa (ou causas) que ocasiona essa fissuração, a fim de estabelecer um plano de tratamento adequado, é vital.

É importante salientar que a determinação da causa ou combinação de causas que desencadeiam fissurações na alvenaria é um processo complexo, que exige bom entendimento dos processos físicos envolvidos e, também, um certo nível de experiência por parte do profissional. Para determinar com clareza os fatores responsáveis pelo surgimento das fissuras, é necessário coletar informações relativas à sua disposição, abertura, espaçamento e, se possível, a época de ocorrência.

De acordo com Bauer (2007), levando em conta as diferentes propriedades mecânicas e elásticas dos elementos constituintes da alvenaria, a depender das solicitações atuantes, as fissuras poderão se manifestar nas juntas de assentamento (argamassa de assentamento vertical ou horizontal) ou seccionar os componentes da alvenaria (blocos vazados de concreto ou cerâmicos). Diversos fatores podem influenciar o comportamento das alvenarias estruturais, dentre os quais:

1. **qualidade dos blocos**: dimensões incorretas, falhas na porosidade e acabamento superficial;
2. **argamassa de assentamento**: consumo de aglomerantes, retenção de água e retração;
3. **alvenarias**: geometria do edifício, esbeltez, eventual presença de armaduras;
4. **recalques diferenciais em fundações**;
5. **movimentações higroscópicas e térmicas**.

De acordo com Holanda Jr. (2002), as fissuras que afligem painéis de alvenarias podem apresentar orientações verticais, horizontais, diagonais ou uma combinação dessas, conforme ilustrado pela Figura 4.2. No caso de fissuras verticais, elas podem se apresentar de maneira contínua, atravessando os blocos, ou de maneira escalonada. Segundo Thomaz (2020), a ocorrência de fissuras na forma contínua ou escalonada depende das características da alvenaria.

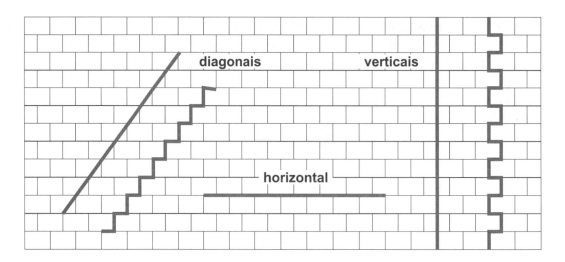

Figura 4.2 Configuração típica de fissuras em painéis de alvenaria.

Fonte: Holanda Jr. (2002).

Se o painel apresenta comportamento aproximadamente homogêneo, com boa aderência entre os componentes e a junta de argamassa, as fissuras ocorrem na forma contínua, seccionando o bloco e a junta de argamassa [Fig. 4.3(a)]. Por outro lado, quando as propriedades dos componentes são muito discrepantes, e não havendo boa aderência entre as juntas e os blocos, o caminho preferencial de abertura das fissuras dá-se por meio das juntas de argamassa, resultando na configuração escalonada [Fig. 4.3(b)].

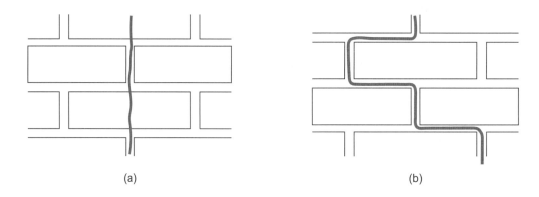

(a)   (b)

Figura 4.3 (a) Fissura contínua; (b) fissura escalonada.

Fonte: adaptada de Thomaz (2020).

4.3 FISSURAS CAUSADAS POR SOBRECARGAS DE COMPRESSÃO

4.3.1 Fatores que influenciam a resistência à compressão das alvenarias

Entre os componentes da alvenaria estrutural, a resistência à compressão do bloco é o fator que mais impacta na resistência à compressão da alvenaria. Tamanha é a importância desse parâmetro, que foi definido um índice denominado **fator de eficiência**, que corresponde à razão entre a resistência da alvenaria e a resistência do bloco. A Tabela 4.1 contém sugestão de valores para o fator de eficiência. Segundo Ramalho e Corrêa (2003), esse fator costuma variar bastante, mas pode-se afirmar que os blocos de concreto apresentam eficiência superior à dos blocos cerâmicos.

Tabela 4.1 Fatores de eficiência em função do tipo de unidade.

Unidade	Fator de eficiência (η)
Tijolo cerâmico	18 a 30 %
Tijolo de concreto	60 a 90 %
Bloco de concreto	50 a 100 %
Bloco cerâmico	15 a 40 %
Sílico-calcário	30 a 50 %

Fonte: adaptada de Camacho (2006).

A resistência à compressão da argamassa, conforme já discutido, não é um fator decisivo na definição da resistência à compressão da alvenaria. Segundo Ramalho e Corrêa (2003), esse fator só passa a possuir influência significativa se a discrepância entre a resistência da unidade e da argamassa for elevada. Em pesquisa experimental, Gomes (1983) concluiu que a argamassa de assentamento deve ter como resistência à compressão um valor entre 70 e 100 % da resistência do bloco. De acordo com a ABNT NBR 16868-1 (2020), "para evitar o risco de fissuras recomenda-se especificar a resistência à compressão da argamassa limitada a 1,5 vez da resistência característica especificada para o bloco". É importante mencionar que a resistência do bloco ora considerada é referida à área bruta de sua seção horizontal, cuja descrição detalhada consta em parágrafos mais adiante.

Entretanto, a espessura da junta de argamassa, conforme apontado por Camacho (2006), pode contribuir positiva ou negativamente para esse parâmetro. A literatura recomenda que não sejam adotadas juntas muito estreitas, uma vez que elas podem induzir a erros na execução, com a formação de trechos sem argamassa e com o contato direto entre os blocos. No entanto, de acordo com o trabalho desenvolvido por Francis (1971 *apud* Ramalho; Corrêa, 2003), aumentar a espessura da junta provoca redução da resistência da alvenaria. Em razão desse aspecto, a ABNT (2020) preconiza que as juntas verticais e horizontais sejam executadas com 1 cm de espessura, a menos que haja uma justificativa adequada para o contrário.

É importante mencionar que a avaliação da resistência individual do bloco, da argamassa e do graute não pode ser considerada como representativa da alvenaria. A ação conjunta ou a interação entre esses elementos é o que constitui o comportamento da alvenaria estrutural, sendo o "prisma de alvenaria" a representação mais simplificada dessa interação. Um prisma de alvenaria corresponde à justaposição de dois, três ou mais blocos unidos pela junta horizontal de argamassa, conforme ilustrado pela Figura 4.4. O prisma constituído por três ou mais blocos seria o mais adequado a ser adotado, uma vez que os blocos intermediários ficam aderidos a cordões de argamassa em suas faces inferior e superior, tal como ocorre nas paredes. Apesar disso, esses prismas estão mais suscetíveis ao surgimento de pequenos danos durante seu transporte até o local de realização do ensaio de resistência à compressão, especialmente nos casos de transporte com origem nas obras. Dessa forma, dá-se preferência ao emprego dos prismas com dois blocos, uma vez que o risco de danificação do corpo de prova no transporte, apesar de ainda existir, é reduzido.

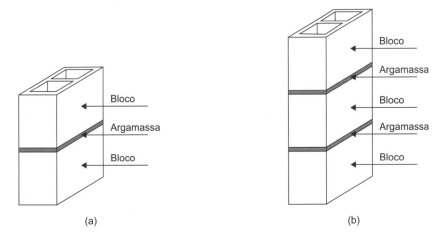

Figura 4.4 Prismas de alvenaria: (a) com dois blocos e (b) com três blocos.

Ainda no caso do prisma, o valor de sua resistência à compressão pode ser expresso relativamente à área bruta ou à área líquida da seção horizontal. A área bruta da seção é definida pelo produto entre a largura e o comprimento do bloco, desconsiderando por completo a existência dos vazados. A área líquida pode ser definida como a região efetivamente mobilizada pelas tensões induzidas no corpo de prova, sendo determinada subtraindo-se a área dos vazados do bloco da área bruta da seção. Dessa forma, pode-se considerar que a resistência do prisma (ou da parede de alvenaria) referida à área bruta é apenas um valor de referência, mas, se referida à área líquida, representa a resistência real do correspondente prisma. A relação entre essas áreas é de relevante interesse, uma vez que é decisiva tanto para o valor da resistência do prisma vazio/oco quanto do prisma preenchido com graute. No caso de blocos vazados de concreto, em função da maior regularidade das tipologias de seções horizontais, é usual adotar para essa relação o valor médio indicado na Tabela 4.2. Para o caso de blocos vazados cerâmicos, em razão da maior quantidade de seções horizontais adotadas pelos fabricantes, o valor dessa relação pode variar bastante e deve ser obtido considerando a geometria específica de cada seção, conforme ilustrado pela Figura 4.5. Na Tabela 4.2, também estão indicados típicos valores médios para a relação entre áreas, no caso de blocos cerâmicos. Considerando que a força de ruptura é única no ensaio de determinado bloco e considerando os valores da Tabela 4.2, verifica-se que a resistência de blocos de concreto relativa à área líquida será o dobro do valor relativo à área bruta. No caso de blocos cerâmicos com paredes vazadas, esse coeficiente se iguala a 2,5 e, no caso de blocos cerâmicos com paredes maciças, a 1,82.

Tabela 4.2 Valores médios usuais para a relação $A_{líq.}/A_{bruta}$ de blocos estruturais.

Tipo de bloco	Concreto	Cerâmico com paredes vazadas	Cerâmico com paredes maciças
Relação $A_{líq.}/A_{bruta}$	0,50	0,40	0,55

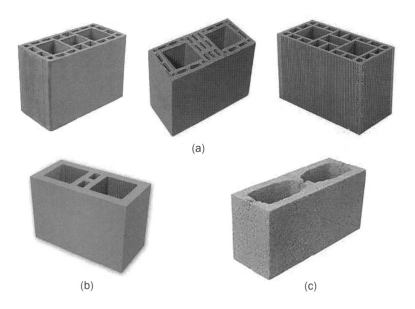

Figura 4.5 Geometrias para seções de blocos estruturais: (a) bloco cerâmico com paredes vazadas; (b) bloco cerâmico com paredes maciças; e (c) bloco de concreto.

Conforme mencionado em Drysdale e Hamid (2008), a influência do graute na resistência à compressão da alvenaria é bastante relevante. No caso dos prismas de blocos de concreto, ao contrário do que se poderia esperar, o acréscimo de resistência alcançado não corresponde, *a priori*, ao acréscimo de área líquida proporcionada pelo preenchimento dos vazados com graute. Por exemplo, o preenchimento dos vazados corresponde a um acréscimo de 100 % em sua área líquida, o que implicaria a expectativa de dobrar a força de ruptura do prisma. Dessa forma, tanto a área líquida quanto a força de ruptura teriam seus valores dobrados, de modo que a resistência na área líquida não seria alterada. Uma vez que a área bruta não é alterada pelo grauteamento, o dobro da força de ruptura corresponderia a dobrar sua resistência na área bruta. Considerando essas premissas, pode-se concluir que a relação $A_{líq.}/A_{bruta}$ no prisma grauteado se iguala a 1, tornando iguais as resistências na área líquida e na área bruta. Apesar disso, ensaios realizados com prismas ocos e grauteados indicaram que essa expectativa não se confirmou, sendo vários os fatores que podem causar esse efeito, entre os quais é possível citar os seguintes: falhas na compactação do graute; retração plástica e seca da massa de graute; incompatibilidade entre as propriedades elásticas do graute e do bloco; e fatores geométricos do bloco. Com o intuito de reduzir esses efeitos, é comum adotar graute com resistência à compressão característica no mínimo igual ao dobro da resistência à compressão característica do bloco referida à área bruta ($f_{gk} = 2f_{bk}$). A ABNT NBR 16868-1 (2020) apresenta, em seu Anexo F, uma tabela com sugestões para a resistência de bloco, de argamassa e de graute, e sua correlação com a resistência de prismas ocos e grauteados. É importante enfatizar que esses valores são sugestões iniciais para se obter a resistência de prisma desejada, não substituindo, portanto, os ensaios de resistência à compressão de prisma para sua comprovação.

Além da resistência à compressão, muitos outros parâmetros podem influenciar a fissuração de painéis de alvenarias solicitados à compressão, entre os quais se destacam: forma, seção transversal e esbeltez da parede; propriedades elásticas dos componentes e das juntas de argamassas; tipo de junta de assentamento, assim como sua espessura e regularidade; tipo de amarração da alvenaria a outros elementos; técnicas construtivas; e qualidade de execução (Massetto; Sabbatini, 1998).

Na Seção 4.3.2, serão discutidas as principais considerações acerca do padrão de fissuração que se pode esperar em alvenarias sujeitas às sobrecargas.

4.3.2 Padrão de fissuras causadas por sobrecargas de compressão

Conforme amplamente divulgado pela literatura técnica, o mecanismo de ruptura de elementos de alvenaria submetidos a um carregamento perpendicular à direção das fiadas está associado à interação entre o bloco e a argamassa. A recomendação é de que a argamassa tenha resistência sempre inferior à resistência do bloco referida à área líquida e, nesse caso, seu módulo de deformação longitudinal também será menor. Nessas condições, as deformações transversais provocadas pelo efeito de Poisson tendem a ser maiores na argamassa do que no bloco, resultando, em função da aderência argamassa-bloco, em tensões transversais de compressão na argamassa e de tração no bloco. Dessa forma, à argamassa associa-se um estado de compressão vertical e transversal, resultando em seu confinamento, enquanto, ao bloco, pode ser associado um estado de tensões de compressão vertical e de tração transversal. Por essa razão, o mecanismo de ruptura de uma parede de alvenaria fica associado a um padrão de fissuração preponderantemente vertical passando pelos blocos, conforme ilustrado pela Figura 4.6.

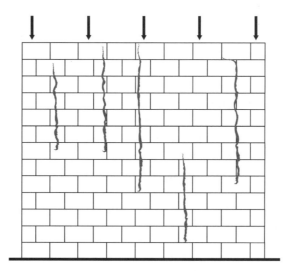

Figura 4.6 Padrão típico de fissuração próximo à ruptura em alvenarias sob carregamento uniformemente distribuído.

Fonte: Bauer (2007).

Em relação a esse padrão de fissuração, é importante destacar que a sua ocorrência caracteriza um forte indício de que a estabilidade estrutural da parede foi afetada. Dessa forma, o recomendável, nessas circunstâncias, é a intervenção na edificação e a realização imediata de um reforço na parede, com projeto elaborado por um engenheiro de estruturas que tenha comprovada competência e experiência com o sistema construtivo de alvenaria estrutural.

Thomaz (2020) e Bauer (2007) afirmam que, em painéis com vãos, haverá concentração de tensões nos vértices dessas aberturas, podendo induzir ao surgimento de fissuras. A configuração das fissuras poderá variar de acordo com a influência de fatores como: dimensões do painel de alvenaria e da abertura; localização do vão no painel; características de rigidez; e dimensões das vergas e contravergas. A Figura 4.7 ilustra a configuração típica de fissuras diagonais que podem surgir nos cantos das aberturas na parede.

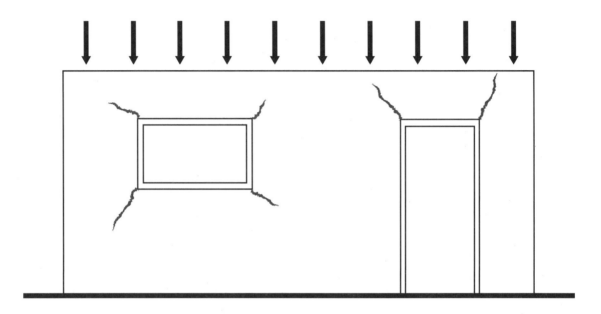

Figura 4.7 Padrão típico de fissuração em painéis com vão.

Fonte: Bauer (2007).

Em um estudo relativamente recente, Sampaio (2010) realizou uma investigação de campo sobre a ocorrência de patologias em edifícios de alvenaria estrutural construídos na cidade de São Carlos/SP. A autora identificou que a grande maioria dessas patologias ocorreu exatamente nos cantos de aberturas de janela e, algumas delas, nas aberturas de porta. As Figuras 4.8 (b), (c) e (d) ilustram as fissuras diagonais nos cantos de janela, enquanto a Figura 4.8(a), um pouco diferente, ilustra uma fissura que se inicia no canto da janela, porém, na direção vertical. A Figura 4.8(f) ilustra uma fissura vertical abaixo da janela, indicando que a fissuração diagonal não é o único tipo que pode ocorrer. A autora também realizou um estudo numérico simplificado acerca da distribuição de tensões em paredes com abertura, a partir do qual fez sugestões para que essas patologias pudessem ser evitadas. Como seria de se esperar, a autora concluiu que o emprego de reforço ao redor das aberturas, com vergas adequadas, contravergas e armação vertical, é a solução ideal para o problema dessas patologias.

Essa mesma autora identificou, ainda, fissuras ao lado de aberturas de porta e nas paredes do último pavimento, conforme ilustrado pela Figura 4.9.

PATOLOGIAS EM ALVENARIA ESTRUTURAL | 75

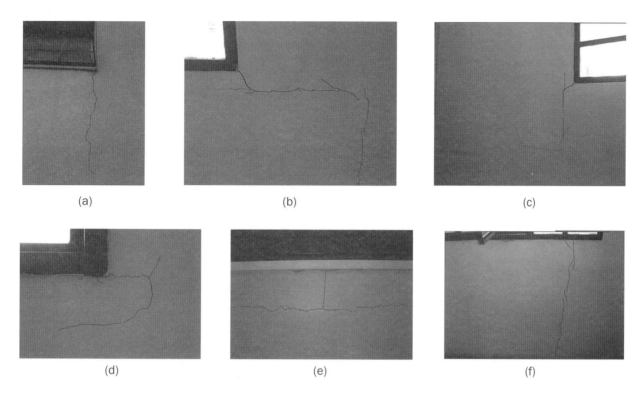

Figura 4.8 Patologias identificadas em edifícios de alvenaria estrutural: (a), (b), (c) e (d) diagonais nos cantos de janela; (e) horizontal abaixo da janela; e (f) vertical abaixo da janela.

Fonte: Sampaio (2010).

Figura 4.9 Patologias identificadas em edifícios de alvenaria estrutural: (a) horizontal ao lado de abertura de porta; (b) e (c) nas paredes do último pavimento; (d) e (e) inclinadas ao lado de aberturas de janela.

Fonte: Sampaio (2010).

Outra situação possível para ocorrência de patologias em edifícios de alvenaria estrutural é o caso de atuação de cargas concentradas nas paredes, provenientes, por exemplo, de um eventual elemento de concreto armado apoiado na alvenaria. A Figura 4.10 ilustra o padrão de fissuração associado à concentração de tensões na parede. Nesses casos específicos, a recomendação encontrada na literatura é o emprego de elementos com rigidez suficiente para dissipar essa concentração de tensões e transmiti-las para a alvenaria de forma mais uniforme possível.

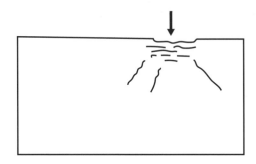

Figura 4.10 Ruptura localizada da alvenaria sob o ponto de aplicação da carga.

Fonte: Thomaz (2020).

4.4 FISSURAS CAUSADAS POR DEFORMAÇÃO DA LAJE

Embora o sistema construtivo em alvenaria estrutural dispense o uso de pilares e vigas, um elemento de concreto armado que deve permanecer é a laje. As lajes apresentarão deformações devidas ao seu peso próprio, à atuação das cargas permanentes e das cargas variáveis, bem como ao efeito da retração ou da fluência do concreto. Nesse caso, se as flechas resultantes forem incompatíveis com a capacidade de deformação da alvenaria, sua integridade poderá ser comprometida pelo processo de fissuração (Thomaz, 2020). A estimativa dos valores das deformações nos elementos de concreto armado, para verificação dos valores máximos, se faz conforme as prescrições da ABNT NBR 6118 (2023).

Segundo Thomaz (2020), um caso típico de fissuração em alvenarias estruturais é aquele provocado pela rotação excessiva nos apoios das lajes nas paredes, induzindo à ocorrência de flexão lateral (flexão fora do plano da parede), para a qual, usualmente, a parede não é dimensionada. Nessa condição, a solicitação induz ao aparecimento de uma fissura horizontal, que se estende por todo o painel, conforme ilustrado pela Figura 4.11. Uma forma de prevenir esse tipo de fissura é atender à flecha das lajes do Estado Limite de Serviço de deformação excessiva, conforme prescrito pela ABNT NBR 6118 (2023).

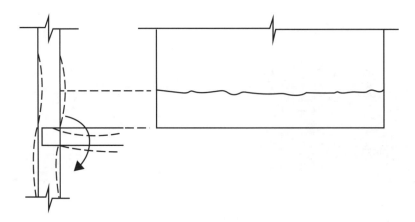

Figura 4.11 Trinca horizontal na base da parede provocada pela deformação excessiva da laje.

Fonte: Thomaz (2020).

4.5 FISSURAS PROVOCADAS POR MOVIMENTAÇÕES TÉRMICAS

Os diversos componentes das edificações encontram-se expostos a variações de temperatura diárias e sazonais, as quais costumam induzir à movimentação de expansão e contração. O sol é a principal fonte de calor que pode incitar movimentações térmicas nas edificações usuais.

A magnitude das movimentações térmicas de um material específico depende de suas propriedades físicas e do gradiente térmico ao qual ele está sujeito. A depender de quanto o material tende a se deformar sob solicitação térmica, considerando ainda o grau de restrição imposto pelos vínculos, surgirão tensões que poderão provocar o aparecimento de fissuras (Thomaz, 2020; Duarte, 1998).

Segundo Parsekian e Soares (2010), para evitar manifestações patológicas dessa natureza, é fundamental o emprego de blocos de qualidade com menos potencial de expansão térmica, bem como a previsão de juntas na construção, com a finalidade de acomodar eventuais movimentações. O coeficiente de dilatação térmica linear de alvenarias normalmente varia entre 3 e 12 mm/m/°C, sendo usual adotar o valor de 6 mm/m/°C quando não são realizados ensaios experimentais.

Normalmente, as situações que favorecem a ocorrência de movimentações térmicas são (Sampaio, 2010; Silva, 2013):

1. quando se tem contato entre materiais com diferentes coeficientes de dilatação térmica que se encontram submetidos às mesmas variações de temperatura (ex.: argamassa de assentamento e blocos);
2. na exposição de elementos a diferentes solicitações térmicas naturais;
3. quando, em um único componente, há gradiente de temperatura (ex.: lajes de cobertura).

As fissuras em alvenarias são causadas por variações dimensionais no próprio painel ou em consequência das movimentações térmicas de outros elementos conectados a ele. Uma situação propícia à ocorrência de fissuras devidas às movimentações térmicas envolve lajes de cobertura apoiadas em painéis de alvenaria. Deve-se observar que, dado que apenas a superfície externa (superior) do elemento está exposta ao sol, podem ocorrer diferenças significativas entre as movimentações das superfícies superior e inferior da laje. Além disso, de acordo com Verçoza (1991), o coeficiente de dilatação térmica do concreto é, em média, duas vezes maior do que o das alvenarias, considerando blocos e juntas de argamassa. Por essas razões, e também devido ao fato de as lajes de cobertura se encontrarem, normalmente, vinculadas às alvenarias, surgem tensões que só são aliviadas por meio da formação de fissuras. Segundo Basso, Ramalho e Corrêa (1997), observa-se que os efeitos térmicos, nas lajes de concreto, se manifestam com variações dimensionais no plano da laje e curvatura da superfície, induzindo tensões de tração e cisalhamento nos painéis. Conforme ilustrado pela Figura 4.12, a trinca que surge paralela ao comprimento da laje (parede 1) é acompanhada de fissuras inclinadas [Fig. 4.12(b)], enquanto aquela presente na parede paralela à largura da laje (parede 2) é contínua, com traçado bem definido [Fig. 4.12(c)].

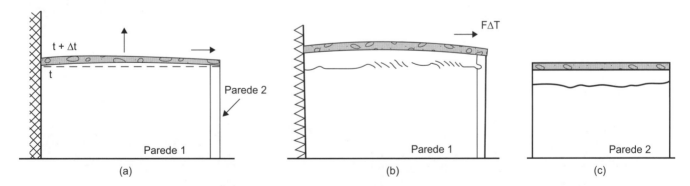

Figura 4.12 Fissuração por deformação térmica da laje de cobertura: (a) movimentação da laje para variação positiva de temperatura; (b) fissura horizontal no topo da parede disposta perpendicularmente às resultantes de tração na peça; e (c) fissura horizontal no topo da parede disposta paralelamente à direção da deformação da laje.

Fonte: adaptada de Thomaz (2020).

É importante salientar que, dependendo das dimensões da laje, da natureza dos materiais da alvenaria, do grau de vinculação entre a laje e a alvenaria e da presença de aberturas nas paredes, a configuração das fissuras pode divergir do padrão mostrado anteriormente, e também ilustrado pela Figura 4.13.

Painéis de alvenaria muito longos também estão suscetíveis à fissuração, devido às movimentações térmicas, caso não sejam previstas as juntas de movimentação.

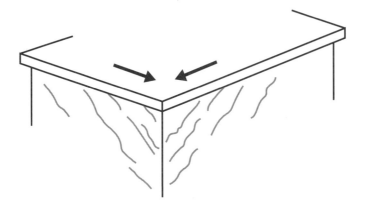

Figura 4.13 Fissuras inclinadas no canto da alvenaria por movimentação térmica da laje.

Fonte: Verçoza (1991).

A Figura 4.14(a) ilustra o padrão típico de fissuração para o caso de alongamentos da laje de cobertura devidos ao efeito térmico. A fissuração horizontal no topo da parede ocorreu imediatamente abaixo da cinta de respaldo, e sua propagação ocorreu em forma escalonada na direção do canto da parede, em direção à fachada do edifício. Um caso interessante, embora menos usual, é exemplificado pela Figura 4.14(b), ao qual se pode associar um encurtamento da laje de cobertura devido ao efeito térmico, cujo padrão de fissuração em forma escalonada ocorreu na direção oposta à fachada do edifício. Uma causa provável para essas patologias pode ser a ausência de uma junta no topo da parede, separando-a da laje de cobertura.

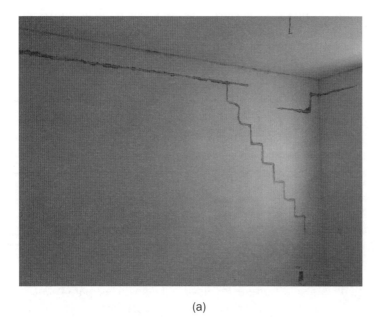
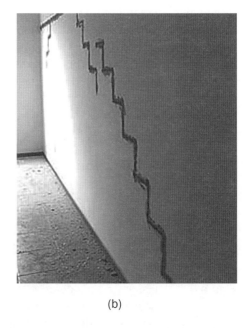

(a)   (b)

Figura 4.14 Patologia por deformação térmica da laje de cobertura: (a) deformação associada a alongamento da laje; e (b) deformação associada a encurtamento da laje.

4.6 FISSURAS CAUSADAS POR MOVIMENTAÇÃO HIGROSCÓPICA

De acordo com Thomaz (2020), as mudanças higroscópicas provocam variações dimensionais nos materiais porosos que constituem os elementos e componentes da construção, em função da variação do teor de umidade. Aumentos nesse teor de umidade levam à expansão do material, enquanto a redução do teor resulta em sua contração. Em se tratando das possíveis fontes pelas quais a umidade pode entrar em contato com as edificações, conforme apontado pelo mesmo autor, podem-se destacar as seguintes:

1. **umidade resultante da produção dos componentes**: a água empregada na fabricação de componentes à base de ligantes hidráulicos, visto que o volume de água é, normalmente, superior ao necessário para assegurar as reações de hidratação. Logo, a água excedente permanece em estado livre e, ao evaporar, provoca redução volumétrica no material;

2. **umidade resultante do processo construtivo**: é comum umedecer as unidades antes do assentamento, com o objetivo de garantir que a água de amassamento da argamassa não seja absorvida pelos blocos. Pode ocorrer que, se o teor de umidade for excessivamente elevado, os componentes da alvenaria sofram expansão durante a execução, seguida de posterior contração quando o excesso de água finalmente evaporar;

3. **umidade do ar ou de fenômenos meteorológicos**: com relação à primeira, os materiais podem absorver a umidade do ar na forma de vapor ou em sua forma líquida (quando há condensação da água). Em relação à segunda, é possível que os materiais absorvam água da chuva nos locais de armazenamento, se eles não forem devidamente protegidos. Também é possível que os componentes absorvam água da chuva durante a vida da construção, através das superfícies voltadas para o meio externo. Em regiões específicas, a neve também pode ser incluída como fonte de umidade;

4. **umidade do solo**: a água presente no solo poderá ascender por capilaridade à base da construção, podendo causar problemas nas alvenarias no nível térreo. Assim, fica evidente a importância de realizar adequadamente a impermeabilização entre o solo e base da construção.

A quantidade de água que um material é capaz de absorver é determinada pela combinação de dois fatores: capilaridade e porosidade. Na secagem de um material poroso, surgem forças de sucção, e a intensidade delas é inversamente proporcional à abertura dos poros. Ao deixar um material poroso em um ambiente com condições constantes de umidade e temperatura, ele atingirá, após algum tempo, uma condição de equilíbrio com o meio, e a umidade alcançada nesse equilíbrio recebe o nome de **Umidade Higroscópica de Equilíbrio**. Entre a cerâmica e o concreto (mais poroso), este último apresenta maior capacidade de absorção de água do meio, como pode ser observado na Tabela 4.3.

Tabela 4.3 Umidade higroscópica de equilíbrio para alguns materiais.

Material	Umidade Higroscópica de Equilíbrio em função da umidade relativa do ar (UR)		
	UR = 40 %	UR = 65 %	UR = 95 %
Cerâmica	0 %	0 %	1 %
Concreto	3 %	4 %	8 %

Fonte: adaptada de Thomaz (2020).

Parsekian e Soares (2010) afirmam que, em se tratando dos blocos cerâmicos, logo após a queima, a maior parte da expansão higroscópica em função da umidade do ar ocorre nas primeiras idades dos blocos. Cerca de 25 % da expansão ocorrem nos primeiros seis meses, 25 % nos 4,5 anos seguintes, e o restante ocorrerá apenas no decorrer de séculos.

Thomaz (2020) afirma que o padrão de fissuração resultante de movimentações higroscópicas em alvenaria é muito semelhante àquele resultante de movimentações térmicas. Variações dimensionais dessa natureza também podem provocar destacamentos entre os blocos e a argamassa de assentamento (Fig. 4.15).

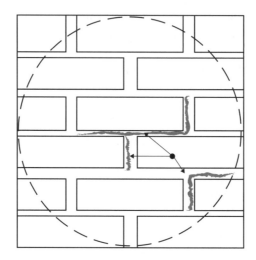

Figura 4.15 Destacamento entre argamassa e componentes de alvenaria.

Fonte: adaptada de Thomaz (2020).

4.7 FISSURAS CAUSADAS POR RETRAÇÃO

A hidratação do cimento consiste na transformação de compostos anidros mais solúveis em compostos hidratados praticamente insolúveis. Durante o processo de hidratação, ocorre a formação de uma camada de gel em torno dos grãos dos compostos anidros. Na prática, ao adicionar água a uma mistura de concreto ou argamassa, o objetivo principal é garantir as condições mínimas de trabalhabilidade, uma vez que apenas um percentual desse volume de água é efetivamente empregado nas reações de hidratação. O excedente de água fica suscetível à evaporação, iniciando o processo de retração. Segundo Thomaz (2020), podem ser identificadas três formas de retração que ocorrem em um produto preparado com cimento:

1. **retração química ou autógena**: a reação química entre o cimento e a água se dá com redução de volume; devido às grandes forças interiores de coesão, a água combinada quimicamente (22 a 32 %) sofre significativa contração em relação ao seu volume original;

2. **retração de secagem**: a quantidade excedente de água empregada na preparação do concreto ou argamassa permanece livre no interior da massa, evaporando-se, posteriormente. Tal evaporação gera forças capilares equivalentes a uma compressão isotrópica da massa, de fora para dentro, produzindo a redução do seu volume;

3. **retração por carbonatação**: a cal hidratada liberada nas reações de hidratação do cimento reage com o gás carbônico presente no ar, formando carbonato de cálcio e água livre. Com a evaporação da água livre, ocorre a chamada retração por carbonatação.

A retração pode ocasionar o surgimento de fissuras horizontais em painéis de alvenarias solidárias às lajes de concreto armado. Duarte (1998) afirma que a principal origem de retração das lajes de concreto é a retração por secagem. Há de se observar também que, em função da presença de armadura na laje, a retração ocorre de maneira menos intensa nas regiões armadas, provocando retração diferenciada entre as regiões armadas e não armadas. Thomaz (2020) salienta que as movimentações causadas pela retração em lajes também podem comprometer revestimentos cerâmicos do piso.

Conforme se observa na Figura 4.16(a), a fissura horizontal resultante da retração da laje manifesta-se na interface entre a parede e a laje, e, segundo Duarte (1998), as alvenarias localizadas nos andares mais superiores estão vulneráveis a esse fenômeno, visto que frequentemente ele ocorre de forma combinada com movimentações térmicas. Segundo Sahlin (1971 *apud* Magalhães, 2004), fissuras por retração em paredes de pavimentos intermediários podem apresentar a mesma configuração horizontal, ou podem se prolongar aos vértices de aberturas [Fig. 4.16(b)].

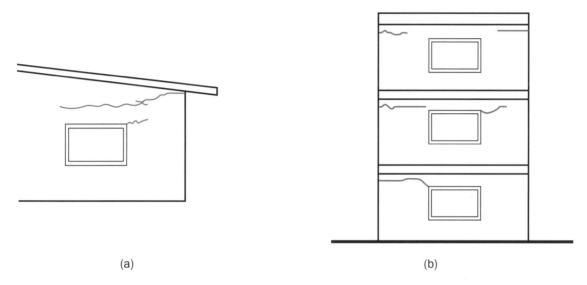

Figura 4.16 (a) Fissura horizontal por retração em laje de cobertura; (b) fissura horizontal por retração em lajes intermediárias.

Fonte: adaptada de Thomaz (2020).

A retração da laje também pode provocar fissuras com orientação vertical, conforme ilustrado pela Figura 4.17. Essas situações ocorrem nas regiões de canto dos painéis, dado que elas têm maior restrição à acomodação dos movimentos das lajes do que a sua região central, induzindo à fissuração nessas regiões (Sahlin, 1971 *apud* Magalhães, 2004).

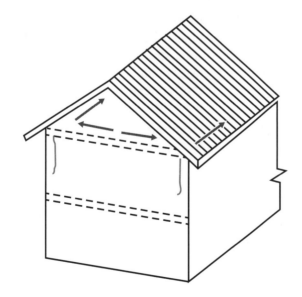

Figura 4.17 Fissuras verticais em alvenaria por retração da laje.

Fonte: Duarte (1998).

4.8 FISSURAS CAUSADAS POR RECALQUES DIFERENCIAIS EM FUNDAÇÕES

A ocorrência de patologias nos elementos de fundação está entre os piores problemas que um engenheiro pode ser obrigado a enfrentar em uma edificação, visto que, normalmente, os sintomas tendem a impactar significativamente o sistema estrutural como um todo, podendo, ainda, se propagar para outros componentes dessa edificação.

O fato de que as fundações se encontram abaixo do nível do solo, ocultando-as, além de contribuir para a identificação tardia de problemas acometendo esses elementos, também contribui para onerar o custo dos procedimentos empregados no tratamento e na recuperação da estrutura. Dessa forma, todos os esforços necessários devem ser empenhados para a prevenção de manifestações patológicas nesses elementos e, no caso de não ter sido possível evitá-las, a identificação precoce certamente amenizará o impacto financeiro para a sua recuperação.

Por ser o elemento de transição entre a estrutura e o solo, o desempenho das fundações está intimamente ligado ao que ocorre com o solo quando sujeito aos carregamentos da estrutura, justificando a importância de conhecê-lo bem. Os problemas ocorridos em fundações podem ser, frequentemente, associados a deficiências na investigação do subsolo. Nessa etapa, devem ser adotados procedimentos para a coleta de dados com o objetivo de construir um perfil geotécnico, compilando todas as informações necessárias para a perfeita identificação e caracterização do comportamento das camadas do subsolo. Nesse contexto, o programa de investigação geotécnica deve ser estabelecido por um profissional competente, levando em consideração as características do empreendimento. Na maior parte dos casos, a investigação do subsolo contemplará apenas a realização de sondagens de simples reconhecimento, porém, a depender da complexidade da obra, poderá ser necessária a realização de ensaios complementares.

Munido das informações da investigação geotécnica e das cargas de projeto, procede-se à elaboração do projeto propriamente dito, que inclui a verificação da segurança quanto a ruptura e deformação do solo. Alguns problemas que podem vir a prejudicar o bom desempenho das fundações são suscitados por erros cometidos na etapa de análise e projeto, normalmente envolvendo a falta de conhecimento técnico ou inexperiência do profissional, resultando na tomada de decisões equivocadas. Entretanto, de acordo com Milititsky, Consoli e Schnaid (2015), falhas na execução são o segundo maior responsável por problemas comportamentais das fundações. Os autores ainda apontam que circunstâncias pós-implantação também podem impactar as fundações, tais como mudanças de uso da edificação ou grandes ampliações, embora essas alterações já devam ser evitadas em se tratando de alvenaria estrutural.

Considerando que os elementos de fundação estão permanentemente em contato com o solo, existem patologias que podem ser desencadeadas em função da interação entre tais elementos. Um exemplo clássico desse tipo de manifestação patológica é a Reação Álcali-Agregado (RAA). Entretanto, o recalque pode ser apontado como o problema mais recorrente em se tratando de fundações, de modo que a manifestação patológica mais conhecida dessa movimentação é o surgimento de fissuras nos elementos estruturais (Milititsky; Consoli; Schnaid, 2015).

A Figura 4.18 ilustra exemplo de fissuração que pode surgir em paredes quando da ocorrência de recalques diferenciais nas fundações, segundo Grimm (1988).

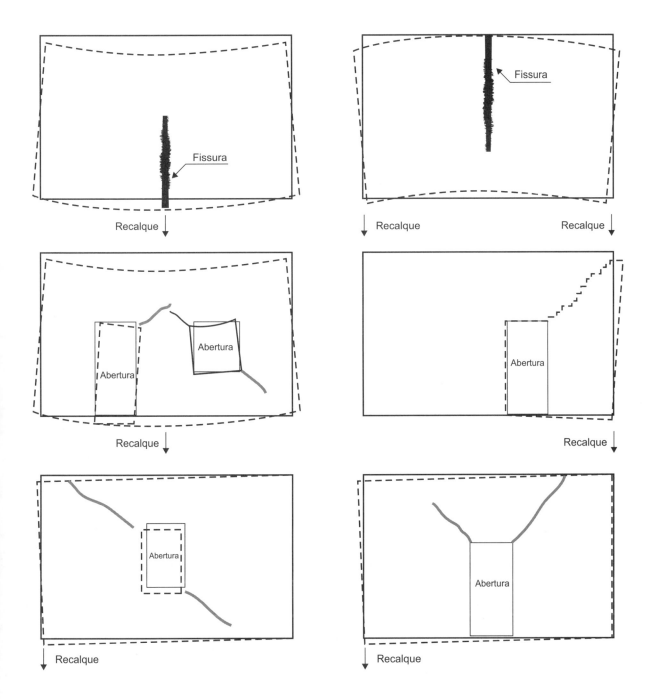

Figura 4.18 Exemplo de fissuração em paredes pela ocorrência de recalques diferenciais.

Fonte: Grimm (1988).

4.9 ESTUDO DE CASO

Neste primeiro estudo de caso apresentado por Holanda Jr. (2002), foram conduzidos ensaios em laboratório de paredes estruturais com modelos em escala reduzida para avaliar os efeitos de recalques de apoio dos elementos de fundação.

Os modelos de ensaio utilizados consistiram em paredes com diferentes tipologias em função da existência e posicionamento de aberturas, sendo as paredes dispostas sobre vigas de concreto armado com dois vãos. Tal característica dos modelos de ensaio remete ao caso de edifícios de alvenaria estrutural cuja fundação é constituída por vigas/cintas de concreto armado apoiadas em estacas.

Os ensaios realizados foram conduzidos com a aplicação de carregamento no topo das paredes, sendo o recalque diferencial simulado pela retirada gradual dos apoios das vigas. A Figura 4.19 ilustra o padrão de fissuração ocorrido no decorrer dos ensaios. Para os casos de recalque induzido no apoio central, verifica-se o surgimento de fissura horizontal na base das paredes em todos os modelos. No caso específico da parede sem abertura, ocorreu, também, fissuração diagonal próxima a um dos apoios, proveniente da concentração de tensões nessa região, associada à formação de um arco com o fluxo de tensões interno na parede. No caso do painel com abertura de janela [Fig. 4.19(c)], essa concentração de tensões e, por conseguinte, a fissuração diagonal ocorreram logo abaixo da abertura. Verifica-se, também, fissuração acima da abertura de janela. No caso específico do painel com abertura de porta [Fig. 4.19(e)], além da fissura horizontal próxima à seção central da viga, ocorreram, também, fissuras horizontais na base da parede ao lado da abertura, ambas causadas, provavelmente, por tensões de tração na direção vertical. É importante mencionar que a fissura horizontal no trecho central da parede não se propagou até a abertura de porta, permitindo supor que o fluxo interno de tensões conduziu à formação de um arco central com ocorrência de tensões de compressão à direita da abertura. Tal aspecto é facilmente identificado nas modelagens computacionais desenvolvidas pelo autor. No trecho acima da porta, ocorreu fissuração semelhante ao painel com abertura de janela. Por fim, no caso do painel com aberturas simultâneas de porta e de janela [Fig. 4.19(g)], pode-se considerar que o padrão de fissuração representa uma superposição dos painéis que contêm as aberturas isoladamente.

Para o caso do recalque induzido no apoio da extremidade, a principal diferença observada é a ausência da fissura horizontal na base das paredes e a ocorrência de uma fissura vertical nos painéis sem abertura e com abertura de porta apenas. No painel com abertura de porta, surgiu, também, fissuração diagonal ao lado da abertura.

De forma intuitiva e simplificada, é possível identificar os seguintes comportamentos generalizados:

1. a indução do recalque no apoio central conduziu a um comportamento semelhante ao da interação parede-viga para o caso de uma viga biapoiada sem balanço. Nesse caso específico, o fluxo interno de tensões conduz à formação de um arco com surgimento de tensões de compressão próximas aos apoios (bielas diagonais na base da alvenaria) e de tensões de tração na direção vertical no trecho central da viga. Às bielas poderia ser associada a fissuração diagonal ocorrida, e às tensões de tração, a fissura horizontal na base da parede. A existência de abertura nas proximidades dos apoios tenderia a redistribuir essas bielas diagonais, sendo que no caso da abertura de porta são induzidas tensões de compressão também no vão da viga;

2. a indução do recalque no apoio de extremidade conduziu a um comportamento semelhante ao da interação parede-viga para o caso de uma viga com balanço. Nesse caso específico, também é possível considerar que ocorre formação de bielas diagonais na direção do apoio, representadas pela fissuração diagonal, e de tensões de tração vertical, agora na extremidade da parede, representadas pela fissuração horizontal ocorrida ao lado das aberturas em sua região inferior. A fissuração principal vertical ocorrida imediatamente acima do apoio central (ou apoio do balanço após a retirada total do apoio de extremidade) pode ser justificada pela ausência de armadura adequada na cinta superior da parede, que constituiria o tirante para um comportamento da alvenaria análogo ao de uma viga-parede.

É importante enfatizar que tais aspectos constituem uma visão geral e simplificada do observado nos ensaios realizados pelo autor. Investigações mais refinadas a partir da realização de mais ensaios são necessárias para se estabelecer, de fato, um padrão de comportamento e a definição de parâmetros consistentes e seguros para realização de verificações e dimensionamento de armadura.

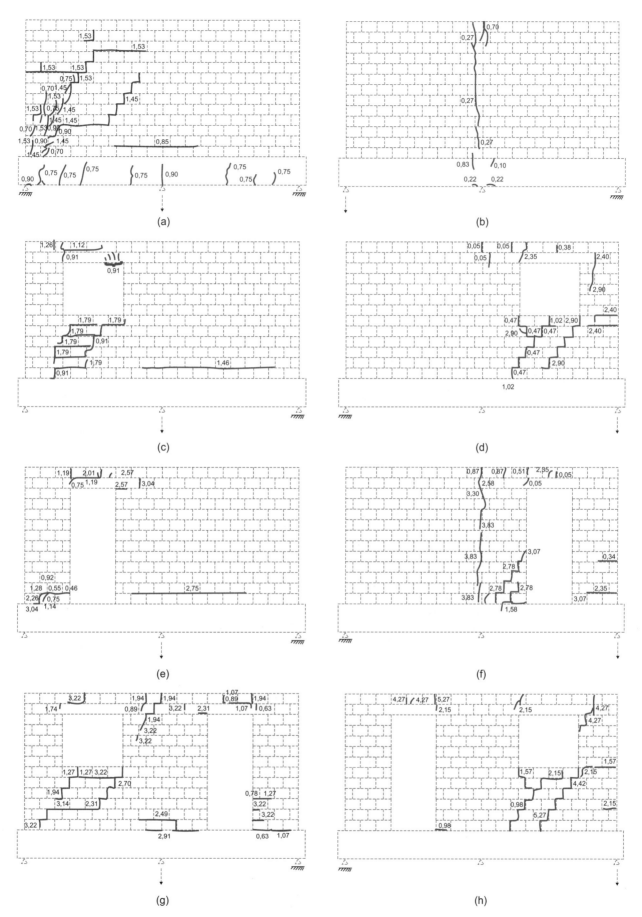

Figura 4.19 Fissuração ocorrida nas paredes ensaiadas: (a), (c), (e) e (g) recalque no apoio central; e (b), (d), (f) e (h) recalque no apoio da extremidade.

No segundo estudo de caso, é ilustrada, na Figura 4.20, a fissuração ocorrida na fachada do térreo de um edifício com térreo mais três pavimentos e que pode ser associada à ocorrência de recalque da fundação, que é constituída por um radier. Verifica-se que a fissuração foi iniciada no canto da abertura, provavelmente contornando a verga da janela [Fig. 4.20(a)], e se propagou até a amarração entre paredes (canto da fachada). A fissuração continuou se propagando na fachada lateral [Figs. 4.20(c) e 4.20(d)], chegando até a janela do banheiro. A Figura 4.20(b) ilustra a abertura da fissura na face interior da parede da fachada frontal, que se manteve com essa mesma proporção até o canto da fachada. Durante uma inspeção no local, observou-se que a abertura da fissura foi reduzindo na parede da fachada lateral, indicando a atenuação dessa patologia na edificação. É importante ressaltar que, nessa região do edifício, não foi incorporada armadura vertical construtiva ao lado da abertura da janela e na "amarração" entre as paredes, o que pode ter contribuído para o grau observado da abertura da fissura e sua extensa propagação.

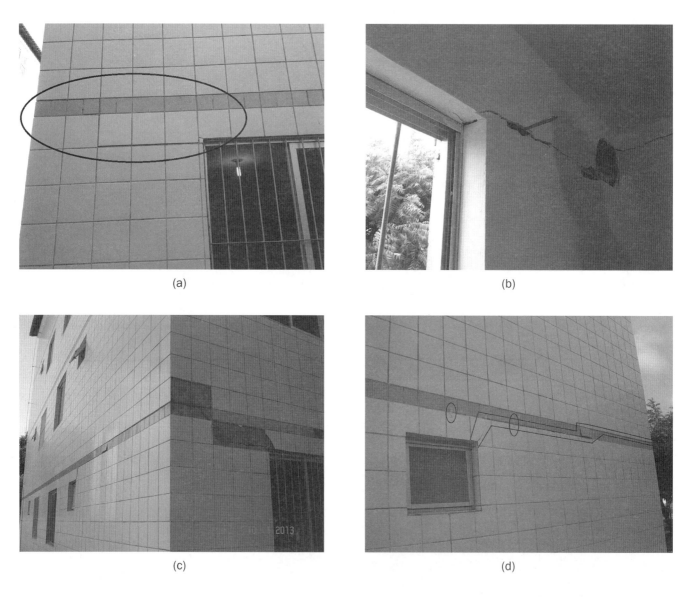

Figura 4.20 Patologias nas paredes estruturais do térreo associadas a um recalque da fundação: (a) fissura no canto superior da janela; (b) fissura no canto da janela na parte interior do apartamento; (c) abertura da fissura na amarração entre paredes; e (d) propagação da fissuração na fachada lateral.

4.10 CONSIDERAÇÕES FINAIS

Conforme visto neste capítulo, a alvenaria estrutural é um processo construtivo no qual os painéis de alvenaria, além da função básica de vedação, desempenham também a função de absorção e distribuição dos esforços. Dessa forma, uma avaliação criteriosa de eventuais manifestações patológicas que podem acometer alvenarias estruturais é de fundamental importância, a fim de garantir o bom desempenho desse importante sistema construtivo para a construção civil brasileira. Vale ressaltar que, para tratar de manifestações patológicas, é de fundamental importância o profissional especializado possuir um conhecimento básico de seus elementos componentes (blocos, argamassa, graute e armadura) e da interação entre cada um deles. Isso facilita sobremaneira a identificação dos problemas patológicos e suas causas, bem como a indicação de medidas corretivas necessárias para solucionar os problemas e garantir a segurança e durabilidade da estrutura. Nesse sentido, fica explicitado que a manutenção periódica, o uso de materiais adequados e a execução correta das edificações são medidas importantes para minimizar a ocorrência de manifestações patológicas na alvenaria estrutural. Dessa forma, os aspectos básicos abordados neste capítulo acerca dos elementos que constituem a alvenaria estrutural, e da interação eles, das principais formas de manifestações patológicas que podem ocorrer, inclusive com a apresentação de estudos de caso, constituem informações relevantes para orientar a tomada de decisões com o intuito de solucionar eventuais problemas ocorridos em construções com alvenaria estrutural.

CAPÍTULO 5

PATOLOGIAS EM ESTRUTURAS DE CONCRETO ARMADO

Leandro Mouta Trautwein
José Neres da Silva Filho

5.1 CONSIDERAÇÕES INICIAIS

Com a resistência e a rigidez apropriadas, juntamente com o monolitismo das vinculações dos elementos, as estruturas de concreto armado tornaram-se um dos elementos mais importantes da arquitetura moderna, possibilitando soluções seguras e duráveis. Nesse contexto, a construção em concreto armado tem sido uma das técnicas construtivas mais empregadas no mundo, sendo, no Brasil, a mais utilizada, superando as que utilizam o aço e a madeira, por exemplo.

Devido à sua importância estrutural, seus possíveis erros constituem grande perigo intrinsecamente relacionado ao estado limite último (ELU) e de serviço (ELS), podendo trazer grandes prejuízos aos usuários e construtores. De acordo com Bolina, Tutikian e Helene (2019), o concreto armado é comumente empregado, principalmente, pelo fato de exigir custos relativamente reduzidos na sua produção, devidos aos materiais que compõem, à mão de obra empregada na etapa de execução e ao tempo necessário para a realização do projeto. Alia-se a isso a durabilidade do concreto armado quando bem projetado, sobretudo em ambientes externos onde o aço estaria protegido de agressividade severa.

Tem sido observada, ao longo dos anos, a evolução de inovações dos materiais e de técnicas para execução das edificações. De maneira concomitante, o desenvolvimento de modelos idealizados de cálculo, cada vez mais refinados devido à utilização de *softwares* para obtenção de esforços e dimensionamento, em conjunto com o conhecimento mais aprofundado dos materiais utilizados, tem deixado as construções cada vez mais arrojadas e esbeltas. Contudo, o acompanhamento da execução do concreto nas obras acaba por acarretar, geralmente, menor controle da produção por parte dos profissionais de engenharia, especialmente em obras de menor porte, muitas vezes delegando-se tal controle aos encarregados de obra. A exigência por prazos cada vez mais curtos e o emprego da mão de obra, muitas vezes, desqualificada, como justificativa para adequação de custos, e, até mesmo, as mudanças ambientais promovidas pelo próprio homem, tais como a poluição e as chuvas ácidas, levam hoje a obras de qualidade discutível, com deterioração precoce e deficiências generalizadas.

Apesar de o concreto armado ser um material compósito já amplamente estudado, tem-se constatado que determinadas estruturas feitas com esse material acabam apresentando desempenhos insatisfatórios, se confrontadas com as finalidades para as quais foram projetadas, visto que ainda há várias limitações nos campos científico e tecnológico, além das ainda inevitáveis falhas involuntárias e casos de imperícia. Não obstante os fatos, no que diz respeito à durabilidade do concreto armado, a resistência do concreto à água e à agressividade ambiental na qual está inserido torna-o, na maior parte dos casos, uma solução estrutural com menor índice, periodicidade ou custo de manutenção em relação às demais, desde que adequadamente projetada ao ambiente de inserção.

No que diz respeito à deterioração estrutural, definida como a perda de capacidade do material em suportar as condições para as quais foi concebido ao longo dos tempos de determinado período, pesquisadores como Souza e Ripper (1998) já afirmavam, há décadas, existir um conjunto de aspectos que a caracterizava, podendo ter as mais diversas causas, desde o envelhecimento "natural" da estrutura até os acidentes, por exemplo.

Vale ressaltar que por muito tempo o concreto foi considerado um material extremamente durável, devido a algumas obras muito antigas ainda encontrarem-se em bom estado, porém a deterioração precoce de estruturas recentes remete aos porquês das patologias do concreto (Brandão, 1998). O fato é que o somatório de tantos fatores tem levado, dentro dos meios técnicos e científicos, à necessidade de se promoverem alterações de diversos métodos de construção, a começar pela sistematização dos conhecimentos nessa área, cujo objetivo tem sido entender melhor o comportamento e os problemas das estruturas associados aos seus graus de deterioração.

5.2 DURABILIDADE DAS ESTRUTURAS DE CONCRETO ARMADO

A durabilidade é um parâmetro importante em estruturas de concreto armado, e, caso os devidos cuidados não sejam tomados no momento do projeto e/ou durante a execução da estrutura, pode resultar em um processo de deterioração mais acelerado (Araújo, 2023). Apesar de o concreto armado ser um material de elevada durabilidade, a estrutura inevitavelmente perderá essa característica ao longo do tempo devido à forte interação com o meio ambiente. Por isso, há a necessidade de avaliar-se periodicamente se o desempenho da estrutura atende aos requisitos mínimos de durabilidade, funcionalidade e segurança. Caso tais requisitos não sejam atendidos, torna-se necessário realizar intervenções para que a estrutura reestabeleça suas condições iniciais (Andrade, 2005). Vale salientar que, apesar de apresentar boa durabilidade, a própria interação com o meio ambiente, por si só, é responsável pelo início do processo de degradação do concreto, provocando seu envelhecimento, cujos primeiros sintomas são a perda gradativa do desempenho estético, e seu ápice quando se atinge a situação de ruína.

O fato de diversas estruturas de concreto apresentarem rendimento abaixo do esperado também ocorre devido à quantidade de fatores externos que podem influenciar no processo de produção das estruturas de concreto armado. Essa influência ocorre desde o processo de dosagem do concreto, de lançamento até as condições de cura (Pereira, 2014). É consenso no meio técnico-científico que fatores como a má dosagem do concreto, o adensamento ineficiente, a falta de homogeneidade, a espessura do cobrimento contribuem de maneira bastante significativa para o mau desempenho e para a redução da vida útil dos elementos de concreto. Aliada à variabilidade e às deficiências do processo executivo, também contribuem para o processo de deterioração precoce o conhecimento pouco preciso a respeito do funcionamento dos mecanismos de deterioração, juntamente com a ausência de uma etapa eficiente de planejamento e, em alguns casos, pela subestimação das condições ambientais (Costa; Appleton, 2002). Por isso, é preciso que haja melhor entendimento das implicações socioeconômicas da durabilidade, pois o custo de reparo e substituição das estruturas por falhas nos materiais tornou-se uma parte substancial dos custos de operação e manutenção das estruturas de concreto (Mehta; Monteiro, 2014).

Os problemas associados à durabilidade no Brasil estão se acentuando ao longo dos anos, haja vista que grande parte das construções foi concebida há mais de cinco décadas, período em que os gastos com recuperação e reforço tornam-se evidentes e mais constantes (Verás Ribeiro *et al.*, 2013). Nesse cenário, a Associação Brasileira de Normas Técnicas (ABNT) tem se esforçado no sentido de direcionar os projetistas a garantir que as novas obras tenham quesitos mínimos de durabilidade. Nesse contexto, a NBR 15575 (2021), que entrou em vigor em 2013 e foi atualizada em 2021, com o objetivo de estabelecer os requisitos dos usuários para os ambientes habitacionais, por exemplo, é uma norma que trata do desempenho de edificações habitacionais. Essa norma considera desempenho como o "comportamento em uso de uma edificação e de seus sistemas". O seu atendimento é obrigatório na sua totalidade, trazendo no seu escopo requisitos mínimos de qualidade e conforto. Isto é, são requisitos mínimos de qualidade, durabilidade, segurança e desempenho para as construções habitacionais brasileiras.

Como forma de tornar as estruturas mais duráveis, Angst *et al.* (2012) defendem que devem ser adotados critérios bastantes específicos para cada condição, tanto climática quanto geográfica, em que a estrutura será implantada.

No que diz respeito à conservação das edificações, a Lei de Sitter destaca a importância que deve ser dada à qualidade nas etapas de projeto e construção, e à manutenção preventiva. Nesse contexto, Pereira (2014) apresenta o gráfico da Lei de Sitter (Fig. 5.1), representando, de maneira qualitativa, a curva de custos das intervenções necessárias em função do período de realização. É possível verificar que durante a vida útil da estrutura – desde sua concepção até o final de sua vida útil – os custos de reparação crescem a uma razão de cinco vezes. Ou seja, as intervenções realizadas na fase de construção tendem a ter um custo cinco vezes maior do que se essas alterações tivessem sido realizadas na etapa de concepção. Nas etapas de reparo e manutenção, os custos tornam-se 25 vezes superiores aos custos despendidos na etapa de execução. Por fim, os custos necessários na etapa de renovação da estrutura correspondem a 125 vezes o custo das intervenções necessárias nas etapas de projeto.

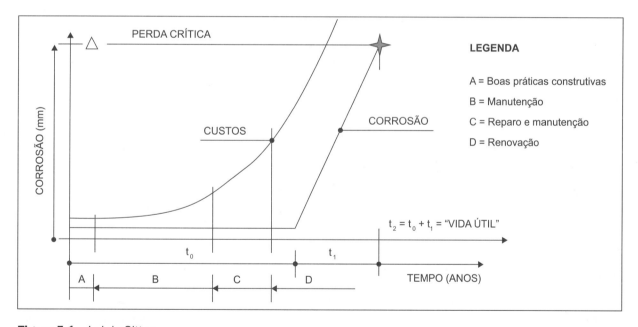

Figura 5.1 Lei de Sitter.

Fonte: Sitter (1983).

Devido à cultura de reduzida preocupação dos engenheiros em relação à durabilidade das estruturas, as normas NBR 15575 (2021), NBR 6118 (2023), o ACI Committee 201 (2000), o ACI Committee 350 (2011), o Comité Euro-International du Béton (1989), entre outras, estão mais rigorosas e exigentes quanto a esse quesito.

A NBR 15575 (2021) é dividida em seis partes, sendo elas: (1) requisitos gerais da obra; (2) requisitos para os sistemas estruturais; (3) requisitos para os sistemas de pisos; (4) requisitos para os sistemas de vedações verticais; (5) requisitos para os sistemas de coberturas; (6) requisitos para os sistemas hidrossanitários. Dentro dos requisitos dos usuários, a norma divide-se em segurança, habitabilidade e sustentabilidade.

Nesse contexto, por definição, a durabilidade é tratada pela NBR 15575 (2021) como "capacidade da edificação ou de seus sistemas de desempenhar suas funções, ao longo do tempo e sob condições de uso e manutenção especificadas no manual de uso, operação e manutenção". Ela é comumente utilizada como termo qualitativo para expressar a condição em que a edificação ou seus sistemas mantêm seu desempenho requerido durante a vida útil. Em complemento, a norma afirma que a durabilidade de um edifício e de seus sistemas, especificamente, é um requisito econômico do usuário, uma vez que está diretamente ligada ao custo global do bem imóvel. Sendo assim, a durabilidade de determinado produto se extingue quando este não mais atende às funções que lhe foram inicialmente atribuídas, seja pela degradação que o conduz a um estado insatisfatório de desempenho ou por obsolescência funcional.

É importante ressaltar que a durabilidade das estruturas em concreto armado possui elevada importância dentro da filosofia das normas modernas de projeto. As diretrizes das regulamentações referentes à durabilidade estão se tornando cada vez mais exigentes, tanto na fase de projeto quanto na fase de execução da estrutura. Tais exigências são consequência, em grande parte, da falta de atenção com que muitos projetistas e construtores têm tratado esse tema. Esse descuido com a durabilidade tem contribuído para acelerar a deterioração de diversas estruturas relativamente novas. No entanto, o conhecimento acerca dos diversos mecanismos de deterioração das estruturas de concreto tem auxiliado no desenvolvimento da nova concepção de durabilidade introduzida nas normas atuais de projeto. As exigências relativas à durabilidade visam garantir a conservação das características das estruturas ao longo de toda a sua vida útil, período no qual as medidas extras de manutenção ou de reparo das estruturas não devem se fazer necessárias. No caso de obras de maior importância, pode ser preciso estabelecer critérios correspondentes a uma vida útil mais longa.

Pode-se dizer, então, que a concepção de uma construção durável, em concreto armado, implica a adoção de um conjunto de decisões e procedimentos que assegurem um desempenho satisfatório ao longo da vida útil da construção, à estrutura e aos materiais que a constituem.

Analogamente à NBR 15575 (2021), a NBR 6118 (2023) define durabilidade como "a capacidade de a estrutura resistir às influências ambientais previstas e definidas em conjunto pelo autor do projeto estrutural e pelo contratante, no início dos trabalhos de elaboração do projeto". Ainda de acordo com a norma, é necessário que as estruturas de concreto sejam projetadas e construídas de tal modo que, sob as condições ambientais previstas na época do projeto e quando utilizadas conforme preconizado em projeto, conservem aspectos como segurança, estabilidade e aptidão em serviço durante o prazo correspondente à vida útil da estrutura.

Desse modo, para evitar a deterioração prematura e satisfazer as exigências quanto à durabilidade, devem ser observados diversos critérios nas fases de projeto, execução e utilização da estrutura. Entre os principais critérios a serem analisados na fase de projeto, estão: (a) a classe de agressividade ambiental na qual a estrutura está inserida, (b) os cobrimentos mínimos necessários para as armaduras e (c) a vida útil considerada.

5.2.1 Classes de agressividade

Segundo a NBR 6118 (2023), a agressividade do meio ambiente tem relação com as ações físicas e químicas que atuam sobre as estruturas de concreto, independentemente das ações mecânicas, das variações volumétricas de origem térmica, da retração hidráulica e outras previstas no dimensionamento das estruturas. Portanto, a identificação da classe de agressividade ambiental do meio no qual a construção será inserida deve ser uma das primeiras informações definidas para que seja possível a elaboração do projeto. Esse procedimento é de suma importância e deve ser realizado, uma vez que a escolha da resistência do concreto, dos cobrimentos nominais e das aberturas limites das fissuras depende da classe de agressividade ambiental adotada. Dessa forma, todo o dimensionamento dos elementos que vão compor o projeto estrutural da edificação será modificado, caso haja alguma alteração na classe de agressividade ambiental.

De acordo com a NBR 6118 (2023), a classe de agressividade ambiental é classificada conforme mostrado na Tabela 5.1 para projetos das estruturas correntes, e pode ser avaliada, simplificadamente, segundo as condições de exposição da estrutura ou de suas partes. Vale ressaltar que o engenheiro projetista, de posse de dados relativos às características do ambiente no qual será construída a edificação, poderá considerar uma classificação mais agressiva que a estabelecida na Tabela 5.1.

Tabela 5.1 Classes de agressividade ambiental (CAA).

Classe de agressividade ambiental	Agressividade	Classificação geral do tipo de ambiente para efeito de projeto	Risco de deterioração da estrutura
I	Fraca	Rural Submersa	Insignificante
II	Moderada	Urbana[a, b]	Pequeno
III	Forte	Marinha[a] Industrial[a, b]	Grande
IV	Muito Forte	Industrial[a, c] Respingos de maré	Elevado

[a] Pode-se admitir um microclima com uma classe de agressividade mais branda (uma classe acima) para ambientes internos secos (salas, dormitórios, banheiros, cozinhas e áreas de serviço de apartamentos residenciais e conjuntos comerciais ou ambientes com concreto revestido com argamassa e pintura).

[b] Pode-se admitir uma classe de agressividade mais branda (uma classe acima) em obras em regiões de clima seco, com umidade média relativa do ar menor ou igual a 65 %, partes da estrutura protegidas de chuva em ambientes predominantemente secos ou regiões onde raramente chove.

[c] Ambientes quimicamente agressivos, tanques industriais, galvanoplastia, branqueamento em indústrias de celulose e papel, armazéns de fertilizantes, indústrias químicas.

Fonte: NBR 6118 (2023).

5.2.2 Cobrimento

A NBR 6118 (2023) destaca que a durabilidade das estruturas depende primordialmente das características do concreto e da espessura e qualidade do cobrimento da armadura. Ensaios comprobatórios de desempenho da durabilidade da estrutura frente ao tipo e classe de agressividade prevista em projeto devem estabelecer os parâmetros mínimos a serem atendidos. Na falta desses ensaios e devido à forte correspondência entre a relação água/cimento, a resistência à compressão do concreto e sua durabilidade, tanto a NBR 6118 (2023) quanto a NBR 12655 (2022) permitem que sejam adotados os requisitos mínimos expressos na Tabela 5.2.

Tabela 5.2 Correspondência entre a classe de agressividade e a qualidade do concreto.

Concreto[a]	Tipo[b, c]	Classe de agressividade ambiental (Tab. 1)			
		I	II	III	IV
Relação água/cimento em massa	CA	≤ 0,65	≤ 0,60	≤ 0,55	≤ 0,45
	CP	≤ 0,60	≤ 0,55	≤ 0,50	≤ 0,45
Classe de concreto (ABNT NBR 8953)	CA	≥ C20	≥ C25	≥ C30	≥ C40
	CP	≥ C25	≥ C30	≥ C35	≥ C40

[a] O concreto empregado na execução das estruturas deve cumprir com os requisitos estabelecidos na NBR 12655 (2022).

[b] CA corresponde a componentes e elementos estruturais de concreto armado.

[c] CP corresponde a componentes e elementos estruturais de concreto protendido.

Fonte: NBR 6118 (2023) e NBR 12655 (2022).

A NBR 12655 (2022) estabelece requisitos adicionais para a composição do concreto e para a escolha dos materiais componentes em condições especiais de exposição. A Tabela 5.3 expressa os requisitos mínimos de durabilidade que devem ser atendidos.

No caso de uso desse material em ambientes contendo sulfatos (Tab. 5.4), a NBR 12655 (2022) estabelece que os concretos devem ser preparados com cimento resistente a sulfatos de acordo com a NBR 16697 (2018) e devem atender ao que estabelece a Tabela 5.3, no que se refere à relação água/cimento e à resistência característica à compressão do concreto (f_{ck}).

Tabela 5.3 Requisitos para o concreto, em condições especiais de exposição.

Condições de exposição	Máxima relação água/cimento, em massa, para concreto com agregado normal	Mínimo valor de f_{ck} (para concreto com agregado normal ou leve) MPa
Condições em que é necessário um concreto de baixa permeabilidade à água, por exemplo, em caixas d'água	0,50	35
Exposição a processos de congelamento e descongelamento em condições de umidade ou a agentes químicos de degelo	0,45	40
Exposição a cloretos provenientes de agentes químicos de degelo, sais, água salgada, água do mar, ou respingos ou borrifação desses agentes	0,45	40

Fonte: NBR 12655 (2022).

Tabela 5.4 Requisitos para o concreto exposto a soluções contendo sulfatos.

Condições de exposição em função da agressividade	Sulfato solúvel em água (SO_4) presente no solo % em massa	Sulfato solúvel (SO_4) presente na água ppm	Máxima relação água/cimento, em massa, para concreto com agregado normal[a]	Mínimo f_{ck} (para concreto com agregado normal ou leve) MPa
Fraca	0,00 a 0,10	0 a 150	Conforme Tabela 17.1	Conforme Tabela 17.1
Moderada[b]	0,10 a 0,20	150 a 1500	0,50	35
Severa[c]	Acima de 0,20	Acima de 1500	0,45	40

[a] Baixa relação água/cimento ou elevada resistência podem ser necessárias para a obtenção de baixa permeabilidade do concreto ou proteção contra a corrosão da armadura ou proteção a processos de congelamento e degelo.

[b] A água do mar é considerada para efeito do ataque de sulfatos como condição de agressividade moderada, embora o seu conteúdo de SO_4 seja acima de 1500 ppm, devido ao fato de que a etringita é solubilizada na presença de cloretos.

[c] Para condições severas de agressividade, devem ser obrigatoriamente usados cimentos resistentes a sulfatos.

Fonte: NBR 12655 (2022).

Em relação à concentração de íons cloreto no concreto endurecido, para proteger as armaduras do concreto, o valor máximo da concentração não pode exceder os limites estabelecidos na Tabela 5.5.

Tabela 5.5 Teor máximo de íons cloreto para proteção das armaduras do concreto.

Classe de agressividade ambiental	Condições de serviço da estrutura	Teor máximo de íons cloreto (Cl⁻) no concreto % sobre a massa de cimento
Todas	Concreto protendido	0,05
III e IV	Concreto armado exposto a cloretos nas condições de serviço da estrutura	0,15
II	Concreto armado não exposto a cloretos nas condições de serviço da estrutura	0,30
I	Concreto armado em brandas condições de exposição (seco ou protegido da umidade nas condições de serviço da estrutura)	0,40

Fonte: NBR 12655 (2022).

Além das exigências de qualidade do concreto citadas, é necessário também especificar um cobrimento mínimo para as armaduras. Para garantir o cobrimento mínimo necessário, $c_{mín}$, o projeto e a execução devem considerar o cobrimento nominal, c_{nom}, que é o cobrimento mínimo mais a tolerância de execução Δc. Dessa forma, as dimensões das armaduras e os espaçadores devem respeitar os cobrimentos nominais, estabelecidos na Tabela 5.6, para $\Delta c = 10$ mm.

Vale ressaltar que, nas situações em que houver adequado controle de qualidade, assim como limites de tolerância rígidos para a variabilidade das medidas durante a execução, pode ser adotado um valor $\Delta c = 5$ mm. Caso contrário, nas obras correntes, esse valor deve ser, no mínimo, $\Delta c = 10$ mm.

Em todos os casos, o cobrimento nominal de determinada barra deve ser, no mínimo, igual ao diâmetro da própria barra. No caso de feixes de barras, em particular, o cobrimento nominal não deve ser menor do que o diâmetro do círculo de mesma área do feixe (diâmetro equivalente). Além disso, a dimensão máxima característica do agregado graúdo utilizado no concreto, $d_{máx}$ não pode superar 20 % do cobrimento nominal, ou seja, $d_{máx} \leq 1,2\ c_{nom}$.

Tabela 5.6 Correspondência entre a classe de agressividade ambiental e o cobrimento nominal para $\Delta c = 10$ mm.

Tipo de estrutura	Componente ou elemento	Classe de agressividade ambiental (Tab. 1)			
		I	II	III	IVᶜ
		Comprimento nominal mm			
Concreto armado	Laje[b]	20	25	35	45
	Viga/pilar	25	30	40	50
	Elementos estruturais em contato com o solo[d]	30		40	50
Concreto protendido[a]	Laje	25	30	40	50
	Viga/pilar	30	35	45	55

[a] Cobrimento nominal da bainha ou dos fios, cabos e cordoalhas. O cobrimento da armadura passiva deve respeitar os cobrimentos para concreto armado.

[b] Para a face superior de lajes e vigas que serão revestidas com argamassa de contrapiso, com revestimentos finais secos tipo carpete e madeira, com argamassa de revestimento e acabamento, como pisos de elevado desempenho, pisos cerâmicos, pisos asfálticos e outros, as exigências desta tabela podem ser substituídas pelas de 7.4.7.5 da NBR 6118 (2023), respeitado um cobrimento nominal ≥ 15 mm.

[c] Nas superfícies expostas a ambientes agressivos, como reservatórios, estações de tratamento de água e esgoto, condutos de esgoto, canaletas de efluentes e outras obras em ambientes química e intensamente agressivos, devem ser atendidos os cobrimentos da classe de agressividade IV.

[d] No trecho dos pilares em contato com o solo junto aos elementos de fundação, a armadura deve ter cobrimento nominal ≥ 45 mm.

Fonte: NBR 6118 (2023).

Outro fator importante que deve ser observado é a abertura máxima característica das fissuras, que não deve ultrapassar valores da ordem de 0,2 a 0,4 mm, visto que essas situações não apresentam importância significativa na evolução da corrosão das armaduras para concreto armado. No caso de peças de edifícios usuais, podem ser adotados os limites de abertura de fissuras apresentados na Tabela 5.7.

Tabela 5.7 Exigências de durabilidade relacionadas à fissuração e à proteção da armadura, em função das classes de agressividade ambiental.

Tipo de concreto estrutural	Classe de agressividade ambiental (CAA) e tipo de protensão	Exigências relativas à fissuração	Combinação de ações em serviço a utilizar
Concreto simples	CAA I a CAA IV	Não há	–
Concreto armado	CAA I	ELS-W $w_k \leq 0,4$ mm	Combinação frequente
	CAA II e CAA III	ELS-W $w_k \leq 0,3$ mm	
	CAA IV	ELS-W $w_k \leq 0,2$ mm	
Concreto protendido nível 1 (protensão parcial)	Pré-tração com CAA I / Pós-tração com CAA I e II	ELS-W $w_k \leq 0,2$ mm	Combinação frequente
Concreto protendido nível 2 (protensão limitada)	Pré-tração com CAA I e CAA II / Pós-tração com CAA I a IV	Verificar as duas condições abaixo	
		ELS-F	Combinação frequente
		ELS-D[a]	Combinação quase permanente
Concreto protendido nível 3 (protensão completa)	Pré-tração com CAA I a IV / Pós-tração com CAA I a IV	Verificar as duas condições abaixo	
		ELS-F	Combinação rara
		ELS-D[a]	Combinação frequente

[a] A critério do projetista, o ELS-D pode ser substituído pelo ELS-DP com $a_p = 50$ mm.

NOTAS

1 As definições de ELS-W, ELS-F e ELS-D encontram-se em 3.2 (NBR 6118:2023).

2 Para as classes de agressividade ambiental CAA III e IV, exige-se que as cordoalhas não aderentes tenham proteção especial na região de suas ancoragens.

3 No projeto de lajes lisas e cogumelo protendidas, basta ser atendido o ELS-F para a combinação frequente das ações, em todas as classes de agressividade ambiental.

Fonte: NBR 6118 (2023).

É importante salientar que o emprego de um concreto de maior resistência garante maior durabilidade à estrutura, além de, provavelmente, resultar em economia na estrutura como um todo, mesmo que haja um aumento de custo com o concreto. Isso se aplica principalmente aos pilares, especialmente nos edifícios altos. No entanto, o engenheiro projetista estrutural deve levar em consideração as condições de desenvolvimento tecnológico da região em que a estrutura será executada. Isso ocorre porque elaborar um projeto com base em um concreto de alta resistência para uma obra de pequeno porte, que será executada em uma região onde não há condições apropriadas de produção e de controle da qualidade do concreto, pode resultar em uma fatalidade (Araújo, 2023).

5.3 VIDA ÚTIL (VU) × VIDA ÚTIL DE PROJETO (VUP)

Sabe-se que qualquer bem, seja ele móvel ou imóvel, é projetado para um período de uso predeterminado, denominado Vida Útil (VU). Essa vida útil é caracterizada como o período compreendido entre o início de operação ou uso do produto e o momento em que o seu desempenho deixa de satisfazer aos requisitos do usuário preestabelecidos. Obviamente, para que seja possível utilizá-lo durante todo esse período estimado, faz-se necessário obedecer a certas restrições impostas pelas características dos materiais e, sempre que necessário, avaliar a necessidade de realizar intervenções com o objetivo de restaurar a condição satisfatória de utilização.

Conceitualmente, a NBR 15575 (2021) indica que a Vida Útil (*Service Life*) é uma medida temporal da durabilidade de um edifício ou de suas partes (sistemas complexos, do próprio sistema e de suas partes: subsistemas; elementos e componentes). Já a Vida Útil de Projeto (VUP) é definida como o período estimado para o qual um sistema é projetado, a fim de atender aos requisitos de desempenho. Vale salientar que, de acordo com a norma supracitada, os projetistas, construtores e incorporadores são responsáveis pelos valores teóricos de VUP, que podem ser confirmados por meio de atendimento às normas brasileiras ou internacionais.

É importante ressaltar que, embora conceitualmente diferentes, existe relação direta entre a VU e a durabilidade das edificações. Portanto, a inobservância da durabilidade impactará diretamente na deterioração e perda de desempenho da construção, resultando em uma redução da sua vida útil.

Na mesma linha, a NBR 6118 (2023) entende a Vida Útil de Projeto (VUP) como o período durante o qual se mantêm as características das estruturas de concreto, sem intervenções significativas, uma vez atendidos os requisitos de uso e manutenção prescritos pelo projetista e pelo construtor, assim como de execução dos reparos necessários decorrentes de danos acidentais. Esse conceito pode ser aplicado à estrutura como um todo ou às suas partes. Sendo assim, determinadas partes das estruturas podem merecer consideração especial com valor de vida útil diferente do todo, como, por exemplo, nos casos de aparelhos de apoio e juntas de movimentação.

É importante salientar que na literatura técnica existem diversos modelos teóricos simplificados e genéricos cujo objetivo é relacionar a degradação e/ou desempenho com o conceito de vida útil das estruturas de concreto armado. Além disso, segundo Verás Ribeiro *et al.* (2013), diversos métodos podem ser empregados para prever a vida útil do concreto armado, incluindo: (a) baseado em experiências anteriores, (b) ensaios acelerados, (c) métodos prescritivos, (d) abordagem determinística e (e) abordagem probabilística.

Na Figura 5.2, é possível verificar a influência das ações de manutenção em uma edificação, que são necessárias para garantir ou prolongar a vida útil de projeto. A NBR 15575 (2021) ressalta que "é necessário salientar a importância da realização integral das ações de manutenção pelo usuário", destacando que, se este não realizar a manutenção indicada, corre-se o risco de que a vida útil de projeto não seja atingida.

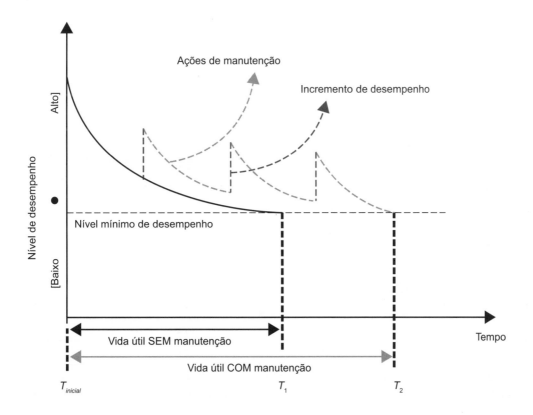

Figura 5.2 Desempenho de uma estrutura com e sem manutenção.

Fonte: Possan e Demoliner (2013).

Além disso, considerando a possibilidade de melhorar a qualidade da edificação por meio de uma análise de valor da relação custo/benefício dos sistemas, a norma de desempenho ainda categoriza a vida útil de projeto em três níveis distintos: Mínimo (M); Intermediário (I); e Superior (S), sendo o primeiro obrigatório (como pode ser observado na Fig. 5.3).

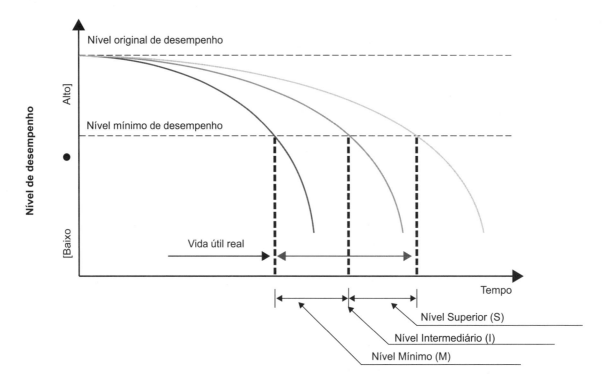

Figura 5.3 Relação entre os níveis de desempenho e a vida útil.

Fonte: Possan e Demoliner (2013).

Na Tabela 5.8, são apresentados os valores de Vida Útil de Projeto (VUP), em anos, especificada para os níveis supracitados.

Tabela 5.8 Vida útil de projeto mínima e superior (VUP)[a].

Sistema	VUP (em anos)		
	Mínimo	Intermediário	Superior
Estrutura	≥ 50	≥ 63	≥ 75
Pisos internos	≥ 13	≥ 17	≥ 20
Vedação vertical externa	≥ 40	≥ 50	≥ 60
Vedação vertical interna	≥ 20	≥ 25	≥ 30
Cobertura	≥ 20	≥ 25	≥ 30
Hidrossanitário	≥ 20	≥ 25	≥ 30
[a] Considerando periodicidade e processos de manutenção segundo a ABNT NBR 5674 e especificados no respectivo manual de uso, operação e manutenção entregue ao usuário elaborado em atendimento à ABNT NBR 14037.			

Fonte: NBR 15575 (2021).

A NBR 15575 (2021) também destaca que, para se atingir a VUP mínima, é necessário atender, simultaneamente, aos cinco aspectos citados a seguir:

1. emprego de componentes e materiais de qualidade compatível com a VUP;
2. execução com técnicas e métodos que possibilitem a obtenção da VUP;
3. cumprimento na sua totalidade dos programas de manutenção corretiva e preventiva;
4. atendimento aos cuidados preestabelecidos para se fazer um uso correto do edifício;
5. utilização do edifício em concordância com o que foi previsto em projeto.

Por fim, como ressaltado pela NBR 6118 (2023), a durabilidade das estruturas de concreto exige cooperação e atitudes coordenadas de todos os envolvidos nos processos de projeto, construção e utilização.

5.4 INTER-RELACIONAMENTOS ENTRE CONCEITOS DE DURABILIDADE E DESEMPENHO

Souza e Ripper (1998) destacam que o desenvolvimento de um mecanismo de estudo para a durabilidade passa pela avaliação e compatibilização entre a agressividade ambiental, por um lado, e a "qualidade" do concreto e da estrutura, por outro. Esse cenário é definido à luz do tempo e do custo da estrutura. Dessa forma, as normas e os regulamentos atuais optaram por determinar os critérios que permitem aos responsáveis individualizar, convenientemente, modelos duráveis para as suas construções, por meio da definição de classes de exposição das estruturas e de seus componentes em função da deterioração a que estarão submetidas, considerando:

1. corrosão das armaduras, sob efeito da carbonatação e/ou dos cloretos, por tipo de ambiente;
2. ação do frio e/ou do calor, também por tipo de ambiente;
3. agressividade química.

Para cada caso ou combinação de casos, as classes de exposição apontarão níveis de risco ou parâmetros mínimos a serem verificados como condição para que se alcance uma construção durável.

Assim, estarão definidos:

1. dosagem mínima de cimento;
2. fator água/cimento máximo;
3. classe de resistência mínima do concreto;
4. cobrimento mínimo das barras das armaduras;
5. método de cura.

Pretende-se, então, que, a partir de tais limites, ou com a mínima observância a eles, o desempenho das estruturas, de maneira geral, seja satisfatório. A Figura 5.4 esquematiza a relação entre os fatores supracitados.

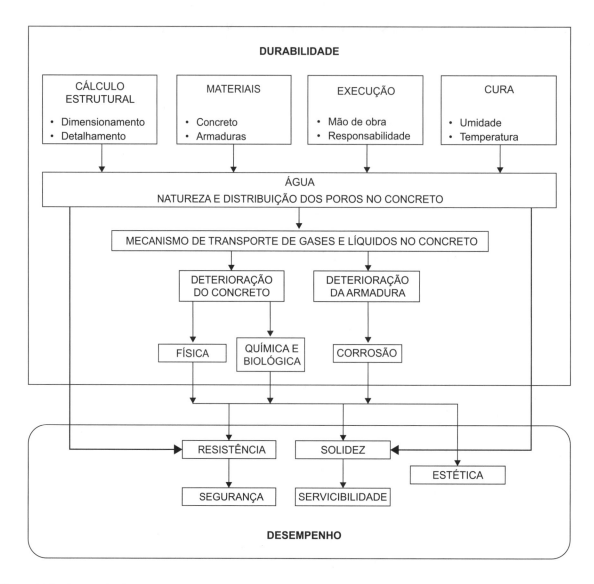

Figura 5.4 Inter-relacionamento entre conceitos de durabilidade e desempenho.

Fonte: adaptada de Comité Euro-International du Béton (1992).

5.5 PATOLOGIA DAS ESTRUTURAS

A palavra "patologia" é derivada do grego *páthos*, que significa sofrimento, doença, e de *logos*, que é a ciência ou estudo. Nessa linha, Helene (1988) define a patologia das construções como a ciência que estuda os sintomas, o mecanismo, as causas e as origens das falhas nas construções civis, enquanto à terapia cabe estudar a correção e a solução desses problemas patológicos encontrados nas estruturas de concreto armado, de tal forma que, para obter êxito nas medidas terapêuticas, é preciso que o estudo precedente, o diagnóstico da questão, tenha sido realizado adequadamente. Nesse mesmo contexto, Souza e Ripper (1998) salientam que a patologia das construções não é apenas uma área relacionada à identificação e ao conhecimento das anomalias, mas também à concepção e ao projeto das estruturas.

Dentro do âmbito da patologia, conforme Helene (1992), o diagnóstico correto é aquele que esclarece todos os aspectos do problema, incluindo:

1. **sintomas**: os problemas patológicos geralmente apresentam uma manifestação externa característica, a partir da qual se torna possível deduzir fatores como a natureza, a origem e os mecanismos dos fenômenos envolvidos, bem como estimar suas prováveis consequências. Os sintomas

de maior incidência nas estruturas de concreto, conforme se observa na Figura 5.5, podem ser fissuras, flechas excessivas, manchas superficiais no concreto aparente, corrosão de armaduras e os ninhos de concretagem;

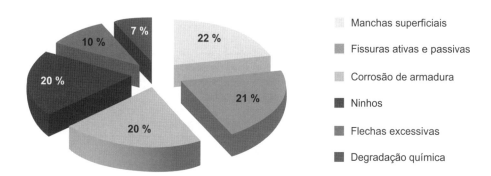

Figura 5.5 Distribuição relativa da incidência de manifestações patológicas em estruturas de concreto aparente.

Fonte: adaptada de Helene (1992).

2. **mecanismo**: todo problema patológico ocorre a partir de um mecanismo, cujo conhecimento é fundamental para que seja tomada a terapêutica adequada. Pode-se citar como exemplo a corrosão de armaduras no concreto armado, que é um fenômeno de natureza eletroquímica, podendo ser acelerado pela existência de agentes agressivos externos, provenientes do ambiente, ou internos, incorporados ao concreto. Para que esse sintoma se manifeste, é necessária a presença de oxigênio, umidade e o estabelecimento de uma célula de corrosão eletroquímica, que só ocorre após a despassivação da armadura;
3. **origem**: o processo construtivo pode ser dividido em etapas, incluindo planejamento, projeto, fabricação de materiais e componentes fora do canteiro, execução propriamente dita e uso. Os problemas patológicos só se manifestam após o início da execução, ocorrendo com maior incidência na etapa de uso. Um diagnóstico adequado deve indicar em que etapa do processo teve origem o fenômeno;
4. **causas**: os agentes causadores dos problemas patológicos podem ser diversos, como cargas, variação da umidade, agentes biológicos, entre outros;
5. **consequências**: em geral, os problemas patológicos tendem a evoluir e se agravar com o passar do tempo, além de acarretar outros problemas associados ao problema inicial. Sendo assim, um bom diagnóstico é finalizado com algumas considerações sobre possíveis consequências do problema para o comportamento geral da estrutura, ou seja, um prognóstico da questão.

5.6 MANIFESTAÇÕES PATOLÓGICAS EM ESTRUTURAS DE CONCRETO ARMADO

Pode-se dizer que manifestações patológicas são as degradações, deteriorações e as anomalias identificadas nas estruturas que comprometem a sua segurança e estética. As causas das manifestações patológicas podem ser tanto de projeto como de execução, assim como químicas, derivadas dos materiais, e físicas, devido a ataques de agentes agressivos.

Valente (2008) apresenta um estudo (Tab. 5.9) sobre a distribuição percentual das causas prováveis de deteriorações em estruturas de concreto, com base nos resultados de Blevot (1974). Ao analisar a tabela, verifica-se que as causas das manifestações patológicas que surgem nas estruturas de concreto armado são variadas ao longo de sua vida útil. Pode-se dizer, portanto, que uma manifestação patológica está ligada a uma ou mais etapas na construção de uma estrutura de concreto: concepção (projeto da estrutura), execução e utilização.

Tabela 5.9 Distribuição percentual em função das causas prováveis de manifestações em estruturas de concreto.

Tipo de problema	(%)
Erros de concepção	3,5
Erros nas hipóteses de cálculo, erros materiais e ausência de estudos	8,5
Disposições defeituosas em certos elementos ou na transmissão de esforços	2,5
Falhas resultantes de deformações excessivas	19,7
Falhas resultantes dos efeitos de variações dimensionais (térmica)	43,7
Defeitos de execução	16,5
Fenômenos químicos	4,0
Causas diversas	1,6

Fonte: Valente (2008).

Azevedo (2011) relata que a construção de um empreendimento envolve três fases: (a) projeto, (b) construção e (c) utilização e manutenção. Após a finalização da obra, fica a cargo do proprietário a garantia da manutenção e dos cuidados na utilização. Vale ressaltar que os maiores números de casos de patologias têm origem na fase de projeto (Fig. 5.6). Isso ocorre, segundo Vitório (2003), devido à falta de investimento dos proprietários em projetos mais elaborados, o que resulta na necessidade de adaptações durante a fase de execução e, futuramente, em problemas funcionais e estruturais. Nesse sentido, a realização de um projeto bem elaborado é de fundamental importância para que todas as outras fases tenham bom desenvolvimento (Helene, 1992). As pesquisas realizadas há mais de três décadas já apontavam que a realização de um projeto bem elaborado era de fundamental importância para que todas as outras fases tivessem bom desenvolvimento.

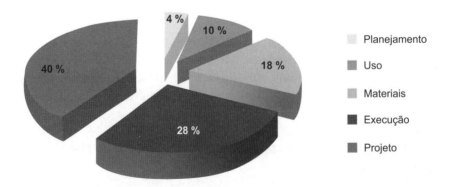

Figura 5.6 Origem dos problemas patológicos *versus* etapa de construção.

Fonte: adaptada de Helene (1992).

Em um estudo recente, Piancastelli (2012) mostra, de maneira detalhada, que no Brasil as maiores incidências de manifestações patológicas na construção civil estão relacionadas à execução, representando 51 % do total das manifestações, conforme ilustrado na Figura 5.7.

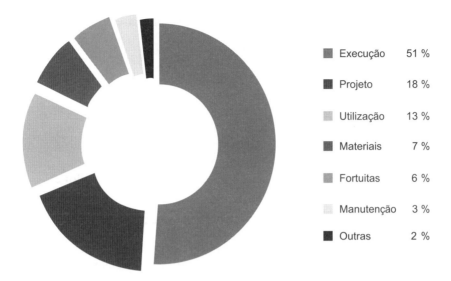

Figura 5.7 Percentual de incidência de manifestações patológicas no Brasil.

Fonte: https://www.aecweb.com.br/revista/materias/patologias-do-concreto/6160. Acesso em: 30 ago. 2024.

Ainda em relação à falha de projeto, a concepção estrutural de uma arquitetura, ou seja, lançamento da estrutura, é uma etapa que pode acarretar problemas tanto na fase de execução da obra quanto na fase de utilização dela. Portanto, são importantes a interação e a compatibilização do projeto estrutural com o projeto de arquitetura, projeto elétrico, projeto hidrossanitário, projeto de ar-condicionado e outros, para evitar erros que só sejam visualizados na execução da obra. Podem-se citar ainda problemas, nessa etapa, relacionados ao levantamento inadequado das ações atuantes ou de combinações, determinação dos esforços atuantes, modelo estrutural adotado, especificação de materiais, dimensionamento e detalhamento dos elementos estruturais. Segundo Souza e Ripper (1998), geralmente, o custo para recuperar uma estrutura com danos originários na etapa de concepção do projeto é elevado, principalmente se esses problemas forem levados adiante nas etapas de execução e utilização.

A manifestação patológica oriunda de uma falha na execução pode ser consequência de um problema no projeto. Entretanto, isso não quer dizer que sendo nula a patologia de projeto, a de execução também não existirá. É importante ressaltar que uma degradação na estrutura pode ocorrer por diversas causas. Com relação às manifestações patológicas que surgem durante a fase de execução da estrutura, estas podem estar relacionadas com a falta de mão de obra qualificada e com a falta de acompanhamento do engenheiro responsável para fiscalização e verificação dos trabalhos executados, como o controle do traço do concreto, locação dos elementos estruturais, travamento de fôrmas e escoramento, posicionamento da armadura, além de outras atividades.

Para evitar manifestações patológicas durante a utilização da estrutura, considerando que as etapas de projeto e execução foram realizadas corretamente, deve-se prever uma manutenção periódica da estrutura, e também é fundamental que o usuário siga as recomendações de projetos, como os carregamentos permitidos, demolições de elementos estruturais e aberturas de janelas e portas.

Para recuperar uma estrutura, é importante compreender a causa do problema para que ele não ocorra novamente. Dessa forma, diversos pesquisadores e autores classificam essas causas em intrínsecas e extrínsecas. As causas intrínsecas estão relacionadas com as etapas de execução e utilização, ligadas a falhas humanas e causas naturais. Na etapa de execução, podem ser citadas algumas causas intrínsecas:

1. erro na dosagem do concreto;
2. falha na concretagem;
3. erro na interpretação do projeto estrutural;
4. erro na montagem das armaduras;
5. falta de fiscalização.

Já na etapa de utilização, podem ser citadas algumas causas intrínsecas:

1. falta de manutenção da estrutura;
2. presença de agentes que causam degradação no concreto, como cloretos e água;
3. variação de temperatura não prevista no projeto estrutural.

As causas extrínsecas são aquelas que podem ocorrer devido a falhas na concepção do projeto estrutural, alterações de carregamentos da estrutura e até mesmo alteração da concepção estrutural durante a etapa de utilização da estrutura. Podem-se incluir nesse tipo de causa ações externas que, muitas vezes, não estão previstas nos projetos, como explosões e choques de veículos e aeronaves em edifícios.

5.7 MECANISMOS DE ENVELHECIMENTO E DETERIORAÇÃO DO CONCRETO

A forma de atuação dos mecanismos de degradação dá-se de maneira extremamente complexa e aleatória. Além de haver a possibilidade da ocorrência combinada de mais de um agente, o que impossibilita determinar o modo como a estrutura se degradará, não se pode determinar o intervalo de tempo em que esse fato ocorrerá, principalmente em ambientes extremamente agressivos (Andrade, 2005).

Os principais mecanismos causadores da deterioração do concreto podem ser classificados de acordo com a sua natureza, dividindo os processos em físicos, químicos e de natureza biológica. Alguns pesquisadores, como Mehta e Monteiro (2014), afirmam que a distinção entre os fenômenos físicos e químicos é puramente arbitrária, visto que há uma superposição entre as consequências e o efeito das duas. Um exemplo que ilustra tal superposição diz respeito ao fenômeno da corrosão, que, apesar de ser de origem química, apresenta consequências físicas, como o desplacamento da massa de concreto.

Os fenômenos físicos de deterioração das estruturas de concreto mais comuns, responsáveis pelo desgaste superficial, são a abrasão, a erosão e a cavitação. Já os fenômenos químicos que afetam as estruturas de concreto armado, descritos por Mehta e Monteiro (2014) e que têm sido objeto constante de estudos, são a corrosão, devido principalmente à carbonatação, e a reação álcali-agregado (RAA). De acordo com Pereira (2014), os fenômenos de origem biológica ocorrem em estruturas de concreto que estejam em contato direto com esgotos sanitários. Esse tipo de degradação do concreto ocorre devido à ação de bactérias sulfo-oxidantes (*Thiobacillus*).

Reforça-se aqui que a degradação do material resulta, muitas vezes, da combinação de diversos fatores internos e externos. À luz da NBR 6118 (2023), a deterioração relativa ao concreto pode ser resultado de três processos distintos: lixiviação, expansão por sulfato e reação álcali-agregado.

A lixiviação é um processo físico-químico que ocorre por ação de águas puras, carbônicas agressivas, ácidas, entre outras. De acordo com Mehta e Monteiro (2014), em casos em que a pasta de cimento sofre a ação de águas puras da condensação de neblina ou vapor, estas tendem a hidrolisar ou dissolver os produtos contendo cálcio, visto que podem conter pouco ou nenhum íon de cálcio. Esse processo acarreta na perda de resistência do concreto e no surgimento de crostas esbranquiçadas de carbonato de cálcio na superfície, fenômeno conhecido como eflorescência. Em outros casos, esses ataques podem ocorrer pela ação de ácidos e da água do mar, dissolvendo e removendo parte da pasta de cimento Portland endurecido (Lapa, 2008).

Expansão por sulfato consiste em um processo físico-químico que ocorre devido à expansão provocada pela ação de águas ou solos contaminados com sulfatos. Esses compostos são potencialmente danosos ao concreto, sendo os sulfatos de sódio e cálcio mais comuns em solos, águas e processos industriais.

Quanto à reação álcali-agregado (RAA), esta é conceituada pela NBR 15577:2018 (NBR 15577: Agregados – Reatividade álcali-agregado: Parte 1: Guia para avaliação da reatividade potencial e medidas preventivas para uso de agregados em concreto) como uma "reação química entre alguns constituintes presentes em certos tipos de agregados e componentes alcalinos que estão dissolvidos na solução dos poros do concreto". As reações químicas ocasionadas entre esses componentes provocam o aparecimento de um gel expansivo que fissura o concreto. Esse mecanismo está condicionado ao contato do cimento e do agregado reativo com a água, simultaneamente.

Além disso, Medeiros, Andrade e Helene (2011) comentam que os mecanismos preponderantes de deterioração relativos à armadura são a corrosão devido à carbonatação e a corrosão devido ao elevado teor de íons cloro (cloreto). Já os mecanismos de deterioração da estrutura propriamente dita estão relacionados com as ações mecânicas, movimentações de origem térmica, impactos, ações cíclicas (fadiga), deformação lenta (fluência), relaxação e outros, considerados em qualquer norma ou código regional, nacional ou internacional, mas que não fazem parte de uma análise de vida útil e durabilidade tradicional.

5.8 MANIFESTAÇÕES PATOLÓGICAS

5.8.1 Fissuração

As fissuras, trincas e rachaduras são manifestações patológicas das edificações observadas em vigas, pilares, lajes, alvenarias, pisos e outros elementos, geralmente causadas por tensões dos materiais. Elas são os sintomas mais frequentes de problemas nas estruturas, porém suas causas nem sempre são facilmente identificadas. Em geral, cada causa produz um tipo específico de fissuração, de modo que, ao conhecer uma causa, é possível prever o padrão de fissuras que se formará e determinar suas possíveis consequências. A posição das fissuras no elemento estrutural, sua abertura, sua trajetória, espaçamento, entre outros fatores, podem ser usados para indicar a causa ou causas subjacentes. Cánovas (1988) classifica os graus de fissuração em dois, sendo um estado de microfissuração inicial e outro estado caracterizado pela ocorrência de macrofissuração. As microfissuras não são perceptíveis aos técnicos, pois geralmente só se tornam visíveis quando se convertem em macrofissuras.

Pereira (2014) apresenta uma proposta adaptada de Arya e Wood (2003) para a classificação esquemática dos tipos de fissuras em função de sua origem (Fig. 5.8).

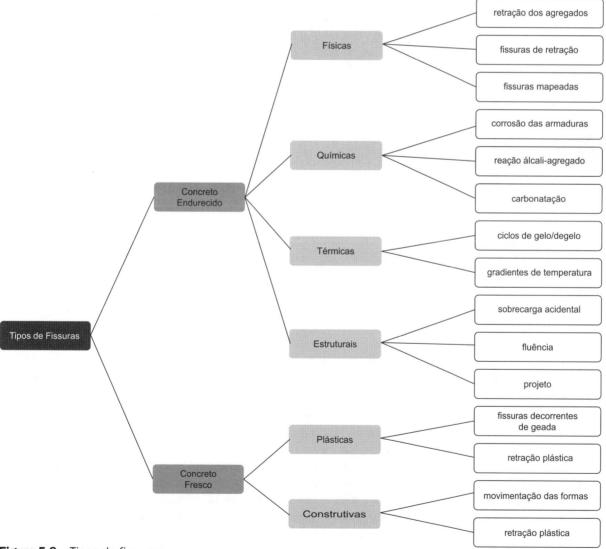

Figura 5.8 Tipos de fissuras.

Fonte: Arya e Wood (2003), adaptada por Pereira (2014).

As fissuras são classificadas de acordo com a profundidade e características de abertura, podendo ser:

1. **fissuras**: geralmente estreitas e alongadas aberturas na superfície, são superficiais e de menor gravidade. Encontradas na pintura, na massa corrida ou no cimento queimado. Não interferem na estrutura, mas isso não significa que não mereçam atenção, já que toda rachadura começa como uma fissura;
2. **trincas**: são aberturas mais profundas e acentuadas, caracterizadas pela "separação entre as partes". As trincas são muito mais perigosas do que as fissuras, pois apresentam ruptura e podem afetar a segurança da estrutura;
3. **rachaduras**: têm as mesmas características das trincas em relação à "separação entre partes", mas são aberturas grandes, profundas e acentuadas. Para serem caracterizadas como rachaduras, basta observar se o vento, a água e a luz conseguem atravessá-las.

De acordo com a NBR 15575 (2021), são consideradas fissuras aberturas inferiores a 0,6 mm no elemento estrutural, e são consideradas trincas as aberturas superiores a 0,6 mm. As rachaduras são trincas com aberturas ainda maiores, onde fica bem nítida a ruptura dos elementos. A Figura 5.9 mostra exemplos de fissura, trinca e rachadura.

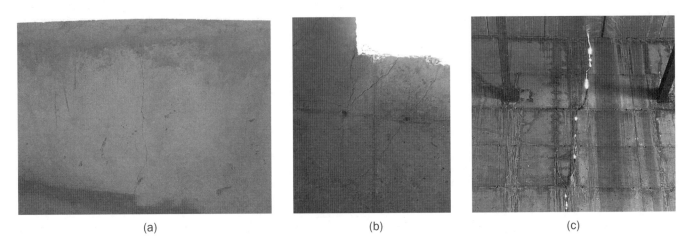

Figura 5.9 Exemplos de (a) fissura; (b) trinca; (c) rachadura.

O conhecimento das possíveis causas dessas manifestações é de fundamental importância para a adoção dos procedimentos adequados de correção. Ressalta-se que a sua posição em relação ao elemento estrutural, a abertura, a direção e sua forma de evolução (com relação à direção e à abertura), dão indicações das prováveis causas. Neste ponto, cabe ressaltar que a avaliação da extensão da fissuração depende da utilização da estrutura, assim como da natureza do processo de fissuração. Por exemplo, um estado de fissuração considerado tolerável em uma edificação pode não ser aceitável em um reservatório, visto que passa a ser um ponto para a ocorrência de infiltrações.

Por fraturar o concreto, elas podem se desenvolver de maneira parcial ou completa ao longo do elemento estrutural, não havendo uma separação nítida e indiscutível entre trincas e fissuras, tendo estas últimas aberturas menores. Segundo Lapa (2008), as trincas podem ser classificadas em capilares, médias e largas; as trincas capilares não podem ser medidas com instrumentos usuais, enquanto as trincas médias e largas podem ser medidas com instrumentos usuais. O mesmo autor indica que as trincas e fissuras são fenômenos próprios e inevitáveis do concreto armado e que podem se manifestar em cada uma das três fases de sua vida: (a) fase plástica, (b) fase de endurecimento e (c) fase de concreto endurecido. Na fase plástica, podem surgir trincas em virtude da retração plástica e do assentamento plástico; na fase de endurecimento, em virtude de restrições à precoce movimentação térmica, à precoce retração do endurecimento e ao assentamento diferencial dos apoios; na fase de concreto endurecido, as principais causas do aparecimento das trincas e fissuras são o subdimensionamento, o detalhamento inadequado, a construção sem os cuidados indispensáveis, as cargas excessivas, o ataque de sulfatos ao cimento do concreto, a corrosão das armaduras devida ao ataque de cloretos, a carbonatação e a reação álcali-agregado.

A verificação das aberturas pode ser feita com a utilização de "selos" rígidos (gesso ou plaquetas de vidro coladas), que se rompem caso a fissura apresente variação de abertura, ou por meio da medição direta (fissurômetro) dessa variação.

Para dar tratamento correto à fissura, é importante identificar o agente causador. Vale lembrar que as fissuras podem ser consideradas estáveis ou instáveis, ativas e inativas. Elas podem ocorrer devido à retração hidráulica, variação de temperatura, devido à flexão, ao cisalhamento, à torção, devido à compressão, devido à punção, entre outras causas. Cada uma delas apresenta características diferentes, devendo ser diagnosticadas e tratadas.

5.8.2 Corrosão

Dentre as manifestações patológicas encontradas em estruturas de concreto armado, a corrosão pode ser considerada a mais comum e também a mais grave para a durabilidade e a estabilidade das estruturas, principalmente por ser praticamente inevitável e evolutiva com o tempo.

O ambiente em que uma estrutura está inserida é um fator fundamental para a corrosão, visto que determina se esta iniciará mais rapidamente e se evoluirá de forma acelerada. Nesse contexto, o concreto desempenha papel crucial na prevenção da corrosão das armaduras, uma vez que promove uma barreira física e química contra os agentes agressivos do ambiente. No entanto, para que essa proteção seja efetiva, é necessário um concreto de cobrimento adequado e de qualidade suficiente para oferecer a devida proteção. Além disso, diversos outros materiais podem ser inseridos nas estruturas para evitar a iniciação da corrosão, sem comprometer o funcionamento do concreto armado.

A corrosão pode ser entendida como um processo de degradação de um material, geralmente metálico, devido às reações químicas e eletroquímicas com determinados agentes do meio, resultando na perda de seção da peça metálica e no acúmulo de óxidos e hidróxidos de ferro de natureza expansiva. Sua ocorrência é bastante comum e altamente prejudicial para a eficiência e segurança nas estruturas de concreto armado, especialmente em regiões marítimas ou áreas com altos índices de emissão de carbono. Conforme Gentil (1996), o processo de corrosão pode ser entendido como o inverso do processo metalúrgico, em que os metais, geralmente encontrados na natureza associados a outros elementos, passam por um processo de extração durante a fabricação de uma peça metálica, conferindo-lhe energia. Devido a esse nível de energia presente, há tendência de retorno do material ao estado inicial quando entra em contato com o meio ambiente, liberando energia e degradando o metal, processo chamado de oxidação. O resultado dessa degradação é a formação de produtos com aparência bastante semelhante ao material que originou o metal. A Figura 5.10 esquematiza o ciclo do metal com a intervenção de um processo metalúrgico.

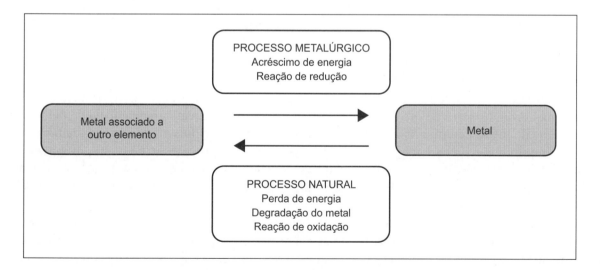

Figura 5.10 Ciclo do metal com a intervenção de um processo metalúrgico.

Fonte: adaptada de Gentil (1996).

O produto resultante da corrosão é a formação de óxidos e hidróxidos de ferro que aumentam significativamente a seção da peça metálica, além de apresentarem uma coloração marrom-avermelhada. A Figura 5.11 mostra uma estrutura com problemas graves relacionados com a corrosão das armaduras.

Figura 5.11 Manifestação da corrosão em uma estrutura de concreto armado.

Além de ser bastante comum e prejudicial para as estruturas em concreto armado, principalmente por ser inerente ao material, a corrosão é um processo evolutivo, isto é, se intensifica com o tempo, sendo de fundamental importância o estudo de sua prevenção e tratamentos possíveis. Ela pode ser classificada de duas formas distintas: (a) quanto à natureza do processo e (b) quanto à morfologia. Quanto à natureza do processo, a corrosão pode ocorrer por processos químicos ou eletroquímicos, e, quanto à morfologia, a corrosão pode ser generalizada ou localizada.

A corrosão química, também chamada de oxidação ou corrosão seca, ocorre por meio da interação do metal com os gases do meio ambiente. A reação gás-metal forma uma película de óxido sobre a superfície do metal que, apesar de ser inevitável, principalmente durante o processo de fabricação, é pouco importante e prejudicial para as obras civis, pois é um processo lento e que geralmente não causa grandes deteriorações na superfície metálica. A película formada possui um aspecto compacto, uniforme e pouco permeável, eventualmente servindo como barreira protetora contra a corrosão de natureza eletroquímica.

Por outro lado, a corrosão eletroquímica, ou corrosão em meio aquoso, ocorre na presença de água ou em um ambiente com umidade relativa do ar maior que 60 % (Mota *et al.*, 2012). Esse tipo de deterioração do metal é mais danoso para as obras civis, pois causa perda de seção efetiva do aço, formação de fissuras no concreto e até mesmo destacamento do cobrimento de concreto. Esse processo é resultado da formação espontânea de uma célula ou pilha de corrosão, isto é, para que a corrosão eletroquímica ocorra, é necessária a presença dos três seguintes elementos no meio: um eletrólito, uma diferença de potencial entre pontos da superfície e oxigênio. O eletrólito é a umidade presente no concreto que permite a ocorrência das reações e do fluxo iônico, enquanto a diferença de potencial pode ser ocasionada por: diferença de umidade, aeração, concentração salina, tensão no concreto e no aço ou falta de uniformidade na composição do aço. Se qualquer um desses três elementos não existir no meio, a corrosão não ocorre ou é interrompida. Uma característica desse tipo de corrosão é a não uniformidade ao longo de todo o metal, podendo existir trechos com a corrosão bastante avançada e outros com incidência baixa ou nula.

A corrosão de aspecto generalizado ocorre em toda a superfície do metal e pode ser uniforme ou não, enquanto, na corrosão localizada, o desgaste acontece somente em uma superfície limitada e tende a ser mais danoso, pois pode atingir maiores profundidades em menor intervalo de tempo.

Na corrosão generalizada, a perda de seção do metal pode ocorrer de maneira uniforme ou irregular. A corrosão localizada pode ser considerada intermediária entre a corrosão generalizada e a corrosão por pites, ou seja, ela ocorre em uma superfície relativamente extensa, porém limitada, a qual pode estar associada a mudanças ou heterogeneidades na composição química do material. Na corrosão por pites (ou pontual), a degradação da superfície ocorre em zonas discretas do material, geralmente causada pelo ataque de cloretos. Por fim, na corrosão com formação de fissuras, o material está submetido a tensões significativas de tração, comuns em estruturas protendidas, onde a corrosão pode levar à formação de fissuras transversais à força, resultando em rupturas em níveis baixos de tensão (Meira, 2017).

Em estruturas de concreto armado, os tipos de corrosão mais comuns quanto à morfologia são a corrosão generalizada irregular (Fig. 5.12) e a corrosão por "pites". A primeira geralmente é ocasionada pela carbonatação do concreto, que afeta uma extensa área do metal, enquanto a segunda normalmente é causada pela ação de íons cloreto. Entre esses tipos, o mais prejudicial para a segurança e durabilidade das estruturas é a corrosão pontual, pois age de maneira localizada e causa rápida redução na seção do material.

Figura 5.12 Corrosão generalizada em barras de aço.

Na maioria das vezes, o processo de corrosão é de natureza eletroquímica e, portanto, acontece em ambientes com alta umidade. Em estruturas de concreto armado, os agentes agressivos do ambiente alteram as condições do concreto que protege a armadura, rompendo a camada passivadora da armadura e criando um ambiente propício para a ocorrência da corrosão. Com a instalação do processo de corrosão na estrutura de concreto armado e a subsequente produção de óxidos e hidróxidos de ferro, ocorre aumento na seção da armadura, que pode ocupar um volume de três a dez vezes o volume original da barra. Esse aumento de volume gera pressões de expansão no concreto que podem exceder 15 MPa. A Figura 5.13 ilustra o processo de deterioração que ocorre na estrutura de concreto armado devido à corrosão.

(a) Penetração de agentes agressivos por difusão, absorção capilar ou permeabilidade

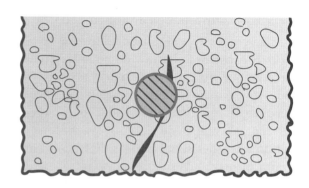

(b) Fissuração devido às forças de expansão dos produtos de corrosão

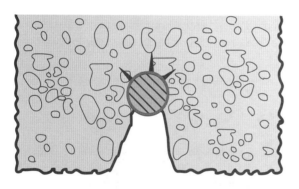

(c) Destacamento do concreto e corrosão acentuada

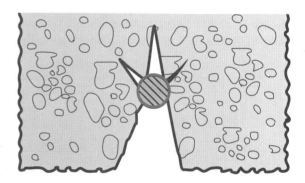

(d) Destacamento acentuado e redução significativa da secção da armadura

Figura 5.13 Deterioração progressiva devido à corrosão das armaduras.

Fonte: Helene (1986).

As tensões no concreto causadas pela expansão da armadura levam à fissuração do concreto, facilitando a penetração de carbono e íons cloreto. O processo contínuo do mecanismo de corrosão agrava ainda mais o estado da estrutura, podendo causar o desprendimento do concreto de revestimento (cobrimento).

Em pilares e vigas, a primeira manifestação de fissuração geralmente ocorre nos estribos, especialmente se estes não possuírem cobrimento adequado. É mais comum que a corrosão surja nos locais mais quentes, úmidos e onde o risco de condensação seja maior. Regiões angulosas, arestas e cantos da estrutura também são locais propensos à corrosão, sendo recomendado o uso de cantos e arestas arredondados para aumentar o cobrimento, especialmente em ambientes altamente agressivos.

Outro sintoma bastante comum são as manchas marrom-avermelhadas na superfície do concreto e nas áreas fissuradas. Essa manifestação ocorre principalmente em concretos porosos e em locais com alta umidade, uma vez que os óxidos gerados se solubilizam e migram para a superfície. As Figuras 5.14 a 5.16 mostram os principais sintomas da corrosão.

Figura 5.14 Manchas no concreto devido à corrosão, além de fissuras devido à expansão da armadura corroída.

Figura 5.15 Desplacamento do concreto em uma viga devido à corrosão.

Figura 5.16 Desplacamento do concreto em um pilar devido à corrosão.

5.8.3 Manchas e eflorescências

De acordo com Pereira (2014), a ocorrência de manchas nas estruturas de concreto pode ter várias origens. Algumas delas estão relacionadas à poluição e à exposição às intempéries, como a ação da chuva. Manchas que resultam da retenção de umidade na estrutura geralmente apresentam coloração escura e podem ser causadas pela presença de fungos e mofo. Em relação à origem das manchas, Fonseca (2007) aponta que a corrosão das armaduras produz manchas de coloração marrom-avermelhada ou esverdeada na superfície do elemento estrutural, devido à lixiviação dos produtos de corrosão.

A eflorescência é caracterizada pelo depósito de sais na superfície do concreto, resultante do transporte dos sais originários da hidratação do cimento (Fig. 5.17). Geralmente, ela ocorre em locais onde a percolação da água é facilitada, como em regiões que abrigam juntas ou apresentam a ocorrência de fissuras. Segundo Suprenant (1992), existem três maneiras de controlar a ocorrência de eflorescências: reduzir a capacidade de percolação do concreto, diminuir a concentração de sais na mistura e converter compostos solúveis em compostos insolúveis. A redução da capacidade de percolação do concreto pode ser obtida por meio do uso eficiente de impermeabilizantes, selantes nas juntas de dilatação e reparo nas trincas e fissuras existentes (Pereira, 2014). A concentração de sais na mistura pode ser reduzida com a utilização de areia e água com baixas concentrações de sais. O uso de adições no concreto, como as pozolanas e cinzas volantes, também diminui a ocorrência das eflorescências devido à capacidade desses materiais de reagir com o hidróxido de cálcio, transformando os compostos solúveis resultantes do processo de hidratação do cimento em compostos insolúveis.

Figura 5.17   Eflorescência no concreto na região das fissuras.

5.9 ESTUDO DE CASO

O estudo de caso apresentado nesta seção foi desenvolvido pelos professores Almeida, Trautwein e Basaglia, da Faculdade de Engenharia Civil, Arquitetura e Urbanismo da Unicamp, e publicado no 1º Congresso Brasileiro de Patologia das Construções, com a seguinte referência: ALMEIDA, L. C.; TRAUTWEIN, L. M.; BASAGLIA, C. *Estudo das manifestações patológicas de projeto e construção em uma estrutura de concreto armado*. 1º Congresso Brasileiro de Patologia das Construções (CBPAT, 2014), Foz do Iguaçu.

O objetivo da avaliação apresentada aqui é retratar as diversas falhas encontradas em uma obra de concreto armado de grande porte, ainda em execução, a fim de examinar as diversas manifestações patológicas ali presentes, para poder compor um diagnóstico, a partir da origem dos efeitos causados e também sugerir intervenções corretivas apropriadas. Para detectar as patologias observadas nessa obra, foram realizados visitas técnicas, estudo detalhado do projeto estrutural, do arquitetônico, e da fundação, análises de levantamentos topográficos de nivelamento de elementos da estrutura, arquivos fotográficos, documentos existentes da construção.

Trata-se de um edifício concebido em dois módulos: (i) módulo principal e (ii) módulo anexo: prédio de acesso, composto de três pavimentos, mezanino, cobertura geral e um subsolo. Grande parte da estrutura do módulo principal e do prédio de acesso (módulo anexo) é em concreto armado, com lajes maciças para os pisos (apoiados em vigas de concreto). O fechamento dos módulos foi executado com paredes de concreto armado com 25 cm de espessura. A maioria das vigas, na parte interna, está apoiada em pilares também de concreto armado.

A partir dos projetos estruturais, procurou-se entender a concepção estrutural e, desta análise, elaborou-se um roteiro para a vistoria ao prédio em busca das manifestações patológicas inicialmente relatadas. Foi realizada uma inspeção visual detalhada em todo o conjunto da edificação com um completo levantamento fotográfico das patologias encontradas.

Após as vistorias, inspeções, análises criteriosas e minuciosas no projeto estrutural de fundação, infraestrutura e superestrutura, das modelagens numéricas realizadas, e investigações, pôde-se entender o estado de deformação encontrado na estrutura do prédio de acesso e constatar duas origens distintas das patologias. Uma delas oriunda dos vícios de construção e a outra devido a falhas no modelo estrutural adotado durante o dimensionamento da estrutura.

Foi observado grande deslocamento vertical na viga V228 (do pavimento térreo) após a retirada do escoramento, como mostra a foto da Figura 5.18. Além disso, verificou-se também a ausência da execução dos pilares metálicos (PM1 e PM2) para sustentação dessa viga. Foi realizada a medida dos deslocamentos verticais da viga V228, onde se constatou que o deslocamento máximo medido foi de 9,6 cm. Após a constatação da ausência dos pilares PM1 e PM2, foi providenciada a colocação deles e o reescoramento da estrutura, como pode ser observado na foto da Figura 5.19.

Figura 5.18 Vista da viga V228 do pavimento térreo do prédio de acesso sem os pilares PM1 e PM2.

Fonte: Almeida, Trautwein e Basaglia (2014).

Figura 5.19 Vista da viga V228 do pavimento térreo do prédio de acesso com os pilares PM1 e PM2 colocados posteriormente.

Fonte: Almeida, Trautwein e Basaglia (2014).

Na viga V326 do primeiro pavimento, também foi observado um grande deslocamento vertical após a retirada dos escoramentos, como pode se pode ver na foto da Figura 5.20, onde também pode ser constatado que um dos tirantes foi refeito, pois os chumbadores falharam. Nas medições realizadas, foram constatados nessa viga um deslocamento máximo vertical de 23,4 cm. A Figura 5.21 apresenta a foto da estrutura já com os tirantes executados com os novos chumbadores e a estrutura reescorada.

Na viga parede Par118d e na laje L401 do segundo pavimento, também foram observados grande deslocamento e giro após a retirada do escoramento, como consta nas fotos das Figuras 5.22 e 5.23. Nas medições realizadas após o reescoramento da viga, observou-se que o deslocamento máximo na viga parede Par118d foi de 17,5 cm e na extremidade da laje L401 foi de 15,8 cm. Segundo relatos obtidos, na execução dessa região da estrutura ocorreu rompimento de partes do escoramento.

Figura 5.20 Vista dos tirantes entre as vigas V326 e Viga parede Par118d e detalhe do tirante recortado para a recolocação.

Fonte: Almeida, Trautwein e Basaglia (2014).

Figura 5.21 Vista externa da viga V326, da viga parede Par118d e dos tirantes.

Fonte: Almeida, Trautwein e Basaglia (2014).

Figura 5.22 Vistas da viga parede Par118d e da laje L401.

Fonte: Almeida, Trautwein e Basaglia (2014).

Figura 5.23 Vista da deformação na viga parede Par118d e da laje L401.

Fonte: Almeida, Trautwein e Basaglia (2014).

As vigas dos pisos dos pavimentos encontram-se fissuradas, como pode ser observado nas fotos da Figura 5.24. Essas fissuras foram provocadas pelos deslocamentos não previstos que ocorreram nas vigas.

Na viga parede Par118d também foram encontradas fissuras generalizadas na região próxima ao pilar P5, ao lado da grande janela. Essas fissuras são típicas de cisalhamento exagerado na região, como está apresentado nas fotos da Figura 5.25. A foto da Figura 5.26 mostra a vista da parede Par118d e as aberturas com dois pilares dividindo o vão, pilares esses posicionados logo abaixo dos consolos de apoio das vigas de cobertura. Tais pilares foram adicionados após o início da obra e apresentam as fissuras encontradas.

Figura 5.24 Vista das trincas na viga V326.

Fonte: Almeida, Trautwein e Basaglia (2014).

Figura 5.25 Vista das trincas na viga parede Par118d.
Fonte: Almeida, Trautwein e Basaglia (2014).

Figura 5.26 Vista dos pilares na janela da viga parede Par118d.
Fonte: Almeida, Trautwein e Basaglia (2014).

Como falha de execução, pode-se observar a foto da Figura 5.27, que ilustra um dos tirantes desalinhado com a viga, indicando um erro de locação, pois estes estão alinhados no projeto. Foram constatados também diversos locais com as armaduras expostas. A foto da Figura 5.28 é um trecho da viga V307 que mostra armaduras expostas, o que ilustra a falta de cobrimento mínimo para proteger as armaduras.

Figura 5.27 Vista da locação do tirante e da viga.

Fonte: Almeida, Trautwein e Basaglia (2014).

Figura 5.28 Vista da armadura exposta na viga V307.

Fonte: Almeida, Trautwein e Basaglia (2014).

5.10 CONSIDERAÇÕES FINAIS

Conforme visto na primeira parte do capítulo, as estruturas de concreto armado podem apresentar processos de degradação antes de cumprirem com sua vida útil programada. As principais causas são normalmente associadas às falhas de projeto, construção, manutenção e seu correto uso. É importante observar que, apesar de o concreto armado ser um material compósito já amplamente estudado, tem-se constatado que determinadas estruturas feitas com esse material acabam apresentando desempenhos insatisfatórios, se confrontadas com as finalidades para as quais foram projetadas, visto que ainda há várias limitações no campo científico e tecnológico, além das ainda inevitáveis falhas involuntárias e casos de imperícia.

Na sequência, tratou-se da durabilidade, parâmetro importante diretamente relacionado com a capacidade da edificação ou de seus sistemas de desempenhar suas funções, ao longo do tempo e sob condições de uso e manutenção. A durabilidade deve ser preservada pelo fato de estar diretamente associada ao período efetivo durante o qual uma estrutura ou qualquer de seus componentes deverão satisfazer os requisitos de desempenho do projeto, sem ações imprevistas de manutenção ou reparo. Por fim, foram definidos os conceitos de Patologia e Terapia das Construções, sendo o primeiro associado aos sintomas, o mecanismo, as causas e as origens das falhas e o seguinte focado na correção e na solução dos problemas patológicos encontrados nas estruturas de concreto armado. Complementou-se o capítulo com um estudo de caso cujo objetivo principal foi o de retratar as diversas falhas encontradas em uma obra de concreto armado de grande porte, ainda em execução, a fim de examinar as diversas manifestações patológicas ali presentes, para poder compor um diagnóstico, a partir da origem dos efeitos causados, e ainda sugerir intervenções corretivas apropriadas.

CAPÍTULO 6

PATOLOGIAS EM ESTRUTURAS DE AÇO

Ariovaldo Fernandes de Almeida

6.1 CONSIDERAÇÕES INICIAIS

Quando se fala em patologias nas estruturas metálicas, a primeira coisa que vem à mente são as corrosões, popularmente conhecidas como ferrugem. No entanto, as patologias vão muito além das corrosões, e este é o assunto de estudo deste capítulo. Às vezes, a falta de conhecimento sobre o assunto e até mesmo a dificuldade de encontrar literatura que aprofunde mais no tema fazem com que possíveis futuros clientes e até profissionais como engenheiros, arquitetos e construtores em geral optem por não utilizar este sistema estrutural em seus projetos ou obras.

O que se pode perceber ao longo da história é que existem muitas obras centenárias construídas com estruturas de aço, e que estão em atividade até os dias de hoje, provando o contrário do que a maioria das pessoas pensa a respeito do sistema.

Este capítulo pretende esclarecer algumas dúvidas sobre as patologias nesse sistema estrutural, mostrando que o problema não são apenas as corrosões, bem como as principais formas técnicas de se prevenirem as patologias e de se recuperar uma estrutura quando ocorrer um ou mais dos diversos tipos de patologias.

6.2 CONCEPÇÃO ESTRUTURAL

Um dos principais problemas relacionados com as patologias em estruturas de aço ocorre no momento da concepção estrutural, quando o profissional, engenheiro ou arquiteto precisa escolher a tipologia estrutural mais adequada para a situação do projeto. A preconcepção inicial começa com o arquiteto, sendo fundamental que esse profissional tenha conhecimento sobre estruturas de aço. Uma concepção mal elaborada pode resultar diretamente no consumo de aço, aumentando os custos da obra e criando potenciais problemas futuros relacionados com a manutenção preventiva e corretiva.

Existem alguns itens básicos que devem ser verificados antes da concepção estrutural, como, por exemplo, se a estrutura ficará aparente, contribuindo para a estética da obra. Quando a estrutura não ficará exposta, pode-se considerar a adoção de um sistema estrutural potencialmente mais econômico em comparação com um sistema que ficará aparente. É importante destacar que a percepção da aparência da obra é relativa, pois o que para alguns pode não ser tão bonito, para outros pode ter uma bela aparência. Portanto, o ideal é encontrar um equilíbrio entre preço, segurança e estética.

Outro fator que influenciará diretamente na concepção é o vão da estrutura, principalmente quando se trata de estruturas para telhados. Para essa tipologia estrutural, é comum adotar sistemas treliçados, conforme mostra a Figura 6.1, que, na maioria das vezes, tendem a ser mais econômicos do que estruturas com perfis de alma cheia, conforme mostrado na Figura 6.2.

Figura 6.1 Estrutura de telhado com sistema treliçado.

Figura 6.2 Estrutura de telhado com perfis de alma cheia.

Enquanto os sistemas treliçados tendem a tornar a estrutura mais leve, por outro lado, apresentam grande quantidade de barras que podem tornar a estrutura visualmente mais complexa. Já nos sistemas com perfis de alma cheia ocorre o processo inverso: as estruturas tendem a ter um peso próprio mais elevado, porém são visualmente mais limpas.

As estruturas treliçadas, principalmente aquelas fabricadas com perfis formados a frio, frequentemente apresentam patologias relacionadas a flambagem global e local, que podem levar a estrutura ao colapso. Isso acontece porque, às vezes, os projetistas não cuidam de verificar o índice de esbeltez das barras comprimidas, conforme recomendado pelas normas regulamentadoras. No momento do cálculo estrutural, recomenda-se que o calculista verifique a rigidez de todas as barras antes da finalização do projeto. Isso ocorre porque uma barra que possa passar na verificação da tensão resistente nem sempre passará na verificação da esbeltez.

Nas estruturas de telhado com perfis de alma cheia, as patologias mais comuns são as deformações excessivas, conhecidas como flechas, que ultrapassam os limites estabelecidos pelas normas, fazendo com que não atendam aos estados limites de serviço. Para evitar esse tipo de patologia, o projetista deve escolher um perfil de maior altura. Surpreendentemente, essa escolha pode tornar a estrutura mais leve, já que nem sempre um perfil de maior altura resultará em maior consumo de aço.

6.3 DEFINIÇÃO DO TIPO DE AÇO E TIPOS DE PERFIS

De acordo com a **ABNT NBR 7007/2016 – Aço-carbono e aço microligado para barras e perfis laminados a quente para uso estrutural – Requisitos**, os aços estruturais podem ser classificados conforme a Tabela 6.1.

Tabela 6.1 Propriedades mecânicas.

Grau de aço	Resistência mínima ao escoamento MPa	Resistência à ruptura MPa	Alongamento mínimo após ruptura %[a] $L_0 = 200$ mm[b]
BR 190	190	mín 330	22,0
MR 250	250	400-560	20,0
AR 350	350	mín 450	18,0
AR 350 COR	350	mín 485	18,0
AR 415	415	mín 520	16,0

[a] Quando é utilizado corpo de prova retangular, reduções no valor especificado de alongamento são permitidas conforme a Tabela 4 da norma, devido ao efeito da geometria.

[b] L_0 é o comprimento da base de medida para determinação do alongamento.

Fonte: ABNT NBR 7007.

Na escolha do tipo de aço, deve-se verificar principalmente o grau de agressividade do ambiente a que a estrutura estará submetida. Em ambientes de baixa a média agressividade, como ambientes rurais, por exemplo, não há necessidade de utilização de aços alta resistência à corrosão atmosférica. Já em ambientes industriais e marítimos, esse tipo de aço prolonga a vida útil da estrutura.

O projetista precisa estar atento também à resistência mecânica do aço, podendo aproveitar as vantagens dos aços com resistência ao escoamento e à ruptura. Aços com resistências mais altas proporcionam a redução do peso próprio da estrutura, e essa diminuição tem um impacto diretamente positivo na redução das cargas nas fundações, o que pode resultar na redução no custo global da obra. No momento da escolha do tipo de aço, o projetista deve fazer uma relação custo/benefício para determinar se compensa utilizar um aço com maior ou menor resistência.

A escolha errada do tipo de perfil mais adequado para a concepção estrutural adotada pode resultar em uma série de patologias, como deformações excessivas, flambagens locais ou globais e pontos de acúmulo de água, que podem acelerar os processos de corrosão, entre outros. Quando se trabalha com estruturas de pequeno porte, como mezaninos e telhados com vãos considerados pequenos, é comum adotar perfis formados a frio, conforme mostrado na Figura 6.3, devido às pequenas espessuras de chapa, o que torna os elementos estruturais mais leves e resulta em um custo mais baixo. Em estruturas de obras mais pesadas, como edifícios de múltiplos andares, pontes, viadutos etc., é comum adotar perfis laminados (Fig. 6.4) ou soldados, pois essas obras suportam cargas mais elevadas, necessitando de perfis com maior espessura de chapa.

Figura 6.3 Obra executada com perfis formados a frio.

Figura 6.4 Obra executada com perfis laminados.

6.4 ESCOLHA CORRETA DO TIPO DE LIGAÇÃO

Antes de abordar os dois principais tipos de ligações em estruturas de aço, que são as ligações soldadas e parafusadas, é importante discutir as características das formas de vinculação mais comuns, conhecidas como ligações flexíveis e rígidas. Às vezes, é comum ouvir pessoas leigas e até mesmo profissionais de engenharia e arquitetura afirmarem equivocadamente que as ligações soldadas são rígidas e as ligações parafusadas são flexíveis. Na realidade, tanto as ligações soldadas quanto as ligações parafusadas podem ser rígidas ou flexíveis. A diferença está no conceito estrutural adotado pelo calculista.

As ligações flexíveis são consideradas ligações rotuladas, o que significa que não apresentam restrição à rotação e devem permitir uma rotação relativa da ordem de 80 % ou mais daquela que seria teoricamente esperada se fossem capazes de girar livremente. Esse tipo de ligação transmite apenas esforço cortante e é amplamente utilizado, principalmente devido ao seu menor custo, uma vez que não precisa resistir a esforços de momento, o que tende a torná-las mais leves. Por outro lado, como essas ligações permitem rotação, as vigas podem ter altura maior devido ao maior deslocamento vertical.

Outra consideração importante ao utilizar esse tipo de ligação é que a estrutura como um todo fica menos rígida, o que requer o uso de sistemas de contraventamento para proporcionar rigidez e estabilidade à edificação. Quando uma viga está ligada a um pilar ou a outra viga por meio de uma ligação flexível, independentemente de ser soldada ou parafusada, o ponto de contato com o outro elemento ocorre apenas por meio da sua alma, conforme ilustrado na Figura 6.5, a fim de permitir sua rotação.

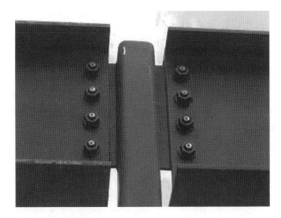

Figura 6.5 Exemplo esquemático de ligação flexível em estruturas de aço.

As ligações rígidas, como o próprio nome indica, são consideradas ligações engastadas, caracterizadas por impedir a rotação relativa entre a viga e o pilar, ou entre a viga e outra viga. Após o carregamento da estrutura, deve existir na ligação uma restrição igual ou superior a 90 % daquela teoricamente necessária para evitar qualquer rotação relativa. Essas ligações são mais onerosas se comparadas às flexíveis, pois transmitem, além do esforço cortante, momento fletor. No entanto, podem se tornar mais interessantes do ponto de vista da economia global e da rigidez da estrutura, além de fazerem com que as vigas apresentem alturas menores devido à rigidez nas extremidades.

Devido à necessidade de resistir ao momento fletor, o contato da viga com este tipo de ligação com o outro elemento ocorre por meio das mesas e da alma, conforme ilustrado na Figura 6.6.

Figura 6.6 Exemplo esquemático de ligação rígida em estruturas de aço.

126 | CAPÍTULO 6

Como definir se as ligações serão soldadas ou parafusadas? Nas estruturas de aço, existem duas etapas principais: a fabricação, na qual os perfis em barras são recebidos, e transformados em elementos principais, como vigas e pilares, ou em outros elementos secundários. Essa etapa ocorre na fábrica de estruturas de aço. A outra etapa é a montagem, na qual os elementos provenientes do processo de fabricação são levados para o canteiro de obras para serem interligados às demais peças da edificação.

Na etapa de fabricação, é comum fazer uso das ligações soldadas devido à facilidade de ter melhor controle de qualidade das ligações. Já na montagem, é mais usual a utilização das ligações parafusadas, pois esse tipo de ligação reduz a probabilidade de erros e proporciona maior velocidade na montagem.

6.5 PRINCIPAIS TIPOS DE PINTURA

O assunto tratado nesta seção sempre foi motivo de polêmicas, pois os clientes frequentemente desejam economizar na hora da pintura da estrutura metálica, pensando que, ao adquirir um aço de boa qualidade, podem economizar na pintura. No entanto, costuma-se afirmar que o revestimento é essencial para a vida útil da estrutura.

Quando uma tinta de boa qualidade é aplicada, a vida útil da estrutura é prolongada. Além disso, uma pintura de alta qualidade reduz a frequência de manutenções preventivas e corretivas, o que resulta em uma redução significativa no custo geral de manutenção da edificação.

Portanto, como escolher o tipo de pintura mais adequado? Em primeiro lugar, é necessário considerar o tipo de ambiente em que a estrutura será exposta. **A ABNT NBR 14951-1 – Pintura industrial – defeitos e correções** fornece as orientações necessárias relacionadas às pinturas das estruturas de aço com base no ambiente em que a estrutura está inserida, conforme apresentado na Tabela 6.2.

Tabela 6.2 Tipos de pintura conforme o ambiente.

Exemplos de ambiente	Tinta de fundo	Tinta intermediária e acabamento	Espessura total de película seca
Atmosferas com baixo nível de poluição. A maior parte das áreas rurais.	Epoxídica 80 μm, base seca	Poliuretano acrílico alifático 80 μm, base seca	160 μm
Atmosferas urbanas e industriais com poluição moderada por SO_2. Áreas costeiras com baixa salinidade.	Epoxídica 80 μm, base seca	Epoxídica 80 μm, base seca Poliuretano acrílico alifático 80 μm, base seca	240 μm
Áreas industriais com salinidade moderada.	Epoxídica 80 μm, base seca	Epoxídica 80 μm, base seca Poliuretano acrílico alifático 80 μm, base seca	280 μm

Fonte: adaptada da ABNT NBR 14951-1.

É comum observar, principalmente em obras de pequeno porte, a utilização de um tipo de pintura disponível no mercado e bem conhecido pelos profissionais que trabalham com a execução de estruturas de aço. Trata-se de um tipo de *primer* anticorrosivo de baixo custo, que, no entanto, não oferece proteção adequada a essas estruturas. O principal motivo da sua utilização é realmente o preço.

Quando se fala em pinturas de boa qualidade, é necessário considerar todo o processo, começando pelo preparo da superfície que receberá o revestimento com tinta. O preparo da superfície abrange desde uma boa limpeza para a remoção de sujeira, óleos, graxas ou qualquer outro tipo de impurezas que porventura estejam depositadas sobre a peça que será pintada, até o que é conhecido como jateamento com granalhas de aço. Essa limpeza e o jateamento garantem maior aderência da tinta, o que aumenta a vida útil da estrutura.

As tintas mais utilizadas atualmente são as de dupla função, em que a primeira função é proporcionar proteção contra a corrosão atmosférica por meio do *primer*, e a segunda função é o acabamento da superfície.

Além das tintas, é recomendada a utilização de proteção por galvanização, especialmente em ambientes de alta agressividade, como industriais e marítimos. A galvanização ou a zincagem envolve a aplicação de proteção de zinco na superfície a ser protegida. O zinco puro oferece um grau mais elevado de proteção anticorrosiva do que as tintas, porém, é importante analisar o custo-benefício antes de optar por esse método.

6.6 PROTEÇÕES PASSIVAS CONTRA INCÊNDIO

Até há bem pouco tempo, mais precisamente até a década de 1970, no Brasil, não se observara preocupação por parte dos calculistas em relação à segurança contra incêndio nas edificações. Atualmente, existem normas que consideram as situações de incêndio nas estruturas de aço, tais como a **ABNT NBR 14323: Dimensionamento de Estruturas de Aço de Edifícios em Situação de Incêndio** e a **ABNT NBR 14432: Exigências de Resistência ao fogo de Elementos Construtivos de Edificações**.

No contexto da resistência contra incêndios, a empresa USIMINAS desenvolveu um aço resistente ao fogo, comercialmente conhecido como USI FIRE 350. Esse aço, além de ter elevada resistência à corrosão atmosférica, também apresenta alta resistência a temperaturas elevadas. O fabricante garante uma resistência de até 67 % do limite de escoamento quando esse aço é submetido a uma temperatura de até 600 ºC (Usiminas, 2015).

Quando se opta por aços que não possuem alta resistência à temperatura e a edificação necessita de proteção contra incêndio, são adotadas medidas de proteção passivas contra incêndio. Essas proteções devem estar em conformidade com as especificações da ABNT NBR 14432, conforme apresentado na Tabela 6.3.

Tabela 6.3 Tempos requeridos de resistência ao fogo (TRRF), em minutos.

Grupo	Ocupação/ uso	Divisão	Profundidade do solo		Altura da edificação				
			Classe S_2 $h_s > 10$ m	Classe S_1 $h_s < 10$ m	Classe P_1 $h < 6$ m	Classe P_2 6 m$< h < 12$ m	Classe P_3 12 m$< h < 23$ m	Classe P_4 23 m $< h < 30$ m	Classe P_5 $h > 30$ m
A	Residencial	A-1 a A-3	90	60 (30)	30	30	60	90	120
B	Serviços de hospedagem	B-1 a B-2	90	60	30	60 (30)	60	90	120
C	Comercial varejista	C-1 a C-3	90	60	60 (30)	60 (30)	60	90	120
D	Serviços profissionais, pessoais e técnicos	D-1 a D-3	90	60 (30)	30	60 (30)	60	90	120
E	Educação e cultura física	E-1 a E-6	90	60 (30)	30	30	60	90	120
F	Locais de reunião de público	F-1, F-2, F-5, F-6 e F-8	90	60	60 (30)	60	60	90	120
G	Serviços automotivos	G-1 e G-2 não abertos lateralmente	90	60 (30)	30	60 (30)	60	90	120
		G-1 e G-2 abertos lateralmente	90	60 (30)	30	30	30	30	60
H	Serviços de saúde e institucionais	H-1 a H-5	90	60	30	60	60	90	120
I	Industrial	I-1	90	60 (30)	30	30	60	90	120
		I-2	120	90	60 (30)	60 (30)	90 (60)	120 (90)	120
J	Depósitos	J-1	90	60 (30)	30	30	30	30	60
		J-2	120		60	60	90 (60)	120 (90)	120

Fonte: ABNT NBR 14432.

Para atender a essas exigências da norma, o mercado oferece principalmente quatro tipos de proteção passiva, conhecidos como:

1. **argamassas projetadas**: são argamassas fluidas produzidas com alto teor de material aglomerante, como gesso, por exemplo, e produtos compostos por fibras minerais, geralmente lã de rocha. As vantagens principais dessa proteção são a facilidade de aplicação e o baixo custo. Além disso, ao aplicar esse tipo de proteção, não é necessário pintar a estrutura, pois a argamassa desempenha essa função;

2. **mantas cerâmicas**: são aplicadas ao redor da estrutura, por meio de pinos de aço previamente soldados, e são recomendadas para proteção de estruturas de edificações que já estão em funcionamento;

3. **placas de gesso acartonado**: são placas de gesso com fibras de vidro e vermiculita incorporadas, tornando-as resistentes ao fogo. Geralmente, são utilizadas no interior dos edifícios, pois podem ser afetadas pela umidade (Silva, 2001);

4. **pinturas intumescentes**: são aplicadas em superfícies que precisam permanecer aparentes, pois, além de oferecerem proteção contra temperaturas elevadas, também atuam como tinta de acabamento da superfície. A proteção é alcançada por meio da reação dos componentes ao calor, a aproximadamente 200 ºC, iniciando um processo de expansão volumétrica. A principal desvantagem das tintas intumescentes é o custo elevado quando comparado com outras formas de proteção.

6.7 COMO EVITAR ERROS DE PROJETO

Um projeto de estrutura de aço geralmente é dividido em três etapas principais após a concepção da estrutura estar totalmente definida: cálculo, no qual todos os esforços nas barras e em outros elementos são obtidos pelo calculista; dimensionamento, em que esses esforços obtidos no processo de cálculo são minuciosamente usados para definir todas as barras e demais elementos, e, por fim, o detalhamento, que compreende todos os desenhos gerais de fabricação, montagem etc.

Para que o projeto esteja em conformidade com as normas regulamentadoras e com as expectativas do cliente, é necessário que todas essas etapas sejam bem elaboradas. Muitos casos de erros são percebidos devido à falta de um bom detalhamento, e até mesmo porque muitos calculistas terceirizam esses detalhamentos para outros profissionais, que, por diversos motivos, podem não fazer a devida conferência no momento em que recebem os desenhos prontos. É importante salientar que o desenhista encarregado de elaborar os desenhos deve possuir amplo conhecimento em detalhamento de estrutura de aço, uma vez que existem detalhes específicos desse sistema estrutural.

Quando o detalhamento é realizado por meio de programas computacionais de desenho, é fundamental que o calculista, após o programa gerar as pranchas, realize uma completa conferência. Isso ocorre porque há detalhes que somente o olhar técnico do profissional pode perceber, evitando problemas mais graves na edificação.

Um erro de detalhamento que ocorre com frequência é quando o projetista se esquece de indicar na prancha a direção em que uma laje *steel deck,* por exemplo, será posicionada. Esse detalhe pode passar despercebido pela equipe de montagem e resultar no posicionamento da laje em vigas que não foram dimensionadas para suportá-la, causando transtornos como a necessidade de reforço estrutural e até mesmo levando a estrutura ao colapso.

6.8 TRANSPORTE E IÇAMENTO

Como é amplamente conhecido, as estruturas de aço são geralmente fabricadas em uma indústria para posterior montagem no canteiro de obras. Entre as etapas de fabricação e a montagem, o transporte desempenha papel crucial, e, se não for planejado corretamente, pode resultar em aumento significativo no custo da estrutura.

A primeira consideração a ser verificada antes da composição dos custos é determinar o tipo de transporte que será utilizado, seja rodoviário, aquático ou outro. No Brasil, o principal meio de transporte é rodoviário, realizado por meio de caminhões, principalmente carretas. É importante observar que essas carretas possuem capacidades de carga limitadas e comprimentos de carrocerias geralmente padronizados entre 12 e 13 m, conforme ilustrado na Figura 6.7.

Figura 6.7 Carreta padrão.

Nas estruturas de aço, geralmente todos os elementos, como perfis, telhas e painéis, são limitados a comprimentos máximos de 12 metros. Isso ocorre para que o custo de transporte seja minimizado, uma vez que carretas com carrocerias padrão têm custos menores por quilômetro rodado do que aquelas fora de padrão.

Assim como esses elementos são restritos a 12 metros, as estruturas de aço também são limitadas a esse comprimento. Se uma viga, por exemplo, possui comprimento de 20 metros e precisa ser transportada, o ideal é produzi-la em duas peças de 10 metros. O comprimento final será montado no canteiro de obras, por meio de soldas ou parafusos, ou até mesmo ambos.

Deve-se observar, ainda, ao adquirir os perfis para a fabricação, que eles são fornecidos em barras lineares que ocupam pouco espaço na carroceria, devido ao volume relativamente baixo. No entanto, quando essas barras são transformadas em estruturas de aço, principalmente em sistemas treliçados, há significativo aumento de volume. Isso faz com que a quantidade de carretas necessárias para o transporte até o canteiro seja superior à quantidade que trouxe os perfis para a indústria, podendo chegar a quatro vezes mais, não devido ao peso, mas ao volume. Existem algumas concepções estruturais que, com poucas peças, mesmo de baixo peso, podem ocupar completamente a carreta.

Outro fator a ser verificado antes do planejamento de transporte é a rota que será traçada até o canteiro. Um simples detalhe, como uma ponte com limitações de carga, por exemplo, pode resultar em aumento na quilometragem e no tempo de viagem.

Além disso, é necessário verificar como são os acessos ao canteiro de obras, se é possível a entrada de carretas ou se será necessário utilizar um caminhão com menor comprimento. Na maioria dos condomínios horizontais, por exemplo, não é permitida a entrada de carretas. Em algumas cidades, principalmente em regiões centrais, mais antigas ou áreas históricas, há restrições quanto ao comprimento e à capacidade de carga dos caminhões, como é o caso de Goiânia, conforme mostrado na Figura 6.8.

Figura 6.8 Placa de restrição de caminhões em Goiânia.

Outro fator a ser considerando no planejamento de transporte e montagem é a sequência de montagem das peças na obra, pois isso influenciará diretamente na disposição das peças na carreta. As peças que serão montadas primeiro devem ser colocadas em primeiro lugar na carroceria, de modo que, ao serem descarregadas no canteiro, fiquem no topo da pilha, reduzindo a necessidade de movimentação de peças dentro da obra. Essas peças devem ser descarregadas em pontos estratégicos, o mais próximo possível do local onde serão montadas, a fim de otimizar a logística da obra e prevenir acidentes. Todas as peças devem ser numeradas e catalogadas de acordo com o projeto, evitando, assim, erros na montagem.

A montagem das estruturas de aço é realizada com o auxílio de equipamentos de içamento e elevação, como caminhões guindastes, popularmente conhecidos como caminhões *munck* (conforme ilustrado na Fig. 6.9), guindastes de grande porte (conforme mostrado na Fig. 6.10) ou gruas (conforme apresentado na Fig. 6.11).

Figura 6.9 Caminhão *munck*.

Fonte: www.locasim.com.br. Acesso em: 07 mar. 2023.

Figura 6.10 Guindaste de grande porte.

Fonte: www.localguindaste.com.br. Acesso em: 07 mar. 2023.

Figura 6.11 Grua.

Fonte: www.fenixgruas.com.br. Acesso em: 07 mar. 2023.

A Norma Regulamentadora NR18 estabelece a obrigatoriedade de apresentação de um plano de movimentação que envolva esses equipamentos. Existe um projeto denominado Plano de *Rigging*, que estabelece todas as diretrizes para o içamento e movimentação de cargas dentro do canteiro, visando à redução de custos e risco de acidentes. A definição do tipo de equipamento mais adequado para a situação é de responsabilidade do engenheiro responsável pela montagem, juntamente com o calculista. Em obras de pequeno a médio portes, como galpões industriais, por exemplo, muitas vezes é possível realizar a montagem apenas com caminhões guindastes. Por outro lado, em obras de grande porte e com alturas maiores, o uso de guindaste é uma solução viável, enquanto as gruas são mais frequentemente empregadas em construções de obras verticais.

Para prevenir patologias e acidentes estruturais durante a montagem, o calculista deve indicar no projeto os pontos de içamento. Isso ocorre porque a maneira como o içamento é realizado pode inverter os esforços nos elementos e, potencialmente, levar a um colapso da estrutura durante o içamento. Em algumas situações, pode ser necessário realizar reforços temporários nas peças apenas para essa etapa da obra.

6.9 PATOLOGIAS NOS TELHADOS

Em relação às patologias em estruturas de aço, uma das mais incômodas é a ocorrência de goteiras. Por exemplo, tem-se o caso de edificações comerciais, como uma loja com goteira bem no meio do salão, o que é muito desagradável e constrangedor para o proprietário, quando os clientes adentram na loja e se deparam com um balde para aparar essa goteira.

Para evitar esse tipo de situação, é necessário tomar alguns cuidados, mesmo antes da concepção estrutural do telhado, seguindo as recomendações do fabricante da telha. Essas recomendações incluem a escolha correta do tipo de telha que será utilizada, a determinação da inclinação mínima adequada para o telhado, os comprimentos de trespasses e beirais, o recobrimento lateral das telhas e, principalmente, os detalhes de fixação.

É evidente que, em muitos casos, as goteiras têm origem principalmente na má qualidade da mão de obra na execução dos serviços. Na grande maioria das telhas utilizadas nos telhados em estrutura de aço, são empregados parafusos autobrocantes ou autoperfurantes, conforme mostrado na Figura 6.12.

Figura 6.12 Parafuso autobrocante para fixação de telhas.

Esses parafusos possuem uma espécie de broca na ponta, responsável pela perfuração da telha e da terça. Na parte superior do parafuso, um pouco abaixo da cabeça, há uma borracha que serve para vedar a água da chuva. É importante não aplicar força acima do recomendado pelo fabricante nesta borracha, pois isso pode causar o rompimento, comprometendo a vedação adequada contra a água.

Para evitar esse problema, o profissional deve seguir todas as orientações técnicas nos manuais do fabricante, que incluem informações sobre o torque máximo recomendado para o parafuso.

No recobrimento lateral das telhas, é realizada a costura, que é o processo de fixação de uma telha à outra para evitar que ventos fortes levantem a aba da telha que está por cima. Essa costura é executada com parafusos autobrocantes também, no entanto, esses parafusos são ligeiramente diferentes. Eles possuem uma ponta com diâmetro menor e formato cônico, como mostrado na Figura 6.13. Isso garante que, ao fixar duas chapas relativamente finas, as telhas, não fiquem soltas. É importante ressaltar que esse tipo de parafuso não é destinado à fixação no perfil devido ao seu formato.

Figura 6.13 Parafuso autobrocante de costura.

Outro detalhe que deve ser observado e atendido é a quantidade de parafusos em cada linha de terça. A redução do número de parafusos pode comprometer a fixação, tornando-a incapaz de suportar as cargas de vento, o que pode resultar no levantamento e até mesmo no arrancamento das telhas, causando graves acidentes.

Às vezes, os beirais muito curtos dentro das calhas, principalmente em telhados com pouca inclinação, podem provocar o retorno da água e goteiras. Esse tipo de problema pode ser difícil de detectar, pois a água pode entrar em determinado ponto, escorrer pela terça até um ponto mais baixo e pingar a uma distância considerável do ponto de entrada. Para que isso não ocorra, dois pontos devem ser observados: a inclinação mínima para o tipo de telha adotado e o comprimento mínimo do beiral dentro da calha. No que concerne às calhas, é um elemento que assume um papel crítico quando não são dimensionadas e executadas corretamente. Da mesma forma que se requer o dimensionamento adequado das calhas, é igualmente fundamental o correto dimensionamento dos tubos de descida, para que atendam ao fluxo de chuva da região. O transbordamento de calhas e tubos de descida pode inclusive provocar acidentes fatais, devido ao colapso de forros.

Normalmente, as calhas e os tubos de descida são dimensionados pelo projetista de instalações hidrossanitárias com a utilização das fórmulas da hidráulica, no entanto, de acordo com Pinheiro (2008), pode ser utilizado um método de dimensionamento chamado de método prático, que é amplamente empregado por projetistas de estruturas de aço, principalmente pela facilidade e por apresentar elevada eficácia no processo de dimensionamento. Conforme o autor, adota-se a seguinte proporção: para as calhas, utiliza-se 2 cm² de área de seção transversal útil de calha para cada m² de telhado em projeção, independentemente da inclinação deste último. No caso dos tubos de descida, utiliza-se 1 cm² de área de seção transversal de tubo para cada m² de telhado.

É importante salientar que quanto mais tubos de descida forem adotados na calha, menor a chance de transbordamento. Para ilustrar, considere um cenário em que um telhado possui apenas um tubo de descida, o qual, se obstruído, resultaria na completa incapacidade de drenar a água, representando uma probabilidade de 100 % de transbordamento. Em contraste, se no mesmo telhado tiver quatro tubos de descida e um deles for obstruído, ainda permanecerão três tubos disponíveis para a drenagem de água, reduzindo, assim, a probabilidade de transbordamento para 25 %. Uma recomendação importante é não utilizar tubos com diâmetros abaixo de 100 mm para esses tubos de descida.

6.10 INTERFACE ENTRE ESTRUTURA E ALVENARIAS

Quando se utilizam estruturas de aço em uma edificação, o ideal é optar também por sistemas industrializados para os fechamentos, uma vez que o sistema industrializado em aço se harmoniza melhor com um sistema de fechamento igualmente industrializado. No entanto, por diversos motivos, incluindo questões culturais, nem sempre é viável empregar vedação industrializada. Nesse contexto, é comum recorrer à utilização de estruturas de aço em conjunto com vedações internas e externas em alvenaria, o que não configura um erro. Contudo, é fundamental assegurar uma interface adequada, uma vez que uma junção inadequada pode resultar em fissuras subsequentes e até mesmo separação entre a alvenaria e o pilar.

De acordo com Nascimento (2002), a ligação entre a alvenaria e o pilar de aço deve ser realizada por meio da instalação de tela, que deve ser posicionada entre as fiadas de alvenaria e soldada diretamente ao pilar, conforme exemplificado na Figura 6.14. Deve ser observado um espaçamento máximo de três fiadas entre elas, aproximadamente equivalente a 60 cm. O comprimento mínimo em que a tela deve penetrar na alvenaria é de 50 cm, e a largura da tela deve ser determinada em função da largura da alvenaria, conforme as recomendações apresentadas na Tabela 6.4. Ainda de acordo com autor, para paredes com blocos de 190 mm de largura, podem ser usadas duas telas de 60 × 500 mm, principalmente no caso de blocos vazados, onde a área de ancoragem fica reduzida.

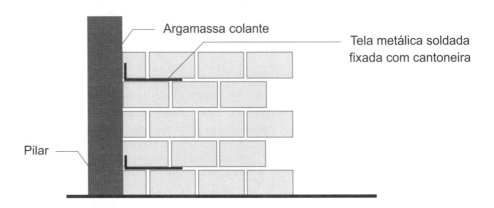

Figura 6.14 Detalhe de fixação da tela ao pilar.

Fonte: Nascimento (2002).

Tabela 6.4 Dimensões da tela de ligação.

Espessura do bloco	Dimensões da tela largura × comprimento (mm)
70 mm	60 × 500
90 mm	80 × 500
120 mm	110 × 500
150 mm	120 × 500
190 mm	180 × 500 ou duas tiras de 60 × 500

Fonte: Nascimento (2002).

Assim como em uma estrutura de concreto armado, a estrutura de aço pode receber chapisco e reboco normalmente. No entanto, é crucial lembrar que a superfície do aço não possui a mesma rugosidade da superfície de concreto. Mesmo quando a superfície de concreto apresenta rugosidade, é necessário realizar preparações antes de aplicar o revestimento de reboco, a fim de evitar desprendimentos futuros. A superfície de aço exige atenção ainda maior devido à sua maior lisura, mas o processo de preparação é bastante semelhante ao utilizado para superfícies de concreto.

Para prevenir a formação de fissuras devido às diferenças de retração entre o reboco aplicado na alvenaria e na estrutura de aço, bem como devido a pequenos movimentos, é fundamental a utilização de telas que absorvam essas pequenas fissuras. Essas telas devem abranger toda a superfície da viga ou do pilar, sobrepondo-se em pelo menos 20 cm na alvenaria. Para garantir a aderência adequada à superfície, recomenda-se também a aplicação de chapisco antes da camada de argamassa de reboco. O chapisco pode ser um produto industrializado ou, em locais mais remotos onde a sua disponibilidade seja limitada, pode ser produzido de maneira convencional com cimento, areia e água. O importante é evitar a aplicação direta do reboco sobre a estrutura, uma vez que isso, sem dúvida, resultará em desprendimentos e potenciais problemas futuros.

6.11 ESTUDO DE CASO

Este trecho constitui um resumo de parte do relatório técnico referente à capacidade de carga da estrutura de aço de um templo religioso. O estudo foi conduzido em colaboração com o Professor Dr. Janes Cleiton Alves de Oliveira, da Universidade Federal de Goiás (UFG). As conclusões aqui apresentadas têm como base os resultados obtidos a partir de modelos numéricos e inspeções realizadas "*in loco*", supervisionadas pelo corpo técnico de engenheiros da obra. Essas análises foram consideradas imprescindíveis devido às manifestações patológicas que surgiram nas treliças principais, em especial nas estruturas que suportam os maiores vãos, denominadas VT30, VT40, VT50 e VT60.

6.11.1 Características da estrutura de aço e das manifestações patológicas

A estrutura de aço que compõe a cobertura da igreja é formada por treliças planas principais, cujas barras são fabricadas a partir de perfis formados a frio (chapas dobradas). Outros elementos também desempenham papel significativo, incluindo os perfis que conferem forma e suporte à cobertura. Além disso, foram incorporadas plataformas de trabalho às treliças, a fim de facilitar a montagem do forro e da cobertura. As treliças principais encontram apoio em pilares de concreto armado localizados nas extremidades do templo, com vãos que variam de 11 metros a um máximo de 60 metros. A Figura 6.15 apresenta uma visualização da estrutura de aço da cobertura, com a parte de baixo do templo da igreja já passando pelo processo de acabamento.

Figura 6.15 Características do templo e da estrutura metálica.

Uma visão geral das treliças principais revela uma tipologia clássica, formada por banzos paralelos, montantes e diagonais. As vigas VT60, VT50 e VT40 apresentam módulos entre montantes de cinco metros, e os pilares de apoio estão igualmente espaçados a cada cinco metros. Nas Figuras 6.16 a 6.18, é possível observar as barras das treliças principais da estrutura de aço, correspondentes às VT60-VT50-VT40-VT30.

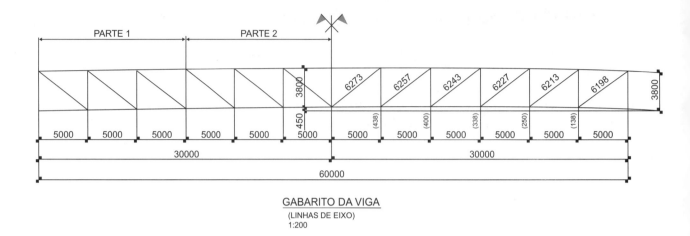

Figura 6.16 Vista geral – treliça principal VT60. Cotas em mm.

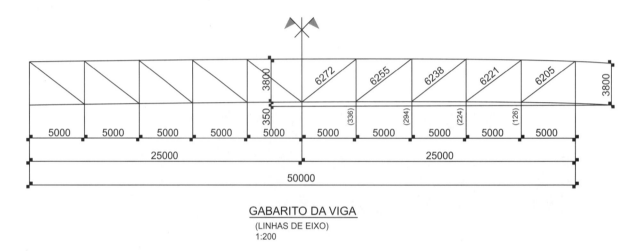

Figura 6.17 Vista geral – treliça principal VT50. Cotas em mm.

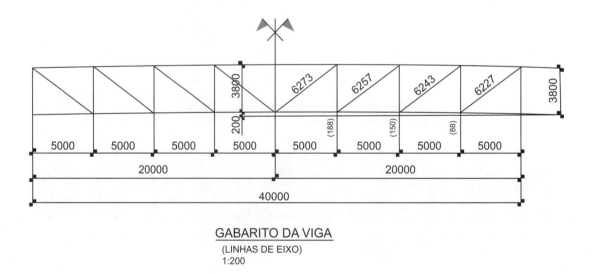

Figura 6.18 Vista geral – treliça principal VT40. Cotas em mm.

Os perfis formados a frio foram especificados no projeto original como CSN COR 420 (fy > 345 MPa), os parafusos utilizados foram DIN 8.8 (galvanizados) e as soldas foram executadas com eletrodo AWS E70XX.

Após a montagem da estrutura da cobertura, a instalação da cobertura e início da montagem do revestimento acústico e forros, a equipe técnica da obra identificou algumas não conformidades na estrutura de aço, sobretudo nas barras das treliças VT60, VT50 e VT40.

As patologias identificadas variaram desde flambagem localizada em algumas barras, flambagem por flexão e torção em barras submetidas à compressão e até mesmo colapso de algumas barras. As Figuras 6.19 a 6.21 apresentam exemplos dessas patologias encontradas nas barras das treliças principais. A equipe de engenheiros da igreja tomou a iniciativa de escorar a estrutura principal e adotou medidas para elaborar um projeto de reforço da estrutura.

Figura 6.19 Patologia – flambagem no banzo superior.

Figura 6.20 Patologia – flambagem no banzo inferior.

Figura 6.21 Patologia – flambagem no montante.

6.11.2 Carregamentos e combinações de carregamentos considerados

Para a análise da estrutura de aço da cobertura da igreja, foram considerados três tipos de carregamentos: permanentes, acidentais e especiais (relativos à montagem). Os carregamentos permanentes compreendem aqueles que atuam com valores constantes ou de variação mínima em torno de uma média, ao longo da vida útil da construção. Esse grupo engloba o peso próprio da estrutura, as telhas de cobertura, as calhas e o forro, bem como a estrutura de suporte desses elementos.

Os carregamentos acidentais referem-se às ações variáveis que afetam as construções de acordo com seu uso. No caso de coberturas, a norma brasileira sugere um valor equivalente a 25 kgf/m². Além disso, a norma prevê a possibilidade de carregamento decorrente da presença de pessoas durante operações de montagem e manutenção. Outro carregamento acidental a se considerar são os efeitos do vento, conforme estabelecido na **ABNT NBR 6123 – Forças devidas ao vento em edificações.**

Foram classificados como carregamentos especiais aqueles transitórios, de curta duração em relação ao período de referência da estrutura. Nesse projeto, esses carregamentos especiais se manifestaram por meio de plataformas instaladas sobre o banzo inferior, destinadas a servir como base de trabalho para a montagem do revestimento acústico e forro.

Em resumo, os valores utilizados neste estudo são os seguintes:

Carregamento permanente	Estrutura metálica + telhas + calhas	35 kgf/m²
	Forro com lã de vidro	30 kgf/m²
	Celulose projetada	5 kgf/m²
	Nuvem acústica + madeiramento	5 kgf/m²
	Total	100 kgf/m²

Carregamento permanente	Plataforma técnica	50 kgf/m²
	Total	50 kgf/m²

Carregamento acidental	Em conformidade com NBR 6120	50 kgf/m²
	Total	50 kgf/m²

Carregamento especial	Plataforma (Inst. forro gesso acústica)	100 kgf/m²
	Total	100 kgf/m²

Na análise dos efeitos de vento, foram adotados os parâmetros prescritos na ABNT NBR 6123. Uma vez que os carregamentos de vento (sucção) se revelaram inferiores aos carregamentos gravitacionais permanentes, esses mesmos carregamentos não foram incorporados às combinações consideradas para os estados limites últimos (ELU) e o estado limite de serviço (ELS).

Com relação às combinações de carregamentos, foram consideradas duas combinações para os estados limites últimos (ELU) e uma combinação no estado limite de serviço (ELS). A consideração dos ELU é de suma importância, uma vez que a sua ocorrência, por si só, pode levar à paralisação total ou parcial do uso da construção. Por outro lado, a análise dos ELS é crucial, pois a ocorrência, repetição ou duração desses eventos pode causar efeitos estruturais que não estejam em conformidade com as condições especificadas para o uso normal da edificação ou que indiquem comprometimento da sua durabilidade. As combinações utilizadas foram as seguintes:

Combinações	ELU	1,25 PER + 1,50 SCA
	ELU	1,25 PER + 1,50 SCA + 1,5 CES
	ELS	1,0 PER + 0,4 SCA + 1,0 CES
Legenda: PER = carga permanente		
SCA = sobrecarga		
CES = carga especial		

6.11.3 Resultado da análise numérica

Para realizar a análise em questão, utilizou-se um modelo numérico de treliças planas com o programa computacional SAP 2000 como a ferramenta para determinação dos esforços nas barras e deslocamentos. Serão disponibilizados resultados de análise referente às treliças VT60, VT50 e VT40. Os resultados para as treliças VT30 e VT11 não demonstraram a necessidade de reforço.

No caso da treliça VT60, os resultados da análise para as combinações 1 e 2, no estado limite último (ELU), indicam a necessidade de reforço nos banzos superiores e inferiores, bem como nos montantes e diagonais, conforme ilustrado na Figura 6.22.

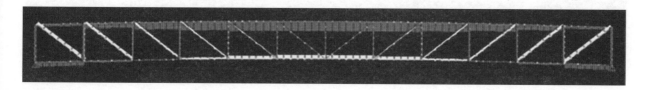

Figura 6.22 Esforços nas barras da treliça VT60.

No que se refere à treliça VT60, observou-se que o resultado para o deslocamento no meio do vão, considerando a combinação 3 (ELS), resultou em uma flecha de 20,85 cm (conforme ilustrado na Fig. 6.23). Esse valor situa-se abaixo do limite de 24 cm estabelecido pela norma brasileira de L/250, sendo L o vão da treliça.

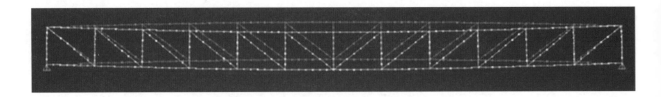

Figura 6.23 Deslocamento da treliça VT60.

No caso da treliça VT50, os resultados da análise para as combinações 1 e 2, no estado limite último (ELU), indicam a necessidade de reforço no banzo superior, banzo inferior, montantes e diagonais, conforme ilustrado na Figura 6.24.

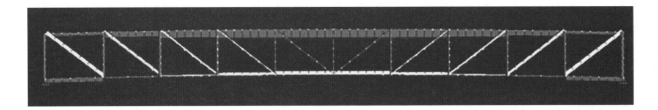

Figura 6.24 Esforços nas barras da treliça VT50.

O resultado referente ao deslocamento no meio do vão na treliça VT50, considerando a combinação 3 (ELS), revelou uma flecha de 11,64 cm (Fig. 6.25). Esse valor é inferior ao limite de 20 cm sugerido pela norma brasileira, fixado em L/250.

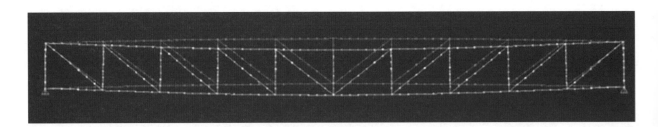

Figura 6.25 Deslocamento da treliça VT50.

No que se refere à treliça VT40, os resultados da análise para as combinações 1 e 2 (ELU) indicam a necessidade de reforço no banzo superior, banzo inferior, montantes e diagonais (Fig. 6.26).

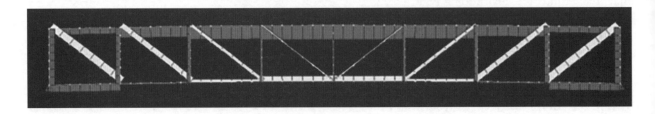

Figura 6.26 Esforços nas barras da treliça VT40.

O deslocamento no meio do vão na treliça VT40, considerando a combinação 3 (ELS), apresentou em uma flecha de 5,87 cm (Fig. 6.27). Esse valor é inferior ao limite de 16 cm estabelecido pela norma brasileira (L/250).

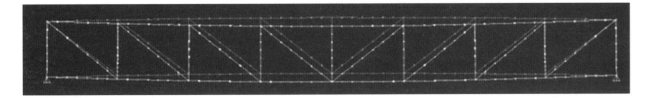

Figura 6.27 Deslocamento da treliça VT40.

Nas treliças VT60, VT50 e VT40, os resultados indicam a necessidade de reforço nos banzos superior e inferior, montantes e diagonais. Com relação às flechas, as treliças analisadas não excederam os limites estabelecidos pela norma brasileira.

6.11.4 Proposta de reforço

Ao avaliar os esforços nas barras das treliças, incluindo o banzo superior, banzo inferior, montantes e diagonais, recomendou-se um reforço compatível com a magnitude e natureza do esforço atuante (se tração ou compressão). Para otimizar a capacidade de carga das barras já instaladas, sugeriu-se a aplicação de soldagem em chapas com diferentes espessuras, compatíveis com o material já aplicado (CSN COR- 420). É importante manter as características originais de soldagem, conforme especificadas no projeto, utilizando o eletrodo AWS E-70XX.

O reforço das barras no banzo superior foi realizado por meio da soldagem de uma chapa CSN COR-420 na parte superior da treliça. No caso das barras do banzo inferior, a soldagem das chapas CSN COR-420 foi executada na parte inferior da treliça. Para as barras diagonais, o reforço recomendado consistiu na soldagem das chapas na parte superior das barras, enquanto, nos montantes verticais, o reforço foi obtido pela soldagem das chapas em ambos os lados da barra. A Figura 6.28 apresenta o esquema de soldagem das chapas de reforço nas treliças.

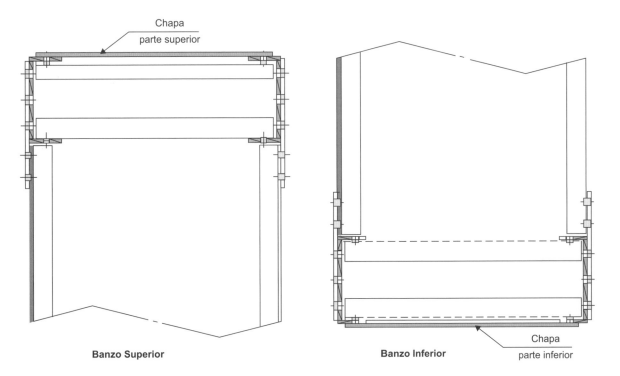

Figura 6.28 Esquema de soldagem das chapas nas treliças.

O reforço recomendado pôde ser executado nas barras das treliças já instaladas sem que houvesse a necessidade de custos excessivos de montagem, visto que se resumiu a um simples enrijecimento com a adição de chapas. As barras que sofreram colapso ou apresentaram deformações significativas foram substituídas conforme instruções do projeto original, antes de realizar o reforço.

Foi essencial empregar um escoramento eficaz para garantir a integridade das treliças durante o processo de reforço. Foram consideradas torres de escoramento dimensionadas pelo responsável técnico, em conformidade com as normas vigentes. As chapas adicionadas também foram pintadas conforme as especificações do projeto.

6.12 CONSIDERAÇÕES FINAIS

Neste capítulo sobre patologias em estruturas de aço, amplia-se a compreensão além da corrosão superficial, desmistificando a crença comum sobre a ferrugem como o único desafio. Destaca-se a diversidade de problemas, desde flambagem a deformações excessivas, ressalta-se a importância do conhecimento para profissionais da construção. Na fase de concepção estrutural, destaca-se a responsabilidade do arquiteto e do engenheiro na escolha da tipologia adequada, considerando estética, custo e segurança. A análise entre sistemas treliçados e perfis de alma cheia realça a necessidade de equilíbrio entre leveza e complexidade visual. Detalhes como o índice de esbeltez são cruciais para evitar patologias, exemplificadas por problemas de flambagem. Nas estruturas de telhado, a escolha cuidadosa do perfil é essencial para prevenir deformações excessivas. A compreensão abrangente apresentada aqui visa promover uma abordagem mais informada e sustentável no campo da engenharia e arquitetura estrutural.

CAPÍTULO 7

PATOLOGIAS EM ESTRUTURAS DE MADEIRA

Francisco Antonio Romero Gesualdo
Julio Eustaquio de Melo

7.1 CONSIDERAÇÕES INICIAIS

Neste capítulo, são apresentadas informações sobre patologias em estruturas de madeira por meio da indicação de vários casos existentes na prática das construções quando se aplica esse material. Uma das patologias é proveniente das fragilidades intrínsecas das propriedades da madeira, tais como os agentes associados ao apodrecimento ou à presença de insetos. Outra patologia é associada à falha, ou falta, de cálculo estrutural que promove deficiências à condição de serviço ou até de colapso estrutural. Ambas as patologias precisam ser impedidas na fase de projeto ao se evitarem pontos de vulnerabilidades aos agentes patológicos, além de um rigoroso cálculo estrutural com base nas recomendações das normas técnicas vigentes.

7.1.1 Introdução

A madeira, por suas características de manuseio – fácil de serrar, ajustar, moldar, furar, pregar etc. –, produz a equivocada ideia de que qualquer indivíduo pode construir arranjos com peças de madeira. Consequentemente, é comum encontrar obras com estruturas de madeira sem projetos e mal executadas. Fatalmente, os problemas aparecerão: deformações excessivas, peças torcidas, flambagem de elementos estruturais, entre outros. Agrega-se a isso a sua vulnerabilidade natural, por ser um material constituído por moléculas que servem de alimento para vários micro-organismos e insetos. Um bom projeto será fundamental como medida preventiva para garantir a integridade do material para uma longa vida, sem falhas estruturais e com isenção da biodeterioração.

A junção das falhas desses fatores produz o mito de que madeira é fraca e não duradoura, com a tendência de sempre ser substituída por materiais mais "confiáveis". Adiciona-se a isso o equívoco da questão ecológica pela indevida associação de uso da madeira com devastação florestal. A propósito, a madeira é o material indicado como sinônimo de sustentabilidade. A madeira pode ser proveniente de fontes ilegais, mas jamais se deve correlacionar madeira com ilegalidade. Madeira para uso estrutural provém de árvores adultas com diâmetros significativos e estas são poucas em uma floresta. No processo de extração, surge uma palavra extremamente forte: devastação. Causa temor e inibe qualquer iniciativa favorável à madeira. É preciso compreender o seu significado. Devastação é quando se deseja a terra para diferentes usos e a exploração da floresta é total, em que indivíduos adultos e jovens são abatidos, indistintamente, com o objetivo de abrir espaço, muitas vezes sem aprovação dos órgãos públicos. Disso resultam toras ilegais que são lançadas no mercado e, por isso, devem ser terminantemente refutadas. A madeira sempre deve ser proveniente de um manejo conduzido com critérios e planejamento capazes de garantir a sua sustentabilidade. Derrubar uma árvore adulta no meio de uma floresta não causa desmatamento, apenas abre espaço para a continuidade do ciclo florestal, mas é uma operação que obrigatoriamente precisa ser autorizada e legalizada. Como alternativa, é altamente interessante ter madeiras provenientes de florestas plantadas em que se controlam todos os parâmetros de sustentabilidade.

A utilização da madeira de forma racional e econômica, além de um bom projeto, requer também o conhecimento das suas propriedades relacionadas com a durabilidade natural ou induzida por métodos de tratamento com soluções preservativas. A eficiência de cada método depende da sua condição de exposição.

O ideal é que, em todas as aplicações, se utilize madeira com teor de umidade em equilíbrio com o ambiente para garantir maior estabilidade dimensional, maior resistência e ausência de defeitos oriundos de uma secagem aleatória e sem controle. No entanto, é comum o uso de madeira em condição verde, nas estruturas, considerando que pode ser mais econômico trocar peças com defeitos ocorridos durante a secagem, do que investir na secagem antes da utilização. Dessa forma, a predominância do critério financeiro implica reduzir a qualidade do uso do espaço em função das manutenções, prejudicando o resultado.

A madeira aplicada acima da umidade de equilíbrio e levada a essa condição poderá gerar diversas distorções dimensionais, tais como encurvamento, arqueamento, encanoamento e torcimento, que potencializam o desenvolvimento de patologias associadas à umidade e aos efeitos estruturais não previstos em projeto. As peças estruturais sempre deverão seguir a classificação visual e mecânica a partir dos critérios definidos na ABNT NBR 7190-2, ou de outras normas internacionais em que se avalia a presença de medula e de nós, a inclinação excessiva das fibras e as fissuras. Também deverão ser verificados os defeitos decorrentes do processo de produção (desdobro e aparelhamento) e de manuseio (esmoado).

É sempre bom recordar que madeira e umidade é uma combinação que deve ser evitada, exceto quando a umidade é mantida praticamente constante. É o caso do uso de madeiras em reservatórios de água. É comum encontrar esses exemplos em países norte-americanos, como ilustrado na Figura 7.1.

Tradicionalmente, o uso de espécies de madeira em ambiente agressivo é feito por meio de experiências práticas ao longo dos anos e do conhecimento científico das espécies de madeiras com propriedades em que se identificam aquelas que possuem maior durabilidade natural. Atualmente, com o conhecimento de técnicas modernas de preservação, o estigma de material pouco durável vai caindo gradativamente em descrédito, cedendo lugar para um material altamente competitivo na construção civil.

A ABNT NBR 7190-1:2022 apresenta de forma simplificada, na Seção 12, orientações sobre o Sistema de Categorias de Uso, para a qualificação das condições para identificar a necessidade de tratamento preservativo para cada tipo de madeira. Outras normas brasileiras com fins específicos também tratam do assunto. Aliada ao setor de preservação da madeira, existe a Associação Brasileira de Preservadores de Madeira (ABPM) para representar o segmento junto aos órgãos reguladores e Poderes Legislativo e Executivo.

O Laboratório de Produtos Florestais (LPF), do Serviço Florestal Brasileiro, tem disponível na sua página na internet um banco de dados de 250 espécies de madeira da Amazônia caracterizadas de forma representativa e aleatória, onde é feita a indicação mais adequada de seus usos. Um dos autores tem um livro publicado descrevendo as propriedades mais importantes de espécies por usos específicos das madeiras indicadas no banco de dados do LPF.[1]

(a) Edifício próximo ao Empire State Building

(b) 5th Avenue com E 23 Street

(c) 5th Avenue com E 32 Street

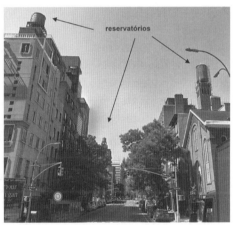
(d) Lexington Avenue com E 30 Street

Figura 7.1 Reservatórios de madeira na cidade de Nova Iorque.

Fonte: (c) e (d) Google Street View – imagens jun. 2022.

7.2 DURABILIDADE E TRATAMENTO

A presença de substâncias nutritivas na madeira fornece as condições favoráveis de desenvolvimento e multiplicação de certos organismos vivos. Os fungos e os insetos são os maiores responsáveis pela deterioração da madeira, causando grandes prejuízos que podem ocorrer desde o corte da árvore até sua utilização final. Sua vulnerabilidade ao ataque desses organismos depende da espécie de madeira e da sua densidade, quantidade de alburno, substâncias nutritivas (açúcares e amido), substâncias tóxicas (taninos, resinas e gomas) e teor de umidade. A presença de substâncias tóxicas no cerne torna esta parte do tronco mais durável do que o alburno.

---

[1] Disponível em: https://lpf.florestal.gov.br/pt-br/madeiras-brasileiras. Acesso em: 30 ago. 2024.

Durabilidade natural é a resistência do cerne da madeira ao ataque de agentes biológicos (fungos e insetos) e não biológicos (desgaste mecânico e degradação física e química). A maioria de dados sobre durabilidade natural existente baseia-se em observações práticas empíricas obtidas ao longo dos anos. O LPF do Serviço Florestal Brasileiro tem instalado um campo de apodrecimento na Floresta Nacional do Tapajós (FLONA), com inspeção anual durante 30 anos para 50 espécies de madeira da Amazônia.

Além dos agentes mencionados, existem as bactérias, que são micro-organismos capazes de colonizar a madeira e produzir biodeterioração do material. É uma manifestação difícil de ser identificada visualmente e pode ser confundida com o ataque por fungos. Estudos sobre a deterioração por bactérias são relativamente recentes e, portanto, exigem mais avanços para sua melhor compreensão.

É responsabilidade do usuário dar continuidade ao processo de conservação e preservação, procurando adequar a diversidade de aplicações com técnicas construtivas apropriadas e escolha de espécies de madeira que apresentem propriedades naturais coerentes com os usos finais propostos. Espécies de madeiras de maior densidade são mais duráveis na sua forma natural. Quando se fala em maior durabilidade natural, está-se referindo ao cerne da madeira.

É muito importante, em termos de economia e durabilidade, que cada espécie seja avaliada individualmente para que seu emprego seja feito de forma eficaz, considerando as condições de exposição definidas em projeto, tais como lançamento da estrutura, detalhes construtivos e manutenção.

As técnicas de preservação de madeiras possibilitam o aumento de sua durabilidade, neutralizando sua maior desvantagem como material pouco durável, proporcionando-lhe características semelhantes ou melhores do que outros materiais tradicionalmente utilizados na construção.

7.3 FUNGOS

Os fungos são micro-organismos parasitários que decompõem a celulose e a lignina em produtos digeríveis, criando as condições ideais para o seu desenvolvimento. Em condições ambientais adequadas, os fungos causam o apodrecimento da madeira, afetando significativamente suas propriedades físicas e mecânicas. A ação dos fungos resulta em perda de densidade, alteração da cor, podendo ocorrer ruptura estrutural com a diminuição da resistência da madeira.

Os fungos precisam de condições ambientais favoráveis para colonizar e degradar a madeira: temperatura ambiente (preferencial está entre 20 e 35 ºC), ar, umidade em torno de 30 %, pH e inexistência de substâncias tóxicas. Altos teores de umidade podem prejudicar o crescimento dos fungos, pois são organismos aeróbios que precisam de oxigênio. A ausência de uma dessas condições ambientais vai inibir seu desenvolvimento e proliferação.

O tipo mais comum é o fungo apodrecedor. No entanto, existem os fungos emboloradores e manchadores.

Na Figura 7.2(a), é apresentado um exemplo de ação do fungo apodrecedor provocada pelo efeito da umidade no alburno ou brancal na base de um pilar embutido no concreto. A parte posterior do pilar é composta de cerne, garantindo a sua sustentação estrutural. Essa região de interface entre a madeira e o piso proporciona as condições favoráveis para a proliferação dos fungos. Na Figura 7.2(b), mostra-se o caso de uma viga de cobertura com a sua parte central totalmente afetada por apodrecimento. O problema foi causado pela presença de água na parte central da viga, que é o local de maior deformação da viga. Associando a concentração de umidade com a falta de manutenção e descaso, chega-se a um comprometimento total da estrutura. De maneira similar, tem-se o caso mostrado na Figura 7.2(c), relativo ao apoio de uma estrutura logo abaixo de uma calha que, certamente, não recebeu manutenção. Com o passar do tempo, ocorreu o comprometimento das peças fundamentais do sistema estrutural, ou seja, o seu apoio. Pode ser notado que a medida paliativa foi usar um apoio emergencial feito com uma simples peça de madeira escorada na parede. É a prova cabal da existência do amadorismo no trato com elementos de madeira. Outra situação comum é a deterioração em extremidades de peças de madeira em beirais expostos às condições de vulnerabilidade aos fungos [Fig. 7.2(d)]. A falta de manutenção é o grande responsável para os casos citados. Todos os casos foram manifestados pela ausência de manutenção.

(a) Alburno ou brancal apodrecido na base de um pilar

(b) Viga de cobertura

(c) Região de apoio de uma estrutura treliçada

(d) Região de beiral com destelhamento

Figura 7.2 Casos de deterioração por fungos apodrecedores.

Os fungos emboloradores causam mudança de aparência na madeira devido ao surgimento de bolor. Apenas produz um dano visual, pois é superficial e pode ser removido pelo lixamento da superfície afetada. No entanto, o fungo manchador causa mudança profunda que não pode ser eliminada pela simples raspagem externa (Fig. 7.3). Impregna-se na madeira e gera comprometimento estético no material.

Figura 7.3 Fungo manchador – peça após o lixamento da superfície afetada.

7.4 INSETOS

Os insetos que mais comumente são encontrados deteriorando a madeira em geral nas edificações são os cupins de solo e cupins de madeira seca. Os cupins são pequenos insetos sociais que vivem em colônias bem organizadas, de forma semelhante às abelhas. Os cupins mais comuns que consomem madeira são:

- **cupins de solo**: têm seus ninhos localizados no solo devido às suas necessidades de água e umidade. Por serem sensíveis à luz, buscam seu alimento em túneis subterrâneos ou externos. Atacam madeira em contato com o solo e madeiras com baixo teor de umidade. Sua presença é detectada pela existência de túneis em paredes ou pisos. Na Figura 7.4, são mostrados os túneis de cupins de solo ao longo de paredes;

Figura 7.4 Túneis de cupins de solo.

- **cupins de madeira seca ou carunchos**: as colônias instalam-se diretamente na madeira, onde se desenvolvem sem qualquer ligação com o solo. Necessitam de pouca água e resistem bem a mudanças de temperaturas e umidade. Sua presença é detectada por causa do acúmulo de fezes, que são eliminadas do foco de atuação na peça de madeira. As fezes têm aparência de serragem, como mostrado na Figura 7.5(b).

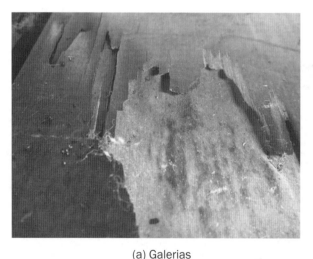 

(a) Galerias   (b) Fezes

Figura 7.5 Galerias e fezes de cupins de madeira seca.

7.5 PREVENÇÃO NATURAL E INDUZIDA

O uso de espécies de madeiras adequadas para as diferentes condições de exposição diminui sensivelmente os riscos de deterioração por fungos e insetos, tornando, muitas vezes, dispensável o uso de preservativos químicos.

A seguir, serão descritos alguns cuidados que devem ser tomados, como forma preventiva para aumentar a durabilidade da madeira em serviço:

- sempre que possível, evitar a presença de umidade próxima às peças de madeira;
- o apoio de pilares deve ficar pelo menos 15 cm acima do piso;
- os blocos de concreto, com pilares embutidos, não devem apresentar fissuras ou trincas e devem possuir um sistema de drenagem na sua parte inferior, sempre que possível, para evitar o armazenamento de água;
- utilizar tintas ou produtos impermeabilizantes na madeira;
- verificar a qualidade da madeira, evitando a presença de alburno, rachaduras e sinais de ataque de fungos e insetos;
- beirais grandes para proteção de chuva e sol;
- manter um espaço entre o forro e a telha para ventilação ou colocar uma manta impermeabilizadora;
- utilizar espécies de madeira que apresentem a durabilidade natural necessária para o uso em questão;
- exigir do projetista um sistema construtivo que permita a substituição de peças, que elimine a possibilidade de acúmulo de água e que permita a maior ventilação possível;
- o uso de peças de madeira com seção transversal acima das necessidades de cálculo, nos ambientes agressivos, tende a elevar a sua vida útil.

A região mais vulnerável dos postes, estacas e pilares é próxima ao nível do piso ou do solo. As condições ideais de desenvolvimento dos fungos apodrecedores (umidade, temperatura e ar) ocorrem no intervalo aproximado de 15 cm acima e 20 cm abaixo desse nível. A importância da verificação periódica do estado de sanidade dessa região está na possibilidade de se fazer um tratamento preservativo no local, utilizando produtos (pastas e mantas preservativas) e técnicas disponíveis no mercado, que podem aumentar significativamente a vida útil da peça de madeira, a um custo relativamente baixo.

Na Figura 7.6, é mostrada a base de um suporte de ducha cravada no piso. Embora a espécie de madeira seja de características adequadas e exista a aplicação de *stain*, as condições severas de uso (umidade, proximidade com a base, temperatura etc.) promovem deterioração nas regiões de vulnerabilidade na direção paralela às fibras. Isso exige cuidado e manutenção periódica para evitar a sua degradação e o avanço dos micro-organismos que participam desse processo.

Figura 7.6 Base de suporte de uma ducha.

Na Figura 7.7, são mostradas as condições de duas estacas cravadas no solo. A primeira é uma estaca de Aroeira que ficou no solo por aproximadamente 24 anos e não apresenta nenhum sinal de ataque de fungos. A segunda é uma estaca de eucalipto tratado com pressão que ficou cravada no solo durante aproximadamente 15 anos. O nível do solo está representado com fitas.

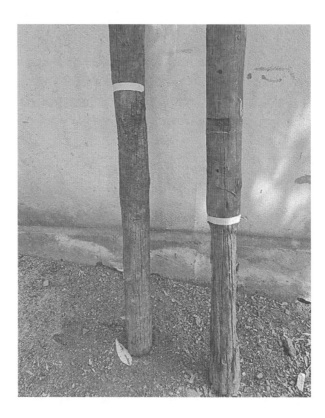

Figura 7.7 Condições de estacas de aroeira e de eucalipto tratado após vários anos.

O combate a insetos em móveis ou partes da construção (estrutura de cobertura, pisos, escadas, janelas, portais e portas) é mais eficiente e econômico a partir da sua identificação. Os cupins de solo são identificados pelas galerias ou túneis que constroem para seus deslocamentos até a fonte de alimento, que é a madeira. A forma mais eficiente e econômica de combate é encontrar seu ninho e destruir a rainha. Outra forma de combate é por meio da instalação de uma barreira química em torno da construção.

Os cupins de madeira seca instalam-se diretamente na madeira, onde se desenvolvem sem qualquer ligação com o solo. A forma mais comum de eliminá-los é por meio da fumigação com gases tóxicos que são capazes de penetrar na madeira pelos canais feitos pelos insetos. Existem gases especiais que são utilizados com aplicadores específicos para esse fim e pastilhas, que, quando na presença do ar, liberam gases tóxicos. O processo consiste em colocar a peça em um ambiente hermeticamente fechado e injetar o gás ou as pastilhas. Por exemplo, um móvel pode ser facilmente embalado em plástico, bem como um piso pode ser isolado com plástico ou mantido em ambiente fechado, tomando-se o cuidado de isolar todas as frestas existentes. Já em uma cobertura ou edificação, apesar de ser mais complicado e dispendioso devido ao grande volume, existem casos da prática desse procedimento.

Como esses gases tendem a evaporar logo após a retirada do sistema de isolamento, é necessário aplicar um produto preservativo superficial para proteger contra possíveis ataques futuros.

Na Figura 7.8, é ilustrado o estado de deterioração de parafusos galvanizados empregados em uma porteira de maçaranduba (*Manilkara huberi*) com 15 anos de idade. A deterioração na madeira ocorreu somente nos locais onde havia parafusos. Como a porteira foi feita com madeira verde, os sais minerais reagiram com o aço, comprometendo a galvanização superficial e, assim, com a presença constante de água, houve a oxidação do parafuso. Uma forma de aumentar a sua durabilidade é passar graxa em toda sua superfície.

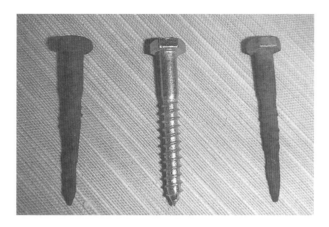

Figura 7.8 Estado de deterioração dos parafusos galvanizados.

Na Figura 7.9, é mostrada outra situação de deterioração ocorrida em um pé de mesa com madeira de média densidade e uma travessa de apoio com madeira de alta densidade, fixadas com parafusos galvanizados de 9,5 mm. Aparentemente, a madeira deteriorou menos que os parafusos. A mesa ficou exposta ao tempo durante 20 anos.

Vista geral   Detalhe

Figura 7.9 Estado de deterioração dos parafusos galvanizados e da madeira.

7.6 TRATAMENTO COM PRESERVATIVOS

O tratamento da madeira com substâncias químicas (tóxicas) tem como objetivo envenenar seus nutrientes para inibir o desenvolvimento de fungos e insetos. A impregnação de produtos preservativos com pressão é, sem dúvida, o mais eficiente. Existem usinas em várias regiões do país que utilizam espécies de madeira de eucaliptos, na forma roliça, como principal matéria-prima de tratamento. Como o veneno penetra facilmente no brancal, preservar madeira roliça torna o processo mais eficiente.

O cobre, cromo e arsênio (CCA) e o cobre, cromo e boro (CCB) são os preservativos hidrossolúveis mais comumente utilizados. Como são solúveis em água, aceitam pintura e apresentam tonalidade superficial esverdeada, que pode ser eliminada no lixamento.

Na preservação com pressão, o produto de impregnação penetra praticamente em todo o alburno ou brancal da madeira, fixando-se nas suas paredes celulares. Ele permite o controle da absorção na madeira tratada por meio de medidas numéricas da retenção e penetração do preservativo. O processo dura em torno de quatro horas, e o produto está pronto para utilização assim que sai da autoclave.

O tratamento consiste em algumas etapas: inicia-se pela secagem da madeira em umidade próxima ao equilíbrio com o meio ambiente, para que o teor de umidade não interfira na concentração do produto preservativo e facilite a sua absorção. Após a madeira ser introduzida na autoclave, é iniciada a etapa de vácuo para a retirada da maior parte de ar contida nas células da madeira. Mantendo-se o vácuo, a solução preservativa é introduzida na autoclave. Agora, sob alta pressão a solução é injetada na madeira para preencher todos os vazios e atingir as suas partes mais internas. Isso é feito por um período que depende da espécie de madeira e da penetração desejada. Em seguida, é liberada a pressão, e a solução restante é retirada da autoclave e com um vácuo final é removido o excesso do produto da superfície da madeira.

É o método mais eficiente e indicado para condições de exposição agressivas, tais como poste, pilares, estacas, pergolados e estruturas de forma geral. A vida útil do produto está condicionada à aplicação do preservativo de acordo com as recomendações do fabricante em peças de madeira com teor de umidade especificado. As peças preservadas têm maior durabilidade quando são tratadas após seis meses do abate da árvore.

Para proteger o meio ambiente, o ideal seria que os entalhes fossem feitos antes de as peças serem preservadas, evitando-se que as partes removidas dos entalhes fossem descartadas antes do tratamento.

A garantia de durabilidade dada pelas empresas pode variar de 15 a 20 anos. A qualidade do tratamento pode ser verificada enviando amostras do produto final para laboratórios especializados.

Existem no mercado autoclaves que permitem peças com até 25 m de comprimento. Na Figura 7.10, é ilustrado o processo de tratamento de madeira usando uma autoclave. O processo envolve a acomodação das peças em um transportador sobre trilhos para facilitação do movimento do conjunto de peças de madeira, que é introduzido na autoclave e posteriormente retirado após executado o processo de tratamento.

(a) Vista geral da autoclave

(b) Autoclave carregada

(c) Trilhos para acesso à autoclave

(d) Madeira após o tratamento

Figura 7.10 Autoclave para tratamento da madeira sob pressão.

7.7 ACABAMENTO, MANUTENÇÃO E PROJETO

A madeira, quando exposta à luz solar por períodos prolongados, sofre um processo de deterioração superficial, perdendo sua cor natural e adquirindo um aspecto escuro e acinzentado. Dessa forma, é necessário o uso de produtos de acabamento que têm a função de impermeabilizar e manter a madeira com aparência agradável ao longo do tempo.

Alguns produtos de acabamento formam película superficial e outros são impregnados. Proporcionam acabamento brilhante e refinado ou com pouco brilho, ressaltando o aspecto natural da madeira. Porém, a sua função é proteger a superfície contra a absorção de umidade e intemperismos como sol, chuva e maresia. A periodicidade da manutenção e o seu custo estão diretamente associados à qualidade do produto usado na preservação em função das condições de exposição.

Os *stains* vieram para facilitar e simplificar o processo de manutenção de produtos de madeira. Podem ser utilizados para uniformizar a cor da madeira ou para visualizar a sua textura. Podem ser coloridos ou incolores, além de possuírem pigmentos fungicidas e inseticidas. São de fácil manutenção, já que não há necessidade de remover o produto velho, bastando limpar ou lixar a superfície e aplicar o produto novamente.

Sendo a madeira um material de aparência agradável, a tendência natural é utilizar acabamentos transparentes para permitir sua visualização. Em uma edificação composta de diferentes materiais, essa tendência é justificada pela possibilidade de tirar partido da combinação de contrastes. Para exteriores, os vernizes sempre foram os mais utilizados, porém, como a aplicação e a manutenção periódica nunca são realizadas de acordo com as especificações do fabricante, sua vida útil fica bastante reduzida, exigindo muita mão de obra na recuperação, devido à necessidade de retirar todo o produto velho para dar início a uma nova pintura. Portanto, sua indicação é para usos internos sem contato com água. Peças de madeira envernizadas e com *stain* natural são mostradas na Figura 7.11.

(a) Envernizada

(b) Com *stain* natural

Figura 7.11 Peças de madeira com verniz e com *stain* natural.

Em uma edificação toda em madeira, a pintura com tinta colorida tem as vantagens de impermeabilizar, aumentar a sua durabilidade e melhorar o conforto do ambiente em relação à temperatura, considerando que, na maioria das vezes, as madeiras utilizadas na construção são escuras. Conforme visto, como regra geral, madeiras de alta durabilidade natural são densas e, portanto, escuras. A ideia de pintar a madeira com tintas coloridas apropriadas para o material é uma opção interessante, especialmente em residências de madeira, pois um ambiente escuro pode ser entediante e demandar significativa energia para garantir sua iluminação. Isso é comum na América do Norte, onde a maioria das residências é de madeira e, muitas vezes, não se percebe que a estrutura é de madeira. É uma situação em que se emprega a madeira pelas suas vantagens construtivas, não por sua aparência. Portanto, não é nenhum sacrilégio cobrir a madeira com a cor desejada e apropriada. Um exemplo é a estrutura aparente de madeira impermeabilizada com tinta acrílica branca mostrada na Figura 7.12. Note que, nesse exemplo, houve um contraste arquitetônico, ao se manter o forro em madeira natural com as demais peças de madeira pintadas de branco [Fig. 7.12(a)].

(a) (b)

Figura 7.12 Estrutura de madeira roliça com tinta acrílica.

Contrapondo-se ao exemplo anterior, há também a situação mostrada na Figura 7.13, em que o forro na cor natural da madeira escureceria o ambiente. Optou-se por aplicar tinta branca, porém mantendo a identificação da madeira pelas suas características de peças de forro com rejunte frisado.

Figura 7.13 Forro de madeira coberto com pintura.

A manutenção é fundamental, especialmente de telhados onde possa existir a movimentação de telhas pela exposição ao vento e pela deterioração. A renovação de produtos de acabamento é essencial, pois, quando envelhecidos, além de apresentarem aspecto desagradável, perdem a função impermeabilizante, tornando a madeira suscetível a absorver umidade. Negligenciar uma telha quebrada ou trincada pode causar infiltração no forro ou na estrutura de cobertura, elevando a umidade e, consequentemente, a sua exposição ao apodrecimento.

Como exemplo, pode-se citar um arco feito por lamelas verticais interligadas lateralmente por cavilhas de madeira, mostrado na Figura 7.14. Nos dois pontos destacados, ocorreram problemas associados à variação dimensional que provocou o descolamento de lamela, causada por infiltração de água proveniente de goteira não eliminada ao longo do tempo. Isso evidencia os cuidados que devem ser tomados com a colocação e manutenção das telhas, pois é um processo degenerativo e progressivo. Precisa ser eliminado o mais rápido possível como forma de minorar as consequências desastrosas. Nesse exemplo, a recuperação da estrutura é altamente complexa.

Figura 7.14 Descolamento de lamelas em arco.

Na Figura 7.15, é ilustrada uma situação que denota falha primária de projeto. São os apoios de dois arcos consecutivos que convergem para o topo de um pilar de concreto, onde deveria existir uma calha com a função de recolher e fazer escoar a água proveniente do telhado e proteger a madeira. Essa falha básica levou à deterioração das peças e evidenciou o comprometimento do desempenho estrutural dos arcos. A correção dessa patologia não é tão simples, especialmente por ser na região do apoio, bem como pela forma de seção transversal (tábuas, sarrafos e compensado) e pela continuidade das peças que compõem os arcos.

Figura 7.15 Bloco de apoio acolhendo dois arcos deteriorados.

Na Figura 7.16, é mostrada uma situação em que a última peça cerâmica de arremate de um beiral de residência foi perdida por alguma circunstância. Com isso, as peças de madeira ficaram expostas às condições de intempéries favoráveis à proliferação de fungos. Notam-se a concentração de bolor e o consequente comprometimento de todas as peças envolvidas no sistema (ripas e caibro), além de uma torção na peça de sustentação da ripa, como consequência da exposição às condições inadequadas de umidade. A movimentação volumétrica da madeira ocasiona trincas na alvenaria que, consequentemente, afetam a pintura da parte interna da residência e potencializa outras patologias. A falta de correção do problema implica futura necessidade de substituição dessas peças, especialmente a substituição do caibro, que é uma peça contínua e que está embutida na parede de alvenaria. Este é um caso típico de comprometimento que precisa de correção urgente para minorar as consequências danosas a todo o sistema construtivo. A correção é simples e exige apenas a recomposição dos elementos cerâmicos do telhado.

Figura 7.16   Beiral exposto.

7.8 EQUÍVOCOS EM PROJETOS

É comum nas construções com madeiras ocorrerem deficiências associadas ao projeto. É usual encontrar construções montadas sem base em projeto estrutural. Isso parece estranho, mas é a realidade. Alguns órgãos públicos ainda aceitam que no projeto arquitetônico se indique meramente a existência de uma estrutura de madeira para cobrir determinado espaço. Isso é o suficiente, não há exigência do projeto estrutural. A montagem fica por conta de um profissional com simples habilidades construtivas, com bom domínio do corte em peças de madeira, que executa com maestria encaixes, fura, parafusa etc., mas sem nenhuma fundamentação teórica para o conhecimento das distribuições de esforços, das definições de limites de deslocamentos, do cálculo e dimensionamento de estruturas de forma científica. É uma situação baseada em conduta altamente empírica e desprovida de qualquer responsabilidade. Por isso, tantas estruturas de madeira apresentam patologias que, ao leigo, são atribuídas ao material e produzem simplicidade para a argumentação arraigada na sociedade: "madeira só causa problemas". É necessário repensar esse descaso, enquanto o mundo cada vez mais utiliza a madeira em grandes construções para vãos acima de 180 m e edifícios de até 25 andares. É necessário rever esse paradigma.

7.9 ESTUDOS DE CASOS

Serão apresentados a seguir exemplos de patologias provenientes de falha da degradação do material e de ineficiência de projeto.

7.9.1 Caso de pilares: prevenção e recuperação

O encontro de pilares com o piso representa uma situação clássica e usual. Nessa interface entre piso e pilar, encontra-se o ponto de vulnerabilidade para a proliferação de fungos, por isso merece cuidados especiais.

Nas Figuras 7.17(a) e (b), é mostrada a forma convencional de fundação com pilares de madeira. É a solução mais comumente utilizada por ser de mais baixo custo e maior estabilidade do pilar. No entanto, afastar a base do pilar de madeira de áreas úmidas aumentará significativamente a sua durabilidade e eficiência. Isso é feito por meio de peças metálicas chumbadas na fundação.

(a) Vista geral

(b) Detalhe da fundação

Figura 7.17 Fundação com pilar engastado em bloco de concreto.

Na Figura 7.18, são mostradas formas de prevenção contra o apodrecimento em pilares. Na Figura 7.18(a), vê-se o coroamento da base do pilar para dificultar a entrada de umidade. A Figura 7.18(b) ilustra a fundação com a base do pilar feita com madeira de alta durabilidade para receber a parte superior (pilar), que é de espécie de madeira de média densidade, garantindo maior durabilidade da parte mais vulnerável do sistema. Na Figura 7.18(c), tem-se o caso de pilar com madeira de baixa durabilidade e, por isso, elevado do solo por meio de um apoio metálico. A falta de contato da madeira com o piso facilita o escoamento de água e garante a aeração da extremidade inferior do pilar.

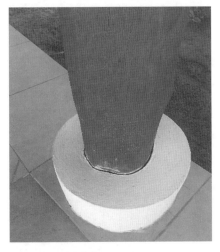
(a) Coroamento

(b) Encaixe em peças laterais

(c) Pilar elevado

Figura 7.18 Tipos de prevenção contra fungos em pilares.

Quando o comprometimento do pilar é severo, há a necessidade da troca total ou parcial. Esta é uma tarefa muito complexa, considerando ser um ponto vital para a estrutura, pois todas as demais peças estão simplesmente apoiadas nele. A condição necessária para iniciar o procedimento é fazer o escoramento da estrutura. Dependendo das condições de carregamento e localização, é possível substituir somente a parte deteriorada. Exige planejamento e equipamentos apropriados e muitos cuidados na execução.

Na Figura 7.19, são mostrados pilares deteriorados por fungos (podridão) na região próxima do piso. Na maioria dos casos, essa patologia ocorre pelo excesso de umidade e presença de alburno ou brancal na região danificada. Daí a importância de nunca colocar peça de madeira com brancal onde há muita umidade.

Figura 7.19 Pilares deteriorados pela presença de alburno.

Na Figura 7.20, é mostrada uma forma de como pode ser feita essa correção. A parte deteriorada será substituída por uma peça nova e de espécie de madeira adequada. É uma interferência que precisa ser bem planejada e que marcará a estrutura como uma cirurgia na medicina. Quando a região está sujeita a esforços de flexão, a emenda exigirá um cálculo rigoroso para conciliar as deformações localizadas. De maneira geral, para o caso de pilar vertical, o entalhe terá comprimento de aproximadamente 30 cm e será ligado com parafusos de 9,5 ou 12,5 mm. A quantidade e o posicionamento desses elementos dependerão de cada caso e deverão ser minuciosamente detalhados. É possível fazer um trabalho de maneira que a emenda não incomode visualmente, por meio do embutimento dos parafusos e pelo acabamento com o emprego de serragem de madeira com cola ou verniz.

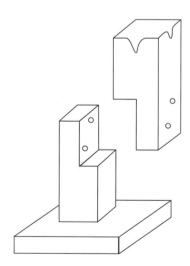

Figura 7.20 Detalhe de emenda de pilar próximo à base do bloco de fundação.

No caso do pilar de um galpão mostrado anteriormente na Figura 7.18(b), adotou-se como solução para a sua recuperação a forma representada esquematicamente na Figura 7.21. Foi feita uma emenda próxima à base do bloco de fundação em que duas peças laterais de madeira de alta densidade foram embutidas no bloco de concreto da fundação para acolher o pilar, que é de espécie de baixa densidade. A conexão foi feita por meio de parafusos metálicos.

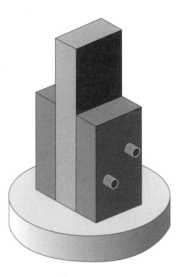

Figura 7.21 Peças laterais para recuperação de pilar.

7.9.2 Concepção clássica de estrutura para coberturas

Existem muitas condutas construtivas clássicas difundidas no meio profissional, porém repletas de defeitos e consequências. É o caso padrão usado na montagem de coberturas do tipo duas águas, como ilustrado nas Figuras 7.22(a) e (b). É um modelo tradicional, porém apresenta suas imperfeições do ponto de vista do cálculo estrutural, com destaque à parte central do sistema onde é utilizada uma peça metálica (braçadeira) fixada ao montante circundando o banzo inferior. É tradição (mera tradição) deixar uma folga entre a extremidade do montante e o banzo. As duas diagonais são posicionadas acima do ponto de encontro do banzo e das diagonais. Qual o problema dessa configuração? Pode não ser nenhum, pois as estruturas podem ter concepções quaisquer, desde que devidamente calculadas e executadas de acordo com o projeto. O problema é que essa concepção pode levar a incompatibilidades entre modelo de cálculo e a estrutura efetiva. Observa-se que, nesse modelo, jamais a estrutura poderá ser calculada como uma treliça, pois o trecho desde o encontro das diagonais com o montante até o banzo caracteriza um espaço reto com extremidade articulada. Mais do que isso, essa extremidade, inclusive, pode ter movimento horizontal em relação às demais peças. Estruturalmente, é um modelo instável e do ponto de vista estático não é passível de cálculo. Ao se tentar empregar qualquer programa computacional para o cálculo de esforços e deslocamentos de uma estrutura com o modelo mostrado na Figura 7.23(a), surgirá uma mensagem de erro que impedirá a efetivação dos resultados. Isso ocorre porque a estrutura é instável e viola as premissas do equilíbrio estático e, consequentemente, a matriz de rigidez não é definida positiva, ou seja, haverá uma singularidade para a solução do sistema de equações, inviabilizando a solução matemática. Assim, quando se depara com uma estrutura desse tipo, conclui-se imediatamente que essa estrutura não foi calculada.

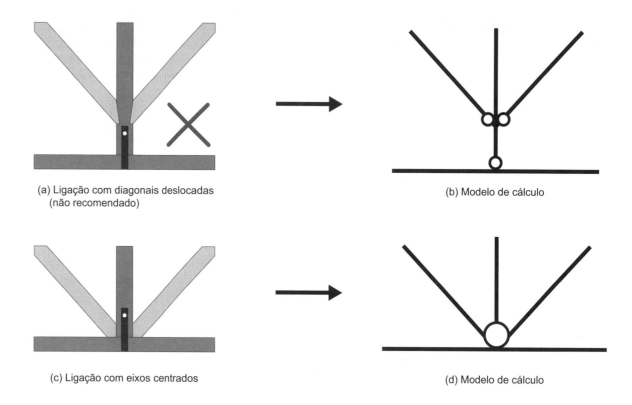

Figura 7.22 Detalhes de ligações entre montante e diagonais.

De outro lado, quando empregado o modelo mostrado na Figura 7.23(b), muito parecido com o anterior, será possível encontrar os esforços nas barras e os deslocamentos dos nós, ou seja, pode-se dimensionar as peças e estabelecer limites para os deslocamentos de acordo com as normas vigentes. Muito se tem a tratar sobre as articulações das extremidades das barras que gera o modelo de cálculo representado pela treliça, porém o tema não será discutido aqui.

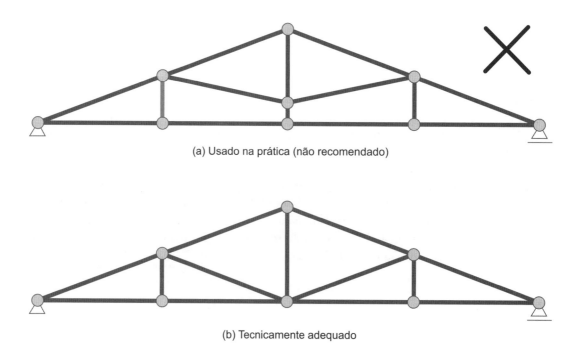

Figura 7.23 Modelos de cálculo de sistemas treliçados.

7.9.3 Apoio estendido

De forma similar a uma mão-francesa, existe o caso comum encontrado na prática, que é o apoio estendido, ou seja, utiliza-se uma peça auxiliar, sujeita à flexão, para ampliar a região do apoio, como mostrado na Figura 7.24(a). A ideia é aumentar a região do apoio e, com isso, "reduzir" o vão. É uma forma complexa do ponto de vista do cálculo estrutural, pois é necessário utilizar elementos de contato para considerar a transferência de tensões entre as partes. As deformações das barras afetam significativamente a eficiência do sistema, o que não é possível pelo cálculo convencional das estruturas. A peça referente ao apoio estendido fica sujeita a solicitações de flexão e, portanto, não implica grande eficiência. Não havendo cálculo apropriado, não se recomenda esse tipo de montagem. Além disso, há grande susceptibilidade ao tombamento lateral devido à sobreposição de duas peças de menor dimensão na horizontal. É necessário haver total garantia de estabilização lateral. Na Figura 7.24(b), é mostrado o mecanismo da falta de estabilização lateral e a tentativa de fixação por meio de um grampo metálico que foi malsucedida. O grampo teria maior eficiência se colocado próximo ao pilar onde fica o ponto em que deverá existir maior afastamento vertical entre as vigas devido às deformações. Note o excessivo afastamento vertical entre as peças na região do encaixe. Enfim, se essa for uma opção a ser usada – emprega-se muito o sistema em pontes –, deverá ser adequadamente calculada e executada para não comprometer a segurança da estrutura.

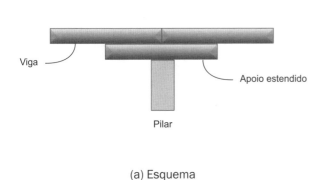

(a) Esquema

(b) Falha de fixação e estabilização

Figura 7.24 Apoio estendido.

7.9.4 Falta de contraventamento

Na Figura 7.25, é mostrada uma situação clássica de perda de estabilidade por flambagem do banzo superior. Essa manifestação patológica decorre da insuficiência de área da seção transversal em função das distâncias entre contraventamentos. Muitas estruturas superam sua condição última, ou de serviço, devido à falta de contraventamentos das peças comprimidas. Isso é comum e pode ser evitado pelo simples acréscimo de elementos secundários destinados à estabilização do sistema. Portanto, o projeto de contraventamento é fundamental, especialmente em estruturas planas.

Figura 7.25 Perda de estabilidade do banzo superior.

7.9.5 Transferência de esforços por encaixes

É um procedimento habitual utilizar dentes para a transferência de forças entre as peças do banzo superior e inferior na região do apoio [Fig. 7.26(a)]. O banzo superior predominantemente comprimido transfere a força por contato por meio de um encaixe. Essa ideia é absorvida pela maioria dos construtores. No entanto, o correto entendimento da transferência da força nem sempre é adequadamente tratado, o que gera muitos equívocos comprometedores. A partir disso, surgem variações, tais como ilustrado nas Figuras 7.26(b) e (c), em que o ponto de contato é deslocado horizontalmente, o que promove uma série de problemas. Além da geometria do encaixe, também há a questão da posição do "centro" da ligação. Normalmente, a ligação está em região de extremidade do vão coberto – na divisa –, ou seja, as peças não podem ultrapassar o limite externo do pilar. Acrescenta-se ao sistema uma calha a ser acomodada em posição a não ultrapassar a face interna do pilar. Isso exige afastamento do "centro" da ligação, causando um efeito de flexão no banzo inferior – Figuras 7.26(b) e (c). Fundamentado nisso, o modelo estrutural jamais poderá ser admitido como treliça, pois não haverá o encontro de eixos de barras convergindo para um mesmo ponto. A força proveniente do banzo superior irá produzir significativo efeito de flexão. Isso não implica a impossibilidade de se adotar esse sistema – não treliçado –, basta que seja calculado de forma compatível e tudo ficará harmônico e seguro.

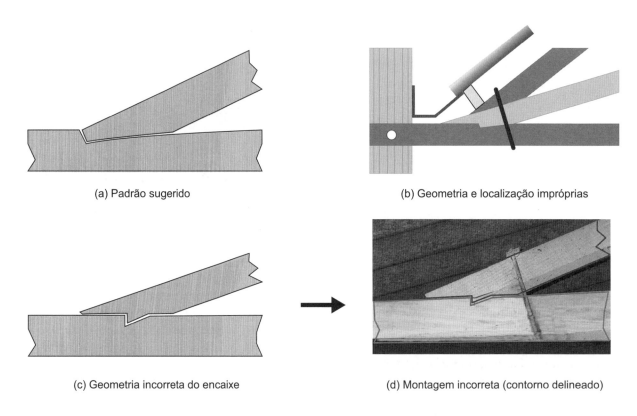

Figura 7.26 Formas impróprias de ligações por contato.

Simultaneamente ao que foi comentado, em alguns casos, por consequência, surge a falha na geometria da ligação. Adota-se o dente próximo da parte interna do encontro entre os banzos. Isso produz efeitos indevidos. O centro de rotação entre os banzos continua sendo a parte externa desse encontro de banzos, mas o dente está em posição oposta. Consequentemente, haverá um escorregamento (vertical) entre as partes encaixadas no dente com a tendência de se perder esta superfície de contato [Fig. 7.27(b)]. Se não for perdido o contato, aparecerão rachaduras [Fig. 7.27(c)], mesmo com a utilização de grampo como tentativa de manter as posições das peças. A perda do contato é fatal para a segurança da estrutura.

(a) Caso real com deslizamento relativo vertical entre os dentes

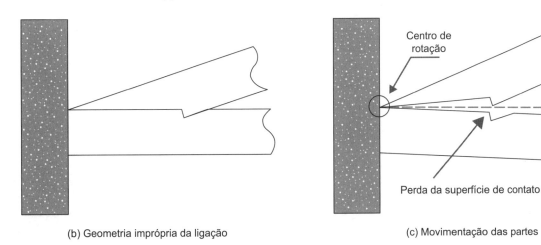

(b) Geometria imprópria da ligação

(c) Movimentação das partes

Figura 7.27 Posição indevida do dente.

Na Figura 7.28, são mostradas as distribuições de tensões normais obtidas por simulação numérica das duas formas de ligações comentadas. No primeiro caso [Fig. 7.28(a)], o centro de rotação coincide com a posição do dente e, por isso, mesmo com a rotação das peças e o consequente descolamento entre elas, mantém-se a transmissão das forças, mesmo que parcialmente. Por outro lado, no caso da Figura 7.28(b), a posição do centro de rotação é mantida, porém a transferência da força é feita pelo dente que perde o contato à medida que ocorrem as rotações relativas entre as peças. Para qualquer desses casos, observa-se que a rotação do banzo inferior é intensificada pela existência de força vertical afastada do apoio proveniente do banzo superior, contribuindo com a flexão deste banzo.

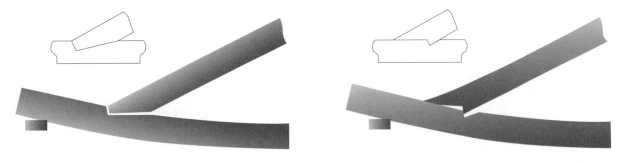

(a) Dente na extremidade do banzo superior

(b) Dente na parte interna entre os banzos (tendência de perda do contato)

Figura 7.28 Simulação numérica da ligação (tensões normais).

7.9.6 Desafiando a gravidade

Curiosamente, podem ser encontrados exemplos que desafiam os conceitos de estabilidade estrutural e, consequentemente, a lei da gravidade, como nos casos mostrados na Figura 7.29, indicados com seus respectivos modelos simplificados (instáveis – sem definição estática). Na primeira situação [Fig. 7.29(a)], tem-se um trecho em balanço com uma emenda em chanfro interligada por pino metálico vertical. Embora precária, essa composição garantiu alguma condição de estabilidade, demonstrando aparente sucesso estrutural, pelo menos até a data desse registro fotográfico. No segundo caso, tem-se uma terça com expressivo vão de 6 m e seção transversal 6 cm × 16 cm na qual existiu uma emenda próxima a um dos apoios. É uma emenda clássica inclinada com um dente no ponto central, estando as partes afixadas por pregos. Surpreendentemente, essa emenda trabalhou por mais de 40 anos, até atingir o colapso mostrado na Figura 7.29(b). Por estar próxima ao apoio, pelos contatos entre as peças e pelo uso dos pinos metálicos (pregos), foi possível responder por uma frágil condição de resistência e deformação ao longo de vários anos. Certamente, trabalhou muito além das limitações normativas à beira do esgotamento da capacidade resistente com muito risco à segurança. São casos extremamente delicados e que devem ser evitados, a menos que efetivamente sejam projetados e detalhadamente calculados por técnicas que permitam criar um modelo estrutural suficientemente robusto para trazer detalhes de contatos e interações entre as peças de madeira e os pinos metálicos, o que certamente não ocorreu nos exemplos mostrados.

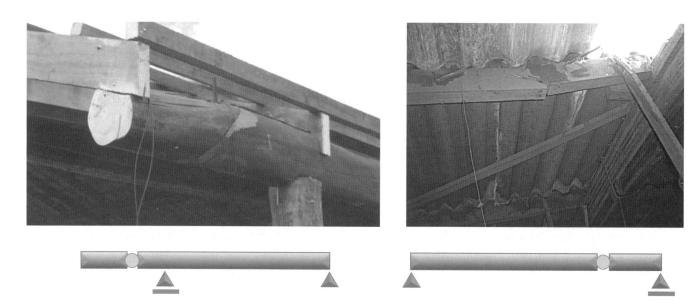

(a) Emenda em balanço com encaixe reto e modelo estático

(b) Emenda ao longo de viga e o modelo estático

Figura 7.29 Emendas inadequadas em peças fletidas.

7.9.7 Deformação excessiva

Esse empirismo na montagem de boa parte das estruturas de madeira traz consequências, das quais se destaca a deformação excessiva. É uma falha recorrente e indesejável. Muitas vezes, pode não afetar sua condição de serviço, mas, além do inconveniente visual, provocará movimentações inaceitáveis que afetam outras partes do sistema e produzem efeitos de segunda ordem, podendo promover perdas de estabilidade capazes de comprometer a estrutura. Observe a imagem mostrada na Figura 7.30 como um exemplo de viga roliça de madeira com deformação além das limitações e perceptível a olho nu. Nota-se o excessivo deslocamento a partir da linha de referência. Com certeza, não houve um projeto estrutural para o dimensionamento do diâmetro do poste frente ao vão e ao seu carregamento. É um exemplo de desleixo com a responsabilidade civil, que pode resultar em tragédia social. Nesse caso, o diagnóstico é imediato, por se tratar do comprometimento da condição de serviço, independentemente da condição última (resistência) que também pode estar afetada. Poderia ter sido uma boa prática – se arquitetonicamente possível – o uso de beiral mais longo para minorar esforços e flecha no tramo principal. Além dos problemas de segurança e funcionalidade, a existência de deformações excessivas pode gerar patologias por biodeterioração devidas ao acúmulo de umidade (bolsões) em regiões não previstas em projeto.

Figura 7.30 Viga de telhado com deformação excessiva.

7.10 CONSIDERAÇÕES FINAIS

Em todos os problemas relatados, um leigo afirmará que os problemas são consequências do uso da madeira (material impróprio!), esquecendo-se da falta, ou da falha, de projeto. É usual testemunhar laudos atribuindo-se à madeira a ineficiência de resposta estrutural, quando efetivamente a falha está no projeto, ou pior, na falta de projeto.

Todos os problemas listados representam casos reais e comuns encontrados na prática. No entanto, poderiam ter sido mostrados inúmeros casos de sucesso de estruturas de madeira para pequenos e grandes vãos. O segredo é um projeto acurado visando à prevenção e ao comportamento estrutural, para aproveitar as características positivas do material. Observa-se que a madeira é um material significativamente resistente, em que as espécies empregadas em estruturas têm resistência característica à compressão paralela, definida por norma, entre 40 e 60 MPa, equivalente ou superior à do concreto padrão atualmente empregado no mercado. No entanto, estudos realizados no LPF com 250 espécies de madeira da floresta amazônica, com sistemas de amostragem e coleta aleatórios, mostram resistência característica à compressão paralela de até 84 MPa para madeira seca na umidade de 12 %.

Na tração, supera os valores indicados com acréscimos de aproximadamente 30 %. Enfim, é um material com capacidade resistente muito favorável e competitivo. Aliam-se a isso os aspectos ambientais extremamente favoráveis à madeira: material produzido pela natureza sem traços de impurezas de uma fábrica. Chega pronto para o consumo.

É realidade mundial o uso intenso da madeira para grandes estruturas concebidas com bons projetos e executadas com técnicas apropriadas e com materiais qualificados pelas recomendações de normas. Sugere-se uma consulta nas plataformas de busca das palavras "madeira" e "edifícios altos em madeira".

CAPÍTULO 8

PATOLOGIA DAS FUNDAÇÕES

Neusa Maria Bezerra Mota
Alexandre Duarte Gusmão

8.1 CONSIDERAÇÕES INICIAIS

Neste capítulo, são apresentados e discutidos os principais tipos de patologias de edifícios associadas aos movimentos da fundação.

O termo "patologia" em medicina significa "estudo das doenças e suas consequências no corpo humano". De modo análogo, pode-se definir patologia das fundações como o "estudo dos danos provocados pelos movimentos da fundação". Para se resolver um problema que envolva patologia das fundações, é necessário seguir as mesmas etapas da medicina: anamnese; diagnóstico/prognóstico; tratamento (Tab. 8.1).

Tabela 8.1 Etapas do reforço de fundações.

Etapa	Medicina	Engenharia de fundações
Anamnese	– Idade, sexo – Alergias – Histórico de doenças – Remédios, vacinas	– Tipo de estrutura e fundação – Materiais usados e sua vida útil – Carregamento – Tempo de construção
Diagnóstico/ Prognóstico	– Sintomas fisiológicos e psíquicos – Ocorrência – Definição das causas	– Levantamento de danos e sua tipologia – Ocorrência/histórico – Causas dos danos
Tratamento	– Nenhum (defesa natural) – Tópico (remédios, tratamentos) – Generalizado (operação, transplante)	– Convivência com os danos (estabilização natural) – Reforço localizado – Reforço generalizado

8.2 DESEMPENHO DA FUNDAÇÃO

Admitindo-se um terreno sem nenhuma obra de engenharia, as tensões atuantes são apenas as geostáticas, decorrentes do processo de formação do solo e/ou rocha [Fig. 8.1(a)]. Ao ser construída uma obra, o seu carregamento será necessariamente transmitido ao terreno, que ficará sujeito a um novo estado de tensões, que pode ocasionar um desequilíbrio [Fig. 8.1(b)].

Há de se buscar nos projetos a compatibilização do carregamento da obra com as propriedades geomecânicas do terreno (resistência, compressibilidade e permeabilidade). O papel da fundação é transferir de modo adequado o carregamento ao terreno, de modo que o desempenho da obra seja satisfatório e atenda aos requisitos de segurança e uso desejados.

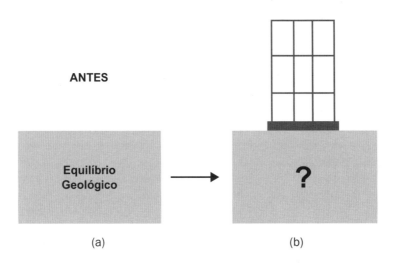

Figura 8.1 Efeito da obra de engenharia no terreno: (a) tensões geostáticas; (b) novo estado de tensões.

8.2.1 Requisitos de projeto

Nas obras geotécnicas, há uma peculiaridade importante: o material envolvido (solo ou maciço rochoso) não é artificial como o concreto ou o aço, que podem ser especificados para a construção projetada. Em uma fundação, ocorre exatamente o contrário, ou seja, o terreno é quem vai definir qual o tipo a ser adotado.

São três as premissas técnicas que um projeto de fundações deve atender:

1. **Estado Limite Último (ELU)**: a fundação deve apresentar uma adequada segurança quanto à ruptura;
2. **Estado Limite de Serviço (ELS)**: os movimentos da fundação devem ser limitados a valores que não provoquem danos à obra;
3. **Durabilidade**: a vida útil dos elementos de fundação deve ser pelo menos igual à vida da construção.

Para serem atendidos esses requisitos, a concepção, a execução e o uso da fundação devem seguir as etapas mostradas na Figura 8.2. Não se deve subestimar nenhuma dessas etapas, sob pena de se ter um mau desempenho da própria obra.

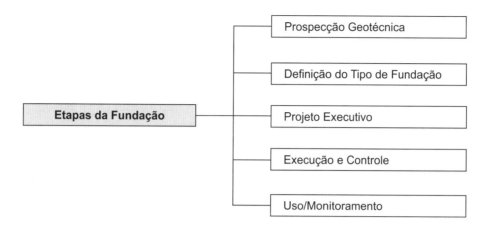

Figura 8.2 Etapas da fundação.

A. Estado Limite Último

Segundo a Norma NBR 6122, o estado limite último representa os mecanismos que conduzem ao colapso ou à ruptura da fundação. Quando são aplicadas cargas crescentes a uma fundação qualquer, o conjunto solo-fundação começa a mobilizar resistência, no sentido de reequilibrar o sistema. A fundação fica sujeita a deslocamentos verticais descendentes denominados recalques, que também são crescentes. Esse mecanismo continua até que seja mobilizada a máxima resistência do conjunto, quando os recalques crescem indefinidamente, caracterizando a ruptura da fundação (Fig. 8.3).

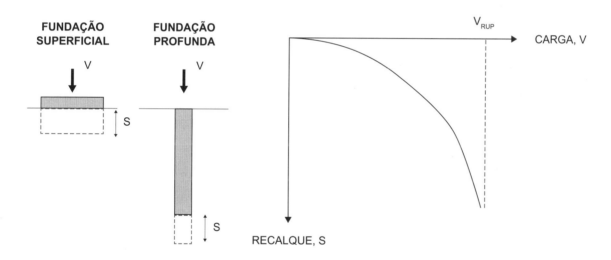

Figura 8.3 Curva carga-recalque de uma fundação.

Define-se capacidade de carga da fundação como a máxima carga suportada sem haver sua ruptura (V_{rup}). Dentro dos requisitos do projeto, é evidente que a carga de trabalho da fundação deve ser menor que a sua capacidade de carga.

A avaliação da segurança de uma fundação pode ser feita por diferentes modos, segundo a Norma ABNT NBR 6122:

1. uso de fator de segurança global;
2. uso de fatores de segurança parciais;
3. uso de métodos probabilísticos.

O uso de fator de segurança global é o critério mais utilizado na prática de fundações no Brasil. A carga de projeto é obtida dividindo-se a capacidade de carga por um fator de segurança. Trata-se de um critério puramente determinístico, e o seu valor depende de vários aspectos, tais como:

1. confiança na estimativa das solicitações;
2. variação das resistências e solicitações em relação aos valores médios de projeto;
3. combinação das solicitações;
4. consequências prováveis de um colapso;
5. confiança nos parâmetros geotécnicos.

A ABNT NBR 6122 estabelece os valores mínimos recomendados (Tab. 8.2). Para se ter a redução no fator de segurança de 3,0 para 2,0 em fundações superficiais, ou de 2,0 para 1,6 em fundações profundas, a Norma exige que sejam disponíveis os resultados de um número adequado de provas de carga estática realizadas *a priori*, ou seja, na fase de projeto, e que os elementos ensaiados sejam representativos do conjunto da fundação.

A Norma prevê, também, que quando forem levadas em consideração todas as combinações possíveis entre os carregamentos previstos nas normas estruturais, e o vento for a ação variável principal, é possível majorar a carga de projeto da fundação (superficial ou profunda). Em qualquer situação, deve ser feita a verificação dos elementos de fundação, que devem atender aos requisitos das respectivas normas técnicas (exemplo: estacas de concreto – ABNT NBR 6118).

Tabela 8.2 Fator de segurança global mínimo recomendado pela ABNT NBR 6122.

Condição de projeto	Fator de segurança mínimo	
	Superficial	Profunda
Capacidade de carga obtida por meio de métodos semiempíricos ou analíticos	3,0	2,0
Capacidade de carga obtida a partir de provas de carga estática realizadas *a priori*, ou seja, na fase de projeto	2,0	1,6

B. Estado limite de serviço

Segundo a ABNT NBR 6122, a verificação do estado limite de serviço em relação ao solo de fundação ou ao elemento estrutural de fundação deve atender a:

$$Ek \leq C \tag{1}$$

em que:

Ek é o valor característico do efeito das ações (por exemplo, o recalque estimado), calculado considerando-se parâmetros geotécnicos característicos e ações características;

C é o valor limite de serviço (admissível) do efeito das ações (por exemplo, recalque aceitável).

O valor limite de serviço para determinado efeito das ações é o valor associado a problemas de desempenho, que possam comprometer a estética, uso ou até mesmo a estabilidade da obra.

Burland e Wroth (1974) propuseram um conjunto de definições para descrever os movimentos da fundação (Fig. 8.4). O recalque absoluto ou total é o deslocamento vertical descendente da fundação. O recalque diferencial entre dois pontos é a diferença entre os valores dos respectivos recalques absolutos.

Um dos conceitos mais usados na previsão de patologias em edificações decorrentes de movimentos da fundação é a rotação relativa ou distorção angular (β). Quando a inclinação do prédio é nula, o seu valor coincide com o da rotação (θ), que pode ser calculada pela relação entre o recalque diferencial entre dois pontos e o seu vão, facilitando os cálculos.

PATOLOGIA DAS FUNDAÇÕES | 171

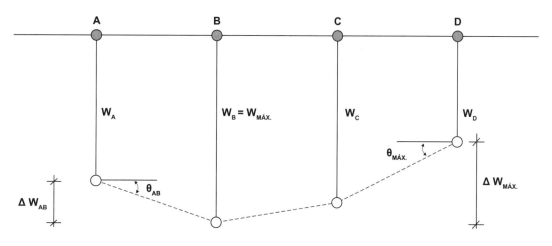
(a) Definições de recalque absoluto, recalque diferencial e rotação

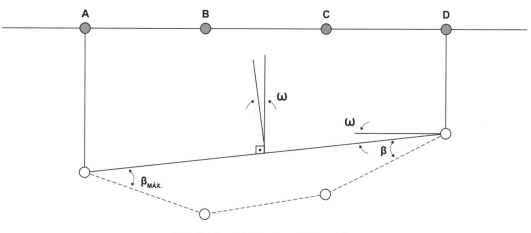
(b) Definições de inclinação e rotação relativa

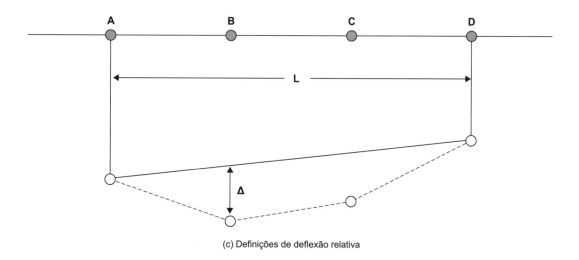
(c) Definições de deflexão relativa

Figura 8.4 Movimentos da fundação.
Fonte: Gusmão (1990).

Há vários trabalhos publicados que relacionam a ocorrência de danos a valores limites de movimentos da fundação (Polshin; Tokar, 1957; Bjerrum, 1963; Zhang; Ng, 2006). A Tabela 8.3 apresenta algumas dessas propostas e sua aplicabilidade.

A Tabela 8.4 mostra os valores admissíveis de recalque absoluto propostos por Polshin e Tokar (1957) A Tabela 8.5 apresenta os valores limites para a distorção angular propostos por Bjerrum (1963). Tais limites são muito utilizados na prática de projetos de fundações no Brasil.

Tabela 8.3 Critérios para definição dos movimentos admissíveis da fundação.

Critério	Danos associados	Referência
Recalque absoluto	– Estéticos – Funcionais	– Polshin e Tokar (1957) – Sowers (1962)
Distorção angular	– Estéticos – Funcionais – Estruturais	– Skempton e MacDonald (1956) – Bjerrum (1963)
Deformação máxima de tração	– Estéticos – Estruturais	– Burland e Wroth (1974)

Tabela 8.4 Valores admissíveis de recalque absoluto para edificações.

Tipo de fundação	Recalque absoluto limite (mm)	
	Terreno arenoso	Terreno argiloso
Sapata	25 a 40	65
Radier	40 a 65	65 a 100

Fonte: Polshin; Tokar (1957).

Tabela 8.5 Valores admissíveis para distorção angular em edificações.

Surgimento de patologia	Valor limite
Limite para a segurança para prédio em que não são permitidas fissuras	1 / 500
Limite em que é esperada a primeira fissura em painéis de alvenaria	1 / 300
Limite em que a inclinação de edifícios altos e rígidos pode se tornar visível a olho nu	1 / 200
Limite em que aparecem rachaduras em paredes de alvenaria	1 / 150
Limite de segurança para paredes de alvenaria flexível (H / L = 0,25)	1 / 150
Limite para aparecimento de danos estruturais	1 / 150

Fonte: Bjerrum (1963).

A Figura 8.5 mostra um caso de obra onde foram feitas sete medições de recalque durante toda a sua construção. Trata-se de um prédio com 15 pavimentos e fundação superficial tipo sapatas, associadas a um melhoramento do terreno com estacas de compactação.

A Figura 8.6 apresenta a evolução dos recalques com o carregamento do prédio. Nota-se que, na última medição (um pouco antes da entrega da obra), os recalques já estavam praticamente estabilizados.

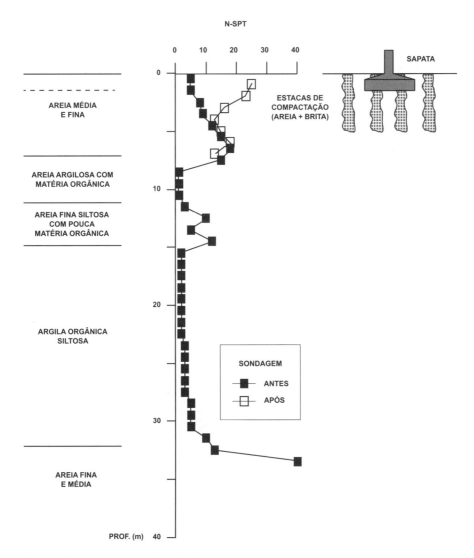

Figura 8.5 Perfil geotécnico e tipo de fundação.

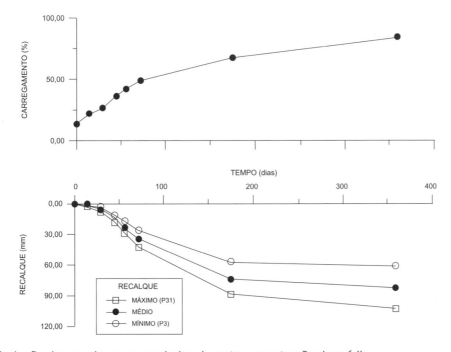

Figura 8.6 Evolução dos recalques acumulados durante a construção do prédio.

A Figura 8.7 apresenta as curvas de mesmo recalque (isorrecalques) obtidas na última medição. A Figura 8.8 mostra os recalques para o plano dos pilares P5 a P10. A partir dos valores medidos, têm-se:

1. Recalque absoluto máximo: 88 mm (P6)
2. Recalque diferencial máximo: 9 mm (P9 / P10)
3. Inclinação do prédio (w): (83-71) / 22.300 = 1 / 1858
4. Rotação entre os pilares: P5 / P6 ($q_{5/6}$) = (88-83) / 4200 = 1 / 840
5. Distorção angular entre os pilares: P5 / P6 ($b_{5/6}$) = (1/840) + (1/1858) = 1 / 578

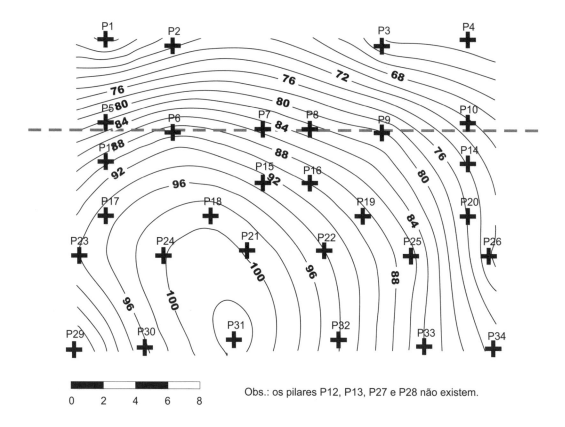

Figura 8.7 Curvas de mesmo recalque na última medição (isorrecalques).

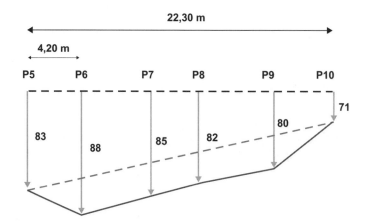

Figura 8.8 Recalques medidos no plano P5 a P10.

8.3 MOVIMENTOS DA FUNDAÇÃO

Os danos causados pelos movimentos da fundação podem ser classificados em estéticos, funcionais e estruturais (Burland; Broms; Mello, 1977), como mostra a Tabela 8.6.

Por outro lado, a maioria dos critérios usados para avaliação de danos em edificação faz a comparação entre os movimentos da fundação e os valores ditos limites ou admissíveis.

Tabela 8.6 Danos associados a movimentos da fundação.

Tipo de dano	Características	Exemplos
Estético	– Dano afeta apenas a aparência, sem comprometer o uso e a estabilidade da edificação	– Fissuras em painéis de estruturas aporticadas – Pequena inclinação de corpo rígido
Funcional	– Dano afeta o uso e/ou a funcionalidade da edificação	– Dificuldade para abertura de portas e janelas – Reversão de drenagem – Inclinação de poço de elevador
Estrutural	– Dano afeta os elementos estruturais e pode comprometer a estabilidade da edificação	– Fissuras em lajes, vigas e pilares em estruturas aporticadas – Fissuras em paredes de alvenaria estrutural

Fonte: Burland; Broms; Mello (1977).

A ocorrência de recalques diferenciais causa o surgimento de esforços secundários nos elementos estruturais. A Figura 8.9, por exemplo, mostra o caso de um painel de alvenaria apoiado em uma viga de concreto armado.

Admitindo-se que haja um recalque diferencial da coluna central em relação aos demais apoios (situação muito comum de ocorrer na prática), o recalque afeta a parede, a viga e os pilares. Surgem tensões cisalhantes nas faces na parede, e uma tração máxima a 45º (Fig. 8.10). Dependendo da magnitude, pode ocorrer o fissuramento da parede nessa direção, normalmente na junta entre os tijolos (Fig. 8.11).

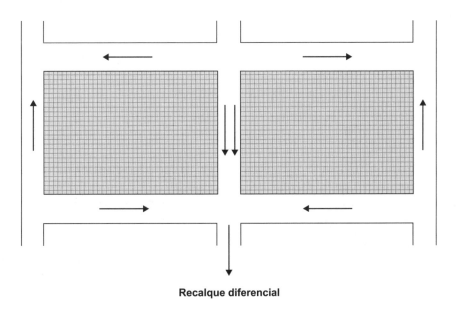

Figura 8.9 Parede de alvenaria em estrutura aporticada.

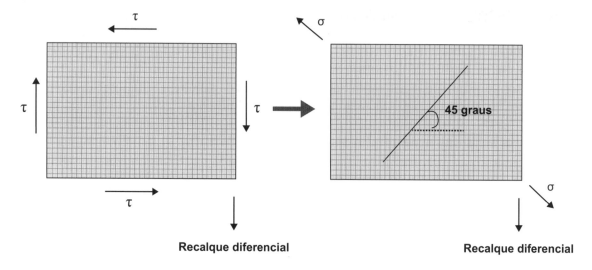

Figura 8.10 Esforços adicionais na alvenaria devido ao recalque diferencial.

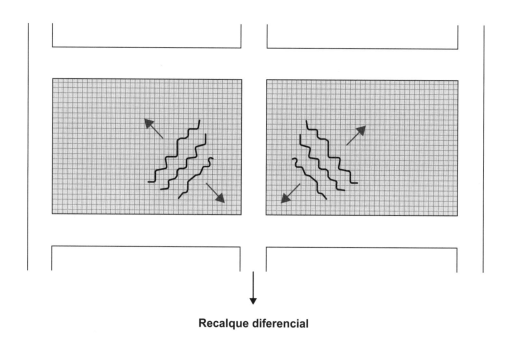

Figura 8.11 Fissura na alvenaria.

A Figura 8.12 apresenta o modelo de cálculo da viga, admitindo-se apoios indeslocáveis. O recalque também provoca o surgimento de momentos negativo e positivo nos apoios periférico e central da viga, respectivamente. Se a viga não estiver devidamente armada, pode haver fissuramento, conforme indicado na Figura 8.13.

Finalmente, o recalque também provoca uma redistribuição das cargas nos pilares, havendo migração de carga do pilar central para os pilares extremos. O acréscimo de carga pode provocar o esmagamento do pilar (Fig. 8.14).

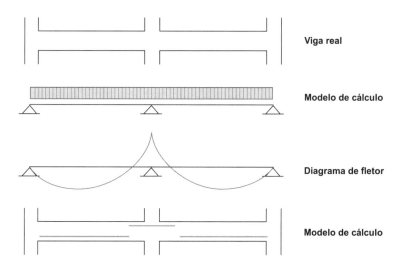

Figura 8.12 Modelo de cálculo da viga com apoios indeslocáveis.

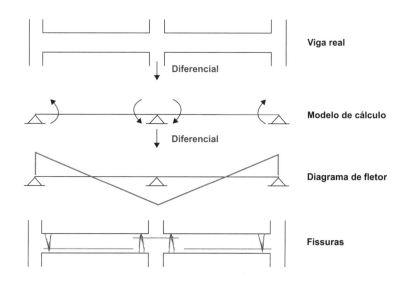

Figura 8.13 Esforços adicionais e fissura na viga devido ao recalque diferencial.

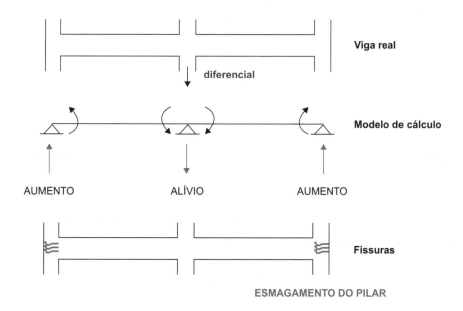

Figura 8.14 Esmagamento dos pilares devido ao recalque diferencial.

No caso de edificações com estrutura de alvenaria autoportante, o padrão de fissuramento é influenciado pela presença de aberturas (janelas e portas), como mostrado esquematicamente na Figura 8.15.

Há também que se considerar a rigidez da estrutura na redistribuição dos esforços (Gusmão, 1990). Se a deformada de recalques for uniforme, há apenas uma translação da estrutura (sem inclinação), e não surgem esforços adicionais, mesmo sendo ela flexível ou rígida. Se, ao contrário, a deformada não for uniforme, a estrutura perfeitamente flexível acompanha os movimentos do terreno e não há esforços adicionais. Se, no entanto, for uma estrutura rígida, há significativa redistribuição de esforços.

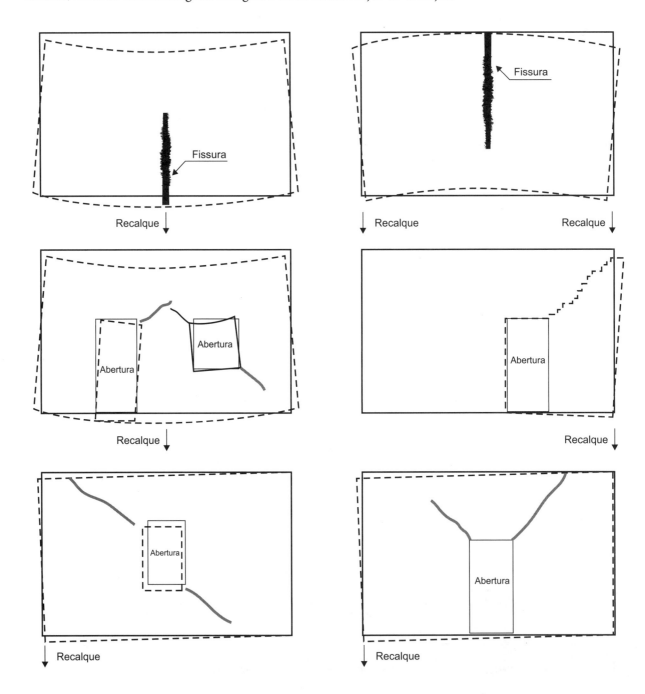

Figura 8.15 Exemplos de fissuras causadas por recalques em paredes autoportantes.

Fonte: Grimm (1988) *apud* Holanda Jr. (2002).

8.4 INSTRUMENTAÇÃO PARA MEDIÇÃO DOS RECALQUES

Atualmente, o monitoramento de edificações ainda se restringe apenas à medição dos recalques. Ainda não se tem uma metodologia suficientemente difundida para medição das cargas nos apoios dos prédios, mas há alguns estudos recentes, em andamento, que se mostram promissores.

O monitoramento de recalques no Brasil sempre esteve associado a obras com desempenho insatisfatório, com manifestações patológicas e muitas vezes necessidade de reforço das fundações. No entanto, há que se considerar, como destacam Danziger, Danziger e Crispel (2000a, 2000b), que as medições de recalques durante longos períodos nas fundações de obras em Santos constituem importantes contribuições para a Engenharia Brasileira, revelando o comportamento real dessas obras e norteando os projetos mais recentes de fundações (Machado, 1957).

Um caso interessante de mudança desse paradigma ocorreu em Recife, que na atualidade é a cidade onde mais se mede recalque de prédios no Brasil. Desde o início da década de 1990, tem sido feito um trabalho de conscientização da necessidade do monitoramento dos recalques, usando-se as seguintes estratégias:

1. o monitoramento deve ser encarado como um controle tecnológico da obra, a exemplo de tantos outros, como controle da resistência do concreto;
2. o monitoramento permite melhor entendimento do comportamento de uma edificação, e uma retroanálise dos parâmetros dos solos, o que tem conduzido a projetos mais arrojados (e nem por isso menos seguros);
3. o monitoramento permite identificar com mais segurança as causas de eventuais manifestações patológicas que possam surgir nos prédios, onde normalmente a fundação é colocada em suspeita (neste caso, quem tem exigido o monitoramento são as empresas executoras de fundações).

Passados 20 anos de um extenso trabalho de conscientização que se propagou entre projetistas e consultores geotécnicos, em algumas cidades brasileiras, em 2010 a ABNT NBR 6122 tornou o monitoramento de recalque obrigatório, nos seguintes casos:

1. estruturas nas quais a carga variável é significativa em relação à carga total, tais como silos e reservatórios;
2. estruturas com mais de 55,0 m de altura do piso do térreo até a laje de cobertura do último piso habitável;
3. relação altura/largura (menor dimensão) superior a quatro;
4. fundações ou estruturas não convencionais.

Segundo a norma, o monitoramento de recalque também será necessário quando, no decorrer de sua vida útil, a edificação apresentar desempenho insatisfatório, com presença de manifestações patológicas significativas decorrentes de movimentos nas fundações.

Outro aspecto interessante é que o monitoramento representa um custo muito baixo em comparação com o custo total da obra, ou mesmo em comparação com outros ensaios e controles, tais como provas de carga estática e ensaios de carregamento dinâmico.

8.4.1 Instrumentos

A instrumentação utilizada para medição dos recalques de fundação tem o objetivo de obter os deslocamentos verticais descendentes a partir de pontos de referência instalados, geralmente, nos pilares da estrutura.

O procedimento aplicado é muito simples e consiste na utilização de nível óptico de precisão, referência de nível profunda (RN), mira (instrumento graduado) e pinos (Fig. 8.16).

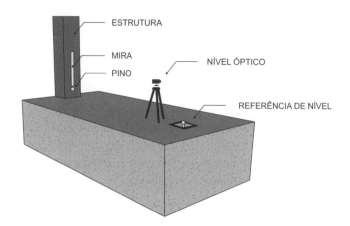

Figura 8.16 Procedimento para monitoramento de recalque.

O método utiliza a desigualdade de cotas entre dois pontos, um fixo e o outro desejado, para obter a medida de recalque absoluto máximo. Conhecendo-se a distância entre os pontos, é possível calcular a rotação entre os pilares, a inclinação do prédio e o recalque distorcional específico ou distorção angular.

O projeto de fundação deve estabelecer o programa de monitoramento e todas as etapas que serão apresentadas a seguir.

A. *Nível óptico*

É um instrumento de precisão que tem por finalidade a medição de desníveis entre pontos que estão a distintas alturas e/ou é utilizado para transladar a cota de um ponto conhecido a outro desconhecido. O conjunto do nível óptico é composto por um tripé, luneta e um micrômetro.

Os níveis geralmente utilizados possuem sensibilidade na leitura individual de 0,01 mm, alcançando uma precisão global, em uma mesma medição, de até 0,3 mm, dependendo das condições de contorno. Quando o nível possui micrômetro integrado, é possível obter medidas em milésimo de milímetros e sensibilidade na leitura individual de 0,001 mm (Fig. 8.17).

O nível óptico deve ser calibrado em um período máximo de doze meses ou sempre que houver a percepção de resultados inconsistentes ou divergências observadas em campo. Também poderá ser utilizado durante as medições, e, ao mesmo tempo, dois níveis com operadores distintos para a realização das leituras, evitando retrabalho por inconsistência dos resultados.

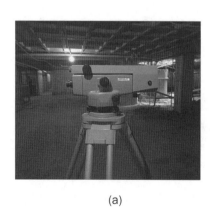

(a) (b) (c)

Figura 8.17 Nível óptico: (a) com micrômetro acoplado; (b) posicionamento no tripé; (c) em obra com utilização de dois equipamentos.

B. Referência de nível (RN)

A referência de nível (RN) pode ser profunda (conhecida como *benchmark*) ou superficial. O superficial está mais sujeito a deslocamentos provocados por várias causas, tais como choques, vibrações decorrentes de tráfego de veículos, entre outras. Esse problema, no entanto, pode ser minimizado por meio da escolha do ponto de instalação. Em qualquer caso, é recomendável que sejam instaladas pelo menos duas RN. Ressalta-se, ainda, que a RN superficial sempre medirá os recalques diferenciais (que são os mais importantes), independentemente de se movimentar ou não.

A referência de nível profunda, *benchmark*, tem a finalidade de fornecer um ponto fixo de referência que será o ponto de partida inicial de todas as leituras de cotas obtidas na medição de recalque. É geralmente instalada em camadas profundas do perfil geotécnico local para que se possa admitir que seja indeslocável.

A primeira etapa de sua instalação consiste na execução de um pré-furo, que pode ser de sondagem à percussão (SPT) e/ou rotativa, de Ø 2"1/2 a 3", onde é inserido um tubo de aço galvanizado de uma polegada de diâmetro até a profundidade de substrato firme ($N_{SPT} > 50$ golpes) e impenetrável na sondagem.

Os tubos disponíveis no mercado costumam ter 6 m de comprimento. Dessa maneira, para atingir profundidades maiores que 6 m, os tubos são rosqueados uns aos outros, por meio de luvas e cola epóxi adesiva, aplicada nas roscas dos tubos e luvas. Após a colocação do último tubo, é injetada no interior do mesmo uma nata de cimento, com a finalidade de fixá-lo junto à camada impenetrável.

Logo após o posicionamento do tubo de 1" de diâmetro, deve-se instalar um tubo externo de 2" de diâmetro e comprimento mínimo de 3 m, que terá como finalidade proteger a RN de possíveis interferências externas, vibrações ou quaisquer outros fatores que possam alterar suas características de referencial. Em seguida, deve-se injetar graxa grafitada e anticorrosiva no espaço anelar entre os dois tubos (Fig. 8.18).

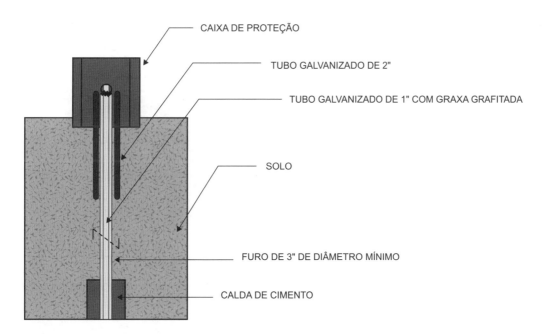

Figura 8.18 Detalhe da referência de nível (RN).

A referência de nível (RN) é feita da união de um tarugo de duas polegadas, peça cilíndrica de latão de comprimento de 6 cm, e um pedaço de barra de aço galvanizado de uma polegada e 10 cm de comprimento, que deve ser rosqueada ao tubo de 1" de diâmetro, por meio de luva e cola epóxi adesiva. Para proteger a RN, instala-se uma caixa de concreto, com tampa, que deverá ser identificada e isolada com fita zebrada durante a execução da obra, conforme detalhes apresentados na Figura 8.19.

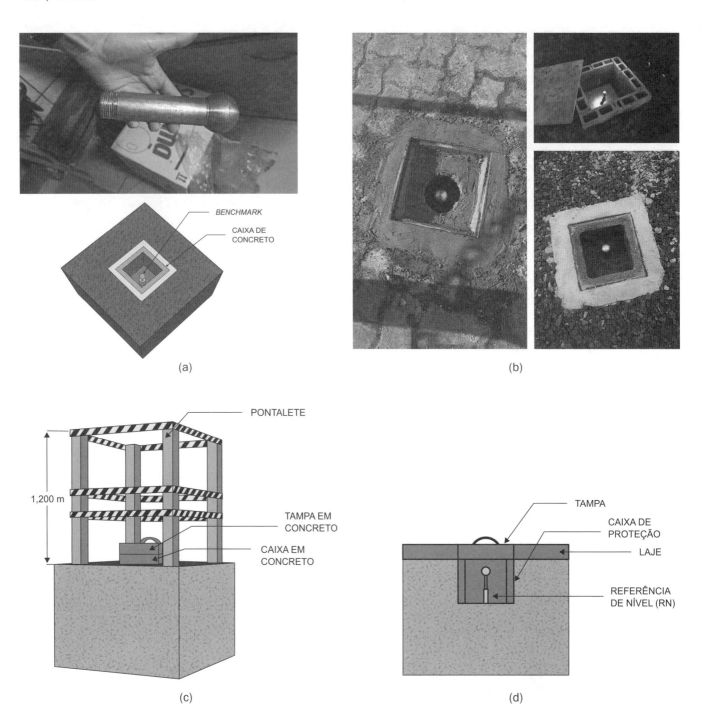

Figura 8.19 Detalhes: (a) da referência de nível (RN); (b) dos modelos de caixas de proteção; (c) do isolamento em obra; e (d) da caixa de proteção instalada.

C. Mira

A mira é um instrumento graduado, em chapa de invar, que não sofre influência da temperatura. É posicionada na extremidade do pino macho para a realização das leituras de cotas no nivelamento e nas medições seguintes. Em geral, é posicionada com auxílio de um nível bolha de cantoneira. Após o posicionamento da mira sobre o pino, é possível obter a leitura de cota de cada pilar com o auxílio do nível óptico, assim como a cota da RN (Fig. 8.20).

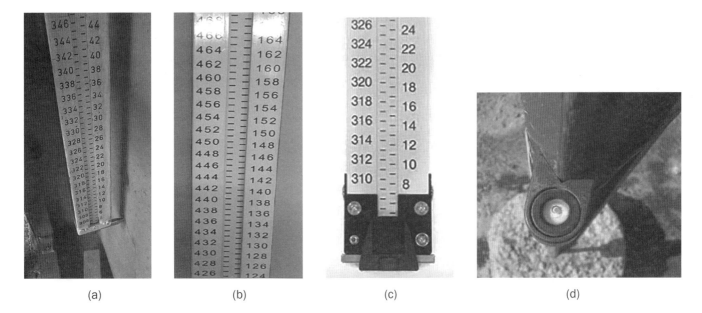

Figura 8.20 Mira de invar: (a) posicionada; (b) detalhe da escala; (c) detalhe da base; e (d) detalhe do nível cantoneira.

D. Pino de leitura

Há vários tipos de pinos que podem ser usados na medição de recalque. Normalmente, são fabricados em aço inoxidável, e usam um sistema tipo macho e fêmea. O elemento fêmea é confeccionado em latão (liga metálica de cobre e zinco) e instalado permanentemente nos elementos estruturais a serem observados (por exemplo, a face de um pilar). A Figura 8.21 mostra modelos de pino utilizados no Brasil.

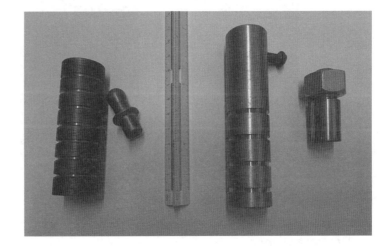

Figura 8.21 Modelos de pinos tipo macho e fêmea.

A instalação do pino fêmea é feita em pré-furo executado na estrutura (em geral, face do pilar), limpo e sem presença de poeira, fixado com massa colante, tipo epóxi, no ponto a ser monitorado. O furo no pilar, para sua instalação, deve ser executado a uma distância aproximada de 30 cm de altura do piso acabado e pelo menos 2 m entre o pino e o teto, para garantir o posicionamento da mira de leitura. Atentar para a definição do comprimento do pino fêmea a ser determinado em função do tipo de revestimento do pilar, que deve ser de pelo menos 4 cm de embutimento no pilar sem revestimento e 8 cm no pilar com revestimento.

É necessário um pino fêmea para cada pilar instrumentado e um pino macho por obra. A cada medição de recalque, o pino macho é rosqueado ao fêmea para leitura e logo após removido, para lhe evitar dano e o comprometimento das medições seguintes. Recomenda-se a identificação do pino macho para que seja utilizado sempre o mesmo pino desde o nivelamento até a medição final.

O pino macho deve possuir na sua extremidade uma base esférica, onde a mira de medida se apoia, sempre no mesmo ponto. O trecho de acoplamento tem uma geometria tronco-cônica que garante perfeito acoplamento entre os elementos macho e fêmea e eliminação de erros inerentes de pequenas folgas (Figs. 8.22 e 8.23).

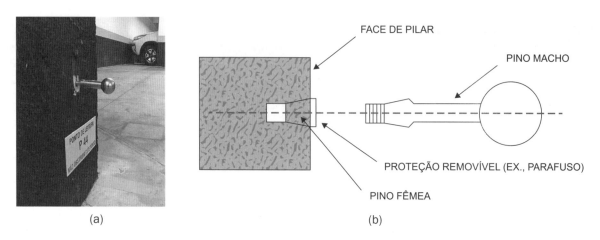

Figura 8.22 Detalhes: (a) instalação do pino; (b) acoplamento dos elementos macho e fêmea.

Na Figura 8.23, pode ser visto o pino macho rosqueado ao pino fêmea com a mira posicionada. Após as leituras, deve-se manter a integridade física dos pinos fêmeas instalados, sendo recomendada a colocação de um parafuso com intuito de prevenir sujidades.

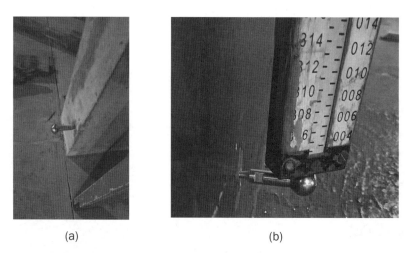

Figura 8.23 Detalhes do pino instalado (a) e com mira posicionada (b).

8.4.2 Planejamento

O planejamento para a realização do controle de recalque é essencial para assegurar um monitoramento bem-sucedido. É nessa etapa que deve o projetista e/ou consultor geotécnico definir a quantidade, o tipo e o local da referência de nível (RN), os pilares a serem instrumentados e o cronograma de medições de recalque, conforme necessidades da obra.

A. Programa e projeto de caminhamento

O programa de instrumentação deve definir em quais pilares serão instalados os pinos, sendo a escolha dos pilares de suma importância para o entendimento do comportamento da estrutura em sua totalidade, a fim de obter o maior número de informações, observando-se as cargas a que cada pilar está sujeito. É importante ressaltar que a instrumentação deve ser específica para cada obra e, sempre que possível, devem-se instalar pinos em todos os pilares.

O projeto de caminhamento apresenta as posições da RN, dos pilares instrumentados e do nível óptico durante todo o percurso necessário para a realização de cada medição. Nessa fase, com objetivo de facilitar as medições, é que se define a posição dos pinos nos pilares. A Figura 8.24 apresenta modelo de projeto de caminhamento.

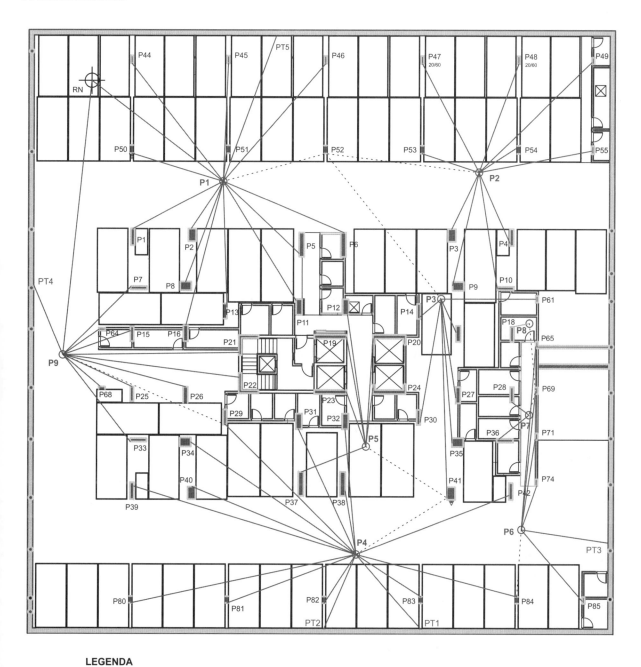

LEGENDA

Figura 8.24 Modelo de projeto de caminhamento.

O planejamento para a realização do controle de recalque é essencial para assegurar um monitoramento bem-sucedido. É nessa etapa que deve ser definido o local da referência de nível (RN), os pilares a serem instrumentados e o posicionamento do nível óptico durante as medições. Tais definições servem para facilitar a execução dos serviços, evitar obstruções dos pilares instrumentados, como: instalação de depósito de materiais, equipamentos, presença de veículos, fechamentos e outras obstruções que inviabilizem o acesso aos pontos instrumentados; além de minimizar possíveis erros da equipe técnica responsável pelas medições de recalque.

Para elaboração do projeto de caminhamento, são necessários:

1. projeto de implantação;
2. projeto de fundação;
3. planta de locação e cargas;
4. projeto de arquitetura;
5. projeto de instalações hidrossanitárias;
6. projeto de drenagem;
7. planta de formas;
8. cortes de todo o empreendimento.

Inicialmente, para o desenvolvimento do projeto de caminhamento devem-se limpar as plantas, deixando somente as informações necessárias de cada projeto, conforme a seguir:

1. locação e cargas: pilares;
2. fundação: numeração, geometrias, cargas e formas;
3. hidrossanitária: tubos, caixas de passagens, reservatórios e torneiras que desembocam próximos de cada pilar;
4. drenagem: trincheiras, tubos, caixas de passagem e reservatório;
5. arquitetura: linha das vagas, vedações (paredes) e pilares.

Sobrepor e compatibilizar as plantas obtidas no item anterior, de tal forma que outras informações contidas nos projetos, não listadas, devem ser apagadas para melhor visualização da planta pelo operador de nível, em campo.

Escolher até duas posições possíveis para a RN que devem evitar os empecilhos do subsolo, conforme plantas sobrepostas, visando a um local que atenda todo o caminhamento da obra (pilares a serem lidos), local com menor fluxo de pessoas, veículos e cargas e que tenha acesso viável após a entrega da obra, caso haja necessidade de leituras posteriores.

Definir a quantidade de RN conforme as seguintes condições:

1. caminhamento até o fechamento com o mínimo possível de visadas de ré;
2. caso a RN fique distante dos pilares selecionados no caminhamento (distância maior que 15 m), utilizar pinos de transferência de cota (PT) até que se chegue aos pilares a serem monitorados.

Os pilares a serem instrumentados devem ser indicados pelo projetista/consultor da obra, observados os seguintes critérios:

1. pilares mais carregados;
2. pilares externos de canto;
3. pilares sobre fundações duvidosas (ensaiadas por ensaio de baixa deformação: PIT, PET, entre outros), gráficos executivos normais e outros;

4. pilares com fundações distintas;
5. pelo menos dois pilares com cargas mínimas para servirem de pilares de transição de cota (PT);
6. quando houver limitações na quantidade de pilares a serem instrumentados, evitar selecionar mais de um pilar sobre o mesmo bloco de fundação, com exceção para casos particulares.

Para elaborar o projeto de caminhamento, deve-se atentar para os seguintes critérios:

1. todo caminhamento deverá ser iniciado e finalizado pela RN;
2. definir as posições (pontos de visadas) do nível óptico;
3. escolher a maior quantidade de pilares na mesma visada;
4. considerar o alcance máximo do nível de 15 m por visada.

B. Cronograma

O monitoramento de recalque é um controle de desempenho que deve ser realizado no início e durante a execução da obra até a sua entrega, para análise comparativa com as previsões de projeto e validação da conformidade do desempenho das fundações.

De modo geral, deve-se concentrar um maior número de medições nas etapas de concretagem da estrutura e assentamento de alvenaria, por representarem cerca de 60 % do carregamento de um prédio (excluindo-se os efeitos da ação do vento), conforme a Tabela 8.7.

Tabela 8.7 Recomendação da frequência mínima de monitoramento de recalques.

Etapa	Nº de medições (mínimos)
Até a concretagem da 1ª laje	Instalação dos pinos + Nivelamento
Até a concretagem da cobertura	02
Até o final do assentamento da alvenaria	01
Até o final do revestimento interno e externo	01
Até o final do assentamento de piso	01
Antes da entrega do prédio	01
Total	**07**

Nesse caso, o cronograma de medição de recalque deve ser indicado pelo projetista/consultor da obra. O cronograma leva em conta os serviços a serem executados, com base no planejamento executivo da obra, sendo recomendadas as leituras a cada quatro ou cinco lajes, conforme modelo sugerido na Figura 8.25. O cronograma deverá conter as medições programadas e as medições executadas.

Programado		Executado	
REVEST.	6ª MEDIÇÃO – 16/05/2022	REVEST.	6ª MEDIÇÃO – 30/06/2022
ÁTICO		ÁTICO	
COB.	5ª MEDIÇÃO – 02/02/2022	COB.	5ª MEDIÇÃO – 21/03/2022
16º PAV		16º PAV	
15º PAV		15º PAV	
14º PAV		14º PAV	
13º PAV	4ª MEDIÇÃO – 13/12/2021	13º PAV	4ª MEDIÇÃO – 05/01/2022
12º PAV		12º PAV	
11º PAV		11º PAV	
10º PAV		10º PAV	
9º PAV	3ª MEDIÇÃO – 29/10/2021	9º PAV	3ª MEDIÇÃO – 04/11/2021
8º PAV		8º PAV	
7º PAV		7º PAV	
6º PAV		6º PAV	
5º PAV	2ª MEDIÇÃO – 20/09/2021	5º PAV	2ª MEDIÇÃO – 23/10/2021
4º PAV		4º PAV	
3º PAV		3º PAV	
2º PAV		2º PAV	
1º PAV	1ª MEDIÇÃO – 05/08/2021	1º PAV	1ª MEDIÇÃO – 02/08/2021
TÉRREO		TÉRREO	
1º SS		1º SS	
2º SS		2º SS	
3º SS	NIVELAMENTO – 26/04/2021	3º SS	NIVELAMENTO – 14/05/2021
4º SS		4º SS	
5º SS		5º SS	

Figura 8.25 Modelo de cronograma da obra.

Segundo Milititsky, Consoli e Schnaid (2015), a periodicidade das medidas relaciona-se com os efeitos a serem acompanhados, podendo ser diárias, em casos especiais ou situações de risco, semanais, nos casos de escavações, mensais ou bimensais como condição de rotina, semestrais ou anuais, quando os efeitos a verificar são de longo prazo.

C. Procedimentos de leituras

Deve-se fazer o nivelamento dos pilares instrumentados, usando como ponto de partida e fechamento de medição a RN, lembrando que o fechamento é executado após realização da leitura de todos os pinos fêmea instalados nos pilares.

Mede-se a cota da RN transferindo-se as leituras para os pilares. As leituras são feitas por meio de nível óptico e mira, apoiada aos pinos de leitura instalados aos pilares. Após realizar a leitura de todos os pilares, deve-se voltar até que se realize o fechamento de leituras na RN. Após isso, realizam-se as leituras dos pilares que foram utilizados como "ré", seguindo os mesmos padrões até o fechamento na RN.

Têm-se os recalques da edificação a partir da realização da 1ª medição, pois os recalques serão obtidos pelas diferenças de cotas entre o nivelamento e as medições subsequêntes.

Para posicionamento do nível, ele deve ser fixado no tripé de modo que os dispositivos de calagem estejam entre os vãos dos pés, conforme Figura 8.26. Regulam-se os dispositivos de calagem com o objetivo de centralizar a bolha de nível no círculo, para que, dessa forma, o aparelho fique "bolhado" para o início da medição; lembrando que o posicionamento inicial do nível deve proporcionar visão à RN e ao maior número possível de pilares instrumentados.

Figura 8.26 Posicionamento do nível.

A mira com o nível de bolha é posicionada na RN para leitura inicial, logo após é feita a sequência do caminhamento em planta dos pilares instrumentados. Dessa forma, rosqueia-se o pino de leitura no pino fêmea do pilar a ser lido. Para os pilares seguintes, fora da visão do nível óptico, muda-se o equipamento de posição, de modo que será realizada uma leitura de "ré" no último pilar lido na posição anterior, desta maneira possibilitando a visibilidade dos pilares sequenciais do caminhamento.

Como sugestão, após o fechamento da leitura, deve-se realizar uma nova leitura das "rés", sendo esta chamada de conferência. Consiste basicamente no auxílio à leitura principal para correção de possíveis erros.

No caso de haver pinos arrancados, danificados ou impossibilitados de serem lidos, deve-se informar o engenheiro(a) da obra solicitando a reinstalação deles.

Os dados coletados em campo devem ser lançados em planilha Excel, com tabelas distintas para cada nível.

D. Relatório

O relatório das medições de recalque deve conter as informações listadas a seguir:

1. dados gerais da obra;
2. responsáveis técnicos pela medição de recalque;
3. descrição detalhada dos equipamentos utilizados;
4. data e horário do nivelamento e das medições;
5. detalhes da execução da referência de nível;
6. levantamento dos quantitativos, em caso de edificação em construção, para cada medição;
7. recalques absolutos máximos, por medição;
8. recalques diferenciais máximos, por medição;
9. recalques absolutos acumulados;
10. inclinação do prédio, por medição;
11. rotação entre pilares, por medição;
12. distorção angular entre os pilares, por medição;
13. velocidades de recalque, por medição;
14. curvas de isorrecalque;
15. relatório de calibração dos níveis ópticos.

Para gerar as curvas de isorrecalque, pode-se utilizar o *software Surfer*, conforme exemplo apresentado na Figura 8.27.

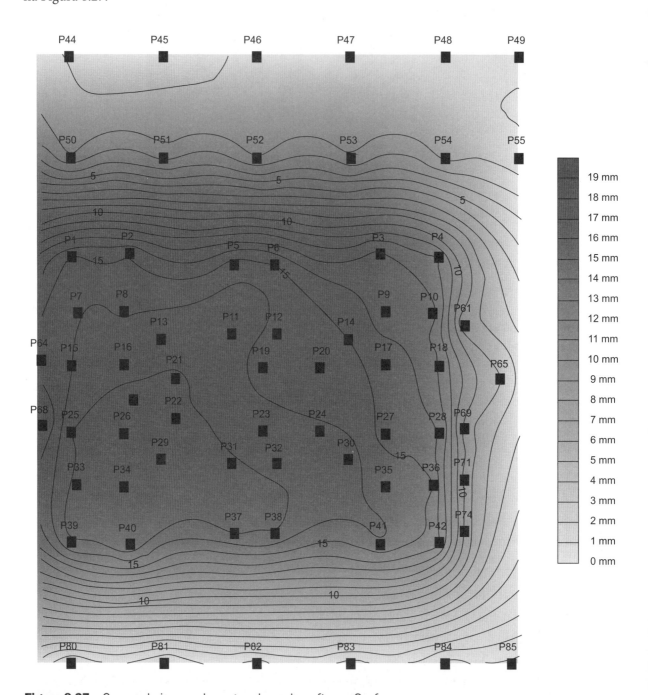

Figura 8.27 Curvas de isorrecalque geradas pelo *software Surfer*.

8.5 ESTUDO DE CASOS

8.5.1 Caso I

Caracterização da estrutura

Trata-se de uma estrutura aporticada de concreto armado com 26 lajes e 62 pilares, sendo 18 na lâmina e 44 na periferia. As cargas verticais permanentes nos pilares da lâmina variam de 3676 a 21.705 kN e, na periferia, variam de 100 a 1870 kN. Há ainda esforços devido à ação do vento na estrutura.

Há um pavimento semienterrado na cota –1,90 m em relação ao nível de meio-fio da avenida principal da orla. As fundações projetadas e executadas são superficiais do tipo sapatas isoladas ou associadas, assentes no terreno natural na cota – 4,40 m.

Caracterização do terreno e da fundação

Durante a fase de projeto do edifício, foram feitas várias sondagens de reconhecimento (SPT e rotativa). As Figuras 8.28 e 8.29 mostram duas sondagens típicas do terreno, onde pode ser observada a presença de uma espessa camada de argila siltosa com matéria orgânica (ou silte argiloso), cinza-escuro, muito mole a mole, entre as cotas –14,5 a –24,0 m.

O nível d'água freático aparece entre as cotas –3,5 e –4,5 m. Alguns fatos relevantes observados nas sondagens devem ser ressaltados: (i) a espessura do arenito diminui na direção da praia (leste) e na direção sul; (ii) na parte sudeste da área da lâmina, praticamente o arenito desaparece; (iii) apenas a Sondagem SP 01 apresenta baixa resistência a penetração (N_{SPT}) na cota de fundação (–4,4 m), o que pode indicar a presença de um bolsão de areia fofa na parte sudeste do terreno.

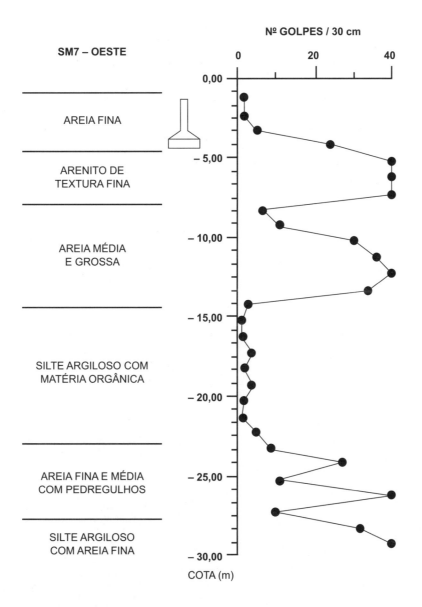

Figura 8.28 Sondagem de reconhecimento – Lado oeste.

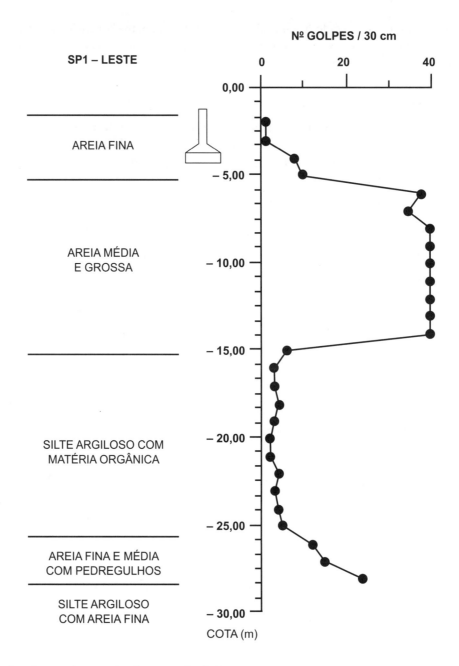

Figura 8.29 Sondagem de reconhecimento – Lado leste.

A Figura 8.30 apresenta a forma das sapatas da lâmina do prédio. Observa-se que as sapatas dos pilares P2 a P8 apresentam um formato pouco usual. A taxa de trabalho das sapatas é da ordem de 450 kPa para o carregamento sem a ação do vento.

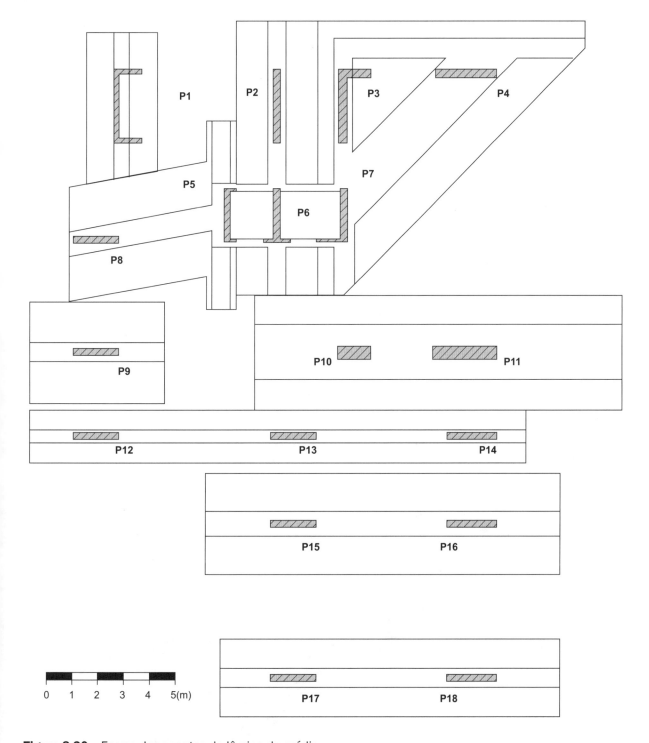

Figura 8.30 Forma das sapatas da lâmina do prédio.

Histórico

O prédio foi construído no final da década de 1980 (provavelmente entre 1987 e 1990), e sua ocupação pelos moradores começou no início da década de 1990.

Segundo relatos contidos nos relatórios e entrevistas com alguns moradores, os danos no prédio começaram a surgir desde o início da sua ocupação. Desde então, esses danos foram se agravando, especialmente nos dois pavimentos inferiores de garagem e no mezanino.

Os danos incluíam fissuras e trincas em alvenarias, vigas, lajes e pilares, além de um acentuado desaprumo do prédio nas direções leste e sul.

A partir de 1992, o prédio começou a ser monitorado com medições periódicas de recalques e desaprumo das fachadas. Além disso, havia acompanhamento da evolução de algumas fissuras.

A Figura 8.31 mostra a curva de evolução dos recalques dos pilares da lâmina entre 1992 e 2002. Observa-se que os recalques absolutos variaram de 74,4 a 123,3 mm na última medição (21/08/2002), e que as leituras não mostravam uma tendência de estabilização. Nesse período, a velocidade parcial de recalques manteve-se praticamente constante ao longo daqueles dez anos, com valor aproximado de 25 micra/dia, que corresponde a 9,1 mm/ano.

A Figura 8.32 mostra as curvas de isorrecalques aferidas na última medição. Observa-se que os maiores recalques ocorreram nos pilares localizados nas áreas leste e sul do terreno (P11, P14, P16 e P18), e com isso houve um desaprumo do prédio.

A Figura 8.33 mostra a evolução do desaprumo do prédio entre 1998 e 2000. Observa-se que houve um crescimento praticamente linear do desaprumo, cujo valor na direção leste (1/175) já era superior a 1/200, que normalmente é considerado limite para estruturas desse tipo.

É importante ressaltar que o excessivo desaprumo provoca uma translação do centro de gravidade do prédio para a sua frente, o que faz com que haja uma redistribuição de cargas na fundação do prédio. O acréscimo de carga nos pilares da frente do edifício pode ocasionar novos recalques diferenciais não previstos, aumentando ainda mais o desaprumo do prédio, e vice-versa.

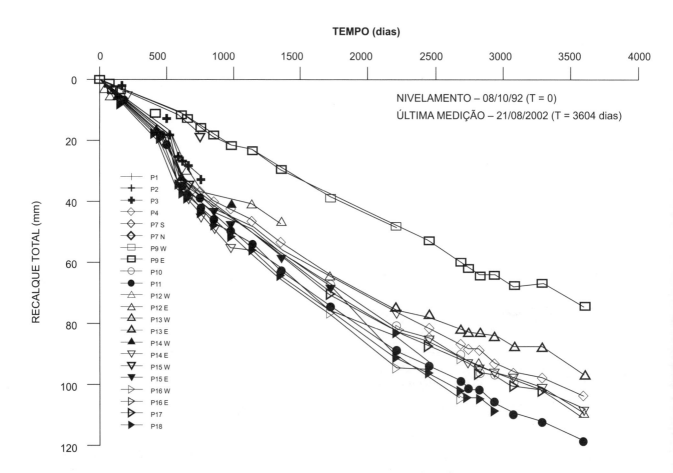

Figura 8.31 Evolução dos recalques da lâmina do prédio entre 1992 e 2002.

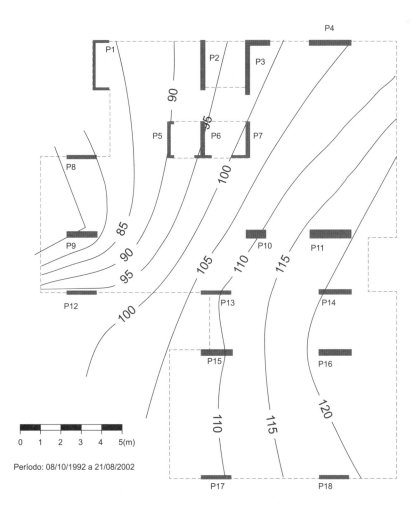

Figura 8.32 Curvas de isorrecalques da lâmina do prédio na última medição – antes do reforço (21/08/2002).

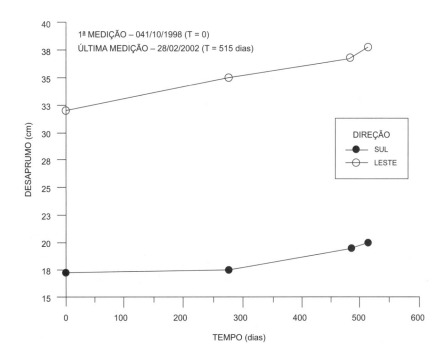

Figura 8.33 Evolução do desaprumo do prédio entre 1998 e 2000 – antes do reforço.

Diagnóstico

Com o objetivo de estabelecer um diagnóstico para os problemas que tinham surgido no prédio, foi feito um levantamento completo dos danos surgidos na edificação, especialmente nos dois pavimentos de garagem e no mezanino.

O levantamento mostrou que a maior parte dos danos com fissuras se localizava nos pavimentos de garagem, especialmente no trecho de ligação da torre do prédio com a sua periferia.

Diante do quadro de danos e dos resultados do monitoramento do prédio, concluiu-se que o diagnóstico era de que a torre do prédio recalcou mais que a periferia, e que os pilares localizados nas áreas leste e sul do terreno (P11, P14, P16 e P18) recalcaram mais que os demais, fazendo com que houvesse desaprumo da estrutura da torre nas direções leste e sul. Como as estruturas da torre e da periferia estavam ligadas sem qualquer tipo de junta, houve desaprumo da periferia no sentido inverso ao da torre, ou seja, nos sentidos oeste e norte (Fig. 8.34). Esse mecanismo de movimentação do prédio justificou o aparecimento de todos os danos observados.

No ano de 2002, após uma negociação com o condomínio do edifício, a construtora ficou responsável pela execução do reforço das fundações do prédio, para permitir a estabilização dos seus recalques.

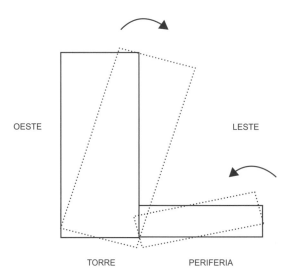

Figura 8.34 Mecanismo de desaprumo da estrutura.

Reforço das fundações

O projeto de reforço das fundações foi concebido com 172 microestacas injetadas com 28 m de comprimento. Tais estacas são do tipo autoperfurantes e consistem em barras trefiladas com um furo central em toda a sua extensão. Essas barras são unidas por luvas reforçadas, tendo em sua extremidade uma broca tricone reforçada com widea para perfuração de rochas brandas (arenito/calcáreo) e com orifícios para injeção de calda de cimento.

Inicialmente, foi executada uma microestaca piloto, onde se realizou uma prova de carga à compressão (Fig. 8.35). Foi, então, fixada uma carga admissível de 1150 kN. Ressalta-se que, pela curva carga-recalque, para a estaca mobilizar essa resistência o recalque necessário foi de 5 mm.

A concepção inicial do projeto previa o reforço das fundações de todos os pilares da lâmina do prédio. Posteriormente, em função de discussões técnicas entre os diferentes profissionais envolvidos, ficou definido que o reforço deveria ser executado em duas etapas:

- **1ª etapa**: contemplava as sapatas SP (17+18), SP (15+16), SP (12+13+14), SP (10+11) e SP9, totalizando 102 estacas;
- **2ª etapa**: contemplaria as sapatas dos pilares P1 a P8, e só seria executada se a 1ª etapa não conduzisse à estabilização dos recalques do prédio.

Para o cálculo das cargas atuantes nas estacas, foram considerados os cenários de carregamento permanente e de atuação do vento em ambas as direções. Para a definição da ordem de reforço das sapatas, foi feita uma análise de interação solo-estrutura considerando-se os recalques medidos. Essa análise permitiu que fosse estabelecida uma ordem de execução das estacas que evitasse a formação de "núcleos de grande rigidez", e que pudesse concentrar o carregamento do prédio em poucos pilares.

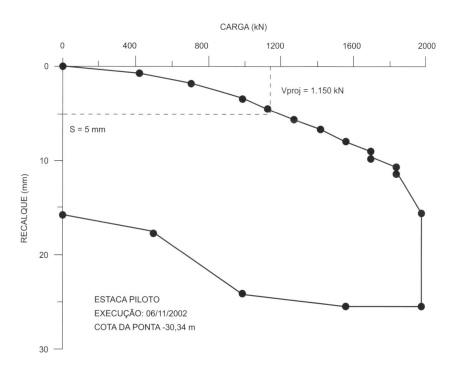

Figura 8.35 Prova de carga vertical à compressão na microestaca piloto.

As Figuras 8.36 e 8.37 apresentam alguns detalhes do reforço da sapata P9.

As 102 estacas da 1ª etapa foram executadas no período de 21/07/2004 a 19/04/2005, dentro das especificações do projeto. Todas as etapas do reforço foram executadas com o prédio em uso pelos moradores, interditando-se apenas o pavimento semienterrado por questões de logística.

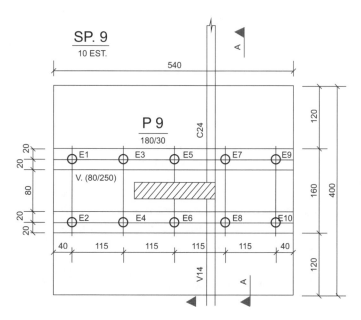

Figura 8.36 Reforço da sapata P9 (planta).

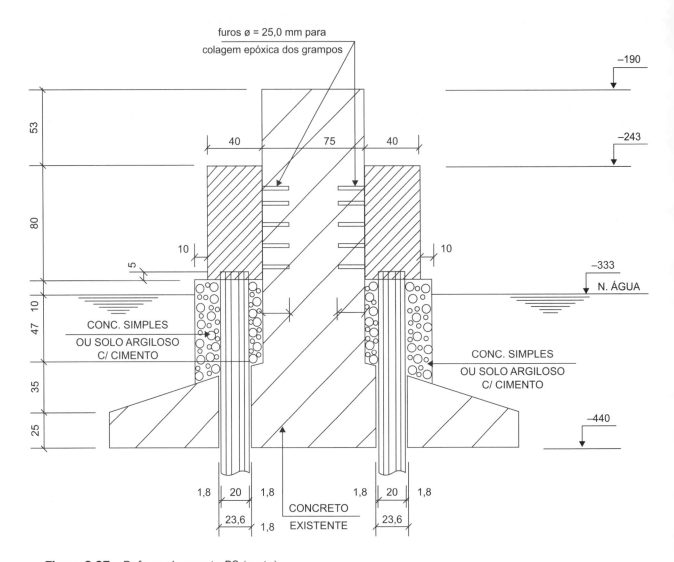

Figura 8.37 Reforço da sapata P9 (corte).

A Figura 8.38 mostra a evolução dos recalques dos pilares da lâmina desde o início do reforço das fundações. Notam-se alguns fatos bastante relevantes:

1. na fase de execução das estacas, houve aceleração dos recalques, decorrente do desconfinamento do terreno, bem como das injeções. Isso também foi observado em outras obras que tiveram reforço das fundações;
2. a estabilização dos recalques só ocorreu após um período aproximado de 600 dias depois da concretagem dos blocos, com o início da incorporação das estacas. O recalque médio nesse período foi de 7 mm, ou seja, muito próximo do recalque necessário à mobilização da carga de projeto das estacas (5 mm).

Durante toda a execução do reforço, foi feito o monitoramento dos recalques. A frequência das leituras era alterada em função dos resultados obtidos. Também foi feito acompanhamento das principais fissuras pelo engenheiro residente do condomínio do prédio.

Após a estabilização dos recalques, observou-se que os danos existentes não evoluíram mais, e foram recuperadas as fissuras e trincas nas vigas, lajes e paredes.

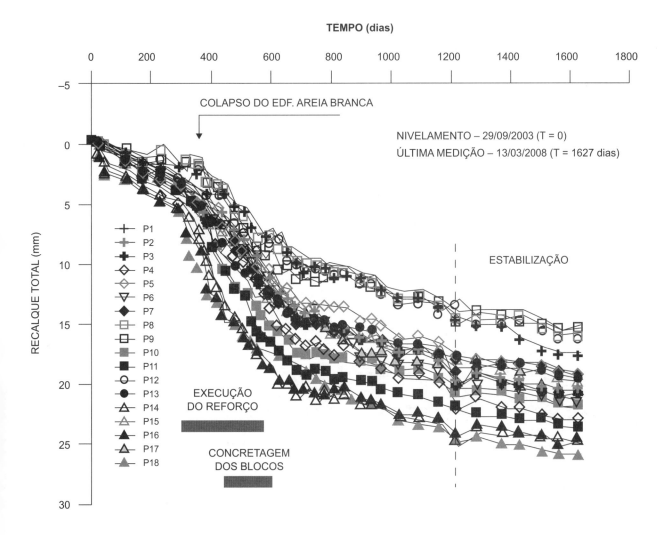

Figura 8.38 Evolução dos recalques acumulados da lâmina do prédio entre 2003 e 2008.

8.5.2 Caso II

Caracterização do empreendimento e da estrutura

Trata-se do estudo de caso de um empreendimento que estava em construção no ano de 2010 e que possui quatro torres com dois subsolos e periferias. O estudo refere-se à fundação da torre A, edifício com 24 lajes do tipo maciça e 25 pilares em concreto armado, totalizando 14.785,76 m² de área construída.

As cargas verticais permanentes nos pilares da lâmina variam de 2130 a 15.070 kN, e na periferia variam de 180 a 1010 kN. Há também esforços devido à ação do vento na estrutura.

Caracterização da fundação e investigação geotécnica

O projeto de fundação da torre A foi concebido em tubulões dimensionados para suportar tensão admissível (σ_{adm}) de 700 kPa, com cota de assentamento da fundação (CAF) de 5,0 m, conforme representado na Figura 8.39.

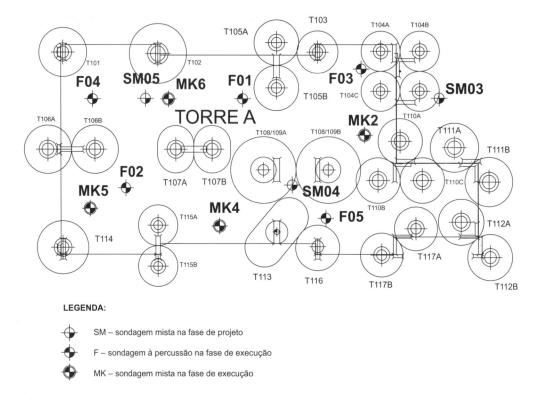

Figura 8.39 Projeto de fundação e locação das sondagens – torre A.

A investigação geotécnica foi realizada antes e durante a execução da obra, com seis sondagens à percussão SPT (F01 a F06) e cinco sondagens mistas (SM01 a SM05), nas juntas A e B. As sondagens foram limitadas à cota −15 m a partir do 2º subsolo, sendo identificado nível de água (N.A.) entre as cotas −5,5 e −8,9 m e uma camada de areia argilosa próxima a 5 m de profundidade.

A partir das sondagens, foi possível elaborar o perfil estratigráfico representativo do solo, conforme a Figura 8.40. Observa-se que o solo é composto de areia argilosa, seguido do silte arenoso.

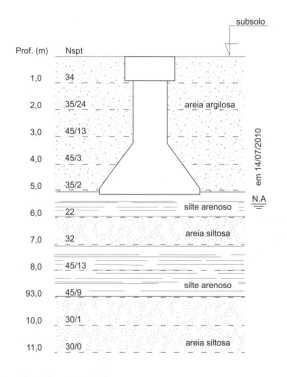

Figura 8.40 Estratigrafia típica do solo – torre A.

A base do tubulão em questão encontrava-se próxima ao nível de água, o que pode ter acarretado dificuldade e problemas de execução devido à flutuação do lençol freático, caso o tubulão tenha ficado aberto após atingir a cota de assentamento por um longo período, antes do seu preenchimento com concreto.

A fundação foi instalada em silte arenoso, com N_{SPT} = 22 na profundidade de 6 m, sendo este um valor aceitável para o projeto, porém a proximidade com o nível de água insere dificuldades na instalação, assim a atenção sobre esse solo necessitava de desdobramentos e cuidados especiais.

Histórico e medição de recalque

O início da construção do empreendimento deu-se em meados de 2012, e desde o início da sua execução foi realizado o monitoramento de recalques de todas as edificações do empreendimento pela empresa "A", especializada em geotecnia. Em específico, o acompanhamento de recalque da torre A foi iniciado em 25/10/2012 com nivelamento, sendo a 1ª medição em 30/10/2012, quando a 5ª laje da edificação já estava executada.

Para realização das medições de recalque, utilizaram-se dois níveis ópticos, dotados de placa plano paralela para nivelar os pinos engastados nos pilares da edificação, tomando-se como base uma referência de nível profunda e uma mira graduada em chapa de invar, tendo como objetivo medir os deslocamentos verticais da estrutura pela diferença de cota entre as leituras consecutivas. Os pontos instrumentados foram definidos de acordo com as condições de acesso na obra, ouvida a opinião do projetista, e segundo engenheiro responsável pela execução. Não foi medida a inclinação da torre.

As medições de recalque tiveram início 76 dias após o começo da obra, sendo realizado um total de 31 medições de recalque em 1762 dias. Com base nessas leituras, obtiveram-se os recalques absolutos acumulados e velocidade de recalque ao longo das medições.

A Figura 8.41 apresenta as leituras de recalque realizadas em 76, 96, 106, 117, 146 e 156 dias, sendo possível observar recalques maiores nos pilares P107 (pilar mais carregado com carga permanente de 15.070 kN) e P114 (carga permanente de 3190 kN), mostrando-se divergentes quando comparados com os demais pilares da torre A. A análise inicial foi realizada levando-se em conta o recalque absoluto acumulado, ao longo dos 156 dias, até a 6ª medição (17ª laje executada).

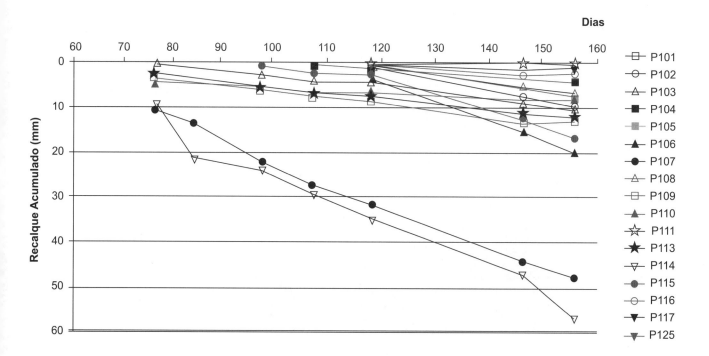

Figura 8.41 Recalques acumulados em 156 dias, antes dos reforços.

A seguir, apresentam-se as curvas de isorrecalque da 6ª medição (Fig. 8.42). Foram calculadas as rotações entre pilares e obtiveram-se os seguintes valores máximos:

1. Considerando todos os pilares lidos:
   - **P107 / P108**: 1/140
   - **P114 / P115**: 1/163

2. Considerando apenas os pilares que são acompanhados desde o início do controle de recalque.
   - **P107 / P113**: 1/221
   - **P107 / P109**: 1/244

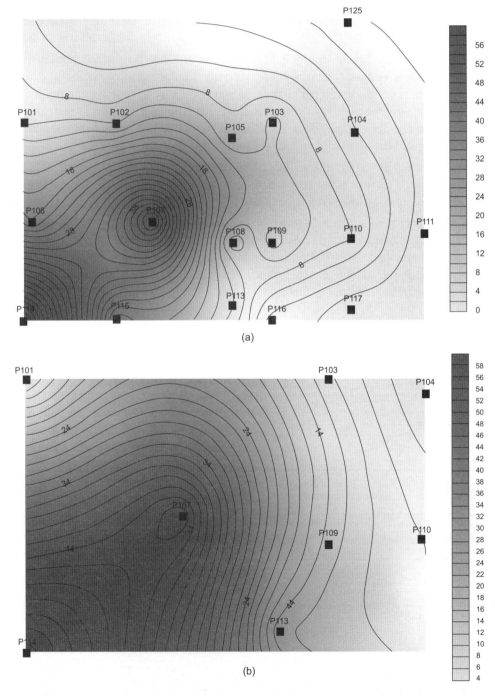

Figura 8.42 Curvas de isorrecalque da 6ª medição da torre A: (a) com todos os pilares; (b) apenas com os pilares que são acompanhados desde o início do controle de recalque.

Foram observadas trincas nas alvenarias dos primeiros pavimentos, conforme a Figura 8.43, a maioria a 45°, o que indica distorção angular significativa entre os pilares. Na região dos pilares P107 e P114, foram observadas fissuras nos apartamentos de canto do 1º ao 4º pavimentos-tipo.

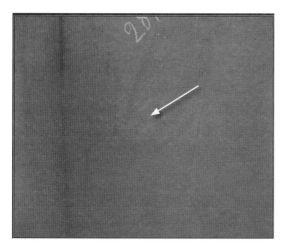
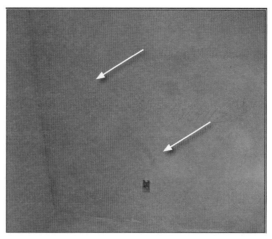

Figura 8.43 Fissuras em alvenaria a 45°.

No caso dos pilares P107 e P114, obtiveram-se recalques absolutos acumulados na 6ª medição de 47,760 e 57,000 mm, respectivamente, em um período de 156 dias, resultando em velocidades de recalque de 306,15 e 365,38 μm/dia respectivamente, crescentes com relação à 5ª medição. Importante ressaltar que a obra foi nivelada na 5ª laje, o que indica que o recalque apresentado até o momento não corresponde ao recalque total ocorrido.

Outro ponto verificado foram os acréscimos de cargas realizados por meio dos quantitativos dos serviços executados até a 6ª medição de recalque. Os levantamentos foram realizados *in loco* nas mesmas datas das medições de recalque e mostram o crescimento da obra (Fig. 8.44).

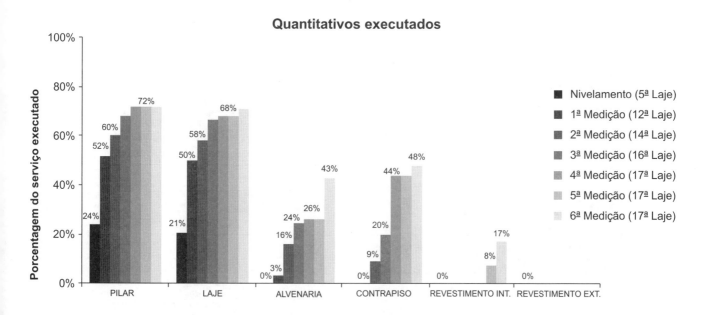

Figura 8.44 Quantitativos executados em relação à 6ª medição de recalque.

Ao longo das seis medições iniciais, verificou-se que a quantidade de serviços realizados correspondia a 42 % da carga total da obra na 17ª laje. Evidenciou-se também um recalque maior do que o esperado nos pilares P107 e P114, o que direcionou a uma adversidade existente, recalque distorcional acentuado.

Para estimativa das cargas atuantes durante as fases de execução da obra, o cálculo da percentagem foi realizado considerando 40 % de carga estrutural, incluindo pilares e lajes, 20 % alvenaria, 7,5 % revestimento interno, 7,5 % revestimento externo e 10 % contrapiso, totalizando 85 % de peso da edificação. Os outros 15 % são relacionados a habitação do edifício, como pessoas, móveis etc.

Diagnóstico realizado após a 6ª medição de recalque

Após conhecimento dos resultados preliminares dos recalques da torre A, foi contratado um profissional habilitado e independente em relação ao projetista da fundação, conforme recomendado pela ABNT NBR 6122 para emitir um parecer de avaliação técnica do projeto de fundação, considerando que os pilares P107 e P114 apresentavam recalques excessivos comparados aos demais.

Destaca-se que a avaliação técnica do projeto é essencial e obrigatória e deve ser conduzida antes da construção, de preferência simultaneamente com a fase de projeto. Isso é fundamental para que problemas sejam detectados antes da execução da obra.

Da análise de conformidade do projeto de fundação, tem-se o cálculo das tensões máximas (carregamento total da edificação) apresentadas na Tabela 8.8. O pilar P107, com carga permanente não majorada de 15.070 kN, é o pilar mais carregado da obra.

Tabela 8.8 Tensões máximas dos pilares para cargas não majoradas.

Pilar	φ fuste (m)	φ base (m)	Tensão máx. (MPa)
P101/101a	1,2	3,25	0,609
P102	1,4	3,95	0,554
P103	1,1	2,80	**0,726**
P104/104a/206	1,0	2,60	**0,768**
P105	1,1	3,00	**0,772**
P106	1,2	3,20	**0,671**
P107	1,2	2,50 × 3,20*	**1,213**
P108/109	1,7	4,40	0,672
P110/110a	1,2	3,00	0,674
P111/111a	1,3	3,25	**0,713**
P112/112a/112b	1,2	3,05	**0,742**
P113	1,5	2,60 × 5,20*	**0,782**
P114/114a/114b	1,2	3,50	0,526
P115/115a	1,0	2,70	0,659
P116/116a	0,8	1,80	**1,447**
P117/117a	1,1	2,90	**0,719**

*Dimensões do tubulão de base oval (falsa elipse)

Valor de tensão de projeto até (acima 173 %)

Valor de tensão de projeto até (12 %)

Na Tabela 8.8, têm-se os diâmetros do fuste e base e as tensões atuantes em cada um dos elementos de fundações dos pilares da torre A. Como determinado em projeto, os tubulões foram dimensionados para σ_{adm} = 700 kPa, porém os tubulões dos pilares P107 e P116/116a possuíam tensões 173 % acima do predeterminado em projeto. Outros pilares também apresentaram tensões maiores que a predeterminada em projeto, os pilares P103, P104/104a/206, P105, P111/111a, P112/112a/112b, P113 e P117/117a foram verificados com acréscimos de 12 % além do valor previsto.

Assim foi identificada a não conformidade do projeto referente às cargas atuantes em cada tubulão e realizados serviços de reforço de fundação para 12 pilares da obra.

Reforço de fundação executado

A necessidade de reforço de fundação da edificação habitacional em estudo (torre A) foi determinada após análise das possíveis consequências devido às não conformidades no projeto de fundação, características geotécnicas da obra e, principalmente, considerando as distorções angulares acentuadas observadas nas medições de recalque.

O estudo contemplou as análises do monitoramento de recalque antes do reforço, estudo de conformidade de projeto e, posteriormente, a introdução das estacas raiz de reforço, o controle de recalques e suas velocidades, após concluída a intervenção.

O reforço implantado foi do tipo permanente, com estacas tipo raiz, devido à dificuldade de acesso de equipamentos no subsolo, e de forma a suportar o carregamento total da edificação. Todas as etapas do reforço foram executadas com o prédio em obra, com carga instalada de 60 % da carga total até o final da incorporação do reforço.

Inicialmente, foi aplicada injeção de calda de cimento na base dos tubulões para melhorar o solo em questão, seguida da execução de 76 estacas raiz de diâmetro de 41 cm, comprimentos variando de 11,0 a 16,0 m, em 12 pilares do edifício. Também, foram executados blocos para unificar os reforços com a estrutura e as fundações existentes. As Figuras 8.45 a 8.48 apresentam alguns detalhes do reforço do pilar P107.

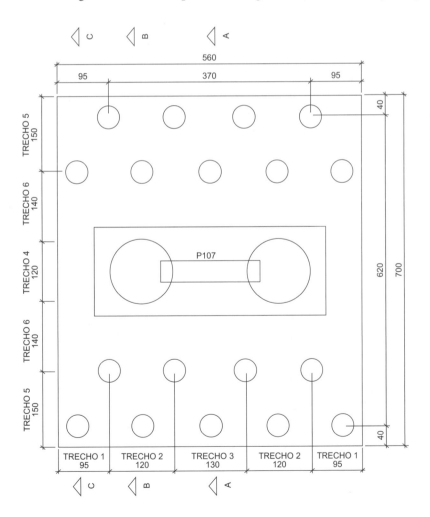

Figura 8.45 Reforço das fundações do P107 (planta).

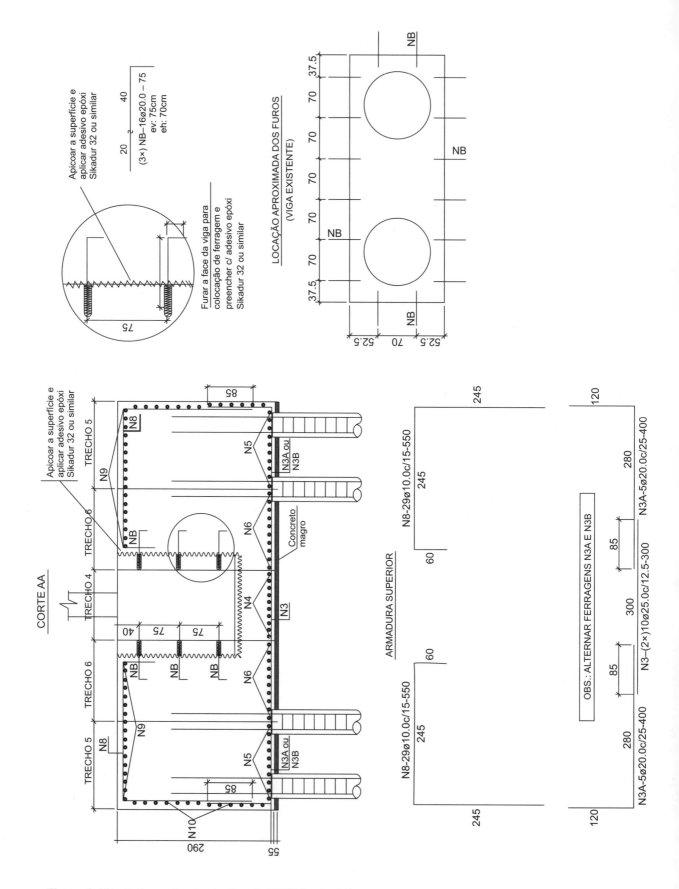

Figura 8.46 Reforço das fundações do P107 (corte AA).

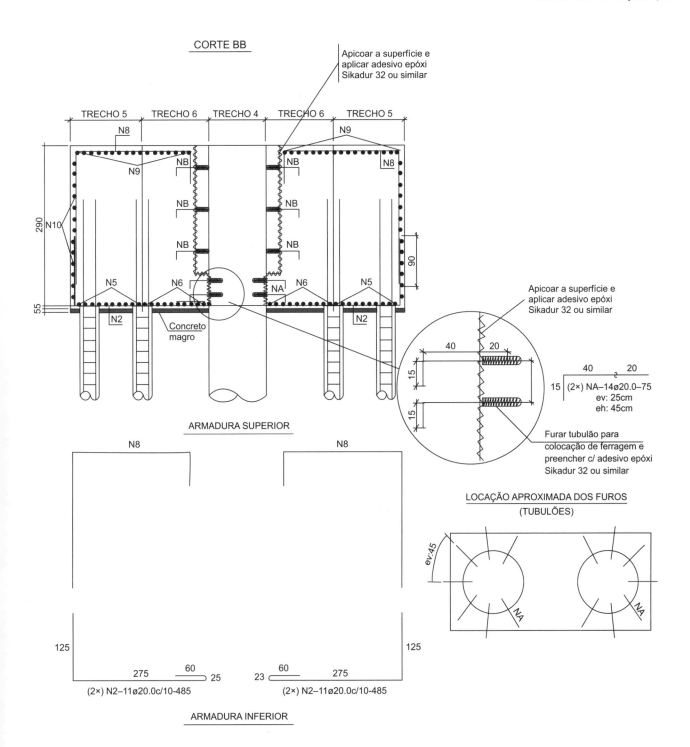

Figura 8.47 Reforço das fundações do P107 (corte BB).

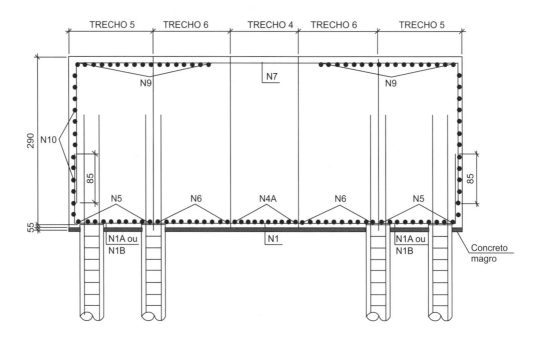

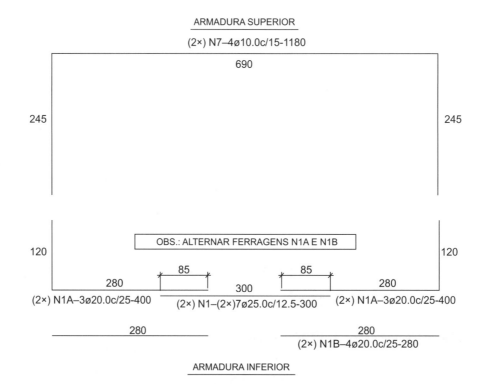

Figura 8.48 Reforço das fundações do P107 (corte CC).

Monitoramento de recalque durante o reforço e após entrega do empreendimento

Durante o reforço, seguiu-se com monitoramento de recalque, sendo realizadas mais 14 medições em 421 dias. A frequência das leituras era definida em função dos resultados obtidos. Foram identificados os seguintes comportamentos (Fig. 8.49):

1. primeiro, observou-se uma continuidade do crescimento dos recalques absolutos acumulados e das velocidades. Isso se deu devido à injeção de calda de cimento, que foi introduzida na base dos tubulões para que o solo apresentasse melhora, antes da inserção das estacas raiz de reforço;
2. após 163 dias, nota-se que as curvas de velocidade de recalque começam a apresentar tendência a estabilização, após a introdução do reforço, o que significa que os esforços atuantes na edificação começaram a ser suportados pelas novas estacas raiz.

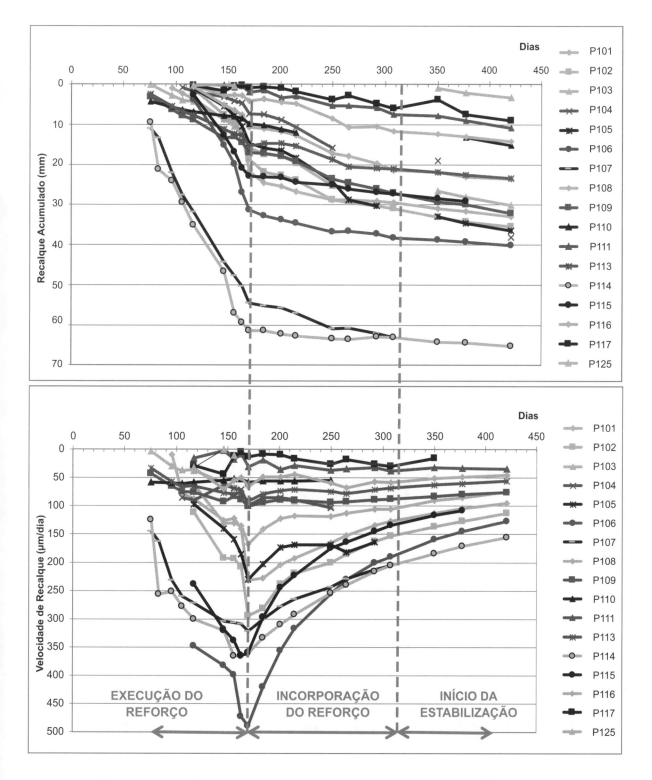

Figura 8.49 Recalques acumulados e velocidades durante o reforço.

Para validação dos recalques durante a execução dos reforços e considerando a responsabilidade da obra, foi contratada uma empresa "B" para possibilitar uma análise comparativa e simultânea entre as empresas para minoração de erros e aferição. A empresa "B" realizou a 1ª medição de recalque em 24/01/2013. Podem-se averiguar, na Figura 8.50, as linhas contínuas medidas pela empresa "A" e as linhas tracejadas com resultados obtidos pela empresa "B". Percebe-se que as duas empresas obtiveram medidas de recalques aproximadas e convergentes.

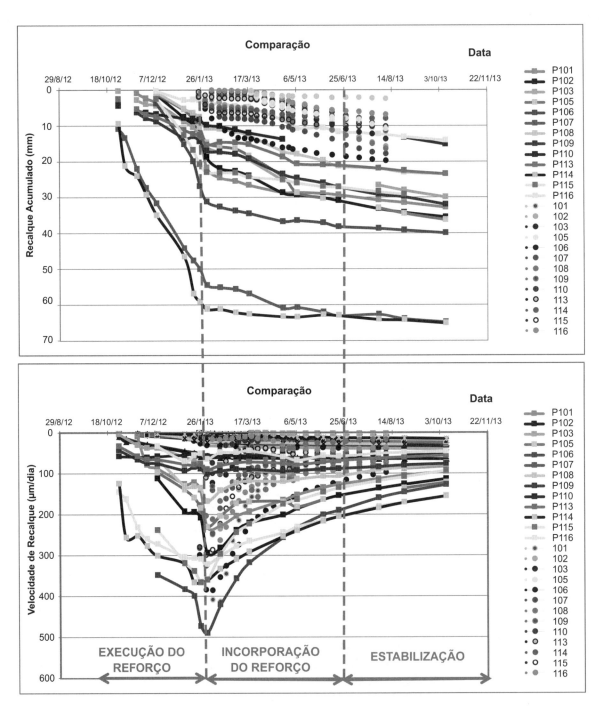

Figura 8.50 Comparativo dos recalques acumulados e velocidades entre empresas "A" e "B".

Também foi feita uma análise comparativa entre as fases de execução do reforço, incorporação do reforço e sua estabilização, podendo-se citar:

1. análise mostra o decréscimo das curvas na fase inicial, onde foi avaliado o recalque excessivo de alguns pilares da obra;

2. fase de incorporação do reforço, na qual as curvas ainda continuam decrescendo por causa da movimentação do solo;
3. fase de incorporação do reforço, onde foram introduzidas as estacas raiz; e
4. fase do início da estabilização da edificação.

O edifício foi monitorado durante 1800 dias, considerando o período de tempo habitado (carga total), sendo um total de 31 medições de recalque (Figs. 8.51 a 8.54).

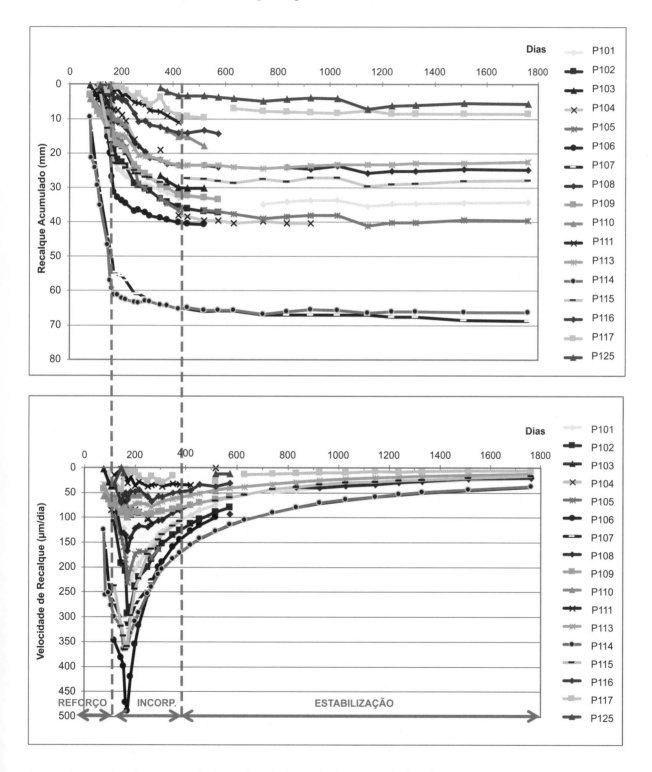

Figura 8.51 Recalque acumulado e velocidades de todas as medições da obra.

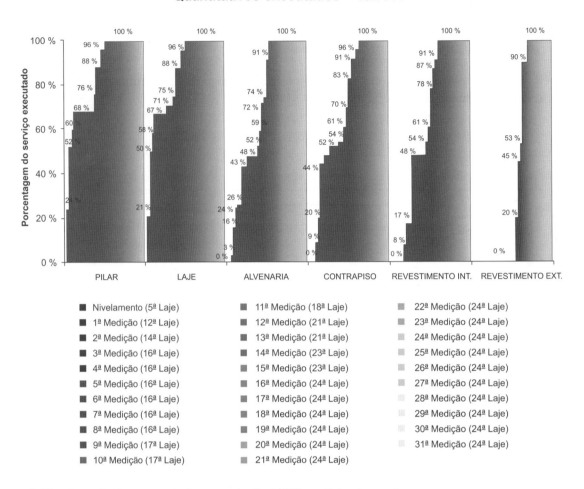

Figura 8.52 Quantitativos executados em relação à 31ª medição de recalque.

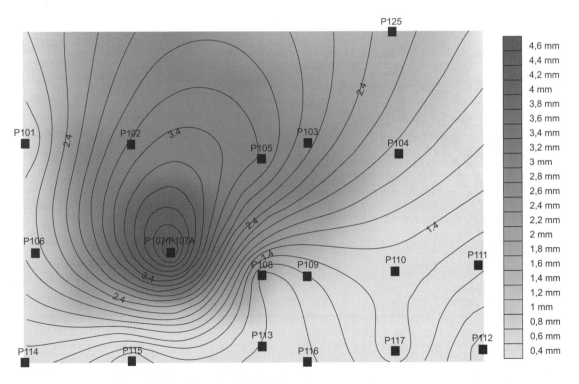

Figura 8.53 Curvas de isorrecalque da 31ª medição com todos os pilares.

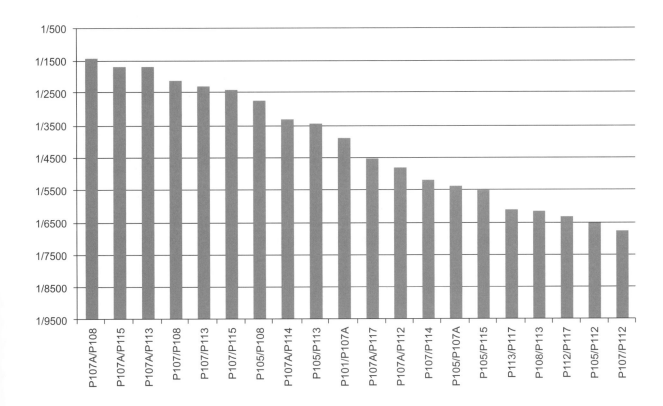

Figura 8.54 Rotações entre pilares na 31ª medição.

Com base nos elementos mostrados nas Figuras 8.51 a 8.54, foram identificados os seguintes comportamentos:

1. os recalques começaram a ser estabilizados 600 dias após a concretagem das últimas estacas raiz de reforço, não havendo variações significativas, tanto nos recalques absolutos máximos acumulados, quanto nas velocidades de recalque;
2. foram calculadas as rotações entre pilares e obtiveram-se valores aceitáveis. Foi feito, também, acompanhamento das principais fissuras pelo engenheiro da obra; e, após a estabilização dos recalques, observou-se que os danos existentes não mais evoluíram e foram recuperadas as fissuras existentes;
3. para confirmação do comportamento global da edificação, foram realizadas 12 medições após introdução do reforço e até a ocupação total da edificação, ocorrida em 1200 dias de monitoramento.

8.5.3 Caso III

Caracterização do empreendimento

O estudo de caso refere-se a uma edificação residencial que estava em construção no ano de 2015. A estrutura em concreto armado possuía uma torre constituída por 38 pavimentos e dois subsolos. Na periferia, integravam-se com a torre: dois pavimentos mezaninos, um térreo e dois subsolos. Não havia junta de dilatação entre a torre e periferia.

As cargas verticais permanentes nos pilares da lâmina variavam de 1790 a 13.790 kN e, na periferia, de 430 a 1660 kN. Havia, ainda, esforços devido à ação do vento na estrutura.

Características geotécnicas e projeto de fundações

Levando em conta as sondagens SPT executadas no terreno natural, observam-se as seguintes características locais:

1. o perfil geotécnico era composto por uma espessa camada de argila arenosa vermelha, aproximadamente 10,0 m, com N_{SPT} variando entre dois e oito golpes, seguida de uma camada de argila arenosa pouco siltosa variegada, nas profundidades dentre 10 e 24 m, com N_{SPT} variando entre 7 e 22 golpes;
2. os últimos metros sondados apresentaram camadas com N_{SPT} acima de 40 golpes, sendo finalizadas nas profundidades entre 27 e 28 m;
3. profundidade do nível d'água, em abril de 2013, em torno de 11,0 m.

O projeto de fundação foi desenvolvido em tubulões com as seguintes características:

1. tubulões da torre com profundidades de 6 m, a partir da cota do 2º subsolo (–6,35 m), e tensão admissível do solo de 650 kPa;
2. tubulões de periferia com profundidades de 5 m, a partir da cota do 2º subsolo (–6,35 m), e tensão admissível do solo de 250 kPa;
3. foram utilizados vigas e grandes blocos como solução para a fundação.

Histórico das ocorrências

Na prática da engenharia civil brasileira, há ainda tentativas de "economia" em estágios de projeto de fundações, dentre as quais destacam-se: ausência de sondagens, investigações insuficientes ou com falhas, falta de padronização das sondagens, interpretação inadequada das informações de investigações e projetos de prazos curtíssimos e sem parecer de avaliação técnica por profissional habilitado e independente, conforme prevê a ABNT NBR 6122. Tais práticas geram diversos problemas em construções, nem sempre divulgados.

Neste estudo de caso, foi evidenciado que essas práticas de pouca investigação do subsolo, falta de padronização e prazos curtos de projeto causaram consequências que poderiam ter sido desastrosas, caso não houvesse intervenção. Os problemas começaram quando se atingiu, aproximadamente, 80 % da carga de trabalho. A edificação começou a apresentar fissuras em alvenaria, estrutura e no piso das garagens, 1º e 2º subsolos. Diferentes sondagens à percussão haviam sido feitas, mas por diferentes empresas e procedimentos em períodos distintos do ano, obtendo resultados divergentes. Detaca-se que, após análises posteriores, a compressibilidade do subsolo era superior à esperada.

A Figura 8.55 e as Tabelas 8.9 a 8.13 apresentam as principais manifestações patológicas observadas em inspeção realizada no 2º subsolo em outubro de 2016.

PATOLOGIA DAS FUNDAÇÕES | **215**

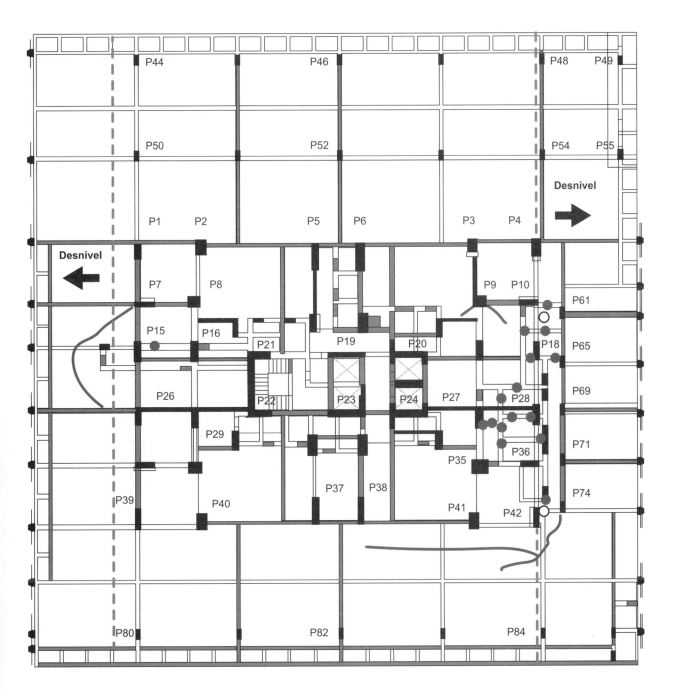

2º Subsolo

Legenda

● Fissuras em alvenaria.

○ Fissuras em estrutura.

——— Fissuras no piso.

— — Abatimento do piso (desnível).

Figura 8.55 Mapeamento das manifestações patológicas no 2º subsolo.

Tabela 8.9 Fissuração em alvenaria no 2º subsolo.

Vistoria – Local	Sistema	Data da vistoria
2º Subsolo	Arquitetônico	13/10/2016
Fissura de nº 1		Fissura de nº 2
Fissura de nº 3		Fissura de nº 4
Fissura de nº 5		Fissura de nº 6

Anomalias encontradas:

1. A fissura de nº 1 na alvenaria apresentava-se na diagonal (a 45º), entre os pilares P15 e P16 e apresentava 0,3 mm de espessura.

2. A fissura de nº 2 encontrava-se na diagonal (a 45º) e depois descia na interface pilar/alvenaria, apresentando abertura maior que 1,5 mm.

3. A fissura de nº 3 na alvenaria encontrava-se na vertical.

4. A fissura de nº 4 apresentava-se na diagonal (a 45º), transpassava a alvenaria e apresentava mais de 1,5 mm de espessura.

5. A fissura de nº 5 apresentava-se na vertical na interface pilar/alvenaria.

6. A fissura de nº 6 na alvenaria encontrava-se levemente inclinada, encontrando-se com o elemento vazado (cobogó).

Tabela 8.10 Fissuração em alvenaria no 2º subsolo.

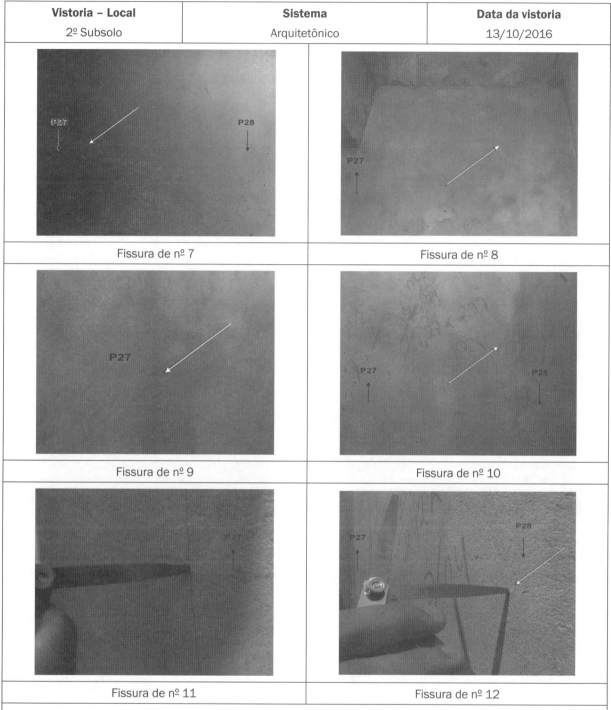

Vistoria – Local	Sistema	Data da vistoria
2º Subsolo	Arquitetônico	13/10/2016
Fissura de nº 7	Fissura de nº 8
Fissura de nº 9	Fissura de nº 10
Fissura de nº 11	Fissura de nº 12

Anomalias encontradas:

7. A fissura de nº 7 apresentava-se inclinada (a 45°), transpassava a alvenaria e apresentava mais de 1,5 mm de espessura.
8. A fissura de nº 8 na alvenaria encontrava-se na horizontal, sendo a continuação da fissura de nº 7.
9. A fissura de nº 9 encontrava-se na vertical na interface pilar/alvenaria.
10. A fissura de nº 10 apresentava-se na diagonal (a 45°) na alvenaria e apresentava 0,65 mm de espessura.
11. A fissura de nº 11 encontrava-se na vertical na alvenaria com 0,6 mm de espessura.
12. A fissura de nº 12 apresentava-se na diagonal (a 45°) na alvenaria e apresentava espessura de 0,3 mm.

Tabela 8.11 Fissuração em parede de alvenaria no 2º subsolo.

Vistoria – Local	Sistema	Data da vistoria
2º Subsolo	Arquitetônico	13/10/2016
Fissura de nº 13		Fissura de nº 14
Fissura de nº 15		Fissura de nº 16

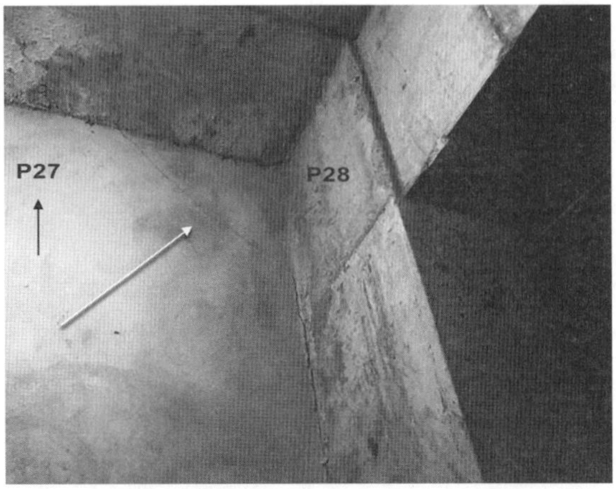

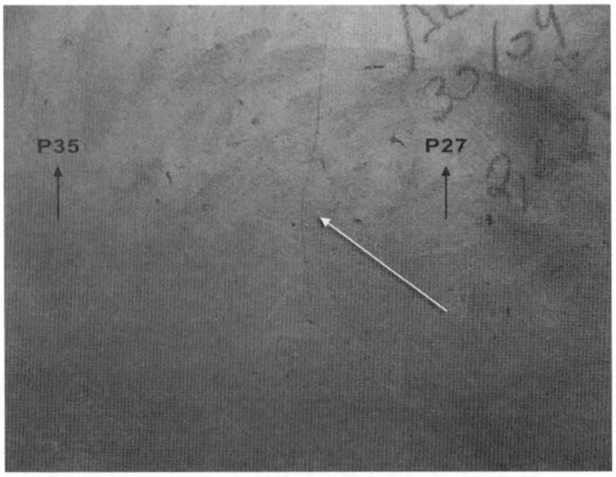

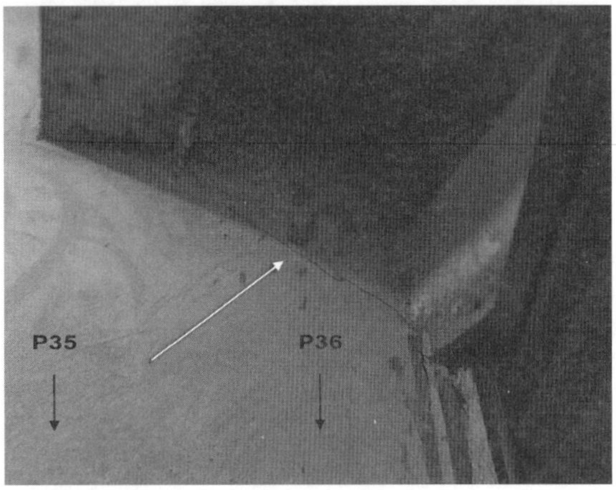

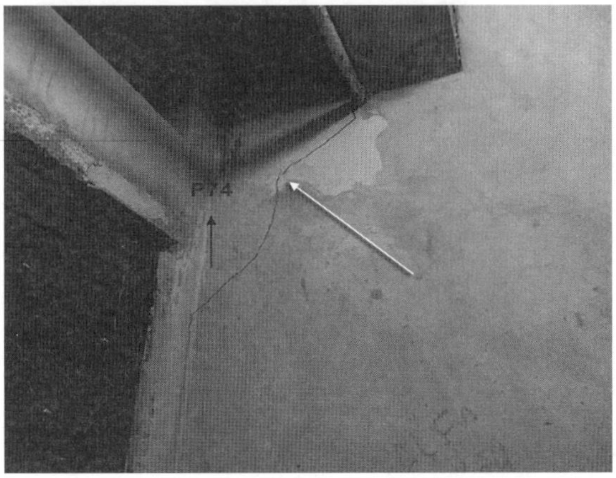

Anomalias encontradas:

13. A fissura de nº 13 apresentava-se na diagonal e descia até encontrar a interface pilar/alvenaria, transpassando a parede, e encontrava-se com mais de 1,5 mm de espessura.

14. A fissura de nº 14 apresentava-se na vertical e apresentava 0,45 mm de espessura.

15. A fissura de nº 15 apresentava-se na diagonal e descia até o encontro alvenaria/alvenaria, apresentava mais de 1,5 mm de espessura e transpassava a parede.

16. A fissura de nº 16 apresentava-se na diagonal e descia até o encontro alvenaria/alvenaria, apresentava mais de 1,5 mm e transpassava a parede.

Na Tabela 8.12, são mostradas as fissuras observadas em elementos estruturais, laje e vigas, e na Tabela 8.13, as fissuras em piso, região de divisa entre a torre e a periferia no 2º subsolo.

Tabela 8.12 Fissuração em elementos estruturais no 2º subsolo.

Vistoria – Local 2º Subsolo	Sistema Estrutural	Data da vistoria 13/10/2016
Fissura de nº 17	Fissura de nº 18	
Fissura de nº 19		

Anomalias encontradas:

17. A fissura de nº 17 apresentava-se na laje de teto.

18. A fissura de nº 18 encontrava-se inclinada na viga.

19. A fissura de nº 19 apresentava-se na viga no sentido vertical.

Tabela 8.13 Fissuração e abatimento do piso no 2º subsolo.

Vistoria – Local 2º Subsolo	Sistema Arquitetônico	Data da vistoria 13/10/2016
 Fissura de nº 20	 Fissura de nº 21	
 Fissura de nº 22 com desnível	 Fissura de nº 23 com abatimento do piso	
 Fissura de nº 24		

Anomalias encontradas:

20. A fissura de nº 20 apresentava-se no piso próximo aos pilares P7, P64 e P68.

21. A fissura de nº 21 encontrava-se no piso saindo do pilar P9.

22 e 23. As fissuras de nºs 22 e 23 com desnível e abatimento acentuado do piso da garagem.

24. A fissura de nº 24 apresentava-se no piso próximo aos pilares P74, P42, P41 e P38.

No 1º subsolo, também se observaram diversas fissuras em alvenaria e piso, similares às do 2º subsolo. Apresentam-se, nas Tabelas 8.14 e 8.15, apenas as fissuras observadas em elementos estruturais.

Tabela 8.14 Fissuração em elementos estruturais no 1º subsolo.

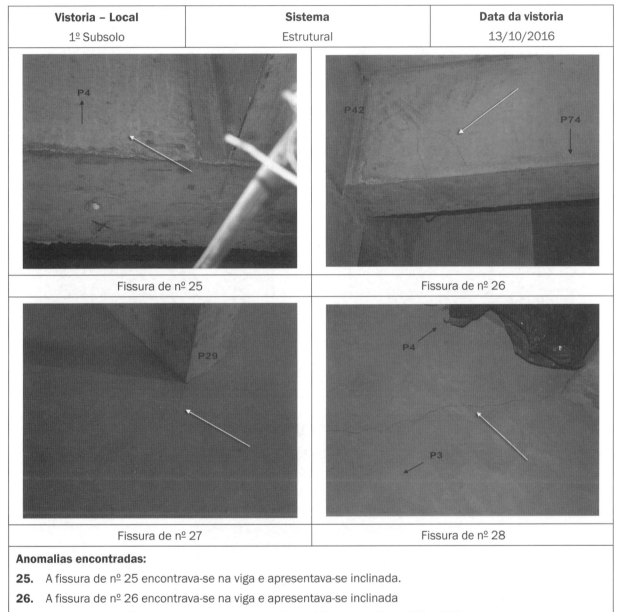

Vistoria – Local	Sistema	Data da vistoria
1º Subsolo	Estrutural	13/10/2016

Fissura de nº 25	Fissura de nº 26
Fissura de nº 27	Fissura de nº 28

Anomalias encontradas:

25. A fissura de nº 25 encontrava-se na viga e apresentava-se inclinada.
26. A fissura de nº 26 encontrava-se na viga e apresentava-se inclinada
27. A fissura de nº 27 apresentava-se na laje de piso próxima aos pilares P29 e P34.
28. A fissura de nº 28 apresentava-se na laje de piso próxima ao pilar P4.

Tabela 8.15 Fissuração em elementos estruturais no 1º subsolo.

Vistoria – Local	Sistema	Data da vistoria
1º Subsolo	Estrutural	13/10/2016
Fissura de nº 29	Fissura de nº 30	
Fissura de nº 31	Fissura de nº 32	
 Fissura de nº 33		

Anomalias encontradas:
29. A fissura de nº 29 apresentava-se na laje de piso próxima ao pilar P17.
30. A fissura de nº 30 apresentava-se na laje de piso próxima aos pilares P35 e P41.
31. A fissura de nº 31 apresentava-se na laje de piso próxima aos pilares P74 e P42.
32. A fissura de nº 32 apresentava-se na laje de piso próxima ao pilar P49.
33. A fissura de nº 33 encontrava-se na viga no sentido vertical. Foi realizado um controle para monitoramento da fissura com gesso e foi constatado que a referida fissura aumentou de espessura.

Diagnóstico

Para obtenção do diagnóstico, além da análise de ocorrência dos movimentos, com base na fissuração apresentada no item anterior, foi realizada a avaliação geotécnica do projeto de fundação considerando os seguintes pontos:

1. características geotécnicas do perfil estratigráfico local;
2. tipo de fundação adotada levando-se em conta os aspectos geotécnicos de dimensionamento e processo executivo;
3. análise das profundidades e tensões admissíveis adotadas em projeto;
4. previsão dos recalques na fundação e cálculo dos recalques distorcionais previstos.

Levando-se em consideração as premissas de projeto, foi feita uma análise de previsão de recalques e pôde-se observar que a região onde as distorções angulares estavam mais críticas, nas referidas previsões, foram aquelas onde se observaram as maiores concentrações de fissuração em alvenarias, pisos e elementos estruturais (Fig. 8.56).

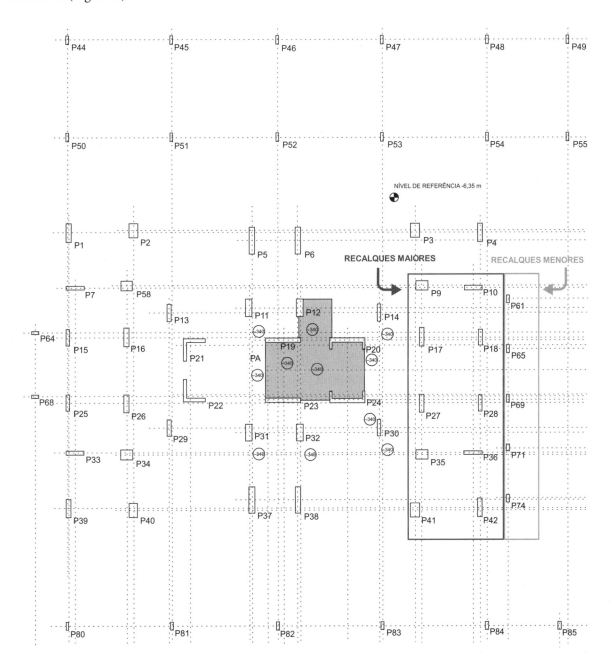

Figura 8.56 Regiões críticas com os maiores recalques distorcionais previstos e fissuração.

Observou-se também abatimento de piso (desnível) nas regiões laterais, entre a torre e a periferia, com caimento para os lados das periferias. Os movimentos estavam mais acentuados na lateral direita da edificação.

A dissipação dos movimentos de fundação, de acordo com a distribuição das fissuras no edifício, aconteceu do 2º subsolo para o 1º subsolo e térreo, acentuando-se nos andares inferiores, que sofreram as maiores influências das rotações relativas (movimentos das fundações), e onde, devido aos referidos movimentos, ocorreram as migrações de carga entre pilares que, possivelmente, induziram os acréscimos de carregamentos. No caso da edificação em estudo, lembra-se que ela não possuía junta estrutural, o que favoreceu ainda mais o fenômeno de migração de cargas entre os pilares da torre e da periferia.

Na Interação Solo-Estrutura (ISE), a solidariedade existente entre os elementos da estrutura confere determinada rigidez que pode interferir na migração de cargas e nos movimentos relativos entre os apoios. Como o edifício não possuía seu carregamento totalmente instalado na época das análises, tendo em torno de 80 % da sua carga total, foi muito preocupante a quantidade de manifestações patológicas observadas e as anomalias endógenas com grau de risco crítico.

Com base nas análises realizadas, pode-se concluir que:

1. em termos de tensões admissíveis do solo na Cota de Assentamento da Fundação (CAF) do projeto da torre, os valores adotados estavam em desacordo com as principais referências bibliográficas e normativas adotadas como referência pelo avaliador de projeto, e na prática local de fundações, conforme experiência comprovada por ele;

2. em termos de tensões máximas atuantes nos tubulões da torre, observou-se que elas extrapolaram as tensões médias admissíveis estimadas para o solo, chegando-se, em alguns casos, a ultrapassar em até duas vezes, ou seja, nestes casos o Fator de Segurança (FS) destas fundações estava menor do que 1, em desacordo com a ABNT NBR 6122;

3. em termos de previsão de recalque, observou-se que a região onde as distorções angulares estavam mais críticas coincidia com aquelas em que se observaram as maiores concentrações de fissuração em alvenarias, pisos e elementos estruturais, com destaque para abatimento de piso (desnível) nas regiões laterais, entre a torre e a periferia, com caimentos na direção das periferias, sendo mais acentuados na lateral direita da edificação. Esse fenômeno pode ser explicado na consideração do efeito da ISE nos movimentos das fundações que induzem a migração de cargas, função da rigidez da estrutura, somada à inexistência de junta estrutural entre a torre e a periferia. Lembrando-se que as análises de previsão de recalque foram realizadas considerando o carregamento total do edifício;

4. em termos de anomalias, verificou-se que a dissipação dos movimentos de fundação conduziu a maior concentração de fissuras no edifício de baixo para cima, do 2º subsolo ao térreo, acentuando-se nos andares inferiores, com fissuras inclinadas a 45º, com aberturas de até 1,5 mm, que chegavam a transpassar a alvenaria. Houve, ainda, fissuras em pisos e em elementos estruturais – vigas e lajes. As anomalias estavam comprometendo a edificação nos três aspectos: estético, funcional e estrutural.

Diante do diagnóstico, foram tomadas as seguintes providências pelos responsáveis técnicos e pelo dono da obra:

1. suspensão imediata do carregamento do prédio, a fim de evitar o agravamento das fissuras existentes e o surgimento de novas fissuras na estrutura;

2. contratação de projetista e empresa executora de fundação para execução das intervenções de reforços necessários às fundações e blocos dos pilares P11/12/14/19/20/23/24/30/31/32 e P37/38, que foram executados com a maior brevidade para que a estrutura não fosse comprometida, eliminando, assim, o risco de ruína;

3. contratação de empresa de sondagem para realização de novos furos para confirmação do perfil estratigráfico;

4. realização de controle sistemático de abertura e extensão das fissuras, como forma de caracterizar a gravidade do problema e seu aspecto ativo ou estabilização.

Foi contratada uma empresa geotécnica para realização do monitoramento de recalque, com medidas de desaprumo, para acompanhamento semanal e com medições diárias durante a execução das injeções. As medidas de recalque foram fundamentais na tomada de decisão com relação ao agravamento da situação, principalmente a velocidade de recalque. A empresa responsável procedeu ao monitoramento mediante a instalação de RN, utilização de régua de invar, níveis com certificados de calibração.

Remediação de recalques por meio de injeções de consolidação

Apresenta-se a seguir o processo de remediação de recalques por meio de injeções de consolidação, executado com a obra em andamento. A técnica de injeções *tube-à-manchette* é um processo executivo de etapas bem definidas em que a eficácia do resultado final é intrinsecamente dependente da eficácia das etapas preliminares.

Barbosa *et al.* (2018) apresentaram os parâmetros e processos adotados nas perfurações, injeções, os ajustes necessários quanto à distribuição projetada das injeções e todo o detalhamento da técnica *tube-à-manchette* e do controle executivo e os procedimentos de análise da eficácia das injeções para o referido estudo de caso.

Como o solo sob os tubulões era de características inferiores às previstas, idealizou-se uma solução que melhorasse o maciço local de maneira que este atingisse a compressibilidade prevista em projeto e a estabilização dos recalques em tempo hábil. A solução que atendeu os requisitos foi o tratamento por injeções *tube-à-manchette*, comumente chamadas de injeções de consolidação, em que, após o término do processo de consolidação, foi possível obter um maciço de menor compressibilidade, maior resistência e menor permeabilidade global.

Na obra em questão, verificou-se que era necessário o decréscimo da compressibilidade local em 120 %, visto que, após retroanálise de projeto, considerando o *as-built*, verificou-se que o fator de segurança estava abaixo de 1,0, o que exigiu não só o monitoramento habitual da estrutura, mas também a utilização de malhas de injeções consagradas na prática, devido à necessidade de celeridade da remediação dos recalques. Para o dimensionamento da malha, o que se utiliza comumente são conceitos advindos da engenharia de barragens e de Camberfort (1968), um dos precursores da técnica.

Delimitou-se uma malha inicial de 2,0 × 2,0 m, chamada de primeira fase, com fechamento de malha de 0,5 a 0,5 m, caso verificações por meio de sondagens observassem que o decréscimo de 120 % da compressibilidade não houvesse sido atingido ou caso o monitoramento dos recalques, feito de início diariamente, indicasse decréscimo da velocidade dos recalques para magnitudes aceitáveis, de menos de 80 μm/dia, parâmetro recomendado para prédio em construção erguido sobre fundações profundas (Milititsky; Consoli; Schnaid, 2015). Essa preocupação adveio do fato de as injeções de consolidação tenderem a momentaneamente aumentar a compressibilidade global do maciço sendo tratado, tanto pela alteração da estrutura do maciço local quanto pela alta compressibilidade inicial das caldas.

O solo era ainda mais suscetível a essa instabilidade momentânea porque se tratava de um silte argiloso estruturado. Dessa forma, o uso do método observacional fez-se mandatório, conforme Peck (1969), para que as pressões fossem ajustadas de maneira a não agravar irremediavelmente as condições da estrutura tratada e para verificar se o maciço atingiria a compressibilidade final esperada. Para isso, fez-se o controle das pressões e volume do material sendo injetado.

A Figura 8.57 ilustra uma visão tridimensional genérica do subsolo.

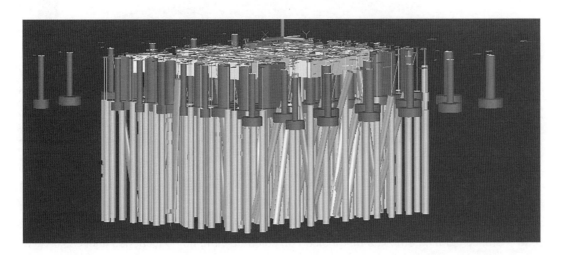

Figura 8.57 Visão esquemática tridimensional do subsolo com os tubulões e os furos de injeção.

Quanto às características do fluido injetado, utilizaram-se parâmetros comuns de caldas de cimento viscosas (fator água/cimento de 0,5 em peso) e especificações iniciais das injeções, conforme a Tabela 8.16.

Tabela 8.16 Parâmetros iniciais das injeções.

Parâmetros	Valores
Pressão máxima de abertura de manchetes	1200 kPa
Pressão máxima de injeção	500 kPa
Espaçamento entre manchetes	0,5 m
Volume injetado por manchete	75 kg
Densidade da calda	1,7 g/cm³
Viscosidade mínima da calda	150 mPa.s
Coesão mínima da calda	7 Pa
Exsudação máxima	10 %

Para evitar riscos à estrutura, recomendou-se a não execução de furos de injeção com espaçamento inferior a 7,0 m em intervalos inferiores a 12 h, com base em experiências passadas com tratamentos semelhantes.

Para esses resultados serem obtidos, foram executados 190 furos de injeção de profundidade média de 19 m (5 m só com a bainha, sem injeção), apresentando uma malha de densidade geral de 4,21 m²/furo. Ressalta-se que a distribuição não foi homogênea, com concentração de pontos de injeção sob os tubulões.

Nesses 14 m injetados, houve a introdução de 342,7 m³ de calda de cimento, considerada a bainha, representando o tratamento de 3 % do maciço local (11.200 m³). Na Figura 8.58, observa-se o gráfico isovolumétrico da região tratada, com clara demonstração de que houve concentração de injeção em alguns pontos, em destaque, evidentemente aqueles que tinham maiores solicitações de carga. Observou-se que houve uma média de 1,8 m³ injetados por furo, com intervalo de 1,41 a 2,34 m³.

A área tratada foi de aproximadamente 800 m², tendo-se obtido êxito com o alcance de 120 % de melhoria do solo local, após seis meses de trabalho. Esse êxito foi verificado por meio de sondagens de campo e pela desaceleração dos recalques após a intervenção.

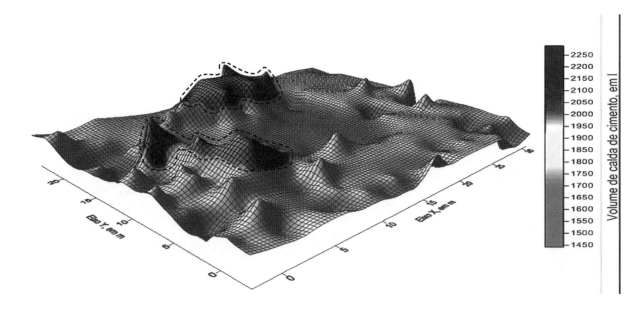

Figura 8.58 Gráfico isovolumétrico da distribuição de calda de cimento no local das injeções. Eixo X e eixo Y em metros, representando as extensões da área tratada, e eixo Z em litros de calda de cimento.

Os parâmetros das injeções de consolidação para remediação dos recalques de um prédio em construção e o quantitativo final para a melhoria de 120 % do módulo de Young equivalente do maciço poderão servir de referência para futuros trabalhos com características geotécnicas semelhantes.

Dessa forma, consegue-se ter melhor estimativa de quantidades e de cronograma executivo, aspectos importantes, mas com escassas referências bibliográficas.

Monitoramento de recalque durante as injeções de consolidação e após entrega do empreendimento

A Figura 8.59 mostra os resultados do monitoramento dos recalques até a 65ª medição (equivalente a 390 dias), que começou 90 dias antes do início dos serviços das injeções *tube-à-manchette*, seguido de 180 dias de monitoramento por ocasião da execução das injeções de consolidação até a sua completa incorporação.

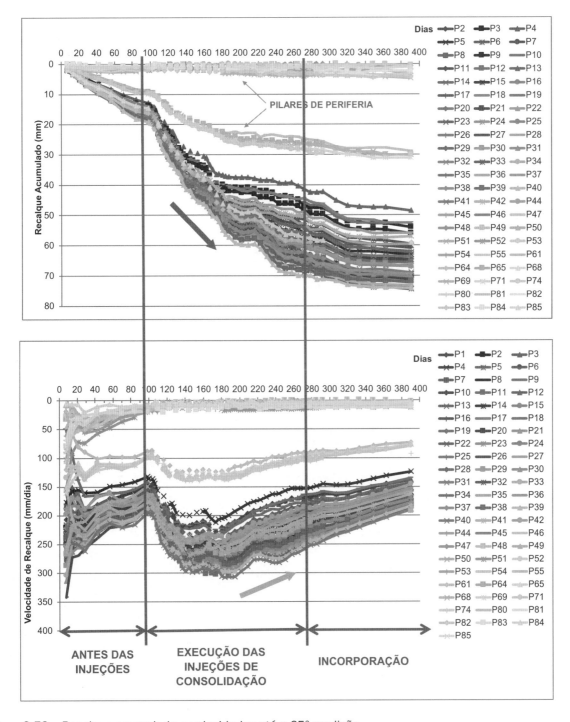

Figura 8.59 Recalque acumulado e velocidades até a 65ª medição.

Observa-se que após o início das injeções houve um aumento da velocidade dos recalques para posterior estabilização ao término das injeções. De todo modo, após cerca de 90 dias do início do tratamento, com uma malha mais fechada, observou-se a consolidação e a tendência de estabilização dos recalques e uma diminuição da velocidade destes para valores aceitáveis.

Na Figura 8.60, têm-se os resultados até a 70ª medição, equivalente a 1819 dias de monitoramento com a edificação habitada, confirmado a estabilização dos recalques com consequente redução das velocidades, sendo realizadas 14 medições, após introdução das injeções de consolidação. Para os pilares P40 e P33, que apresentaram recalques mais acentuados ao longo do período de medições, têm-se valores de velocidade de 42,33 e 41,88 μm/dia, respectivamente, o que aponta para a eficácia das intervenções realizadas na edificação.

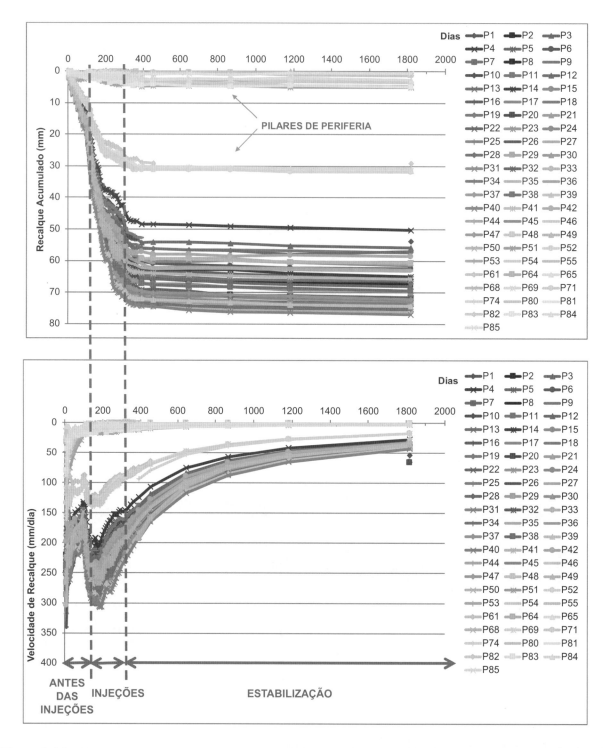

Figura 8.60 Recalque acumulado e velocidades de todas as medições da obra (70ª medição).

PATOLOGIA DAS FUNDAÇÕES | 229

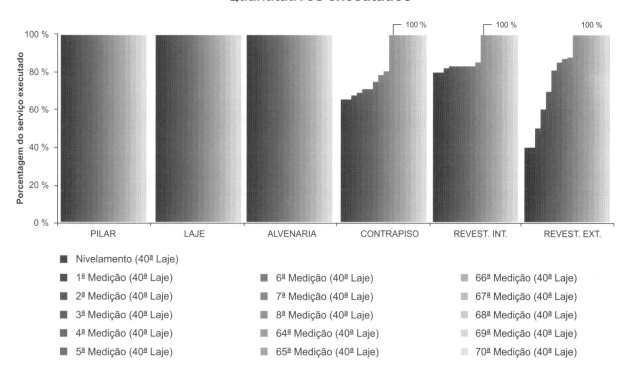

Figura 8.61 Quantitativos executados em relação à 70ª medição de recalque.

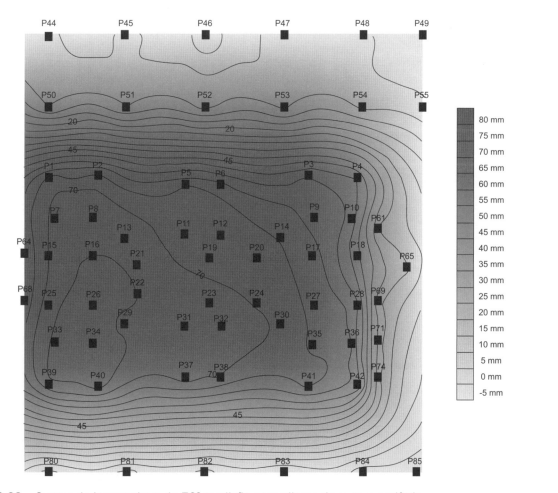

Figura 8.62 Curvas de isorrecalque da 70ª medição com pilares da torre e periferia.

Por fim, foi realizado um acompanhamento das principais fissuras e, após a estabilização dos recalques, observou-se que os danos existentes não mais evoluíram e foram recuperadas as fissuras em alvenarias, pisos e elementos estruturais.

8.6 CONSIDERAÇÕES FINAIS

O mau desempenho da fundação de uma edificação pode provocar patologias estéticas, funcionais e estruturais. Os projetos de fundação devem, portanto, limitar os movimentos da fundação a níveis toleráveis (Estado Limite de Serviço).

Ao lidar com uma obra com patologias, o engenheiro deve coletar todas as informações da obra (anamnese); identificar as causas dos movimentos excessivos (diagnóstico); para, finalmente, propor uma solução de estabilização (tratamento). Sem um correto diagnóstico, o tratamento (ex.: reforço das fundações) pode se tornar inócuo (com gastos desnecessários) ou até mesmo piorar o desempenho da edificação.

A instrumentação da edificação com medições de recalques (e eventualmente carga nos pilares) deve ser encarada como um controle tecnológico semelhante aos demais. Em geral, é bem mais barato que outros controles das fundações (ex.: prova de carga estática).

Os casos de obra de reforço de fundações relatados neste capítulo reforçam a importância de uma abordagem multidisciplinar do tema, que envolva experientes profissionais de geotecnia, estruturas e tecnologia dos materiais.

CAPÍTULO 9

PATOLOGIA DAS CONTENÇÕES

Neusa Maria Bezerra Mota
Alexsander Silva Mucheti
Alexandre Duarte Gusmão

9.1 CONSIDERAÇÕES INICIAIS

Este capítulo é o resultado de experiências práticas aplicadas em obras de engenharia e docência desenvolvidas ao longo dos anos. O conteúdo destina-se a profissionais ligados ao tema, engenheiros, geólogos e alunos de graduação e pós-graduação. Tem o objetivo de apresentar algumas das principais manifestações patológicas recorrentes em obras de contenção em solo. Descrever os conceitos, os tipos, as características, as normas técnicas aplicáveis e os requisitos para garantia de desempenho e vida útil dessas estruturas. O texto faz uma abordagem sobre patologias muito presentes e pouco divulgadas na literatura, na intenção de orientar para prevenir. Ao fim do capítulo, relata-se, de maneira detalhada, um estudo de caso de obra de solo reforçado, na qual, por uma execução inapropriada, manifestações patológicas comprometeram a estética e o funcionamento da estrutura, e são descritos os procedimentos de recuperação adotados na obra.

9.2 INTRODUÇÃO

Na engenharia civil, as obras de contenção podem ser classificadas em muros de arrimo, cortinas e solos reforçados. De maneira geral, essas estruturas têm a função de prover estabilidade contra a ruptura de maciços de terra ou rocha, ou seja, destina-se a contrapor-se a empuxos ou tensões geradas cuja condição de equilíbrio foi alterada.

O desenvolvimento de uma estrutura de contenção consiste na análise e verificação do equilíbrio do conjunto formado pelo solo e a própria estrutura. O equilíbrio pode ser afetado por características do solo, resistência, permeabilidade, deformabilidade e pelo peso próprio desses dois elementos, como também das condições de interação entre eles. Tais condições tornam o sistema complexo, sendo, assim, necessária a adoção de modelos teóricos simplificados que possibilitem a análise. Os modelos devem levar em consideração as características da geometria, dos materiais e das condições locais.

O desempenho e a vida útil de uma obra de contenção dependem de inúmeros fatores, tais como:

1. avaliação geológica do local;
2. planejamento e realização das investigações geotécnicas e ensaios;
3. definição do tipo de contenção;
4. elaboração de projeto executivo;
5. execução e controle;
6. acompanhamento técnico por profissional especializado;
7. uso e monitoramento.

O sucesso ou insucesso de uma contenção, bem como o surgimento de problemas, pode ter sua origem "determinada" ou ser dependente de uma série de fatores, principalmente por aqueles que são apontados como detalhes.

Para elaboração de projeto e execução de estruturas de contenção, é obrigatório o cumprimento das normas brasileiras, das quais destacam-se:

- ABNT NBR 11682 – Estabilidade de encostas;
- ABNT NBR16920 – Muros e taludes em solos reforçados;
  - Parte 1: Solos reforçados em aterros;
  - Parte 2: Solos grampeados;
- ABNT NBR 5629 – Tirantes ancorados no terreno – Projeto e execução;
- ABNT NBR 6122 – Projeto e execução de fundações;
- ABNT NBR 6118 – Projeto de estruturas de concreto – Procedimento.

9.3 OBRAS DE CONTENÇÃO EM SOLO

De acordo com a ABNT NBR 11682, os projetos envolvendo contenção de solos são aqueles com elementos destinados a contrapor-se aos esforços estáticos provenientes do terreno e de sobrecargas acidentais e/ou permanentes.

O comportamento das estruturas de contenção de maneira geral é dividido em:

- **estrutura rígida**: construída com materiais que não aceitam qualquer tipo de deformação (ex.: concreto ciclópico, pedras argamassadas etc.);
- **estrutura flexível**: formada por materiais deformáveis e que podem, dentro de limites aceitáveis, adaptar-se a acomodações e movimentos do terreno, sem perder sua estabilidade e eficiência (ex.: gabiões, blocos articulados etc.).

Cabe destacar que as contenções devem atender à verificação da estabilidade quanto a tombamento, deslizamento e capacidade de carga da fundação.

A seguir, apresentam-se tipos de estruturas de contenção.

9.3.1 Muros de contenção à gravidade

Estruturas monolíticas que garantem a estabilidade por meio do peso próprio. Podem ser construídos de concreto simples, concreto ciclópico, gabiões, alvenaria de pedra argamassada ou de pedra seca, tijolos, pneus ou elementos especiais (Fig. 9.1).

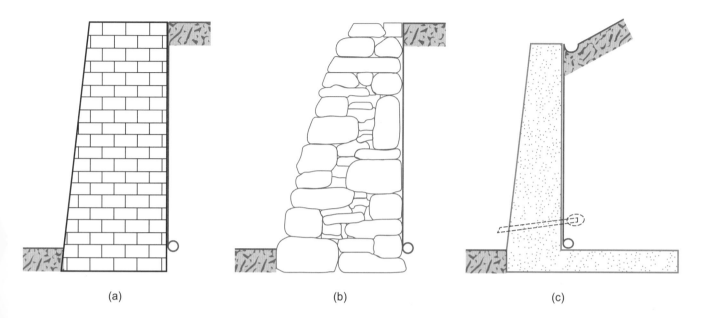

Figura 9.1 Tipos de muro de contenção à gravidade: (a) muro de alvenaria; (b) muro de pedra; (c) muro de concreto armado.

9.3.2 Muros de flexão

São estruturas que, para garantir o equilíbrio e resistir aos esforços de flexão, utilizam parte do peso próprio do aterro sobre sua própria base (Fig. 9.2).

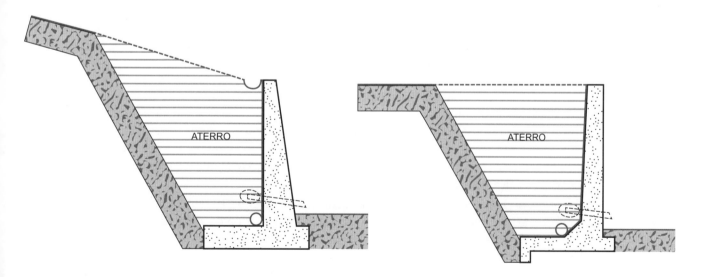

Figura 9.2 Tipos de muro de contenção à flexão.

9.3.3 Estruturas de contenção ancoradas

São aquelas cuja estabilidade é garantida por meio de tirantes ancorados no terreno ou de estruturas específicas de ancoragem (Fig. 9.3).

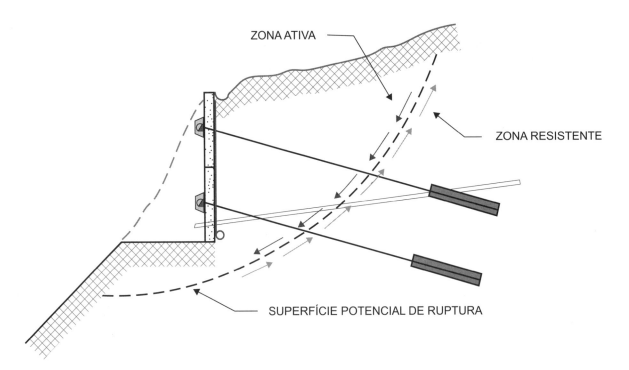

Figura 9.3 Estrutura de contenção ancorada.

Devem atender a verificação de estabilidade quanto à ruptura profunda (ou de fundo), a rotação em torno do elemento de ancoragem, rotação próxima à base, à ruptura da ancoragem e quanto à ruptura por flexão da face.

9.3.4 Estruturas de contenção em solo reforçado

São aquelas cuja estabilidade é garantida por meio do reforço do terreno com elementos resistentes introduzidos no seu interior. Os elementos resistentes podem ser fitas, geossintéticos ou grampos, que trabalham conjuntamente com o terreno, sendo dos tipos:

1. **solo reforçado**: deve atender aos requisitos de estabilidade externa (capacidade de suporte do solo de fundação, deslizamento na base e tombamento), e também de estabilidade interna (arrancamento do reforço a um comprimento insuficiente ou ruptura estrutural por tração), além da verificação da estabilidade geral (análises das superfícies potenciais de ruptura, tanto as que não interceptam quanto aquelas que interceptam total ou parcialmente os elementos de reforço, buscando-se a superfície crítica) [Fig. 9.4(a)];
2. **solo grampeado**: a estabilidade interna considera três modos de ruptura para cada camada de reforço: arrancamento do grampo devido a um comprimento de ancoragem insuficiente, ruptura estrutural por tração no ponto de atuação da força de tração máxima e ruptura da conexão grampo paramento (quando o paramento tem função estrutural). A verificação da estabilidade geral deve considerar a análise de superfícies potenciais de ruptura, tanto as que não interceptam quanto aquelas que interceptam total ou parcialmente os elementos de reforço, buscando-se a superfície crítica [Fig. 9.4(b)].

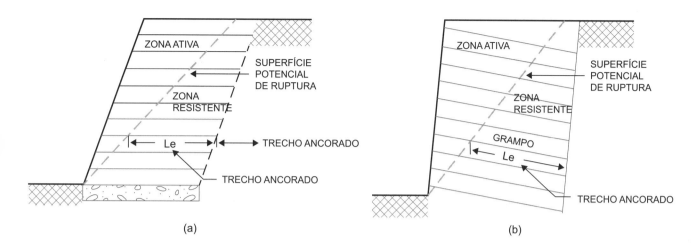

Figura 9.4 Estrutura de contenção em solo reforçado: (a) solo reforçado; (b) solo grampeado.
Fonte: adaptada de ABNT NBR 16920.

9.4 DESEMPENHO DAS CONTENÇÕES

Havendo a necessidade de contrapor esforços atuantes por um maciço de terra, seja pelo efeito de corte (quebra do equilíbrio geológico) ou aterro (acréscimo de carga), o primeiro passo é entender os conceitos de empuxo (Fig. 9.5).

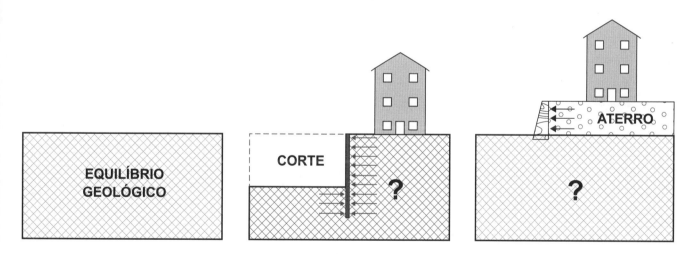

Figura 9.5 Efeito da obra de engenharia no terreno, empuxos de terra.

Os empuxos de terra correspondem a ações horizontais provocadas pelo contato do solo sobre uma estrutura. O empuxo de terra pode ser definido como as tensões horizontais resultantes distribuídas em uma estrutura de contenção e é necessário para o dimensionamento de estruturas de contenção, tais como muros de arrimo (gravidade ou flexão), cortinas ancoradas, solos reforçados etc. Na Figura 9.6, indica-se um exemplo dos empuxos atuantes em uma estrutura de contenção.

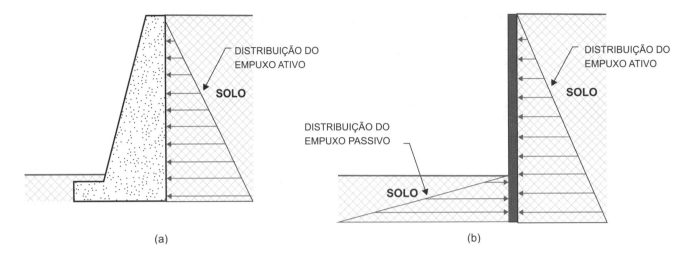

Figura 9.6 Empuxos atuantes: (a) muros de gravidade; (b) cortinas.

Em uma cortina de estacas, por exemplo, a distribuição dos carregamentos atuantes tanto em frente à estrutura (passivo) quanto atrás da cortina (ativo) pode ser definida a partir das teorias clássicas de empuxo limites, como as teorias de Coulomb ou de Rankine. Ainda nessa etapa, deve-se atribuir o carregamento hidrostático (devido ao lençol freático), e levar em consideração cargas laterais devido aos carregamentos na superfície (sobrecargas) [Figs. 9.7(a) e (b)].

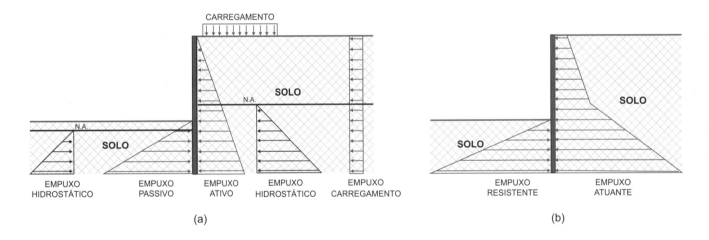

Figura 9.7 Empuxo: (a) em uma estrutura de contenção; (b) atuante e resistente.

9.4.1 Requisitos de projeto

A escolha do tipo ideal de contenção é um processo criterioso e individualizado em função de diferentes fatores:

1. **geotécnicos**: tipo de solo a conter, presença de lençol freático, capacidade de suporte do solo de apoio, entre outros;
2. **físicos**: altura da estrutura, espaço disponível para sua implantação, dificuldade de acesso, sobrecargas, entre outros;
3. **econômicos**: disponibilidade de materiais e de mão de obra qualificada para a construção da estrutura, tempo de execução, clima local, custo final da estrutura, entre outros.

Para verificação das condições de estabilidade, podem ser adotados métodos que utilizem o coeficiente de segurança global ou os coeficientes de segurança parciais.

Estados limite último (ELU) e de serviço (ELS)

O projeto de contenção visa estabelecer segurança contra a ruptura e contra a deformação excessiva. No projeto, são utilizados estados limites, a fim de estabelecer essa segurança. Como definição, os estados limites são aqueles além dos quais a estrutura não mais satisfaz aos requisitos de estabilidade e usabilidade impostos pelo projeto. Esses estados limites são classificados em:

1. **estado limite de serviço (ELS)**: estado limite no qual a inadequação decorre de deformações e deslocamentos que comprometem as condições de utilização da construção;
2. **estado limite último (ELU)**: estado limite no qual a inadequação decorre de colapso ou qualquer forma de perda de estabilidade que determine a paralisação do uso da construção;
3. **durabilidade**: a vida útil dos elementos de contenção deve ser pelo menos igual à vida da construção.

Para estabelecer o coeficiente de segurança, podem ser adotados os seguintes métodos:

1. **fatores de segurança global**: método em que a relação entre os esforços resistentes (R) e os esforços solicitantes (S) é expressa por um único fator de segurança global (FS_g), para as verificações de cada mecanismo de estabilidade, sendo:

$$R \geq S . FS_g \tag{9.1}$$

2. **fatores de segurança parcial**: método em que os esforços resistentes (R) são divididos por fatores de minoração (g_m) e os esforços solicitantes (S) são multiplicados por fatores de ponderação (g_f), sendo:

$$R / g_m \geq S \cdot g_f \tag{9.2}$$

Os valores dos coeficientes de segurança parcial são estabelecidos com base em estudos estatísticos da dispersão dos valores dos parâmetros a que são aplicados.

Em projeto de estruturas de contenção, os coeficientes de segurança global são tradicionalmente mais utilizados. A utilização de coeficientes de segurança parcial tem aumentado, e alguns países têm adotado esse tipo de análise em suas normas e seus códigos de projeto.

Na Tabela 9.1, têm-se os fatores de segurança mínimos para deslizamentos (ABNT NBR 11682).

Tabela 9.1 Fatores de segurança mínimos para deslizamentos.

Nível de segurança contra danos materiais e ambientais	Nível de segurança contra danos a vidas humanas		
	Alto	**Médio**	**Baixo**
Alto	1,5	1,5	1,4
Médio	1,5	1,4	1,3
Baixo	1,4	1,3	1,2

Fonte: adaptada de ABNT NBR 11682.

Nos casos de estabilidade de muros de gravidade e de muros de flexão, devem ser atendidos os fatores da Tabela 9.2 (ABNT NBR 11682).

238 | CAPÍTULO 9

Tabela 9.2 Requisitos para estabilidade de muros de contenção.

Verificação da segurança	Fator de segurança mínimo
Tombamento	2,0
Deslizamento na base	1,5
Capacidade de carga da fundação	3,0
NOTA: na verificação da capacidade de carga da fundação, podem ser alternativamente utilizados os critérios e os fatores de segurança preconizados pela ABNT NBR 6122.	

Fonte: adaptada de ABNT NBR 11682.

Na Tabela 9.3, indicam-se os fatores de segurança mínimos para método de fator de segurança global, solos reforçados em aterros (ABNT NBR 16920-1).

Tabela 9.3 Fatores de segurança mínimos para métodos de fator de segurança global.

Estabilidade	Mecanismo	Subseção	Fator de segurança global
Externa	Tensão admissível da fundação	10.4.1	2,0 no bordo mais carregado
	Deslizamento	10.4.2	1,5
	Tombamento	10.4.3	2,0
Interna	Ruptura estrutural do reforço	10.5	1,5
	Arrancamento do reforço	10.5	1,5
Geral	–	10.6	ver Anexo C
Conexão com o paramento	–	10.7	1,5
No caso de tratamentos de fundação, cabe ao projetista apresentar a justificativa de fator de segurança adotado.			

Fonte: adaptada de ABNT NBR 16920-1.

Na Tabela 9.4, verificam-se os fatores de segurança mínimos para método de coeficientes de segurança global, solos grampeados (ABNT NBR 16920-2).

Tabela 9.4 Fatores de segurança mínimos para estabilidade geral.

Nível de segurança contra danos materiais e ambientais	Nível de segurança contra danos às vidas humanas		
	Alto	Médio	Baixo
Alto	1,5	1,5	1,4
Médio	1,5	1,4	1,3
Baixo	1,4	1,3	1,2

Fonte: adaptada de ABNT NBR 16920-2.

Deve-se atentar para a utilização dos fatores de segurança, haja vista a diferença de valores devido à individualidade de cada tipo de estrutura e à especificidade de cada norma.

Além do atendimento dos requisitos destacados anteriormente (fatores de escolha do tipo da contenção e do cumprimento das normas técnicas), a concepção, a execução e o uso da contenção devem seguir as etapas mostradas na Figura 9.8. Não se deve subestimar nenhuma dessas etapas, sob pena de se ter mau desempenho da própria obra.

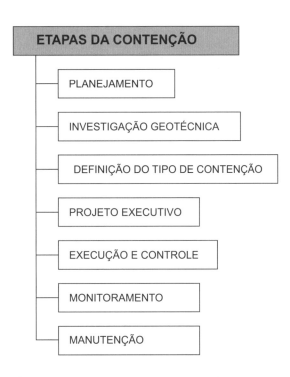

Figura 9.8 Etapas da contenção.

9.5 MANIFESTAÇÕES PATOLÓGICAS

Os danos causados pelo desempenho insatisfatório das estruturas de contenção podem ser classificados de maneira observacional em estéticos, funcionais e estruturais, conforme a Tabela 9.5.

Tabela 9.5 Classificação dos danos nas contenções.

Tipo de dano	Características	Características observadas	Intervenção
Estéticos	Causam efeito na aparência, sem comprometer o uso e a estabilidade da contenção	– Infiltrações pouco significativas – Desaprumos pouco significativos (previstos em projeto) – Não ocasionam deslocamentos nas estruturas vizinhas	– Manutenção programada
Funcionais	Danos que afetam o uso e/ou a funcionalidade da contenção	– Ineficiência do sistema de drenagem – Desaprumos significativos (acima do previsto em projeto) – Observam-se deslocamentos das estruturas vizinhas (fissuras de até 1 mm)	– Monitoramento e manutenção imediata
Estruturais	Danos que afetam os elementos estruturais e podem comprometer a estabilidade da contenção	– Inexistência de sistema de drenagem e/ou infiltrações significativas. – Desaprumos significativos (muito acima do previsto em projeto). – Verificam-se deslocamentos das estruturas vizinhas (surgência de trincas e rachaduras) – Fissuras nos elementos estruturais da contenção	– Interdição imediata

Os danos estruturais em contenções devem ser tratados com imediatismo, diante das perdas humanas e materiais que podem estar envolvidas na ruptura da estrutura.

9.5.1 Manifestações patológicas típicas em taludes, estruturas de contenção e cortinas ancoradas

A. Talude em aterros

Para a execução da estrutura, é necessária a escavação do terreno natural. Dessa maneira, o bloco de solo contido é quase sempre composto por uma parte de solo natural e uma parte de material de aterro. Isso lhe confere inevitável heterogeneidade, e a superfície de contato entre o solo natural e o aterro poderá constituir uma possível superfície de deslizamento com potencial de ruptura, caso não seja realizada a ligação por um endentamento.

Na Figura 9.9, ilustra-se a maneira como o endentamento deve ser realizado para ligação do aterro no terreno natural.

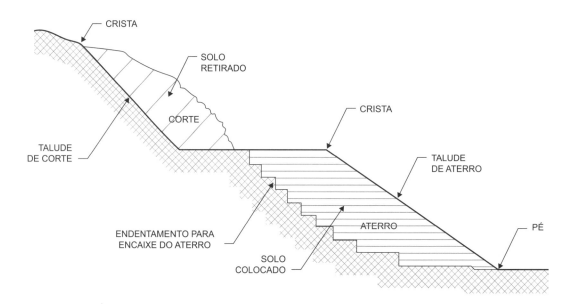

Figura 9.9 Ligação entre solo natural e aterro.

Um problema muito comum em aterros refere-se à ausência da compactação da borda (Fig. 9.10). Essa deficiência deixa a superfície do talude suscetível a maiores infiltrações d'água, causa dificuldade no crescimento de vegetação e favorece o desplacamento de massas de solo.

Figura 9.10 Ausência da compactação da borda do talude: vistas (a) lateral e (b) frontal.

O procedimento indicado para evitar esse tipo de problema é prever a construção do aterro com uma sobrelargura para posterior corte. Além de garantir a compactação da borda do aterro, facilitará e execução do acerto final da inclinação e acabamento. A dimensão da sobrelargura depende do tipo e porte do equipamento que realiza a compactação, mas a prática não recomenda sobrelarguras inferiores a 1 m (Fig. 9.11).

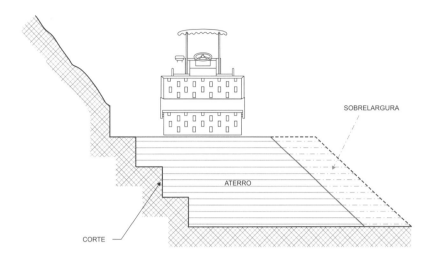

Figura 9.11 Sobrelargura para bordas de aterro.

B. *Deslocamentos*

A Figura 9.12 mostra o deslocamento da massa de solo do talude natural e consequente rompimento da rede pública de abastecimento de água existente no entorno da obra, que causou o colapso do maciço de solo laterítico.

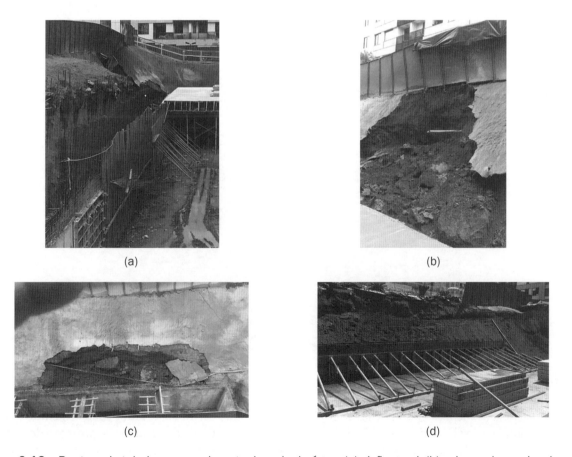

Figura 9.12 Ruptura de talude por rompimento da rede de água: (a) visão geral; (b) colapso do maciço de solo laterítico; (c) início da ruptura do solo; (d) providências em situações de emergência.

C. Drenagens

Para reduzir ou evitar pressões hidrostáticas, as estruturas de contenção devem prever a utilização de sistemas de captação e condução de águas internas e externas do maciço. A ausência de tais elementos é um dos principais fatores que levam as estruturas a sofrerem deslocamentos excessivos que inviabilizam sua utilização ou até mesmo à sua ruptura. Na Figura 9.13, apresentam-se movimentos de muros de arrimo causados por ineficiência ou ausência nas drenagens.

(a) (b)

Figura 9.13 Ruptura de muro por drenagem: (a) ineficiência; (b) ausência.

D. Corrosão dos tirantes

Grande parte das manifestações patológicas apresentadas em estruturas ancoradas advém da corrosão, em especial nos tirantes junto às cabeças (Fig. 9.14). A ausência ou incorreta execução da proteção da cabeça, bem como a inspeção e manutenção periódica, induzem os tirantes à perda de resistência, que pode ocasionar seu rompimento, percolação de água e o efeito punção.

Figura 9.14 Processo de infiltração e corrosão junto à cabeça do tirante.

A ausência de inspeção periódica faz com que os problemas sejam observados apenas quando a corrosão se encontra em estágio avançado. Na Figura 9.15, mostra-se a perda das cabeças de proteção dos tirantes devido à infiltração d'água. A falha de projeto e/ou a execução não respeitaram as recomendações da ABNT NBR 5629 para tirantes permanentes.

Figura 9.15 Infiltração e perda da proteção da cabeça dos tirantes.

Para a drenagem de paramento das cortinas ancoradas, utilizam-se frequentemente mantas geossintéticas que permitem a condução d'água para o tubo dreno geralmente instalado ao pé da cortina, sendo interligado à rede coletora e de drenagem, para que se evite surgência de infiltrações na cortina.

Uma observação importante é quanto ao geocomposto drenante utilizado e sua correta instalação. O projeto deve especificar um geocomposto que apresente uma face drenante para o contato direto com o solo e outra impermeável para o contato com a superfície da cortina. Nas obras, é muito comum a utilização de geocompostos com duas faces drenantes para esse fim (Fig. 9.16).

Figura 9.16 Geocomposto com duas faces drenantes – utilização inadequada.

Em cortinas de perfis metálicos, é usual a realização do "prancheamento" dos vãos entre os perfis com pranchões de madeira. O geocomposto deve ser sempre posicionado para que tenha contato direto com o solo. Por praticidade executiva, observa-se tanto em projeto quanto na obra o posicionamento inadequado do geocomposto, quando instalado na frente do pranchão. A madeira instalada diretamente em contato com o solo cria uma superfície impermeável que permite o acúmulo d'água no tardoz da cortina (Fig. 9.17). Ainda nessa figura, verifica-se que, após o prancheamento, a armadura foi instalada, para posterior colocação do geocomposto "de duas faces drenantes". Para isso, houve a necessidade de que se cortasse em "pedaços" para sua instalação sobre o prancheamento.

Figura 9.17 Geocomposto instalado de maneira inadequada sobre pranchões de madeira.

9.5.2 Manifestações patológicas típicas em solo grampeado

A. Drenagem e concreto projetado

No solo grampeado executado em corte, o avanço da escavação ocorre em linhas, sendo realizada uma linha de grampo por vez. Assim, é necessária a interrupção da aplicação do concreto projetado por períodos muito superiores ao tempo de pega do material projetado, favorecendo a formação de juntas frias. Na Figura 9.18, observam-se as faixas de aplicação do concreto projetado de cada avanço de escavação/linha de grampo.

Um ponto importante a se destacar é quanto ao risco da contaminação por partículas de solo na ligação entre faixas de concretagem. A projeção do concreto deve ser mantida sempre acima do nível da escavação, para que não ocorra o contato do concreto com o solo do "pé da escavação", para evitar que a projeção de concreto da linha subsequente não seja aplicada sobre a superfície de ligação contaminada por solo.

Figura 9.18 Faixas de aplicação do concreto projetado na linha de grampo e percolação d'água pelas juntas frias.

Nas Figuras 9.19(a) e (b), observa-se a percolação d'água pelas juntas de concretagem. Podem-se somar ainda outros problemas, como a quantidade insuficiente de drenos sub-horizontais profundos (DHPs) e drenagem de paramento, geralmente tiras de geocompostos instalados entre o solo e o concreto projetado.

(a)

(b)

Figura 9.19 Percolação d'água: (a) pelas juntas frias do concreto e (b) por deficiência da drenagem de paramento.

A espessura do concreto projetado não uniforme pode apresentar deficiência, se não realizada com atenção (Fig. 9.20).

(a)

(b)

Figura 9.20 Espessura do concreto projetado: (a) visão geral; (b) em detalhe.

B. Emendas de barras

Para execução de grampos de aço CA-50 (vergalhão) com comprimentos superiores a 12 m, as emendas podem ser feitas por solda, seguindo-se o recomendado pela ABNT NBR 6118, ou pela utilização de luvas prensadas (Fig. 9.21).

Figura 9.21 Emendas de barras por luvas de aço prensadas.

Devem ser previstas amostragens para testes de tração, e recomenda-se que, a cada 50 prensagens, sejam retiradas três amostragens. Os grampos emendados só poderão ser instalados mediante o resultado satisfatório dos ensaios de tração.

Na Figura 9.22, mostra-se um ensaio de arrancamento em que ocorreu o desligamento da barra de aço da luva de emenda.

(a) (b)

Figura 9.22 Desligamento do vergalhão da luva de aço: (a) visão do ensaio; (b) detalhe da luva.

C. *Solo e/ou água contaminados*

Uma condição muitas vezes não prevista na realização das obras é a ocorrência de solo e/ou água contaminados. Muitas regiões que no passado eram ocupadas por áreas industriais e que em dias atuais servem de espaço para o desenvolvimento imobiliário ou logístico costumam ser locais com alto potencial de contaminação, principalmente pelo fato de que no passado não havia legislações ambientais como as que existem hoje, para garantir a proteção do meio ambiente.

Na Figura 9.23, mostra-se a saída de água contaminada com produto químico em uma contenção de solo grampeado sob um galpão logístico.

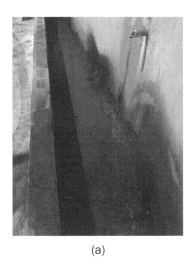 

(a) (b)

Figura 9.23 Solo e água contaminados: (a) na base do muro; (b) no DHP.

Nesse contexto, torna-se imprescindível que áreas com potencial de contaminação sejam, preliminarmente, analisadas por profissionais especializados, com realização de ensaios específicos. Deve-se atentar também a espaços próximos a postos de combustíveis, ou até mesmo depósito frigorífico. Segundo Mucheti, Albuquerque e Falconi (2022), que analisaram a ruptura de uma contenção em solo grampeado ocorrida ainda em sua execução, constatou-se a contaminação do terreno com gordura proveniente do processo de limpeza de preparação de carnes e aves, que foram despejados no terreno durante anos. A negligência de não prever e realizar ensaios de arrancamento foi comprovada somente depois, com a confirmação da insuficiência da resistência de interface solo-grampo devido à presença de gordura (Fig. 9.24).

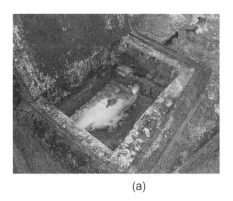 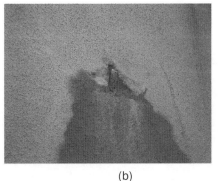 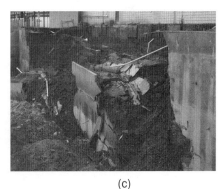

(a) (b) (c)

Figura 9.24 Solo contaminado com gordura: (a) caixa coletora danificada; (b) vazamento de gordura no paramento; (c) ruptura da contenção.

D. Transporte de finos pelos drenos sub-horizontais profundos (DHPs)

Observam-se, em alguns projetos, a não especificação e, em obras, a não utilização de manta geossintética ou tela de nylon em volta do tubo de PVC, com a finalidade de evitar o transporte de finos pelos DHPs.

Geralmente, quando não há utilização desses materiais, os furos do tubo de PVC são substituídos por ranhuras (cortes realizados com um arco de serra). A justificativa de não utilizar a manta geossintética ou tela de nylon está relacionada com o problema de colmatação do dreno DHP, que provoca a paralisação do funcionamento do dispositivo. É importante salientar que os DHPs e outros dispositivos de drenagem requerem inspeções regulares e manutenções periódicas.

Uma operação funcional comumente realizada para desobstrução dos finos colmatados é a aplicação de retrolavagem. Tal operação deve ser analisada por um geotécnico qualificado, para que, em determinadas situações, os problemas existentes não sejam agravados por esse procedimento.

Observa-se, na Figura 9.25, a colmatação de finos pela utilização de drenos ranhurados sem material envolto.

Figura 9.25 Transporte de finos pelos DHPs.

E. Ancoragem do grampo ao paramento

Ainda que haja muita discussão no meio técnico quanto à magnitude das cargas que chegam à ligação grampo-face de estruturas de solo grampeado, deve-se atentar também para seu dimensionamento. Na Figura 9.26, mostra-se uma ruptura em que todos os grampos permaneceram ancorados na zona resistente após o cisalhamento da zona ativa. Na inspeção local, verificou-se que todas as cabeças dos grampos (na ocasião, vergalhões de aço CA-50 com dobra de 20 cm) foram desligadas/extraídas do paramento de concreto projetado com fibras sintéticas de espessura de 7 cm.

Figura 9.26 Ruptura devido a deficiência na ancoragem do grampo ao paramento.

F. Deslocamentos

O solo grampeado é uma técnica de solo reforçado caracterizada como estrutura passiva, ou seja, para que os elementos de reforço (grampos) recebam as cargas provenientes do solo, o maciço precisa se deslocar. Dependendo da magnitude desse deslocamento, as construções vizinhas podem sofrer danos (Fig. 9.27).

Mucheti e Albuquerque (2023) relatam que o controle da velocidade do avanço das escavações, a implementação de grampos verticais e as injeções setorizadas dos grampos promovem redução significativa nos deslocamentos de face de estruturas grampeadas verticais em áreas urbanas. Relatam também que as estimativas de deslocamentos da face sugeridas pela literatura internacional não refletem os deslocamentos obtidos nas obras executadas com a metodologia atualmente utilizada no Brasil.

Figura 9.27 Danos: (a) abatimento de piso; (b) rodapé desnivelado; (c) rompimento de tubulações; fissuras: (d) em alvenaria, (e) juntas construtivas e (f) piso.

9.6 ESTUDO DE CASO – MURO EM SOLO REFORÇADO

Apresenta-se estudo de caso de um aterro compactado com altura de 9,0 m, executado em uma obra viária, com alças laterais de acesso a viaduto de retorno. Essa estrutura apresenta, em seus 6,0 m iniciais, um muro em solo reforçado com geogrelhas e paramento com sistema de envelopamento de solo que possui malha metálica associada a um painel frontal com geomanta biodegradável, para facilitar o desenvolvimento de vegetação.

A obra foi executada em 2014, e, na época, ainda não se dispunha de norma brasileira para solo reforçado em aterro. A ABNT NBR 16920-1, que especifica os requisitos de projeto e execução de muros e taludes em meios terrosos contínuos reforçados, teve a sua primeira edição somente em 2021.

As principais dificuldades observadas durante a construção estão relacionadas com a amarração entre os painéis, posicionamento das geogrelhas, lançamento e compactação na borda do talude, ancoragem da tela na última camada de envelopamento e fechamento das bordas laterais do muro.

A consequência de uma execução inapropriada é o aparecimento de manifestações patológicas que comprometem a estética e o funcionamento adequado da estrutura, tais como: o deslocamento da face, o surgimento de grotas, deformações excessivas da face, deslocamento da crista e fuga de material pelas extremidades laterais.

Caracterização da obra e projeto

A obra em estudo está localizada às margens de via de grande fluxo, com oito faixas em dois sentidos. Na região, o solo superficial é predominantemente argiloso de baixa resistência, e não é encontrado nível d'água aflorante (Fig. 9.28).

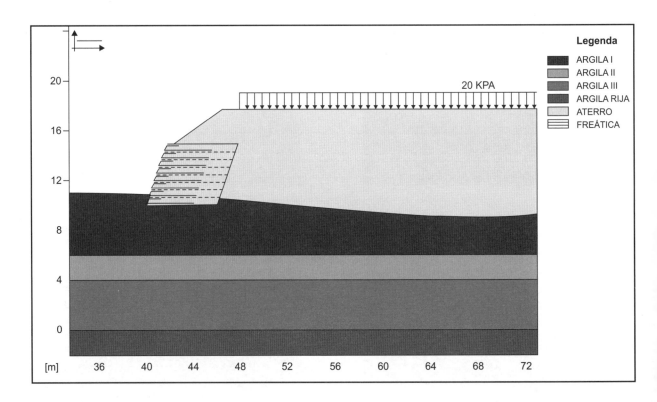

Figura 9.28 Caracterização geotécnica.

Para a execução do muro, o projetista solicitou a realização de ensaios de cisalhamento direto para confirmação dos parâmetros de resistência considerados nas análises de estabilidade e apresentados na Tabela 9.6. A tensão admissível mínima adotada na fundação foi de 230 kPa.

Tabela 9.6 Parâmetros geotécnicos adotados na obra.

Parâmetros	Solo				
	Argila I	Argila II	Argila III	Argila rija	Aterro
Coesão (kN/m²)	7,5	15	25	35	6
Ângulo de atrito (°)	20	24	24	25	30
Peso unitário (kN/m³)	17	19	19	20	18

Para as alças laterais de acesso ao viaduto de retorno, inicialmente se propôs aterro com taludes, entretanto, devido à baixa capacidade estrutural do material disponível, as saias do aterro seriam muito largas e invadiriam a pista marginal. Nesse contexto, adotou-se como solução a contenção de parte do aterro com sistema de geogrelha com fechamento em *Terramesh Verde*,[1] conforme a ABNT NBR 10514, que oferece inclinação superior ao talude natural.

A solução consistia em redes metálicas com malha hexagonal de dupla torção e revestidas na parte interna do paramento frontal por uma geomanta e tela eletrossoldada, conferindo ao acabamento um aspecto final harmônico com o meio ambiente. Essas redes são produzidas com fio de aço trefilado a frio, recozido e zincado e, eventualmente, plastificado.

Para conter os 9,0 m de aterro, utilizou-se solo compactado em camadas de 20 cm reforçadas com 10 painéis de geogrelhas a cada 60 cm de altura com resistência nominal longitudinal à tração de 90 kN/m e comprimento de 7,0 m, associadas às malhas *Terramesh Verde*, que possuem resistência à tração de 50,11 kN/m. A estrutura contemplava uma contenção de 6,0 m de altura, com inclinação de 70°. Esse sistema foi apoiado sobre geotêxtil não tecido em poliéster disposto diretamente sobre o solo natural. Para os 3 m superiores do aterro, executou-se o talude com inclinação de 1V:1,5H coberto com geomanta para revestimento, conforme apresentado na Figura 9.29.

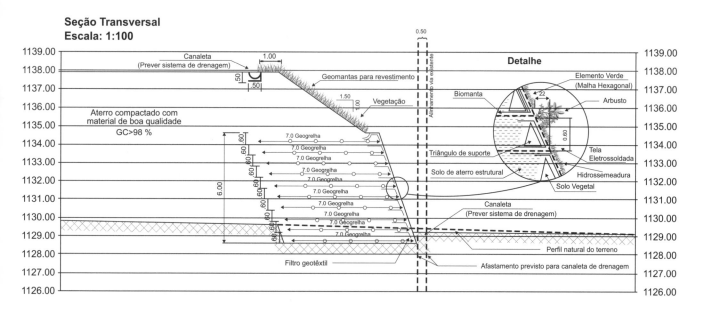

Figura 9.29 Corte do projeto de muro de contenção com geogrelhas e paramento com sistema *Terramesh* Verde.

---

[1] É um sistema de baixo impacto ambiental utilizado para formar taludes de solo reforçado com face verde. Ele é composto por unidades pré-fabricadas de malhas de arame de dupla torção acopladas com a geomanta para controle de erosão, além de serem reforçadas com malha soldada na face posterior.

Manifestações patológicas observadas durante a execução da obra

Inicialmente, os problemas encontrados foram principalmente em relação à não observância dos detalhes de projeto. Nas primeiras camadas compactadas, após a conclusão dos 60 cm, as faces deslocaram-se, abrindo o paramento [Figs. 9.30(a) e (b)]. Esse fato pode ser originado por três aspectos não observados pelos executores, que são:

1. excesso de material lançado nas camadas de compactação;
2. compactação nas bordas executada com o mesmo rolo compactador utilizado no interior do aterro, quando no projeto determinava-se que, na faixa de 1 m da face, a compactação deveria ser manual e realizada por equipamento de menor energia, tipo "sapinho";
3. peças do *Terramesh* não amarradas entre si e, quando havia amarrações, essas eram pontuais, diferentes do projeto, que indicava costuras entre todas as emendas da tela (apresentado mais à frente, neste capítulo, em detalhes).

Com relação à disposição na segunda camada, não se executou o alinhamento corretamente, fato este que acarretou a ocorrência de um degrau na borda superior da primeira camada e na borda inferior da segunda.

As ocorrências de não conformidades foram diminuindo nas camadas seguintes, entretanto, os problemas foram recorrentes por toda a contenção.

Além disso, problemas menores no início da obra foram observados, tais como: a presença de material armazenado sobre a praça de compactação que levou à perda de telas; em alguns locais, observou-se a sobreposição de peças iguais, utilizando-se até três peças onde deveria haver apenas uma; outro fator agravante pode ter sido a disposição da geogrelha e da malha hexagonal em ordens inversas ao proposto em projeto, acarretando má aderência da geogrelha com o solo.

Figura 9.30 Muro de contenção com geogrelhas: (a) primeira camada deslocada; (b) deslocamento de face; (c) tela não ancorada com última dobra exposta.

Durante a fixação da última camada de tela de *Terramesh*, a dobra superior não foi ancorada de forma adequada no talude, ficando exposta, conforme apresentado na Figura 9.30(c).

Na Figura 9.31(a), é visível que o fechamento lateral não foi realizado com a incorporação das telas no talude adjacente, o que expôs o solo compactado no interior, possibilitando a fuga de material pelas extremidades.

Constatou-se, nas laterais superiores, inexistência dos gabiões de fechamento, conforme especificado em projeto [Fig. 9.31(b)].

(a)　　　　　　　　　　　　　　　　　　　　(b)

Figura 9.31　Gabiões de fechamento: (a) visão geral; (b) inexistência dos gabiões de fechamento.

Também foram recorrentes problemas nas amarrações das telas. Observou-se no local que as amarrações das telas hexagonais não estavam sendo executadas conforme projeto (Fig. 9.32), que determinava a necessidade de uma costura entre todas as emendas da tela, tanto no sentido transversal ao talude, para o interior do aterro, quanto na face do talude, entre as camadas.

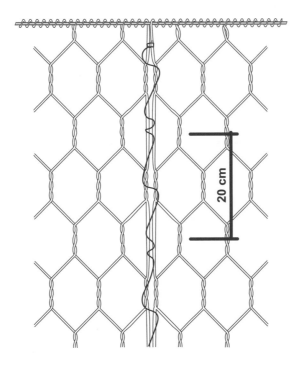

Figura 9.32　Detalhe da costura da malha hexagonal.

Na obra, observou-se que foram executados pontos insuficientes entre as malhas (Fig. 9.33), e, no trecho que recebia o solo compactado, não foi executada a amarração, conforme especificado em projeto. É importante que seja observada a amarração entre placas, para que, depois de lançado o material de aterro, as telas se mantenham unidas.

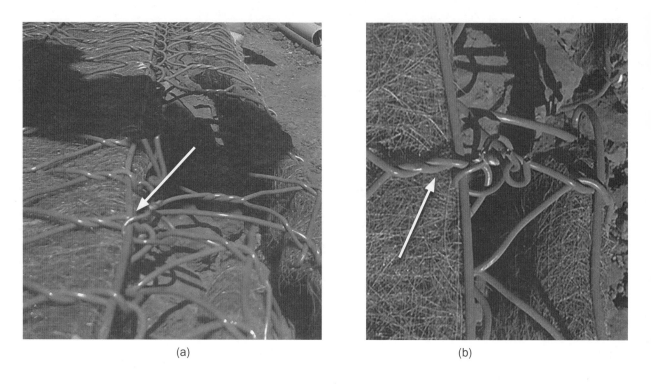

(a) (b)

Figura 9.33 Ponto de costura na malha hexagonal.

A geogrelha que deveria ser disposta abaixo da malha hexagonal (Fig. 9.34) estava sendo posicionada sobre esta (Fig. 9.35), o que pode gerar má aderência da geogrelha com o solo.

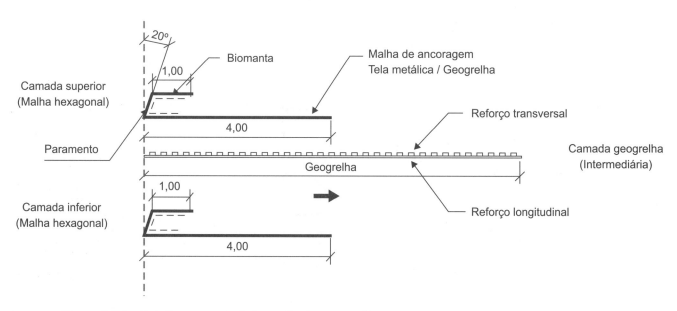

Figura 9.34 Detalhe em corte da inserção das geogrelhas.

PATOLOGIA DAS CONTENÇÕES | 255

Figura 9.35 Geogrelha sobre a malha hexagonal.

Manifestações patológicas observadas após a execução da obra

Após a conclusão da obra, notou-se o surgimento de grotas nos taludes superiores após as primeiras chuvas (Fig. 9.36).

(a)　　　　　　　　　　　　　　　　　　　　　　　　　(b)

Figura 9.36 Talude superior: (a) visão geral do talude; (b) grotas ocasionadas pelo carreamento de material.

Na Figura 9.37(a), observa-se que, na última camada, algumas peças ficaram com ângulo da face superior a 90°, o que expõe a estabilidade da peça em elevado risco do talude superior e da pavimentação sobreposta. Notou-se que esse problema está relacionado à má fixação da dobra da última tela do *Terramesh*.

Como consequência desse deslocamento da face da última camada, houve um escorregamento de material que resultou em uma trinca no solo próximo à crista do talude [Fig. 9.37(b)].

Notou-se solo solto nas frestas entre uma camada e outra devido às falhas de fixação, na disposição das peças e na compactação, como pode ser identificado na Figura 9.37(c).

Em um trecho, observou-se o rompimento na costura da tela de proteção da face, por impacto com as máquinas durante a continuidade das obras na região, possibilitando a fuga de material [Fig. 9.37(d)].

Figura 9.37 Muro de contenção com geogrelhas: (a) peça com ângulo maior que 90°; (b) abertura na extremidade do pavimento; (c) solo solto entre peças; (d) costura da tela de face rompida.

Por fim, pode-se destacar que toda a face do sistema ficou sem proteção, exposta a intempéries e sem a vegetação de cobrimento, perdendo esta relevante vantagem visual que não foi incorporada ao final da obra.

As manifestações patológicas observadas foram, na maioria dos casos, motivadas pelo não cumprimento das especificações de projeto e pela inexperiência da equipe responsável pela execução, principalmente no início da obra.

Soluções e correções

O mercado disponibiliza sistemas de contenção que apresentam inúmeras qualidades e facilidades. No caso do sistema *Terramesh Verde*, as peças são pré-fabricadas e devem ser abertas e dispostas na obra. O desconhecimento dos materiais acarreta execução fora dos padrões e o não atendimento ao projeto. A existência de erros simples também acarretou prejuízos relevantes à estrutura final do sistema e ao cumprimento do cronograma, entre os quais, a ineficaz costura entre as peças ou a inadequada ancoragem da última borda no maciço de solo.

Em virtude do cronograma da obra, mesmo tendo as recomendações de correção em tempo por parte dos consultores e fiscalização, as medidas, por não serem acatadas, levaram ao não atendimento dos critérios mínimos de projeto, atraso na obra e custos adicionais, não previstos, para os serviços de recuperação do talude reforçado.

Depois de entregue a obra, necessitou-se de retrabalho e reparo, gerando custos e descumprimento dos prazos propostos. Segundo Cunha, Mota e Domingues (2015), entre as soluções previstas, destacam-se: a criação de uma barreira física na frente da contenção, com intuito de evitar a fuga de material e proteger o muro; a disposição da geomanta sobre a superfície do talude com execução de hidrossemeadura; a escavação manual de trechos para recuperação das ancoragens e a proteção das laterais com gabiões de fechamento.

A seguir, apresentam-se os procedimentos de recuperação adotados na obra.

a. **Recomposição das faces da primeira camada**

Para a recomposição das faces da primeira camada que se deslocaram e não foram refeitas no tempo hábil, a vedação foi realizada por uma barreira física à frente da contenção, como indicado na Figura 9.38. Essa barreira teve função de conter a fuga de material e proteger o muro de possíveis colisões por veículos, atendendo também aos requisitos da ABNT NBR 15486. Como a barreira foi inserida à frente da contenção, fez-se necessário considerar um empuxo de solo aplicado à barreira, a fim de prever uma possível transferência de carga.

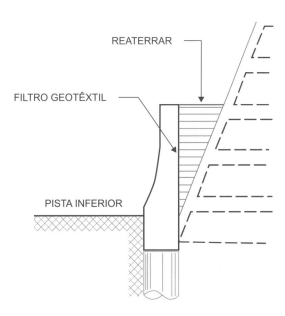

Figura 9.38 Barreira tipo *New Jersey*.

b. **Correção de fechamentos laterais do gabião**

Quanto à inexistência de fechamento nas laterais, foram executadas as inserções de solo nos vazios das extremidades e a conformação com os taludes adjacentes, incorporando ao menos uma peça do sistema ao talude lateral. Nas regiões em que o tratamento não era viável, cortou-se o solo na lateral e executaram-se gabiões de fechamento (Fig. 9.39).

Figura 9.39 Gabião de fechamento lateral.

c. Correção das ancoragens

Nos locais em que a tela não foi ancorada de maneira adequada e na última camada de fechamento da dobra que ficou exposta, procedeu-se à escavação manual superior, criando um platô. Para a recomposição do travamento das camadas superiores nos taludes, foram utilizados grampos em "U" com pernas de um metro inseridas no solo (Fig. 9.40) e reaterro compactado. O painel ficou posicionado na horizontal e devidamente confinado, para restringir a deformação na face do *Terramesh* e evitar novas movimentações.

Figura 9.40 Grampeamento da camada superior.

d. Correção das grotas

Os trechos com fissuras ou grotas foram reconstituídos, dispondo geomanta sobre a superfície do talude, conforme indicado no projeto, realizando canaleta de fixação na crista. Após essa etapa, foi executada a hidrossemeadura do talude com a adição de cobertura de 2 cm de solo orgânico.

Os procedimentos realizados para corrigir as peças superiores que deslocaram e ficaram com angulação superior a 90° foram:

1. retirada do solo do talude superior por trás da peça;
2. correção da angulação; e
3. reposicionamento dos gabaritos triangulares e amarração da peça corrigida nas estruturas adjacentes.

A inserção de solo e a recomposição do talude foram realizadas com compactação manual.

Para a recuperação das costuras rompidas das telas, inseriu-se solo nas aberturas e amarrou-se com fio de aço uma nova tela à frente, com o intuito de recompor a face.

A fim de conter o solo solto e evitar carreamento de material pelas frestas que ficaram entre as peças e proteger a face do sistema, executou-se também hidrossemeadura com a adição posterior de cobertura de 2 cm de solo orgânico sobre o talude.

e. Correção das peças da última camada com ângulo maior que 90°

Retirou-se o solo de aterro do talude superior por trás da peça, prosseguindo-se com correção da angulação, reposicionamento dos gabaritos triangulares e amarração da peça nas peças adjacentes. A inserção de solo e a recomposição do talude foram realizadas com compactação manual. Também se atentou para garantir que a tela horizontal estivesse confinada.

f. Correção das aberturas na extremidade do pavimento

Nos taludes superiores próximos à pista, que apresentam aberturas devido a movimentações do solo reforçado, foi realizada a retirada de todo o talude superior na região da peça deslocada, reaterro e compactação manual.

g. Correção da tela rompida

Nas camadas que apresentaram tela rompida, procedeu-se a inserção de solo e amarração com fio de aço à nova tela da frente, a fim de recompor a face.

h. Execução de proteção da face do sistema

Após os serviços de recuperação, a segurança estrutural do maciço foi garantida pela geogrelha, que ficou totalmente inserida no solo, como ilustra a Figura 9.41, em que se tem uma vista geral da obra após a conclusão dos reparos.

Foi determinada a execução imediata de hidrossemeadura nas faces do sistema com a adição de camada de cobertura de 2 cm de solo orgânico sobre o talude após a hidrossemeadura.

Figura 9.41 Vista geral da obra concluída.

Aconselha-se aos executores que tenham uma equipe com experiência, ainda que esta seja pautada em serviços similares, tais como a montagem de gaiolas. Além disso, é primordial que o projeto seja estudado e compreendido antes da execução.

É possível e plausível a construção de bons muros com o sistema *Terramesh Verde*, com vários casos espalhados por todo o Brasil. De qualquer forma, para um bom resultado, é necessária dedicação de todos os envolvidos no processo, ou seja, dos projetistas aos fornecedores e os executores.

9.7 CONSIDERAÇÕES FINAIS

Os tópicos apresentados trataram patologias frequentemente encontradas em obras de contenção. Ressaltou-se que o projeto e a execução devem cumprir as normas técnicas específicas para garantir o desempenho e a vida útil das obras. Foram reunidas e descritas informações que se aplicam a muros de gravidade, muros de flexão, cortinas ancoradas, solos reforçados e solos grampeados, de maneira direta e objetiva. O estudo de caso enaltece o tema abordado por tratar problemas recorrentes. O conteúdo mostra com detalhes as características da obra, a solução adotada, os parâmetros geotécnicos estimados, descreve as patologias manifestadas durante e após a construção e, por fim, apresenta as soluções e correções realizadas, dando ao leitor o conhecimento de uma situação real.

CAPÍTULO 10

PATOLOGIAS EM PISOS INDUSTRIAIS

Fabio André Viecili
Marcel Aranha Chodounsky
Marcos Roberto Ceccato

10.1 CONSIDERAÇÕES INICIAIS

A construção de um piso industrial é uma atividade multidisciplinar que envolve a participação de diferentes agentes. O cliente será o usuário da solução e o detentor do recurso financeiro. O projetista será o responsável por avaliar as informações disponíveis, necessidades do cliente, exigências da execução e propor a solução a ser construída. Usualmente, tem-se a participação de um construtor ou gerenciador na etapa de execução da obra, que atuará como facilitador dos processos, e os atores principais envolvidos diretamente na construção.

O executor do piso será o detentor do *know-how* de execução e acabamento do concreto. O fornecedor do concreto entregará o produto dentro das especificações técnicas do projeto no intervalo solicitado pela obra. Há, também, os demais fornecedores de insumos, como aço, fibras, espaçadores lonas, produtos químicos, que contribuíram com o seu conhecimento específico de material. E, não menos importante, o serviço de controle tecnológico.

Toda a discussão que ocorrer até o início dos trabalhos de execução são contribuições ao aprimoramento, à adequação e ao entendimento do projeto que precisa ser executado. Após o início dos trabalhos, converte-se, de uma obra de engenharia, para uma operação logística de construção *in loco* de uma estrutura de concreto com uma dinâmica única.

A falta de clareza das atribuições e responsabilidades de cada agente envolvido, a sua ausência no processo, a falha na especificação e no entendimento da solução, muitas vezes associada ao simples foco em custos, carrega ao processo de construção uma série de riscos de insucessos.

Neste capítulo, pretende-se apresentar as principais ocorrências de manifestações patológicas em obras de pisos industriais de concreto.

10.2 FISSURAS

O surgimento de fissuras nas estruturas de concreto e, em particular, nos pisos industriais, normalmente está relacionado com:

1. recalques ou deficiência da fundação;
2. erros de projeto (erros na interpretação dos esforços solicitantes e cargas ambientais, subdimensionamento da estrutura, falha no detalhamento de reforço localizado);
3. procedimentos executivos inadequados;
4. falha dos materiais (concreto, aço etc.);
5. sobrecarga (mau uso).

Logo, diversos profissionais e empresas podem ter participação na ocorrência das patologias de modo geral, podendo-se citar: o consultor de solos, o projetista da estrutura do piso, o executor e o tecnologista de concreto.

Pode-se dizer, de forma simplista, que há dois tipos de fissuras em pisos de concreto, sendo as fissuras estruturais e as de retração. Os tipos de fissuras diferem entre si, em função das suas causas e suas consequências na vida útil da estrutura.

Não há uma receita simples para eliminação da fissuração em pisos de concreto, mas o conhecimento, mesmo que básico, do funcionamento da estrutura (placas de concreto apoiadas sobre solo), do comportamento dos solos e da tecnologia do concreto torna-se importante ferramenta para minimizar sua incidência.

As fissuras estruturais nos pisos criam grande desconforto e preocupação ao usuário, pois se entende que a falha da fundação (subleito ou sub-base), do projeto ou da execução, pode comprometer o desempenho, e que o processo de deterioração (aumento da fissuração) será progressivo e inevitável. Parte do desconforto é agravada pela dificuldade frequente em identificar as causas das fissuras. Além da possível sobreposição entre elas, principalmente em áreas de tráfego pesado e intenso de veículos, a evolução da fissuração pode ser acelerada. É certo que, a menos que se tomem medidas para recuperação da estrutura, a fissuração pode evoluir rapidamente, conduzindo ao comprometimento da operação sobre o piso.

Embora as fissuras estruturais possuam características próprias que permitem sua identificação direta, geralmente essa tarefa é realizada por exclusão, comparando-as com as configurações típicas das fissuras de retração e considerando o momento em que a manifestação patológica ocorre. Além disso, a confirmação da ocorrência de falha da fundação, do projeto ou da execução, frequentemente, só é obtida após a extração de testemunhos e realização de ensaios, ou pela análise da estrutura por meio de métodos não destrutivos, como georradar ou pacometria.

Fissuras induzidas pela retração restringida são menos preocupantes, pois o agente causador da patologia (retração do concreto) é dissipado com o tempo. A partir da estabilização da retração da placa de concreto com o tempo, os reparos das fissuras podem ser executados sabendo-se que a causa foi controlada e os riscos de nova ocorrência da patologia são pequenos.

É importante que as causas das fissuras sejam identificadas antes da especificação do tipo de tratamento a ser empregado na sua correção.

O ACI 224 (1998) apresenta, de forma detalhada, as principais causas de fissuras, os procedimentos para avaliação e a metodologia de execução dos reparos. Complementarmente, o ACI 224 (2002) aborda estratégias para o controle de fissuras em estruturas de concreto, com ênfase na prevenção durante o projeto e a execução. Além disso, existem outros trabalhos específicos sobre pisos de concreto que tratam do assunto, como o ACI 302 (2015) e o trabalho de Farny (2001).

10.2.1 Fissuras de retração plástica

Surgem quando a superfície do concreto, que ainda se encontra no estado fresco, experimenta uma rápida perda de umidade, induzida por uma combinação de fatores que inclui a temperatura do ar e do concreto, umidade relativa do ar e velocidade do vento. Esses fatores combinados podem causar elevada taxa de evaporação da água da superfície do concreto, tanto em ambientes de elevada como de baixa temperatura (ACI 224, 1998).

Quando a taxa de evaporação da umidade do concreto fresco é maior que a taxa de exsudação, a camada de concreto mais próxima à superfície retrai (Fig. 10.1). A retração diferencial entre a superfície e o concreto mais abaixo induz ao aparecimento de tensões. O concreto, ainda na fase de enrijecimento, é muito susceptível à fissuração devido a sua baixíssima resistência.

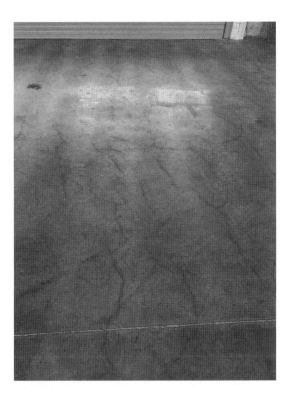

Figura 10.1 Fissuras de retração plástica.

As fissuras típicas de retração plástica são paralelas entre si, com comprimento variando de 5 a 100 cm e espaçamento regular, muitas vezes perpendicular à direção do vento, entre 5 e 70 cm (Kosmatka; Wilson, 2011). Normalmente, as fissuras de retração plástica não são muito profundas, limitando-se a poucos centímetros, e apresentam grande abertura.

Nos casos de pisos com acabamento desempenado, é comum que o processo manual ou mecânico esconda (mascare) as fissuras de retração plástica, não sendo usual o reaparecimento delas após o endurecimento do concreto.

A redução da taxa de evaporação da água de amassamento do concreto em campo é possível com diversas metodologias, entre as quais:

1. diminuição da temperatura do concreto com adição de água gelada, gelo ou com resfriamento dos agregados;
2. uso de anteparos para bloqueio do vento, a alteração do horário de concretagens para períodos de menor temperatura, sol e vento, o borrifamento ou a aspersão de neblina de água, a adição de fibras sintéticas (polipropileno, nylon ou vidro); e
3. aplicação de agentes redutores de evaporação (*evaporation reducers*).

Essas medidas podem ser implementadas isoladamente ou combinadas, de acordo com as necessidades específicas da obra.

A ABNT NBR 14931 recomenda que a temperatura máxima para lançamento do concreto seja de 32 °C, a fim de minimizar ocorrências como fissuração e alteração no tempo de pega. Recomenda também que, imediatamente após o lançamento de adensamento do concreto, devam ser tomadas medidas para reduzir a perda de umidade do concreto. Cita ainda como referência a taxa de evaporação de água crítica acima de 1 kg/m²/h, indicado na Figura 10.2, sendo de 0,5 kg/m²/h para os concretos com altos teores de adição pozolânica ou adições com elevada superfície específica como sílica ativa e *metacaulim*.

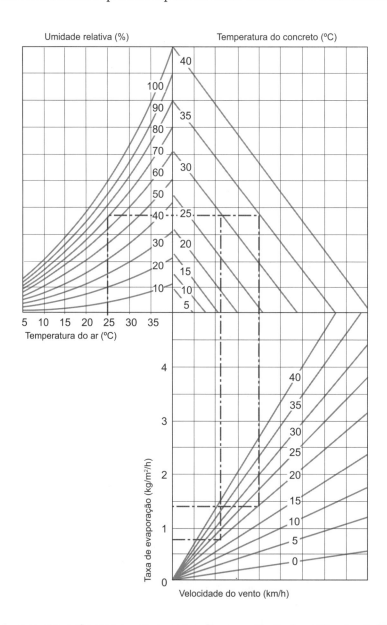

Figura 10.2 Gráfico para obtenção da taxa de evaporação do concreto (modificado de ABNT NBR 14931).

A ABNT NBR 14931 recomenda a cura primária desde o término do adensamento do concreto até o fim do processo de pega, e a cura secundária a partir do final da pega e início do endurecimento. A cura é particularmente importante para concretos com elevado teor de finos, com areias industriais ou mesmo com adições como *filler*, *metacaulim* ou sílica ativa. Tais concretos costumam apresentar pouca exsudação, tornando-se mais suscetíveis à fissuração plástica (Aïtcin, 2000). Testes conduzidos por Bloom e Bentur (1995) em concretos sujeitos à retração restringida indicaram aumento da retração plástica com a incorporação de sílica ativa.

10.2.2 Fissuras de retração hidráulica

A restrição ao encurtamento do concreto, imposta pela base, armadura ou outro elemento qualquer, induz ao aparecimento de tensões elevadas que podem levar à formação de fissuras (Fig. 10.3).

Figura 10.3 Fissura por concentração de tensão.

Normalmente, as fissuras de retração por secagem ou hidráulica ocorrem transversalmente ao sentido da placa, com aberturas variáveis. Em placas de grandes dimensões, como nos pisos conhecidos como *jointless*, em virtude da grande movimentação (encurtamento) da placa durante a retração, as juntas ou as fissuras, quando aparecem, são de grande abertura (Figs. 10.4 e 10.5).

Figura 10.4 Fissuras de retração hidráulica.

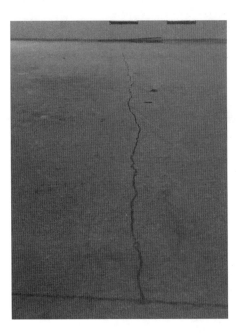

Figura 10.5 Fissura por restrição de movimentação.

As fissuras induzidas pela retração hidráulica restringida podem ocorrer em diferentes momentos. Elas podem surgir precocemente, logo após a pega do concreto (antes ou depois das operações de corte das juntas). Também é possível que as fissuras apareçam após um longo período da execução da estrutura, geralmente 90 dias ou mais. Isso ocorre devido à retração contínua do concreto ao longo de vários meses.

Quando as fissuras surgem nas primeiras idades, normalmente indicam falhas no processo de alívio de tensões esperado com o corte das juntas de retração (juntas serradas). Essas falhas estão frequentemente relacionadas ao atraso na execução dos cortes das juntas, posicionamento inadequado das barras de transferência ou excesso de armadura cruzando as juntas (Fig. 10.6). Além disso, as fissuras nas primeiras fases também podem indicar um processo de cura ineficiente ou concretos com alta intensidade de retração. Quando ocorrem em idades avançadas, as fissuras podem indicar deficiências no projeto ou na execução do piso.

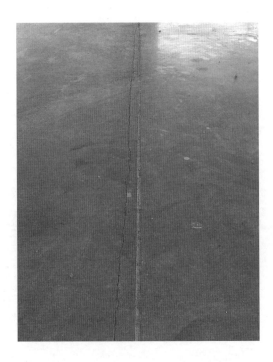

Figura 10.6 Fissura por atraso de corte.

Quantidade e posicionamento inadequados das juntas, armadura insuficiente ou mal posicionada, concretos com características de elevada retração e cura insuficiente são causas correntes de fissuras de retração hidráulica (Fig. 10.7). Atrasos na execução da protensão nos pisos protendidos também podem induzir fissuras.

Figura 10.7   Evidência do funcionamento ou não da indução da fissuração.

A intensidade das tensões de tração induzidas pela variação de volume da placa de concreto é função do valor da retração (encurtamento unitário ou coeficiente de retração), do grau de restrição ao movimento da placa, dos valores do módulo de deformação e do coeficiente de fluência do concreto.

Fatores como conteúdo de agregado, granulometria e dimensão máxima do agregado, relação água-aglomerante, teor de água de amassamento, emprego de adições minerais e aditivos químicos, além da geometria da peça a ser concretada, influenciam direta ou indiretamente a retração por secagem (Fig. 10.8).

Além da busca pela redução da retração, outros artifícios podem contribuir bastante para minimizar a fissuração por retração: especificação de um espaçamento adequado entre juntas, emprego de armadura de combate à retração, colocação de armadura de reforço nas interferências ou execução da protensão da placa.

Figura 10.8   Fissura por retração de secagem.

O emprego de concretos com cimento de retração compensada, ou com adição de compostos compensadores de retração, tem sido uma maneira eficaz para redução da fissuração por retração.

A cura, seja úmida ou química, não elimina a retração e tem como principal objetivo apenas retardar a ocorrência da retração, de modo que, no momento em que ocorra, o concreto apresente resistência adequada para resistir às tensões geradas. Ou seja, apesar de a cura não eliminar a retração, ela é fundamental para a redução dos seus efeitos (fissuração).

10.2.3 Microfissuras tipo "pé de galinha" (crazing ou map cracks)

Conhecidas às vezes como fissuras "pé de galinha" (em inglês, chamadas de *crazing cracks*) são caracterizadas por apresentarem pequena profundidade (fissuras superficiais com profundidade inferior a 3 mm), abertura reduzida (microfissuras) e pelo pequeno espaçamento entre si (cerca de 50 mm) (Fig. 10.9).

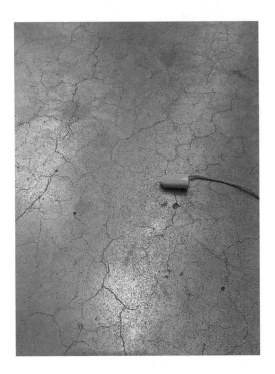

Figura 10.9 Fissuras tipo "pé de galinha".

Na maioria das vezes, são pouco visíveis, sendo mais bem notadas durante a secagem da superfície após sua molhagem. Tornam-se bastante visíveis com o tempo em pisos expostos a sujeira excessiva, pois há acúmulo de pó nas microfissuras que ficam, então, ressaltadas do restante do piso.

Apesar da má aparência e da má impressão que causa ao usuário do piso, esse tipo de fissuração não acarreta comprometimento estrutural da placa e não necessariamente indica o início de uma deterioração do piso (ACI 302, 2015; Farny, 2001).

Parece ser inevitável a ocorrência da microfissuração da superfície em pisos de concreto desempenados mecanicamente (acabadoras simples ou duplas). O desempeno contínuo, principalmente com acabadoras mecânicas, induz a subida excessiva de material fino (essencialmente cimento) à superfície, o que torna essa região do concreto mais susceptível à retração e à fissuração.

Entretanto, outros fatores podem contribuir para a ocorrência das fissuras tipo "pé de galinha":

1. condição de exposição da placa durante e logo após o acabamento (baixa umidade relativa do ar, elevada temperatura do ar e do concreto, exposição direta ao sol e vento);
2. operações inadequadas de acabamento (trabalho excessivo de desempeno, seja com o *bull-float* ou as acabadoras mecânicas e aspersão de água diretamente sobre a superfície durante o acabamento);

3. concretos com elevados teores de finos e agregados com excesso de impurezas (torrões de argila e material pulverulento); e
4. cura deficiente (atraso para início dos procedimentos de cura, ciclos de secagem e molhagem durante as primeiras idades e utilização de água para cura com temperatura muito inferior à do concreto).

10.3 MÉTODOS DE REPARAÇÃO DE FISSURAS

Como visto, as fissuras no concreto podem ter as mais diversas causas, como a retração plástica, retração hidráulica, contração térmica, fadiga, recalques ou mau uso (sobrecarga excessiva). Em algumas situações, a presença de fissuras pode não acarretar prejuízo estrutural, mas, em outras, pode haver comprometimento da durabilidade da peça fissurada. Logo, por motivos estéticos ou por razões estruturais e de durabilidade, pode ser necessária a reparação das fissuras.

Nos pisos industriais, tanto as fissuras de retração quanto as estruturais estão suscetíveis ao esborcinamento quando expostas ao tráfego de empilhadeiras, principalmente aquelas com rodas rígidas (paleteiras e empilhadeiras elétricas).

A agressividade do tráfego às fissuras é função de sua abertura, da dureza das rodas dos veículos (pressão de contato) e da velocidade de deslocamento destes. Fricks (1992) aponta que, normalmente, fissuras com abertura máxima de aproximadamente 0,4 mm são pouco suscetíveis à quebra das bordas. A prática tem mostrado que fissuras com abertura menor que 0,2 mm normalmente não necessitam de nenhuma intervenção corretiva.

Para recuperação das placas de concreto fissuradas, pode-se realizar a remoção parcial do trecho com a fissura e reconcretagem, com vantagem estética de "eliminação" da fissura e a grande desvantagem da criação de duas novas juntas de construção no piso. Alternativamente, podem-se "tratar" as fissuras por meio da injeção, por gravidade ou sob pressão, de diferentes resinas.

Quando a necessidade ou o objetivo é simplesmente colmatar a fissura, pode-se aplicar selante de poliuretano com dureza Shore A entre 30 e 50 ou, ainda, para áreas sujeitas a algum tráfego, aplicar selante de epóxi semirrígido cuja dureza é um pouco maior (Dureza Shore A entre 70 e 85). Para essa aplicação, deve-se realizar a "abertura" da fissura com auxílio de serra de disco em cunha, criando um sulco ou reservatório para o selante, conforme a Figura 10.10.

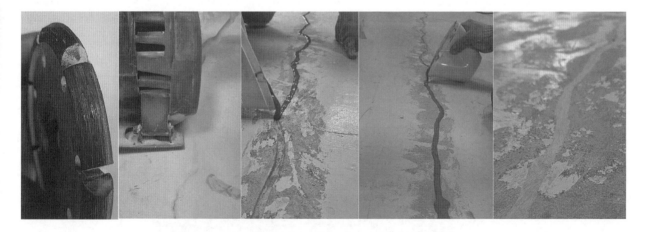

Figura 10.10 Tratamento de fissura com epóxi semirrígido.

Entretanto, quando houver a necessidade de devolver a integridade estrutural da placa fissurada, deve-se realizar o preenchimento total da fissura com resina de baixíssima viscosidade, aplicada por gravidade ou sob pressão, dependendo da abertura, profundidade da fissura e do tipo e viscosidade da resina. Normalmente, são empregadas para injeção da fissura as resinas epóxi ou metil metacrilato, esta última com viscosidade ainda mais baixa que o epóxi.

Em todos os casos, é importante o jateamento de ar sobre a fissura para eliminação da poeira do seu interior, que poderia impedir o total preenchimento com a resina.

É bastante disseminado o procedimento de injeção de fissuras com resina epóxi para recuperação dos pisos de concreto, seja em razão da simplicidade de execução, seja pela eficiência do reparo.

A viscosidade baixa do metil metacrilato permite que essa resina penetre em fissuras de pequena abertura, sendo possível sua penetração em fissuras com abertura de 0,1 mm, somente pela ação da gravidade (Ottman, 1993). Testes conduzidos por Ottman (1993) comprovaram a eficiência da recuperação de fissuras em concreto com a aplicação do metil metacrilato, tanto no aspecto de colmatação (selagem) da fissura como com relação ao restabelecimento da integridade estrutural da peça.

A injeção pode ser realizada, preferencialmente, por meio de furos verticais feitos a cada 15 a 20 cm ao longo da fissura, ou por sulco aberto com auxílio de serra de disco diamantado. Finalizada a injeção, deve-se realizar um leve polimento superficial para que o reparo fique perfeitamente nivelado com o piso.

Para fissuras com abertura maior que 1,5 mm, recomenda-se a realização da "costura" além da injeção. Nesse caso, as fissuras devem ser "costuradas" com a colocação de pequenas barras de aço em furos inclinados ao longo da sua extensão. Devem ser executados furos inclinados e alternados a 45 graus em relação ao plano "vertical" da fissura, com espaçamento de cerca de 15 a 20 cm entre eles, sendo, depois, fixadas com a resina epóxi (a mesma da injeção) pequenas barras de aço corrugado (vergalhão de 8 mm de diâmetro).

Fissuras que apresentarem grau excessivo de esborcinamento podem exigir, além da injeção, a recuperação ou reforço das suas bordas com argamassa epóxi (comumente chamado de lábio polimérico).

Quando se utilizam materiais rígidos para injeção, como o metacrilato ou epóxi, o tratamento das fissuras deverá ser realizado após boa parte da retração ter ocorrido. Esses materiais apresentam elevada rigidez, resistência e poder de aderência, o que permite devolver à placa sua integridade estrutural, mas não possuem capacidade de acompanhar novas movimentações da placa. Quando for necessária a execução do reparo em um prazo curto, deverão ser empregadas resinas mais flexíveis, a fim de acomodar pequenas movimentações devido à retração. Em fissuras de grande abertura, as resinas mais flexíveis podem não proteger suas bordas do esborcinamento, devendo constituir apenas um tratamento provisório, realizando-se a recuperação da fissura com material mais nobre após a estabilização da movimentação da placa.

10.4 EMPENAMENTO (*CURLING*)

O entendimento das causas e consequências do empenamento das bordas e cantos dos pisos de concreto é de grande importância, uma vez que praticamente todos os pisos sofrem empenamento em diferentes magnitudes. Isso afeta diretamente o desempenho da estrutura.

O guia do ACI 302, em seu prefácio, reconhece que a aplicação de uma tecnologia e conhecimento adequados na construção de pisos de concreto permite apenas uma redução da ocorrência do empenamento das bordas, e não sua completa eliminação.

O empenamento (*curling*) pode ser definido como a distorção das bordas e cantos da placa para cima, gerada por um gradiente de umidade e/ou temperatura entre as faces superior e inferior da placa (Fig. 10.11).

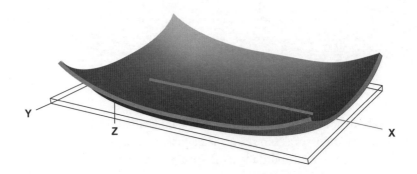

Figura 10.11 Placa de concreto deformada pela retração diferencial (*curling*).

O empenamento excessivo pode conduzir para outros problemas (Garber, 1991):

1. perda de aderência de revestimentos;
2. fissuras estruturais devido à perda de contato da placa com a sub-base;
3. piora do nivelamento do piso;
4. mau funcionamento das juntas, pela movimentação relativa entre placas adjacentes.

O empenamento das bordas é mais perceptível nas juntas construtivas, onde geralmente ocorrem as maiores movimentações. O lançamento do concreto em faixas bastante largas, para posterior execução das juntas de retração (juntas serradas) transversais e longitudinais, acarreta a redução do problema de empenamento, em função da diminuição da quantidade de juntas construtivas (Fig. 10.12).

Figura 10.12   Placa de concreto empenada.

Há um grande mito na execução dos pavimentos de concreto com relação à patologia do empenamento (*curling*), causado pela retração diferencial da placa. Talvez, induzidos pelas recomendações existentes (PCA e ACI), os profissionais da área de pavimentos acabam por especificar placas de concreto de pequenas dimensões (placas curtas), acreditando ser esta a medida única ou a mais eficiente para controle do empenamento.

A placa empenada, pela ação do seu peso próprio, não assume a forma de um arco de circunferência. Apenas uma região próxima às bordas perde contato com a base. Portanto, a deflexão vertical devido ao empenamento não aumenta indefinidamente com o aumento do tamanho da placa (Ytterberg, 2002).

Tensões elevadas podem ser induzidas na placa de concreto, pois seu peso próprio age no sentido de impedir o levantamento das bordas e cantos. Segundo Ytterberg (1987), essas tensões só aumentam até determinada distância entre juntas, chamada de comprimento crítico da placa, o qual é função do gradiente de umidade e temperatura, da espessura, do módulo de reação da fundação e da rigidez da placa de concreto. Tanto a tensão como a deflexão não são mais aumentadas quando as dimensões da placa ultrapassam o comprimento crítico.

Logo, para um resultado efetivo na redução do empenamento, a placa de concreto deverá ser menor que seu comprimento crítico. Ytterberg (2002) apresenta um resumo com alguns valores do comprimento crítico da placa em função dos outros parâmetros, sendo que, para uma espessura de placa de aproximadamente 10 cm, o comprimento crítico é da ordem de 6,0 m, enquanto 7,5 m para uma placa de 15 cm e 10 m para a espessura de 20 cm. Para uma placa de concreto simples, com largura e comprimento iguais a 6 m, a deflexão vertical nos cantos pode alcançar valores de mais de ½" (12,5 mm), mas, normalmente, o empenamento varia entre 3 e 6 mm (Perenchio, 1997).

Obviamente, a dimensão da placa, juntamente com o atrito desta com a base, determinam a intensidade da tensão induzida pelo seu encurtamento durante o processo de secagem do concreto (retração por secagem). Consequentemente, a adoção de uma paginação de juntas apropriada representa um meio eficaz no controle das consequências da retração, tanto em relação ao empenamento quanto às fissuras de retração.

Entretanto, no caso do empenamento das bordas, a relação da intensidade da patologia (tensão e deflexão) não é sempre proporcional à dimensão da placa de concreto. A redução das dimensões das placas pode, dependendo das características da obra, influenciar mais no custo de manutenção, em função das juntas extras sujeitas ao empenamento e ao esborcinamento, do que na redução ou eliminação do empenamento.

Além do comprimento crítico, a execução de placas de grandes dimensões, reforçadas com armadura de combate à retração, resulta em um menor número de juntas empenadas, o que pode ser vantajoso do ponto de vista de redução dos custos de manutenção do piso.

Para uma faixa ampla de distância entre juntas, há um aumento da tensão de empenamento com o aumento do módulo de reação do subleito, que pode ser justificado pela maior dificuldade de a placa assentar-se sobre a fundação, restando uma área maior da placa sem contato com a base (Wayne; Holland, 1999). É importante que esse fato seja considerado ao se projetar e executar um capeamento não aderido, de baixa espessura, sobre um piso existente ou sobre laje.

Pisos de concreto com placas empenadas podem ser avaliados por meio da medição do seu nivelamento próximo às bordas, empregando-se, por exemplo, o perfilógrafo ou mesmo o Dipstick®. Com este último, pode-se registrar, também, a movimentação diferencial entre placas adjacentes com a passagem de veículos. Nos casos de pisos sujeitos a tráfego de empilhadeiras ou outros veículos pesados, a movimentação diferencial não deve ser superior a 0,5 mm. Caso esse valor seja excedido, medidas devem ser tomadas para recuperação das placas empenadas (Wayne; Holland, 1999).

Suprenant e Malisch (1999a) apresentam outros valores para as tolerâncias quanto à movimentação vertical relativa entre placas adjacentes, sugeridas originalmente por Bartelstein e Weiner (1990): movimentação relativa inferior a 0,25 mm indica desempenho aceitável das juntas e empenamento aceitável; valores entre 0,25 e 0,43 mm indicam que a estabilização das placas é recomendada; enquanto a movimentação relativa entre 0,43 e 0,76 mm é grande o suficiente para acelerar a deterioração do piso em três ou quatro vezes acima do normal.

Além das características geométricas da placa (espessura, comprimento e largura), a ocorrência do empenamento das bordas está relacionada com o fenômeno da retração do concreto, e às condições de exposição. Placas expostas a ambientes mais secos (baixa umidade relativa do ar) apresentam maior retração e consequentemente maior empenamento (Suprenant, 2002).

A utilização de armaduras pode auxiliar para minimização do problema, ou, até mesmo, para o agravamento do empenamento, dependendo do seu posicionamento e da taxa empregada.

A armadura utilizada, tanto para controle da fissuração por retração como para controle do empenamento das bordas e cantos, deve ser posicionada próxima à face superior da placa, a uma distância máxima da ordem de 5 cm. Para seu correto funcionamento, a armadura deve permanecer próximo à superfície durante a concretagem. Como garantia, devem ser empregados espaçadores para suporte da armadura. Quanto menor a rigidez da armadura, menor deverá ser a distância entre os espaçadores.

Em vez da armadura composta por barras ou fios de pequeno diâmetro (em geral entre 3,4 e 5,0 mm) e espaçamento reduzido, podem-se, com vantagens, empregar barras de maior bitola (10 ou 12,5 mm) posicionadas a cada 40 ou 45 cm. Além da maior rigidez das barras, o maior espaçamento permite que os operários trabalhem pisando entre elas, o que contribui para evitar que a armadura se desloque da posição projetada durante a concretagem. Ytterberg (2002) sugere que o empenamento pode ser drasticamente reduzido apenas com uma taxa de armadura elevada, de quase 1 %. Taxas de armadura muito reduzidas contribuem pouco para o controle do empenamento.

O emprego de armadura simples, posicionada na face inferior da placa, pode agravar o problema do empenamento, visto que a armadura restringe o encurtamento do concreto tornando ainda maior a diferença entre a retração das faces superior e inferior. Da mesma forma, a substituição da armadura superior por fibras, mantendo-se a armadura inferior, contribui para o aumento do risco de empenamento, e só deve ser adotada em situações específicas nas quais outras medidas de controle do empenamento forem tomadas.

A efetividade das barras de transferência na redução do empenamento pode ser questionada quanto à intensidade, porém parece não haver dúvidas sobre sua contribuição. O emprego das barras de transferência contribui não só na redução do empenamento, mas também para atenuar os efeitos negativos advindos do levantamento das bordas e cantos das placas.

O empenamento das bordas pode ser agravado por um gradiente térmico entre as faces superior e inferior da placa e pela retração por carbonatação do concreto (Ytterberg, 2002).

O empenamento das bordas e cantos das placas de concreto, induzido pela retração, começa a ser notado, em geral, em menos de 30 ou 45 dias. A deflexão vertical é maior no canto do que nas bordas, resultado da deflexão de duas bordas adjacentes e perpendiculares.

A deflexão vertical para cima resulta em perda de suporte das bordas e dos cantos da placa, ficando apenas a parte central da placa apoiada sobre o solo. A região empenada, em balanço, pode romper-se com a aplicação das cargas. A movimentação vertical das placas empenadas, sob cargas repetidas, pode acentuar o problema da fadiga. Quando há movimentação diferencial entre placas adjacentes, normalmente ocorre a ruptura do selante das juntas, que, por sua vez, expõe as bordas ao impacto das rodas dos veículos. O esborcinamento grave e prematuro das juntas pode ser esperado, nas placas empenadas em pisos sujeitos ao tráfego pesado.

Parece ser consenso que a redução da intensidade da retração do concreto representa a forma mais apropriada para controle do empenamento. A cura adequada minimiza o empenamento, uma vez que retarda a retração, sendo que esta ocorre quando o concreto já apresenta maiores módulos de elasticidade.

Em razão de o empenamento estar relacionado diretamente com a retração do concreto, todas as medidas possíveis de serem adotadas para redução da retração têm efeito positivo na redução do empenamento e devem ser implementadas desde o estudo de dosagem do concreto.

Apesar de a quantidade de água de amassamento interferir diretamente na intensidade da retração, não se deve supor que somente a utilização de um concreto de consistência mais seca seja a garantia de um concreto de baixa retração. Outros parâmetros devem ser igualmente avaliados, como tipo de cimento e adições, teor de argamassa, características dos agregados e aditivos.

A forma mais apropriada de ponderar todos esses fatores seria por meio da medição direta e comparação da retração de diferentes concretos. Esses ensaios auxiliariam na escolha dos materiais e na definição de um traço adequado. A retração, apesar da sua elevada importância, raramente é medida ou especificada. Em alguns países, pode-se comprar um concreto com base na especificação de sua retração da mesma forma como se faz com a resistência.

Concretos elaborados com cimento de retração compensada têm sido empregados com sucesso em vários países na redução do empenamento e da fissuração por retração, mesmo quando aplicados na execução de pisos industriais com placas de grandes dimensões e taxas reduzidas de armadura. No Brasil, devido à ausência de cimentos com retração compensada, têm-se obtido resultados semelhantes com a adição de aditivos expansores ou compensadores de retração. A utilização do sistema de pós-tensão (concreto protendido) também permite controlar, de maneira mais eficiente, a ocorrência do empenamento (ACI 302, 2015; ACI 360, 2010; Garber, 1991).

A recuperação do piso nessa situação pode ser realizada por meio da estabilização das placas ou pela remoção parcial de uma faixa paralela à borda empenada e posterior reconcretagem. Para estabilização, deve-se realizar a injeção, sob pressão, de calda de cimento ou argamassa conforme o volume dos vazios sob as placas. Essa calda ou argamassa é injetada por furos executados ao longo das bordas empenadas, com distância entre os furos de aproximadamente 50 cm, conforme apresentado na Figura 10.13.

 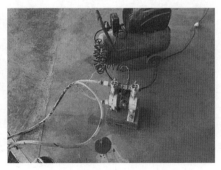 

Figura 10.13 Injeção de calda de cimento sob a placa para estabilização da movimentação vertical.

Após a estabilização da movimentação vertical das placas, normalmente é necessária a realização de reforço de borda (lábio polimérico) e de polimento para desbaste da superfície da borda da placa de modo a corrigir o nivelamento. O polimento superficial deve ser realizado somente nas áreas sujeitas ao tráfego de paleteiras e empilhadeiras, visto que sua execução traz um prejuízo estético, devendo-se limitar às áreas realmente necessárias. Para correção superficial e recuperação do nivelamento, o polimento deve ser realizado em uma faixa de 1 m de cada lado da junta.

Quando se opta pela demolição de faixas para correção do empenamento, essas devem ser paralelas à junta, com largura variando de 1 a 2 m. A faixa a ser reconcretada deverá ser reforçada com armadura de retração, a fim de minimizar a incidência de fissuras, visto que, em geral, essas novas placas apresentam relação comprimento/largura superior a 3. O inconveniente dessa solução consiste na criação de duas novas juntas construtivas, além da junta preexistente, que passam a estar sujeitas ao tráfego de veículos e, portanto, ao esborcinamento.

10.5 BORRACHUDO (*CRUSTING*)

Esta patologia é caracterizada pelo enrijecimento prematuro da camada superficial do concreto (em inglês *crusting*, que significa "casca"), sendo que as camadas inferiores não apresentam a mesma rigidez ou resistência, fazendo com que haja grandes deformações da "casca" superficial com a entrada das acabadoras mecânicas. Esse fenômeno, conhecido como "borrachudo", descreve o comportamento elástico do concreto, semelhante ao que ocorre na compactação de solos com excesso de umidade.

O problema ocorre devido ao ressecamento superficial do concreto, que cria a falsa impressão de que é o momento correto para início da flotação. Ao se tentar iniciar as operações de acabamento nesse momento, verifica-se que o concreto das camadas inferiores não suporta os pesos das acabadoras. Isso resulta na ruptura da camada superficial, causando uma superfície fissurada e ondulada, além de uma perda significativa de planicidade. Na maioria das vezes, há comprometimento estético devido às fissuras e ondulações, além de problemas funcionais por conta dos níveis de planicidade extremamente baixos (Figs. 10.14 a 10.16).

Figura 10.14 Identificação do problema de borrachudo logo após início das operações de acabamento.

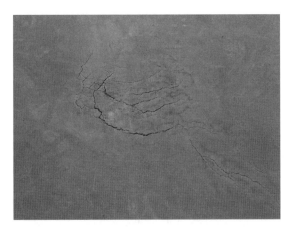

Figura 10.15 Fissuras por ressecamento superficial.

Figura 10.16 Aspecto da superfície fissurada do concreto devido a ocorrência de borrachudo.

Essa patologia está associada ao emprego de acabadoras mecânicas, que, devido ao grande peso, conduzem à ruptura da camada superficial nos casos de borrachudo. Portanto, é pouco provável que seja verificada em concretagens de pisos de concreto com acabamento "vassourado" ou "lonado", no qual não há a utilização de equipamentos pesados sobre o concreto recém-endurecido.

A origem dessa manifestação patológica está relacionada com fatores que conduzem a um enrijecimento diferencial, entre a fina camada superficial e o restante do concreto. Temperatura da sub-base, condições climáticas (temperatura, umidade relativa, vento e sol) e a própria dosagem do concreto integram a lista de fatores que podem gerar condições para a ocorrência do fenômeno do "borrachudo" (Suprenant, 1997a).

Concretagens sobre bases frias levam a um endurecimento mais lento na camada inferior do que nas camadas de concreto mais próximas da superfície. Na parte inferior, além da temperatura menor, no caso de lançamento do concreto diretamente sobre uma camada deslizante (lona plástica), não ocorre a perda de água para base, o que conduz a uma velocidade menor de endurecimento. Na superfície exposta do concreto (face superior), ocorre a perda de água por evaporação, além do possível aumento da temperatura, quando a temperatura ambiente é maior que a do concreto.

Temperatura elevada do ar, baixa umidade relativa, exposição direta da placa ao sol e vento aumentam o risco da ocorrência de "borrachudos" com o ressecamento prematuro e rápido da superfície do concreto. Logo, em concretagens a céu aberto, há uma probabilidade maior de ocorrência desse tipo de manifestação patológica.

Em algumas regiões, como no sul do Brasil, principalmente nos períodos de outono e primavera, podem ocorrer problemas de "borrachudo" em função dos efeitos associados de temperatura baixa da base e elevada temperatura do ar. Nessas regiões, nas épocas citadas, têm-se temperaturas baixas durante a noite, causando o resfriamento da base, e durante o dia há uma rápida elevação da temperatura ambiente, somada a ventos intensos.

Algumas características do traço do concreto podem contribuir para a ocorrência de "borrachudos", particularmente aquelas relacionadas à exsudação do concreto. Concretos com baixa taxa de exsudação tendem a favorecer o aparecimento dessa manifestação patológica (Suprenant, 1997a). A exsudação é reduzida em concretos com incorporação de ar, elevado teor de finos, uso de adições minerais de elevada finura (sílica ativa ou *metacaulim*, por exemplo) e com a utilização de concretos com baixo consumo de água, geralmente associados ao emprego de aditivos superplastificantes.

A recuperação do piso com problemas de fissuração e perda de planicidade ocasionada pelo fenômeno de "borrachudo" consiste na remoção parcial (reparos de pequena profundidade) ou na remoção total do concreto na área afetada, sendo ambas as soluções bastante onerosas.

Algumas medidas podem ser tomadas com intuito de minimizar o risco de aparecimento da patologia, ou mesmo como forma de minimizar a sua incidência. Nos casos da temperatura baixa da base (em regiões frias), pode-se adotar o procedimento de atrasar as concretagens para o período de maior temperatura.

Em situações de temperatura elevada e baixa umidade relativa do ar, pode-se realizar a nebulização de água com objetivo de elevar a umidade nas proximidades da área recém-concretada. É importante lançar a água para cima, não diretamente sobre o concreto, com o único objetivo de elevar a umidade no entorno do piso. Após o lançamento, com o concreto ainda fresco e antes do acabamento, pode-se cobrir a placa com lona plástica, evitando a incidência direta de sol e vento, além de reduzir a perda de água do concreto (Suprenant, 1997a; Suprenant, 1997b). Essas medidas, além de contribuírem para redução do risco de ocorrência de "borrachudo", minimizam a ocorrência de fissuras de retração plástica.

Concretos com tempo de início de pega longo são mais susceptíveis aos efeitos das condições climáticas (sol, vento, temperatura e umidade relativa). Recomenda-se, nesse caso, reduzir o tempo de início de pega do concreto ao mínimo, desde que seja compatível com o processo de lançamento e acabamento.

10.6 DELAMINAÇÃO (*DELAMINATION/BLISTER*)

A ocorrência das manifestações patológicas denominadas *blister* (bolha) ou *delamination* (desplacamento) está associada ao selamento prematuro da superfície do concreto, antes que a água de exsudação e o ar possam ter sido liberados. Estando, então, a parcela inferior do concreto em um estágio menor de endurecimento, a água de exsudação e o ar aprisionado (ou incorporado) encontram uma camada mais densa e menos permeável, impedindo sua saída. O acúmulo de água e/ou ar sob essa camada cria um plano frágil, podendo evoluir para duas situações, a primeira com o aparecimento de pequenas bolhas na superfície do concreto (*blister*), ou para a ocorrência do desplacamento (*delamination*) ou desprendimento dessa camada superficial durante as operações finais do acabamento do concreto. A delaminação caracteriza-se pelo desplacamento da camada superficial do concreto, muito densa e que é separada do restante da massa por uma fina película de água e/ou ar (Fig. 10.17).

Figura 10.17 Ocorrência de delaminação durante o acabamento superficial.

O aparecimento de bolhas (*blistering*) não acarreta necessariamente o desplacamento da argamassa superficial, mas, salvo cuidados especiais tomados ainda durante a execução, a delaminação pode ser uma consequência quase certa na fase final do espelhamento (Fig. 10.18).

Figura 10.18 Surgimento de bolhas durante o acabamento.

O aparecimento dessas patologias está associado ao emprego de acabadoras mecânicas de superfície, que exercem grande pressão e atrito sobre o concreto, especialmente durante a fase de espelhamento. Isso pode levar ao desplacamento da camada superficial de argamassa quando esses equipamentos atuam em áreas onde há formação de um plano de fraqueza ou bolhas. A delaminação ocorre somente próxima da etapa final das operações de acabamento, ou seja, normalmente não ocorre na fase de flotação, mas, sim, na fase final do desempeno (espelhamento), com o aumento da pressão exercida pelas pás cada vez mais inclinadas das acabadoras (Peterson, 1970).

As bolhas na camada superficial do concreto possuem, em geral, diâmetros não superiores a 5 cm, enquanto as áreas afetadas pela delaminação podem variar desde alguns centímetros quadrados até mais de um metro quadrado, com espessuras de argamassa de 3 a 9 mm.

É talvez vista como uma das mais sérias manifestações patológicas de pisos de concreto com acabamento mecânico, tanto pelo grande número de ocorrências verificadas em todo o mundo, como também pela difícil tarefa de identificação das suas causas principais. Todas as publicações que tratam da execução de pisos de concreto têm reservado parte do espaço para a discussão deste complicado problema.

Apesar de farta literatura sobre o assunto, pode-se verificar que não há consenso sobre uma causa principal da delaminação. Em geral, são listadas séries de fatores que contribuem para a ocorrência do problema, e nos casos práticos de obra é bastante árdua a tarefa de identificação de uma causa principal, visto que há vários fatores ocorrendo simultaneamente.

Sabe-se que a delaminação está relacionada com o fenômeno de endurecimento diferencial entre a base e a superfície do concreto, ou seja, na formação de uma camada mais densa e menos permeável que pode servir de barreira para a subida de água de exsudação e do ar aprisionado.

Fatores intrínsecos do concreto (excesso de finos, atraso de pega, excesso de ar incorporado), condições climáticas adversas (elevada temperatura, baixa umidade relativa do ar, sol e vento excessivos, temperatura baixa da sub-base) e fatores ligados à execução (entrada prematura das acabadoras, uso de ferramentas e equipamentos não apropriados, entrada tardia da acabadora) agem, em geral simultaneamente, contribuindo para o endurecimento diferencial do concreto e, portanto, para a ocorrência da delaminação (ACI 302, 2015; Farny, 2001; Peterson, 1970). Há, dessa forma, estreita relação entre o fenômeno da delaminação (*delamination*) e do "borrachudo" (*crusting*).

Segundo Suprenant e Malisch (1998b), o entendimento dos fatores que afetam a exsudação e a pega do concreto é fundamental para o entendimento da patologia denominada delaminação. Para esses autores, os fatores citados, na verdade, alteram as características de exsudação e pega do concreto, e esses parâmetros governam o aparecimento dos problemas de delaminação e "borrachudo".

As medidas, descritas nos trabalhos de Suprenant (1997a e 1997b) citados anteriormente, que podem ser tomadas para minimizar a ocorrência de "borrachudo", são, da mesma forma, eficazes para redução do risco do aparecimento da delaminação.

A recuperação do piso com problemas de delaminação, assim como no caso dos "borrachudos", pode compreender desde a remoção parcial (reparos de pequena profundidade) até a remoção total do concreto, dependendo da extensão da área afetada, sendo ambas as soluções bastante onerosas. Os reparos superficiais, quando executados corretamente com materiais apropriados, geralmente são duradouros, causando apenas impacto estético no piso.

Os pisos com elevados requisitos de planicidade e nivelamento são mais susceptíveis à ocorrência de desplacamentos, pois o concreto da superfície é trabalhado de forma mais agressiva (grande número de operações de corte e flotação, alternadas) e por um período mais longo.

De acordo com a literatura, evitar, sempre que possível, o lançamento e acabamento do concreto, em pisos com acabamento mecânico (liso-espelhado), situações em que a placa esteja exposta diretamente ao sol e ao vento.

Primeiro, deve-se dar sempre preferência para a execução do piso após a colocação da cobertura e do fechamento lateral do galpão, justificando-se pelo fato da maior probabilidade de ocorrência de uma série de manifestações patológicas (não só a delaminação) em concretagens a céu aberto. Na impossibilidade de tal medida, por questões de cronograma, devem-se programar as concretagens para os horários com menor incidência de sol e vento. Algumas vezes, a concretagem noturna é a única alternativa, o que acarreta grandes transtornos e custos para as empresas envolvidas.

Nas concretagens a céu aberto, principalmente em situações climáticas adversas, medidas protetoras devem ser tomadas para redução do risco de problemas durante o acabamento superficial. O uso de redutores de evaporação, nebulização, emprego de lona plástica para proteção do concreto recém-lançado, pode contribuir para minimização do risco (ACI 302, 2015).

Por meio de testes de laboratório, em condições controladas, Suprenant e Malisch (1998a) mostraram que a ação do vento pode conduzir ao endurecimento diferencial entre o topo e a base da camada de concreto. Resultados de resistência à penetração (semelhante ao método empregado para avaliação do tempo de pega) de concretos do topo e da base de alguns corpos-de-prova indicaram que a ação do vento restringe-se à camada mais superficial. Um vento com velocidade de cerca de 10 km/h pode causar o enrijecimento 50 % mais rápido do concreto da superfície que o da base.

A colocação de barreira ao vapor ou camada deslizante, constituída por camada, simples ou dupla, de lona de polietileno, impede a perda de água do concreto para a base, havendo somente a perda por exsudação. A retirada da lona plástica acarreta redução de exsudação e do tempo de início das operações de acabamento. Esses dois fatores contribuem para diminuição da possibilidade de ocorrência da delaminação (e do "borrachudo"), sendo, inclusive, uma recomendação para evitar o lançamento do concreto diretamente sobre camada de barreira ao vapor (ACI 302, 2015; Farny, 2001).

Deve-se ressaltar que a lona de polietileno, apesar do aspecto negativo quanto a não permitir a perda de água para a base, pode desempenhar importante função de barreira ao vapor (fundamental para o bom desempenho dos revestimentos) e/ou de camada deslizante (importante para redução das tensões geradas pelo atrito com a base). Sendo assim, a decisão de retirada da lona plástica deve ser tomada sempre pelo projetista e não pela equipe de obra.

Quando a lona plástica apresenta função única de barreira ao vapor, pode-se, como é prática corrente nos EUA, empregar camada granular sobre a camada de barreira ao vapor (ACI 302, 2015; Farny, 2001). Naquele país, a lona de polietileno não tem sido utilizada como camada deslizante, pelo fato de se construírem, em grande parte dos casos, pisos de concreto simples com placas de pequenas dimensões (3 a 5 m).

No Brasil, pelas grandes dimensões das placas usualmente executadas (cerca de 10 m ou mais), a lona pode ter papel importante na redução das tensões de retração e, portanto, no controle de fissuração. Nessas situações, pode-se empregar um artifício de furar a lona de polietileno, com auxílio de um pilão com pregos na extremidade, permitindo que haja fuga de água do concreto para a base, mantendo também a capacidade dessa camada de funcionar como camada deslizante.

Evitar o emprego de concretos com elevados teores de finos (cimento e areia), de ar incorporado e de água (abatimento muito elevado), e de aditivos e/ou adições que retardem a pega (ACI 302, 2015; Farny, 2001; Peterson, 1970; CCANZ, 2002).

O excesso de material fino na composição do concreto, como cimento, adições minerais, areias finas ou agregados com excesso de material pulverulento, pode conduzir a uma mistura muito coesa e, consequentemente, em uma baixa velocidade de exsudação. Nesse tipo de mistura, a água de exsudação e as partículas de ar podem atingir a superfície somente após esta estar selada pelas operações de acabamento, acarretando a formação de bolhas (*blistering*) e em delaminação. O problema é agravado em misturas com altos teores de ar incorporado.

Quando verificada a ocorrência de problemas de delaminação, recomenda-se a redução da quantidade de argamassa com a substituição de 60 a 120 kg/m³ de areia por agregados maiores, por exemplo, brita 0 (zero), mesmo que isso conduza a um concreto mais áspero e menos trabalhável (ACI 302, 2015). O objetivo de tal medida é facilitar a saída de água e ar do concreto, pois concretos com baixas taxas de exsudação tendem a favorecer o aparecimento de "borrachudo" (Suprenant, 1997a).

O emprego de concreto com abatimento muito elevado pode acarretar a segregação, com o assentamento das partículas maiores (agregados graúdos) e a subida excessiva de material mais fino. A presença de grande quantidade de finos na superfície pode contribuir para o selamento prematuro da camada superficial, e, por consequência, contribuir para a ocorrência de problemas de "borrachudo" e delaminação.

A vibração excessiva pode agravar o problema de segregação, principalmente nos concretos mais fluidos. A vibração (frequência e amplitude) deve ser ajustada de acordo com a consistência do concreto, evitando a formação de uma camada muito espessa de material fino próxima à superfície.

O atraso excessivo do início de pega do concreto, seja por ação de aditivos plastificantes, de retardadores ou mesmo em função do tipo de cimento, pode propiciar condições para a ocorrência de "borrachudo" e de delaminação. Isso devido ao maior tempo de exposição do concreto aos efeitos das intempéries (sol, vento, temperatura e umidade relativa). A exposição prolongada do concreto plástico ao sol e ao vento contribui com endurecimento diferencial entre sua parte inferior e a superior, conduzindo também para o selamento prematuro da superfície, além de forçar o início prematuro das operações de acabamento.

Testes de campo conduzidos por uma força-tarefa do comitê do ACI 302, e relatados por Bimel (1999), executados com o objetivo inicial de avaliação de diferentes procedimentos, revelaram, contudo, que outros fatores podem ser mais determinantes na ocorrência da delaminação, independentemente do tipo de equipamento e do momento de utilização (Suprenant; Malisch, 1998b). Segundo Bimel (1999), os testes indicaram uma das mais prováveis razões para a ocorrência de desplacamentos: acabamento (desempeno) mecânico em concretos com excesso de ar incorporado.

O potencial de problemas de acabamento, com relação à delaminação, aumenta com o emprego de concretos com ar incorporado (sendo maior o risco quanto maior o teor de ar incorporado), sendo esse fato evidenciado em diversas publicações internacionais. Entre outras, podem-se citar as normas do ACI: ACI 302 (*Guide for Concrete Floor and Slab Construction*) e o ACI 301 (*Specifications for structural concrete*), que desaconselham o uso de concretos com ar incorporado, a menos que estritamente necessário, em pisos sujeitos a acabamento mecânico do tipo liso-espelhado.

Certamente, nos casos de pisos de concreto sujeitos a muitos ciclos de gelo e degelo, a incorporação de ar torna-se um requisito de durabilidade. Nessa situação, cuidados extremos devem ser tomados no controle dos outros fatores, de forma a reduzir o risco da ocorrência de problemas de desplacamento, cujo acontecimento é quase que inevitável nessas circunstâncias. Não se deve, dessa forma, transferir o risco para o executor, pois o problema não pode ser totalmente controlado por meio de suas técnicas construtivas (Suprenant; Malisch, 1998a; Hover, 2002).

Nos pisos de câmaras de congelados, por exemplo, apesar de o concreto trabalhar em temperaturas negativas, o número de ciclos de gelo e degelo é reduzido. Geralmente, ocorrem apenas interrupções pontuais para manutenções. Com a dosagem do concreto, pode-se prescindir da utilização de incorporadores de ar em pisos sujeitos ao desempeno mecânico.

Nesses casos, a definição da utilização do aditivo incorporador de ar pode conduzir ao surgimento de graves problemas de delaminação ainda na fase de construção, podendo, inclusive, comprometer sua utilização desde o início de sua a vida útil. Por outro lado, ao se optar por não utilizar concretos com incorporadores de ar, as patologias relacionadas aos ciclos de gelo e degelo, como fissuração e destacamento superficial, podem se manifestar após muitos anos de utilização do piso, possivelmente até após o término de sua vida útil determinada por outros tipos de solicitação, como a abrasão, por exemplo.

Uma segunda fase de testes de campo, conduzidos pela mesma força-tarefa do comitê do ACI 302, em 1998, permitiu que os organizadores concluíssem, chamando inclusive de fato inegável, que o potencial de problemas de delaminação é diretamente proporcional ao teor de ar do concreto (Bimel, 1999). Nesse estudo, definiu-se, pelos resultados dos testes, que o teor total de ar incorporado (ar aprisionado + ar incorporado) deve limitar-se a 3 %, de forma a reduzir os riscos de delaminação.

Recomenda-se que, nas primeiras concretagens, sejam realizados ensaios para determinação do teor de ar incorporado, principalmente nos casos de pisos que receberão a aspersão de agregados (salgamento). Evitar a execução de operações que conduzam ao selamento superficial prematuro (flotação, desempeno etc.).

Em casos práticos, é comum que a principal responsabilidade pelos desplacamentos seja atribuída à equipe executora do piso, uma vez que podem estar relacionados ao início prematuro das operações de acabamento ou ao trabalho excessivo das acabadoras mecânicas.

Obviamente, diferentes procedimentos executivos podem ter consequências indesejáveis para o acabamento superficial, e podem contribuir para a delaminação. Testes conduzidos por Suprenant e Malisch (1999b) comprovam, por meio da medição da quantidade de água perdida por evaporação, que as diferentes ferramentas (*bull float* de magnésio, de madeira, rodo de corte etc.) têm influência direta sobre a condição de "fechamento" dos poros da camada superficial do concreto.

O critério da profundidade das pegadas do operário sobre o concreto (6 mm, no caso de emprego de acabadoras simples, e 3 mm no caso de uso de acabadoras duplas) preconizado em vários manuais (ACI 302, 2015; Farny, 2001) parece, entretanto, ser insuficiente para garantir a ausência de problemas durante o acabamento superficial.

Em condições ambientais mais severas durante a concretagem, pode ocorrer o ressecamento superficial do concreto, que cria uma falsa impressão de que é o momento correto para início das operações de flotação. A realização dessas operações de acabamento neste momento pode conduzir à formação prematura de uma camada superficial mais densa e menos permeável, que pode tornar-se obstáculo para a saída da água de exsudação e do ar. Por outro lado, o atraso no início dessas operações pode acarretar o comprometimento dos resultados de planicidade e nivelamento.

A ausência de água de exsudação na superfície do concreto é outra recomendação clássica para o início das operações de acabamento. No entanto, como dito anteriormente, deve-se atentar que a ausência de água de exsudação pode estar relacionada apenas a elevadas taxas de evaporação, fazendo com que não haja sinais de água na superfície, fato que pode provocar a entrada das acabadoras de forma equivocada. A duração e a taxa de evaporação são ampliadas com o aumento da velocidade do vento, enquanto a temperatura tem um papel menos importante (Suprenant; Malisch, 1998a), fato que agrava a situação de início prematuro da flotação.

Em diversas concretagens, o tempo exato para início das operações de acabamento pode depender mais das condições climáticas, que determinam a perda de água do concreto por evaporação, do que da velocidade das reações de hidratação do cimento (Suprenant; Malisch, 1998a).

Conforme citado, os testes de campo conduzidos pela força-tarefa do comitê do ACI 302, em 1998, permitiram verificar que as diferentes técnicas construtivas, independentemente do tipo de equipamento e de seu momento de utilização, não podem ser responsabilizadas, na maioria de situações, como causa principal da delaminação, havendo outros fatores mais determinantes, entre eles, o excesso de ar incorporado no concreto.

Nos testes do ACI 302, procurou-se, ainda, avaliar se a ocorrência da delaminação está associada ao uso dos discos de flotação (*pan floats*) nas acabadoras mecânicas no início do acabamento, não tendo sido comprovada tal suspeita. Essa questão é controversa mesmo entre os especialistas, e, apesar de alguns acreditarem em tal influência, é certo que o emprego dos discos de flotação nunca foi definido como uma provável causa única para a manifestação patológica em questão (Scali; Suprenant, 2000).

Uma espera maior para início da flotação pode minimizar a ocorrência da delaminação. Em situações de risco, o desempeno mecânico (espelhamento) deve ser realizado com as pás bem pouco inclinadas. Deve-se tentar, também, aumentar ao máximo o intervalo entre as passagens das acabadoras na fase de espelhamento.

Quando verificada a ocorrência de destacamentos da argamassa superficial do concreto, a inclinação das pás das acabadoras deve ser reduzida imediatamente, mantida com a menor inclinação possível para obtenção de textura especificada. Nesses casos, as operações de acabamento devem limitar-se ao mínimo de tempo necessário para o acabamento desejado.

Em uma extensa pesquisa de campo, conduzida pela associação de cimento e concreto da Nova Zelândia (CCANZ, 2001), foram vistoriadas 25 obras para análise de desempenho dos pisos e para avaliação das patologias mais frequentes. Esse trabalho de inspeção não só permitiu reunir informações importantes sobre a *performance* do piso durante sua utilização, como também serviu para identificação de algumas patologias recorrentes em algumas regiões específicas, possibilitando correlaciona-las com os procedimentos executivos adotados na sua construção.

Os autores verificaram que na área de Auckland a manifestação patológica mais frequente era a delaminação. Pelo somatório de elementos coincidentes, concluíram que a ocorrência do problema estava associada a grandes concretagens e ao desempeno mecânico com acabadoras duplas (*ride-on machines*). Em outra área industrial, onde a execução dos pisos de concreto era basicamente realizada por empresas menores e com acabadoras simples (*walk-behind machines*), a incidência do problema de delaminação era ínfima.

Conforme destacado no relatório da CCANZ (2001), a razão principal para a ocorrência frequente da delaminação foi apontada como sendo a perda do tempo adequado (entrada tardia) para a realização do acabamento superficial, o que eles denominaram *lost surface* (perda de superfície). A "perda da superfície" descreve a situação em que o endurecimento da superfície do concreto ocorre em uma velocidade tal, que os recursos humanos (equipe de acabamento) e de equipamentos são insuficientes para o trabalho de desempeno. Nessas situações, o atraso no acabamento de algumas áreas faz com que pasta fresca de cimento seja lançada pelas acabadoras sobre áreas com a superfície já endurecida, havendo, assim, uma sobreposição de duas camadas com características distintas. A necessidade de aspersão de água durante o acabamento indica que, naquela área específica da placa de concreto, o desempeno não está sendo realizado no tempo correto, uma vez que em condições normais não há, de forma alguma, a necessidade de lançamento de água durante toda a fase de acabamento.

Há uma série de razões para o surgimento de situações que conduzam ao atraso na execução do acabamento superficial, podendo ser desde uma equipe de acabamento mal dimensionada, passando por simples descuido dos operários ou a quebra de equipamentos, até um comportamento não uniforme do concreto (pega diferenciada pela falta de homogeneidade da mistura ou atraso no fornecimento).

10.7 ESBORCINAMENTO DE JUNTAS

O esborcinamento de juntas é definido como a quebra das bordas das juntas decorrente de diferentes fatores (Fig. 10.19). É uma das manifestações patológicas mais recorrentes em pisos de galpões logísticos, tanto em pisos antigos como recém-concretados, seja pela agressividade da solicitação, pelo tráfego intenso de paleteiras e empilhadeiras com rodas maciças, ou pelo tratamento incorreto das juntas.

Figura 10.19 Detalhe de junta esborcinada pelo tráfego de veículos.

O esborcinamento pode ter diferentes causas:

1. esmagamento de materiais incompressíveis caídos nas juntas durante a movimentação por variação térmica da placa de concreto. Para evitar tal problema, devem-se manter as juntas corretamente seladas de modo a impedir a entrada de objetos que possam danificar as bordas das juntas;
2. falhas no processo executivo tais como excesso de vibração ao longo da fôrma, falta de estanqueidade das fôrmas resultando em vazios no concreto (bicheiras), movimentação das barras durante a concretagem.

Todos esses fatores resultam no menor desempenho do concreto das bordas das juntas frente ao tráfego de veículos.

A vibração excessiva resulta na subida excessiva de argamassa tornando a superfície do concreto próxima à fôrma mais frágil. A prática usual de aspergir água para o acabamento de borda também acarreta a diminuição da resistência dessa região do piso.

A movimentação das barras de transferência durante a concretagem, feita pela maioria dos executores para facilitar a desforma, pode resultar no alargamento dos furos e criação de folgas que acarretam perda de eficiência dos dispositivos de transferência de carga. Essa prática deve ser evitada em razão das consequências ruins para o desempenho das juntas. Uma vez folgadas, as barras de transferência acabam permitindo que ocorra a movimentação relativa entre placas adjacentes, as quais têm suas bordas quebradas pelo impacto das rodas dos veículos. Da mesma forma, o esborcinamento das juntas é agravado pelo empenamento das placas de concreto.

Tratamento inadequado das juntas – observa-se na prática uma grande quantidade de situações em que as juntas são tratadas de forma incorreta, o que acaba reduzindo a vida útil das juntas. O esborcinamento prematuro das juntas pode ocorrer quando são empregados selantes de dureza incompatível com o tipo de solicitação do tráfego ou quando o preenchimento é realizado com uma profundidade reduzida (Fig. 10.20). Os selantes semirrígidos (ex.: epóxi ou poliureia) devem ser aplicados na profundidade total do corte, com a base deste servindo de apoio e nunca se utilizando de limitadores de profundidade (ACI 302, 2015). O selante deve estar apoiado no fundo do corte para resistir aos esforços de compressão induzidos pelas rodas das empilhadeiras, caso contrário o selante acaba sendo empurrado para baixo, deixando de proteger as bordas das juntas (Fig. 10.21).

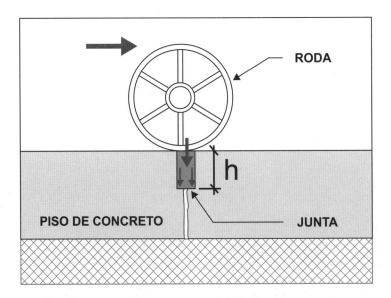

Figura 10.20 Detalhe do preenchimento da junta na profundidade total do corte.

Figura 10.21 Rebaixamento do selante pelo tráfego de veículos deixando expostas as bordas das juntas do piso.

Como as juntas construtivas são mais suscetíveis ao esborcinamento, deve ser dada preferência para colocação das juntas de retração (serradas) transversalmente ao sentido de tráfego e posicionando as construtivas, na medida do possível, fora da área de circulação das empilhadeiras (sob equipamentos, prateleiras etc.). Esse fato simples, mas que pode prolongar muito a vida útil das juntas, acaba sendo esquecido por alguns projetistas menos experientes na área.

A correção das juntas esborcinadas deve ser realizada por meio da recomposição das bordas com argamassa epóxi, tratamento conhecido como "lábio polimérico" (reforço de borda com argamassa polimérica). São realizados dois cortes paralelos englobando todos os trechos esborcinados e a posterior quebra do concreto entre eles. Usualmente, o reforço de borda é executado com uma largura entre 25 e 30 mm para cada lado da junta e uma profundidade entre 20 e 25 mm.

A argamassa utilizada no lábio polimérico deverá apresentar resistência mínima à compressão de 55 MPa e à tração de 7 MPa. Na argamassa, podem ser utilizados agregados minerais (quartzo) e em algumas situações agregados metálicos.

10.8 DESGASTE SUPERFICIAL

Grande parcela dos pisos de concreto executados em áreas fabris ou depósitos não recebe nenhum tipo de revestimento, sendo, então, a resistência à abrasão do concreto uma das mais importantes características para garantia de uma longa vida útil e baixa manutenção.

A ação de desgaste por abrasão da superfície do piso pode ser causada pela solicitação das rodas, pneumáticas ou maciças dos veículos, pelo arraste dos garfos das empilhadeiras, pelo arraste de *pallets* (atrito da madeira e/ou pregos com o piso) ou *racks* metálicos, e pelo impacto de ferramentas pesadas e duras (Fig. 10.22).

Figura 10.22 Solicitação da superfície do piso por rodas rígidas.

O desgaste acentuado da superfície do piso, com a formação de pó e o aparecimento de buracos, pode gerar diversos problemas ao usuário, desde um simples desconforto estético até grandes transtornos tanto na operação logística (deficiência ou impedimento na utilização de equipamento de precisão) como na produção (poeira formada pelo desgaste, podendo comprometer o funcionamento de equipamentos ou da própria área por questões de limpeza) (Fig. 10.23).

Figura 10.23 Superfície do piso desgastada.

Problemas de resistência à abrasão inadequada podem ser causados pelas características dos materiais constituintes do concreto, da proporção (traço) entre esses materiais, pelos procedimentos executivos e por falhas na cura. Esses fatores são extremamente importantes, uma vez que definem a qualidade da camada superficial do concreto, principalmente da camada delgada (de poucos milímetros) de argamassa mais próxima da superfície, responsável direta por resistir às solicitações abrasivas. Chaplin (1987) analisou a influência desses parâmetros na resistência à abrasão por meio da realização de ensaios em amostras extraídas de placas executadas com acabamento mecânico, na tentativa de simular as condições de execução dos pisos de concreto para áreas industriais. As principais conclusões desse estudo foram:

1. concretos curados ao ar apresentaram resistência à abrasão muito inferior em relação às amostras curadas pela saturação com água da superfície. Isso comprova que a deficiência na cura compromete a resistência à abrasão;

2. amostras curadas com a aplicação de agente de cura (cura química) apresentaram intensidade de desgaste semelhante às amostras curadas com água, indicando que a aplicação de produtos de cura é um meio eficiente de proteger o concreto durante a fase inicial de endurecimento. Obviamente, a eficiência desse sistema de cura é função do tipo (base do produto e teor de sólidos) e da taxa de aplicação;

3. a execução da cura, ainda que tardia, pode minimizar o prejuízo de resistência à abrasão;

4. a resistência ao desgaste aumenta com o aumento da resistência à compressão do concreto (redução da relação água-cimento);

5. a intensidade (número de passagens das acabadoras) e a qualidade (passagem em tempo correto, sem aspersão de água etc.) das operações de desempeno mecânico (espelhamento) influenciam fortemente a resistência à abrasão. As operações de acabamento superficial são iguais ou mais determinantes para a resistência ao desgaste do que a própria resistência à compressão do concreto;

6. concretos elaborados com agregados miúdos oriundos da britagem de rocha (agregados artificiais), quando apresentam elevados teores de finos, tendem a aumentar o desgaste do concreto em relação aos agregados naturais. Essa tendência é válida desde que os agregados naturais não apresentem impurezas em excesso (material pulverulento, torrões de argila e matéria orgânica).

Logicamente, a incidência de chuva sobre a placa durante a concretagem, além de carrear as partículas de cimento, representa água adicional na superfície do concreto, e resulta em menor resistência ao desgaste. A liberação prematura do piso para o tráfego também pode induzir ao desgaste acentuado.

Para pisos que apresentam desgaste acentuado, o processo de deterioração pode ser estagnado ou minimizado, por meio da aplicação de endurecedores químicos. O endurecedor químico não compensa as perdas de resistência à abrasão, causadas pelo emprego de materiais e procedimentos executivos inadequados. Deve ser visto apenas como material adequado para o tratamento de pisos deficientes.

Outra medida possível para melhoria da superfície é a realização de polimento da argamassa superficial. O objetivo desse procedimento é realizar o desgaste forçado da superfície, já em processo de desgaste pelo uso do piso, de modo a expor uma camada mais resistente, rica em agregados graúdos. Justamente por expor os agregados graúdos, mais resistentes, há uma alteração da característica da superfície do piso do ponto de vista estético. Portanto, sugere-se, sempre, a realização de uma área teste desse tipo de reparo para avaliação e aprovação, quanto ao aspecto final, pelo cliente.

10.9 POP OUT

O *pop out* consiste no aparecimento superficial de pequenas erupções no concreto no dia seguinte à concretagem do piso. Geralmente, consiste na contaminação do concreto por produtos expansivos, não dispersados corretamente na mistura, e que permanecem na superfície com baixo cobrimento de concreto. Durante o período de cura úmida, o material expande o suficiente para gerar uma erupção superficial. Ao se quebrar essa erupção, é possível identificar o material (Fig. 10.24).

Figura 10.24 Cavidade superficial no piso decorrente da expansão.

10.10 RECALQUES

O recalque de um piso industrial pode ser decorrente da deformação imediata ou lenta das camadas de base e do terreno de fundação. O recalque imediato pode ocorrer por uma deficiência de resistência das camadas de base do piso, como, por exemplo: deficiência de compactação, deformação de camadas "fracas" mais profundas de elevada deformabilidade ou em razão do aumento do teor de umidade de solos colapsíveis (solos não saturados e que se caracterizam por apresentar colapso/recalque brusco em resposta à infiltração de água sob carga constante). O recalque lento é causado pelo adensamento de solos moles saturados (argila orgânica ou turfa, por exemplo).

Recalques decorrentes de falha na preparação do subleito, sub-base e/ou base são da ordem de milímetros, mas induzem quase sempre o aparecimento imediato de fissuras no piso (Fig. 10.25). Os recalques causados por deformações de camadas profundas compressíveis são elevados, da ordem de centímetros a dezenas de centímetros (Fig. 10.26).

As consequências para o usuário do piso dependem não só da magnitude dos recalques, mas principalmente do tipo de utilização do piso. Pisos de fábricas com pequenos equipamentos ou galpões logísticos que operam basicamente com carga blocada com poucos níveis de empilhamento e circulação de empilhadeiras pneumáticas tendem a não ter sua utilização comprometida, mesmo com recalques de centímetros. Fábricas com equipamentos de precisão (exemplo de indústrias gráficas com equipamentos longos e muito sensíveis a perda de nivelamento), depósitos com operação de empilhadeiras tipo trilateral e galpões autoportantes podem ter sua operação comprometida mesmo com deformações de milímetros.

A recuperação de pisos industriais com recalques é complexa e onerosa, exigindo em boa parte das situações a demolição parcial ou total do piso. Em alguns casos, nos quais não é possível eliminar a causa dos recalques para reconstrução do piso, é necessário adotar fundação profunda (pisos apoiados sobre estacas), a fim de que os recalques não voltem a ocorrer. A identificação das causas exige, em geral, a abertura de janelas no piso e realização de uma série de ensaios para verificação das camadas de base e do solo local, passando por ensaios de verificação do grau de compactação, CBR, teor de umidade, sondagens SPT ou ensaios mais complexos, como CPTu, DMT, entre outros.

Em situações em que é verificada a estabilização dos recalques e a possibilidade de o usuário conviver com o piso deformado, pode-se realizar apenas a correção dos problemas causados pelos recalques, como o preenchimento de vazios sob a placa de concreto junto às fundações do galpão, o tratamento das fissuras e recuperação de juntas. Caso seja verificado que os recalques ainda continuam a progredir, deve-se tentar fazer a estabilização do subleito por meio da injeção de calda de cimento, para, então, realizar a recuperação do piso existente ou reconcretagem de um novo piso. Para correta avaliação das causas dos recalques e para avaliação das alternativas para sua estabilização, recomenda-se o envolvimento de profissionais especializados em geotecnia.

Figura 10.25   Exemplo de base mal executada que acaba gerando recalques e fissuras na placa de concreto.

Figura 10.26   Piso recalcado em função do adensamento de solo mole.

10.11 ATAQUES QUÍMICOS

O concreto é um material bastante durável, entretanto pode ser atacado e deteriorado quando exposto a substâncias agressivas. A adoção de cuidados especiais no estudo de dosagem ou no uso de tratamentos superficiais adequados aos tipos de agentes agressivos específicos é a abordagem recomendada (ABCP, 1990; PCA, 2007). Em áreas industriais onde ocorre a manipulação e estocagem de diversos produtos químicos, muitas vezes o desconhecimento sobre a baixa resistência química do concreto a agentes ácidos leva o usuário a negligenciar a proteção do piso de concreto sujeito a exposição a esses agentes (Fig. 10.27).

Os principais agentes agressivos ao concreto em áreas industriais são os ácidos, sulfatos, açúcares, sangue, sulfatos, entre outros. O ataque químico com ácido pode ser decorrente do processo de produção industrial, do derramamento de ácido da bateria de empilhadeiras, plataformas elevatórias, processos industriais de higienização e limpeza de equipamentos, e também de produtos utilizados para a lavagem do piso. Algumas vezes, o produto seco não é agressivo ao concreto, mas, em contato com umidade, torna-se agressivo.

Figura 10.27 Superfície do piso deteriorada pelo ataque químico.

Os refrigerantes, por exemplo, também são agressivos ao concreto, pois possuem pH ácido (usualmente entre 2,7 e 3,5 de acordo com a bebida) em função da presença de substâncias ácidas (acidulantes, ácido carbônico, ácido cítrico e ácido fosfórico). Além desses, o açúcar presente também nessas bebidas representa outro elemento potencialmente agressivo (Fig. 10.28).

O tráfego de empilhadeira sobre áreas sujeitas ao ataque químico acelera a deterioração do piso, visto que a solicitação mecânica de abrasão é somada ao ataque químico, que por sua vez enfraqueceu a superfície do concreto.

O emprego de concreto de alto desempenho, com a adição de sílica ativa e/ou aditivos impermeabilizantes, melhora a resistência do piso ao ataque químico, mas pode não ser suficiente em situações de agentes agressivos mais severos. Nesses casos, a proteção do piso com aplicação de revestimento resinado de alto desempenho (epóxi, uretano, metacrilato etc.) acaba sendo necessária para um adequado desempenho e vida útil do piso.

Para manutenção do piso de concreto em áreas agressivas, valem duas recomendações básicas, a primeira de remoção imediata (ou tão logo seja possível) do produto agressivo em contato com o piso, e a lavagem do piso somente com detergentes neutros, não devendo ser empregados produtos ácidos ou básicos.

Figura 10.28   Ataque químico do concreto em uma linha de envase de refrigerante.

A recuperação da superfície do piso deteriorada pelo ataque normalmente envolve a limpeza (descontaminação), fresagem e aplicação de revestimento resinado de alto desempenho. Em casos de degradação inicial, a correção pode ser feita por meio do polimento superficial para correção da textura do concreto. Nesses casos, deve-se cuidar para que o concreto (sem revestimento) não tenha novo contato prolongado com agentes químicos agressivos.

10.12   CONTAMINAÇÕES

Como não se têm dados de publicações, mas somente o acompanhamento em processos executivos e alguns casos investigativos de manifestações patológicas em pisos de concreto, será feito um relato no sentido de auxiliar os técnicos no entendimento de algumas ocorrências.

O concreto recebe muitos aditivos e adições com o objetivo de alterar alguma de suas propriedades. Esses aditivos e adições são exaustivamente estudados em universidades, centros de pesquisa e nos laboratórios das centrais de concreto. Entretanto, durante a operação com esses produtos algumas vezes, por falta de experiência ou algum descuido, esse processo não ocorre de forma esperada. Entre os produtos comumente utilizados em concreto, têm-se os aditivos, as adições minerais, neste caso na Figura 10.29 pode-se observar uma concentração de sílica ativa não dispersa, na Figura 10.30 resíduo de madeira e na Figura 10.31 sobra de poliestireno expandido (EPS) na mistura.

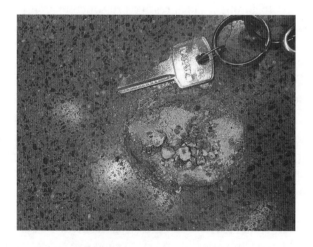

Figura 10.29   Acúmulo de sílica ativa não dispersa no concreto.

Figura 10.30 Resíduo de madeira misturado ao concreto.

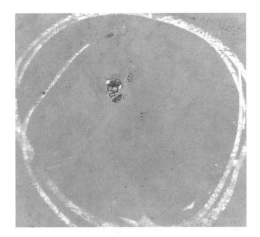

Figura 10.31 Sobra de poliestireno expandido (EPS) na mistura ao concreto.

Durante determinado período, foram utilizados aditivos em pó para alterar o abatimento (*slump*) de concreto no momento da descarga. Esses aditivos eram a base de naftaleno sulfonado pré-dosado. Devido a problemas de armazenamento, esses aditivos absorviam umidade e "empedravam", tornando a sua dispersão mais difícil, sendo que em alguns casos não ocorria por completo. Durante o processo de vibração, esse material ascendia no concreto, e durante o processo de desempeno mecânico do piso ocorria a dispersão do aditivo na camada superficial e a superplastificação do local, gerando desplacamentos localizados (Fig. 10.32).

Figura 10.32 Aditivo em pó não disperso no concreto, e seu efeito no acabamento.

10.13 AFLORAMENTO DE BRITA E/OU DE FIBRAS

O afloramento de brita na superfície do piso não representa necessariamente uma patologia. Quando os agregados graúdos ficam apenas mapeados ou sombreados, não há nenhuma consequência negativa para a superfície do piso, porém, quando ficam expostos deixando a superfície "rugosa" ou quando ficam recobertos por uma camada muito fina de argamassa, o tráfego de empilhadeiras de rodagem maciça pode destacar ou desgastar essa fina camada superficial (Fig. 10.33).

Figura 10.33 Afloramento de agregado com falha no acabamento.

Quando o afloramento é pontual, ele deve ser decorrente de falha também pontual, como segregação do concreto durante o lançamento ou deficiência na vibração na área. Quando generalizado, pode ser resultado de outros fatores, como emprego de concreto com baixo teor de argamassa, granulometria muito descontínua, agregados graúdos muito lamelares, e eventualmente deficiência no adensamento, principalmente quando adotada vibração superficial (régua vibratória manual, por exemplo).

Em pisos com elevada exigência de planicidade e nivelamento, como no caso de pisos para tráfego de empilhadeiras tipo trilateral, em função da quantidade e intensidade das operações de corte (passagem excessiva do rodo de corte, com peso, para correção/melhoria da planicidade), é sempre esperado um maior afloramento de brita (também de fibras) na superfície.

As fibras, sejam metálicas ou poliméricas, também podem aflorar na superfície e trazer algum comprometimento, essencialmente estético (Fig. 10.34).

A tendência de afloramento das fibras é maior quanto maior o seu consumo. Consumos maiores que 25 a 30 kg/m³ de fibras de aço ou maiores que 6 kg/m³ de fibras poliméricas aumentam o risco de afloramento.

Há também a interferência do tipo de fibra. As fibras de aço, mais densas que o concreto, tendem a aflorar menos que as fibras poliméricas. Quanto maior o fator de forma (relação comprimento/diâmetro das fibras) da fibra metálica ou polimérica, maior a quantidade de fibra por quilo, sendo maior a tendência de afloramento. Embora o afloramento das fibras poliméricas estruturais seja maior em comparação às fibras metálicas, enquanto as primeiras costumam ser cortadas pela própria repetição da passagem das acabadoras mecânicas, as últimas precisam ser cortadas manualmente.

As fibras poliméricas estruturais (macrofibras) mais rígidas tendem a ficar mais presentes na superfície do que as fibras mais finas e flexíveis, que são cortadas durante o acabamento do concreto. Essas fibras mais rígidas, quando afloram no concreto fresco, tentam ser "arrancadas" pelas pás das acabadoras de superfície durante o desempeno mecânico (fase de espelhamento do piso), mas em geral são apenas "rodadas", gerando uma série de pequenos buracos superficiais, os quais terão que ser obrigatoriamente colmatados com resina epóxi para que não aumentem durante a utilização do piso. No caso do afloramento das fibras mais finas, na maioria das vezes, a queima das pontas expostas com auxílio de maçarico resolve o problema (estético).

Obviamente, outros fatores podem interferir na tendência e intensidade do afloramento das fibras. Concreto com baixo teor de argamassa e granulometria descontínua dos agregados combinados tende a aumentar o risco de afloramento.

O afloramento das fibras é sempre minimizado, mas às vezes não reduzido o suficiente, com a aspersão de endurecedor cimentício (conhecido como salgamento, mineral, misto ou metálico). Uma taxa de 4 kg/m² de endurecedor cimentício já contribui para minimizar o afloramento, sendo exigida uma taxa maior em alguns casos mais críticos.

A flotação com acabadoras grandes e pesadas, e por um tempo um pouco maior, resulta em uma superfície muito mais argamassada e contribui para diminuir o afloramento de fibras e de britas.

 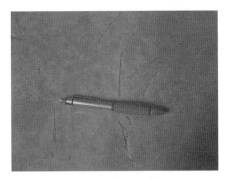

Figura 10.34 Afloramento excessivo de fibra na superfície do piso.

10.14 MANCHAS SUPERFICIAIS

Um dos problemas mais recorrentes em pisos industriais é a ocorrência de pega diferenciada do concreto. Caracterizada pela diferença no tempo de pega de concretos de diferentes caminhões betoneira, ou até entre porções de concreto de um mesmo caminhão, a pega diferenciada ocorre na maioria das concretagens.

Embora a pega diferenciada do concreto não seja uma patologia em si, sua ocorrência resulta em uma consequência praticamente inevitável: o surgimento de manchas superficiais permanentes no piso acabado devido ao acabamento mecânico (flotação e desempeno) não uniforme. Isso ocorre devido ao enrijecimento não sequencial do concreto. O prejuízo estético é sempre grande. Na Figura 10.35, podem-se claramente identificar trechos alternados "espelhados" (desempenados), trechos ainda na fase de flotação e trechos ainda sem a entrada das acabadoras.

Figura 10.35 Acabamento não uniforme do piso decorrente de pega diferenciada do concreto.

A pega diferenciada conduz sempre a uma perda da qualidade superficial do piso em função do prejuízo estético, com manchas e muitas vezes pela textura áspera e não uniforme, como pode ser visto nas imagens da Figura 10.36.

Figura 10.36 Efeito das emendas de concreto no acabamento superficial do piso.

As consequências podem eventualmente ir além do prejuízo estético. Nas emendas, normalmente ocorre perda localizada da planicidade e nivelamento que pode gerar alguma dificuldade operacional (ex.: trepidação) na circulação das empilhadeiras (Fig. 10.37), e, em alguns casos, pode haver algum comprometimento da sua resistência superficial.

Figura 10.37 Manchas superficiais permanentes decorrentes de pega diferenciada do concreto.

O executor do piso fica tão impotente diante da pega diferenciada, que, independentemente da qualidade e habilidade dos operários, se vê obrigado a adotar procedimentos que são condenáveis em uma execução "normal" de pisos industriais, aspergindo água e realizando o acabamento manual da região com emenda de acabamento. A aspersão de água tem o objetivo de não riscar o piso na parte acabada (endurecida) com a argamassa da parte ainda em etapa inicial de acabamento (flotação), porém pode diminuir a resistência à abrasão do piso e aumentar o risco de ocorrência de desgaste localizado.

A pega diferenciada é decorrente, na grande maioria dos casos, de uma deficiência de homogeneização do concreto (falha na dosagem e/ou mistura dos materiais), exceto nas situações de atrasos na obra para o lançamento. Salvo casos pontuais, a pega diferenciada é sempre gerada por falha no processo de produção do concreto, na etapa dosagem e/ou mistura, ou eventualmente por incompatibilidade de materiais (cimento e aditivos).

Quando for identificado um acabamento superficial insatisfatório, em termos de textura, ou constatada alguma dificuldade operacional na passagem das empilhadeiras ou baixa resistência à abrasão do concreto, o piso deverá ser retificado por meio de polimento (lapidação) com auxílio de politrizes com ferramentas diamantadas. Finalizada a etapa de polimento, o endurecedor de superfície deverá ser sempre aplicado.

O processo empregado para a cura do concreto também pode causar manchas superficiais. A superfície de um piso de concreto necessita receber um tratamento ou proteção que garanta a correta hidratação do cimento na posição onde ocorrerá boa parte dos esforços relacionados a abrasão, arraste, impacto etc. A qualidade superficial de um piso industrial passa por um concreto de boa qualidade, bem executado e sobretudo curado adequadamente. Os procedimentos mais utilizados para cura do concreto em pisos têm sido:

1. produtos auxiliares de cura não formadores de película, geralmente à base de silicato de sódio;
2. produtos de cura formadores de película, à base de resinas acrílicas ou parafinas;
3. filme plástico sobre o concreto, após a aspersão de água; e
4. geotêxtil sobre o piso de concreto, com a aspersão de água sobre ele, podendo receber ou não a cobertura de um filme plástico.

A utilização de produtos não formadores de película visa retardar a perda de água do concreto para o ambiente, sem a eficiência necessária para garantir uma cura adequada. O agente de cura pode ser aplicado tão logo termine o processo de acabamento (o que não ocorre com a cura úmida), devendo ser complementado com uma cura úmida. Esse processo, por não formar película, permite a aplicação dos endurecedores químicos, sem a necessidade de remoção de material. Entretanto, o tipo de aplicação pode gerar acúmulo de material sem uma correta homogeneidade de aplicação, ocorrendo deposição de material e a secagem do produto gerando manchas na superfície (Fig. 10.38).

Figura 10.38 Manchas por deposição do auxiliar de cura química aplicado por rolo.

As manchas causadas pelo auxiliar de cura podem ser minimizadas com o uso do piso, ou por um processo de desgaste acelerado com o polimento mecânico da área afetada. Quando o processo de cura química utilizar produtos formadores de película, é preciso que o agente de cura atenda às exigências da ASTM C309 (2019) e seja estável pelo período mínimo de dez dias. Tais produtos mostram eficiência no processo de retenção de umidade, mas a película formada precisa ser avaliada quanto ao uso final do piso. Caso ocorra a aplicação de um revestimento, toda a película formada deverá ser removida. A película de cura química deixada sobre o piso pode contribuir para a impregnação de sujeira.

O processo de cura úmida, além de contribuir para a melhor hidratação do cimento, também contribui para reduzir a temperatura do concreto. Entretanto, manter uma película de água durante o período de cura é o desafio que se impõe. O uso de filme plástico, popularmente chamado de lona preta ou transparente, se, por um lado, contribui para minimizar a evaporação da água da cura, por outro, proporciona a formação de bolsões de ar, pois o filme não adere por completo à superfície do concreto. Esses bolsões favorecem o surgimento de manchas superficiais que impactam na estética de um piso de concreto novo. Essas manchas superficiais serão minimizadas na aplicação do endurecedor químico e com o uso frequente da área (Fig. 10.39).

Figura 10.39 Manchas devido a cura úmida com lona plástica.

10.15 ESTUDO DE CASO: CONCRETAGEM A CÉU ABERTO, COM OCORRÊNCIA DE DESPLACAMENTOS E FISSURAÇÃO

O estudo de caso decorre sobre a execução a céu aberto, onde várias bases de concreto seriam concretadas e serviriam como acabamento para a montagem de estruturas comerciais, do tipo lojas, praça de alimentação e quiosques, onde a superfície já ficaria acabada, e onde predomina o trânsito de pessoas.

10.15.1 Caracterização da obra e das ocorrências

Durante a concretagem de piso a céu aberto, ocorreram manifestações patológicas de delaminação, em diferentes estágios. O desplacamento, já na fase de descolamento da camada superior no acabamento, conforme a Figura 10.40, a delaminação, durante o acabamento e a tentativa de reparar no mesmo momento e com o mesmo material, conforme a Figura 10.41, e a fissuração da superfície com som cavo sem o desprendimento da parte superior do acabamento, conforme a Figura 10.42.

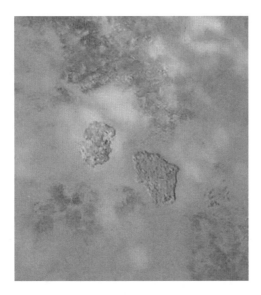

Figura 10.40 Delaminação do piso durante o acabamento.

Figura 10.41 Áreas de desplacamento com reparos localizados.

Figura 10.42 Área com descolamento da camada superficial, porém sem a delaminação.

10.15.2 Histórico do fornecimento do concreto

As concretagens foram realizadas em duas etapas, nos dias 13/10/2023 e 14/10/2023, conforme Tabelas 10.1 e 10.2, sendo que o concreto utilizado em ambas foi o mesmo. Importante salientar que as concretagens foram realizadas a céu aberto, não ocorrendo um registro do dimensionamento da equipe e número de equipamentos de acabamento para a execução, apenas a informação de que a mesma equipe que procede ao lançamento do concreto também realiza o seu acabamento. Não havia equipe de controle tecnológico do concreto na obra.

Tabela 10.1 Planilha de fornecimento de concreto do dia 13 de outubro.

Dia 13/10/2023						
Cargas	Saída da central (h)	Chegada à obra (h)	Início da descarga (h)	Fim da descarga (h)	Abatimento chegada (mm)	Abatimento de entrega (mm)
1	07:22	07:54	07:55	08:26	120	140
2	07:47	08:10	08:25	08:40	120	140
3	08:19	08:35	08:37	08:55	140	140
4	08:45	09:02	09:10	09:20	110	140
5	08:56	09:18	09:23	10:26	140	140
6	09:05	09:32	10:28	10:41	140	140
7	09:40	09:55	10:35	10:50	120	140
8	11:28	11:47	11:56	12:30	110	120

O fornecimento do concreto no dia 13/10 ocorreu de forma bastante uniforme, com intervalos de chegada à obra em torno de 15 minutos. A exceção foi o último caminhão, que teve uma hora e cinquenta minutos de intervalo com relação ao anterior. Já a descarga ocorreu também de maneira uniforme até o quinto caminhão. Pela demora da descarga total, presume-se que tenha ocorrido uma mudança de área de concretagem, pois o tempo de descarga desse caminhão foi maior que uma hora. Após essa mudança, as descargas seguiram uniformemente. O abatimento de chegada dos caminhões também foi próximo ao abatimento de lançamento, não necessitando de muitos ajustes para a descarga, assim, não atrasando o processo de lançamento do concreto.

Tabela 10.2 Planilha de fornecimento de concreto do dia 14 de outubro.

Dia 14/10/2023						
Cargas	Saída da central (h)	Chegada à obra (h)	Início da descarga (h)	Fim da descarga (h)	Abatimento chegada (mm)	Abatimento de entrega (mm)
1	08:22	08:41	08:50	09:17	130	140
2	09:05	09:38	09:45	09:55	140	140
3	09:38	09:55	10:00	10:20	140	140
4	09:57	10:15	10:29	10:40	120	140
5	10:45	11:05	11:05	11:20	140	140
6	11:05	11:24	11:27	11:44	120	140
7	11:15	11:33	11:48	12:05	140	140
8	12:10	12:27	13:00	13:25	120	120

Já o fornecimento de concreto do dia 14/10 foi marcado por intervalos distintos entre caminhões. O segundo caminhão inicia um intervalo usual em pisos de 20 minutos, mas depois de uma hora para o primeiro caminhão, isso até o quarto caminhão. Depois, novamente retorna o intervalo de quase uma hora e voltamos a ter um intervalo máximo de 15 minutos até o sétimo caminhão, quando, então, temos novamente o intervalo de uma hora para o último caminhão. Esse intervalo de quase uma hora entre cargas é bastante prejudicial para a uniformidade do acabamento de pisos de concreto, sendo ainda mais relevante em áreas externas. Os tempos de descarga estão uniformes e não representaram uma permanência do caminhão em obra. O abatimento de chegada está próximo ao de descarga e não representou um inconveniente para a obra.

10.15.3 Traço utilizado

O traço utilizado na obra foi informado pelo departamento técnico da central de concreto e é apresentado na Figura 10.43, conforme análise sugerida pelo ACI 302.1 R-15 (2015) e Chodounsky e Viecili (2007).

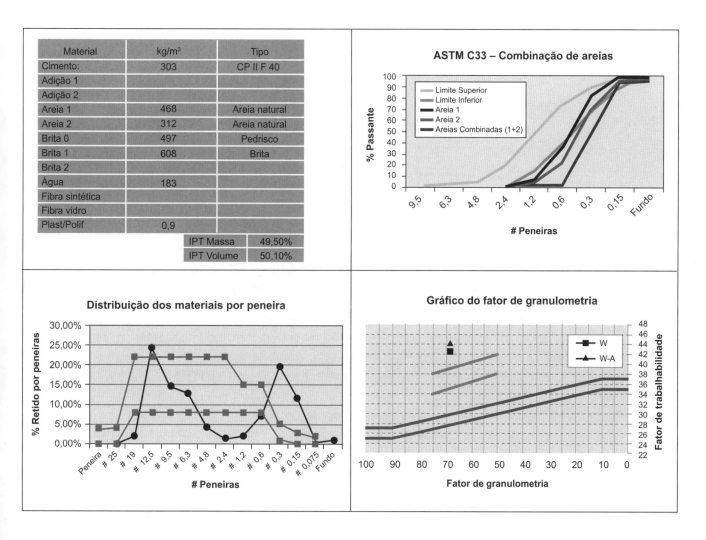

Figura 10.43 Avaliação do traço fornecido nos dias 13 e 14 de outubro.

A análise do traço fornecido para as duas concretagens mostra inicialmente o uso de duas areias naturais, que, mesmo combinadas, mantêm um perfil de material fino com grãos concentrados nas peneiras #0,15 e #0,30. Mesmo o traço utilizando um teor de argamassa baixo, para os padrões usuais de métodos de dosagem, quando o traço é analisado pelos parâmetros recomendados do ACI 302.1 R-15, podemos caracterizar como um traço bem argamassado com uma pequena descontinuidade dos agregados. Esse perfil de traço é bastante favorável ao bombeamento e para acabamento superficial, mas também representa um risco de concentração e excesso de finos no adensamento e acabamento superficial.

10.15.4 Condição de execução

A execução de pisos de concreto a céu aberto exige medidas adicionais de proteção do concreto no estado fresco. A ABNT NBR 14931 recomenda que a temperatura máxima para lançamento do concreto seja de 32 °C, a fim de minimizar o surgimento de fissuras e alterações no tempo de pega. Apresenta, ainda, a recomendação de proteção do concreto após o adensamento para minimizar a perda de umidade do concreto, principalmente reduzindo a evaporação da água na superfície do concreto.

Resgatando os registros de temperatura nos dias da concretagem, por duas fontes de informação distintas e que estão apresentados nas Figuras 10.44 e 10.45, pode-se verificar que as condições de temperatura máxima nos dias 13 e 14 de outubro aparentam não serem um fator preponderante para o surgimento de problemas de acabamento superficial. Entretanto, é importante salientar que não existem dados sobre condições do local da execução, como incidência de vento.

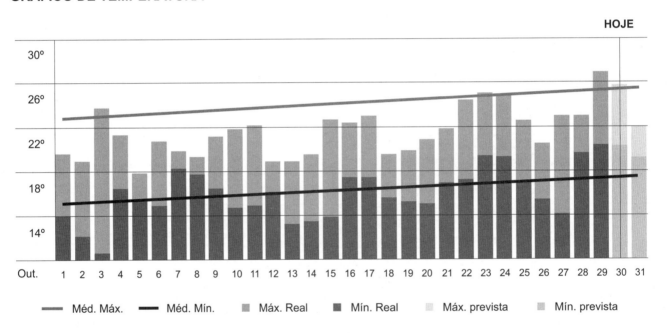

Figura 10.44 Dados de temperatura da cidade no dia da execução.

Fonte: disponível em: https://www.accuweather.com/pt/br/. Acesso em: 30 out. 2023.

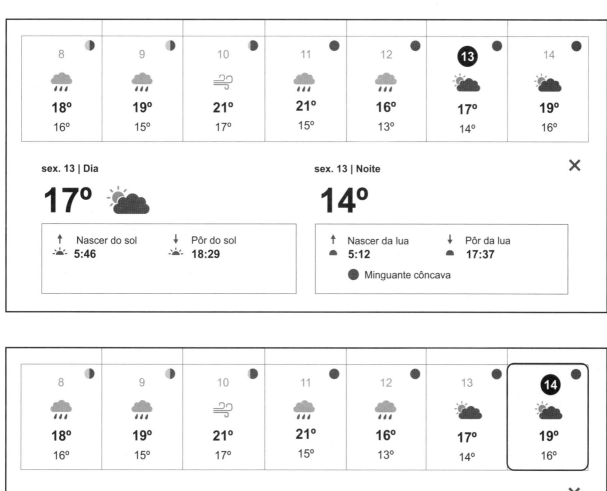

Figura 10.45 Dados de temperatura no dia da execução.

Fonte: disponível em: https://weather.com/pt-BR/clima/. Acesso em: 30 out. 2023.

10.15.5 Proposição do traço

A partir da avaliação em conjunto com o departamento técnico da central de concreto, foram propostas algumas alterações no concreto fornecido. A primeira delas foi a substituição do cimento utilizado, do CP II F 40 para o CP V ARI. Essa substituição ocorreu como demonstração ao cliente da disposição da empresa em propor mudanças significativas no fornecimento do concreto, como uma ação efetiva para a composição de um resultado dentro da expectativa do cliente. O próprio cliente foi bastante enfático, na reunião técnica promovida na obra, no compromisso da central em fornecer um concreto que não trouxesse risco ao projeto, devido à exposição que este representa para a construtora no mercado local. O cliente também citou que "ouviu" relatos de problemas em obra com o mesmo cimento. Na análise que fizemos, com relação a outros projetos em que foi entregue o mesmo concreto, não apontamos problemas específicos com relação exclusivamente ao cimento. Um estudo futuro pode ser conduzido para esclarecer esse ponto.

Além da mudança no tipo de cimento, acordamos em uma adequação da curva granulométrica dos agregados, reduzindo o teor de argamassa e consequentemente os finos do concreto. Optamos por usar um polifuncional tradicional com um pequeno aumento na dosagem para controlar o tempo de entrada da acabadora para um intervalo entre 3h e 5h.

O traço foi reproduzido em laboratório para validação do consumo de água por m³, e o seu aspecto de trabalhabilidade.

A composição do traço de concreto foi testada em outra obra no dia anterior ao fornecimento do concreto para a obra em análise.

A composição do traço validado na obra é apresentada na Figura 10.46.

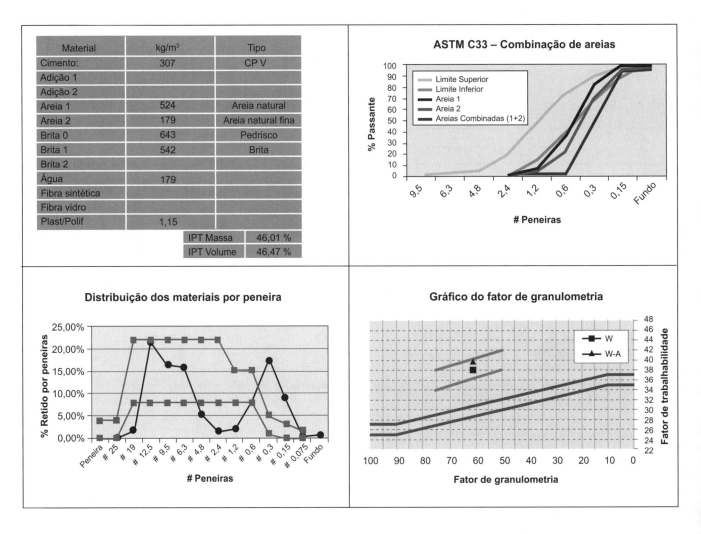

Figura 10.46 Avaliação do traço proposto.

10.15.6 Recomendações da execução

Para a execução da concretagem, foi recomendado que o intervalo de fornecimento do concreto seja regular entre 15 e 20 min, de acordo com a velocidade de lançamento do concreto pela equipe de execução. O comportamento do concreto deve ser acompanhando pela central, não apenas durante o lançamento, mas principalmente durante as operações de acabamento. Nesse momento, podemos observar o tempo de entrada da acabadora, assim como o avanço do acabamento de acordo com o dimensionamento da equipe de execução. É possível observar também se o executor está procedendo de forma adequada ao acabamento. Foi sugerido ao executor durante a reunião técnica na obra que mantivesse um aspersor costal ou lava-jato para promover uma névoa de umidade sobre a superfície do concreto para a redução do ressecamento superficial, caso as condições de execução fossem adversas. A sugestão foi que o lançamento ocorresse o mais cedo possível para evitar que a concretagem fosse afetada pelo intervalo de almoço das equipes.

10.15.7 Como ocorreu a nova etapa de execução

A nova concretagem ocorreu no dia 21/10, sendo o fornecimento de concreto feito com intervalos de chegada na obra uniformes em média de 30 min entre caminhões. O tempo de descarga do terceiro caminhão foi maior, devido à mudança no local da descarga, conforme apresentado na Tabela 10.3.

Tabela 10.3 Planilha de fornecimento de concreto do dia 21 de outubro.

Dia 21/10/2023						
Cargas	Saída da central (h)	Chegada à obra (h)	Início da descarga (h)	Fim da descarga (h)	Abatimento chegada (mm)	Abatimento de entrega (mm)
1	07:15	07:50	07:59	08:13	120	140
2	08:01	08:20	08:30	08:42	110	140
3	08:37	08:50	08:59	09:45	120	140
4	08:50	09:08	09:45	10:15	110	140
5	09:05	09:25	10:20	10:35	125	140
6	09:27	09:50	10:40	10:58	110	140

O concreto apresentou um comportamento bastante uniforme durante as operações de acabamento, como pode ser observado nas Figuras 10.47 e 10.48, não apresentando pega diferenciada ou acelerada. A aspersão de umidade sobre o concreto fresco mostrou-se adequada, apesar de não ter sido executada uniformemente.

Figura 10.47 Aspecto do concreto durante a operação de alisamento mecânico.

Figura 10.48 Aspecto do concreto durante a operação de acabamento.

A execução do concreto a céu aberto sempre demandará uma quantidade de mão de obra acima da disponível no canteiro, principalmente quando se tratar de equipes de execução que realizam o trabalho de lançamento e acabamento do concreto simultaneamente. Nesses casos, existe sempre o risco de o concreto não receber a operação de acabamento no momento adequado. Por isso, para esse tipo de operação é recomendada a validação de processo e material sempre que houver uma condição de execução prejudicial à qualidade final.

10.16 CONSIDERAÇÕES FINAIS

O piso de concreto tem grande importância dentro de uma instalação industrial ou logística, tanto pelo seu custo de construção como pelo custo e transtornos de recuperação, a qual acaba sempre impactando a produção fabril ou movimentação de mercadorias.

Cada obra apresenta suas particularidades quanto às exigências e tolerâncias, às condições de execução, aos profissionais envolvidos (projetista, executor, concreteira, controle tecnológico) e aos materiais empregados (diferentes cimentos, agregados, aditivos e adições), e a combinação entre esses elementos do processo executivo sempre traz dificuldade no diagnóstico de uma causa principal para dada patologia. O conhecimento um pouco mais profundo das etapas, materiais e procedimentos na execução de um piso de concreto traz subsídios para evitar, minimizar ou corrigir os problemas.

Neste capítulo, foram abordadas as patologias mais frequentes em pisos industriais, as formas de identificação, suas manifestações e características, meios para mitigação e as possíveis correções.

BIBLIOGRAFIA

ACI COMMITTEE 201. Guide to Durable Concrete. *Technical Documents*. ACI 201.2R-01. [*s. l.*], p. 41, 2000.

ACI COMMITTEE 224. *Causes, evaluation, and repair of cracks in concrete structures*. ACI 224.1R-98. Farmington Hills, MI: American Concrete Institute, 1998.

ACI COMMITTEE 224. *Control of cracking in concrete structures*. ACI PRC-224-01. Farmington Hills, MI: American Concrete Institute, 2002.

ACI COMMITTEE 301-16. *Specifications for Structural Concrete*. ACI 301-16. Farmington Hills, MI: American Concrete Institute, 2016.

ACI COMMITTEE 302. *Guide for Concrete Floor and Slab Construction*, ACI 302.1R. Farmington Hills, MI: American Concrete Institute, 2015.

ACI COMMITTEE 350. Code requirements for environmental engineering concrete structures (ACI 350-01) and commentary (ACI 350R-01). [*S. l.: s. n.*], 2011.

ACI COMMITTEE 360. *Design of Slabs on Grade*, ACI 360R. Farmington Hills, MI: American Concrete Institute, 2010.

AGHAYERE, A.; VIGIL, J. *Structural wood design*: a practice-oriented approach using the ASD method. New Jersey: Wiley, 2007.

AÏTCIN, P. C. *Concreto de alto desempenho*. São Paulo: Pini, 2000.

ALENCAR, M. C. A. M. *et al*. Patologia das construções: estudo de caso em uma instituição de ensino superior de Fortaleza-CE. *In*: Congresso Brasileiro de Patologia das Construções (CBPAT), 2020. *Anais* [...]. [*S. l.: s. n.*], 2020.

ALMEIDA, L. C.; TRAUTWEIN, L. M.; BASAGLIA, C. Estudo das manifestações patológicas de projeto e construção em uma estrutura de concreto armado. *In*: CONGRESSO BRASILEIRO DE PATOLOGIA DAS CONSTRUÇÕES, 1., 2014. *Anais* [...]. Foz do Iguaçu: Alconpat Brasil, 2014. p. 1-17.

ALVIM, R. C.; VELOSO, L. A. C.; BRASIL, R. M. L. F. Uma proposta de restauração da estrutura da cobertura do Ginásio Poliesportivo do Pacaembu. *In*: EBRAMEM, Encontro Brasileiro em Madeiras e em Estruturas de Madeira, 8., Uberlândia, 2002. *Anais...* Uberlândia: UFU, 11 p.

AMERICAN SOCIETY FOR TESTING AND MATERIALS. *ASTM C1472*: Standard guide for calculating movement and other effects when establishing sealant joint width. Pensilvânia: ASTM, 2022.

AMERICAN SOCIETY FOR TESTING AND MATERIALS. *ASTM C67/C67M-23*: Standard test methods for sampling and testing brick and structural clay tile. Pensilvânia: ASTM, 2023.

AMERICAN SOCIETY FOR TESTING AND MATERIALS. *ASTM E 632-82*: Standard practice for developing accelerated tests to aid prediction of the service life of building components and materials. Pensilvânia: ASTM, 2021.

AMERICAN WELDING SOCIETY. *AWS D1.1*: Structural welding code stell, An American National Standard 2010.

AMERICAN WELDING SOCIETY. *AWS D1.1*: Structural welding code – Steel. Miami: AWS, 2020.

ANDRADE, T. Tópicos de durabilidade do concreto. *In*: ISAIA, G. C. (org.). *Concreto*: ensino, pesquisa e realizações. [*S. l.*]: IBRACON, 2005. v. 1, p. 753-792.

ANGST, U. M.; HOOTON, D.; MARCHAND, J.; PAGE, C. L. *et al.* Present and future durability challenges for reinforced concrete structures. *Materials and Corrosion*, [*s. l.*], v. 63, n. 12, p. 1047-1051, 2012.

ARANHA, P. M. da S. *Contribuição ao estudo das manifestações patológicas em estruturas de concreto armado na região amazônica.* 1994. Dissertação (Mestrado) – UFRGS, Porto Alegre, 1994.

ARAÚJO, J. M. *Curso de concreto armado.* 5. ed. Rio Grande: Dunas, 2023. v. 1.

ARYA, C.; WOOD, L. A. The relevance of cracking in concrete to corrosion of reinforcement. *In*: *Concrete repair manual.* 2. ed. [*S. l.*]: ACI International, Building Research Establishment, Concrete Society and International Concrete Repair Institute, 2003. p. 553-584.

ASSOCIAÇÃO BRASILEIRA DE CIMENTO PORTLAND (ABCP). *Efeitos de várias substâncias sobre o concreto.* São Paulo, 1990.

ASSOCIAÇÃO BRASILEIRA DE NORMAS TÉCNICAS (ABNT). Aço-carbono e aço micro ligado para barras e perfis laminados a quente para uso estrutural – Requisitos NBR 7007. Rio de Janeiro: ABNT, 2016.

ASSOCIAÇÃO BRASILEIRA DE NORMAS TÉCNICAS (ABNT). *NBR 5629*: Tirantes ancorados no terreno – Projeto e execução. Rio de Janeiro: ABNT, 2018.

ASSOCIAÇÃO BRASILEIRA DE NORMAS TÉCNICAS (ABNT). *NBR 5674*: Manutenção de edificações – Requisitos para o sistema de gestão de manutenção. Rio de Janeiro: ABNT, 2012.

ASSOCIAÇÃO BRASILEIRA DE NORMAS TÉCNICAS (ABNT). *NBR 6118*: Projeto de estruturas de concreto – Procedimento. Rio de Janeiro: ABNT, 2014.

ASSOCIAÇÃO BRASILEIRA DE NORMAS TÉCNICAS (ABNT). *NBR 6122*: Projeto e execução de fundações. Rio de Janeiro: ABNT, 2010.

ASSOCIAÇÃO BRASILEIRA DE NORMAS TÉCNICAS (ABNT). *NBR 6122*: Projeto e execução de fundações. Rio de Janeiro: ABNT, 2019.

ASSOCIAÇÃO BRASILEIRA DE NORMAS TÉCNICAS (ABNT). *NBR 6122*: Projeto e execução de fundações. Rio de Janeiro: ABNT, 2022.

ASSOCIAÇÃO BRASILEIRA DE NORMAS TÉCNICAS (ABNT). *NBR 6123*: Forças devidas ao vento em edificações. Rio de Janeiro: ABNT, 1988.

ASSOCIAÇÃO BRASILEIRA DE NORMAS TÉCNICAS (ABNT). *NBR 6136*: Blocos vazados de concreto simples para alvenaria – Requisitos. Rio de Janeiro: ABNT, 2016.

ASSOCIAÇÃO BRASILEIRA DE NORMAS TÉCNICAS (ABNT). *NBR 6232*: Penetração e retenção de preservativos em madeira tratada sob pressão. Rio de Janeiro: ABNT, 2013.

ASSOCIAÇÃO BRASILEIRA DE NORMAS TÉCNICAS (ABNT). *NBR 7190-1*: Projeto de estruturas de madeira. Parte 1 – Critérios de dimensionamento. Rio de Janeiro: ABNT, 2022.

ASSOCIAÇÃO BRASILEIRA DE NORMAS TÉCNICAS (ABNT). *NBR 7190-2*: Projeto de estruturas de madeira. Parte 2 – Métodos de ensaio para classificação visual e mecânica de peças estruturais de madeira. Rio de Janeiro: ABNT, 2022.

ASSOCIAÇÃO BRASILEIRA DE NORMAS TÉCNICAS (ABNT). *NBR 7200*: Execução de revestimentos de paredes e tetos de argamassas inorgânicas – Procedimento. Rio de Janeiro: ABNT, 1998.

ASSOCIAÇÃO BRASILEIRA DE NORMAS TÉCNICAS (ABNT). *NBR 7511*: Dormentes de madeira – Requisitos e métodos de ensaio. Rio de Janeiro: ABNT, 2013.

ASSOCIAÇÃO BRASILEIRA DE NORMAS TÉCNICAS (ABNT). *NBR 8545*: Execução de alvenaria sem função estrutural de tijolos e blocos cerâmicos – Procedimento. Rio de Janeiro: ABNT, 1984.

ASSOCIAÇÃO BRASILEIRA DE NORMAS TÉCNICAS (ABNT). *NBR 8800*: Projeto de estruturas de aço e de estruturas mistas de aço e concreto de edifícios. Rio de Janeiro: ABNT, 2008.

ASSOCIAÇÃO BRASILEIRA DE NORMAS TÉCNICAS (ABNT). *NBR 9480*: Peças roliças preservadas de eucalipto para construções rurais – Requisitos. Rio de Janeiro: ABNT, 2009.

ASSOCIAÇÃO BRASILEIRA DE NORMAS TÉCNICAS (ABNT) *NBR 10514*: Redes de aço com malha hexagonal de dupla torção, para confecção de gabiões: Especificação. Rio de Janeiro: ABNT, 1988.

ASSOCIAÇÃO BRASILEIRA DE NORMAS TÉCNICAS (ABNT). *NBR ISO 10545-10*: Placas cerâmicas – Parte 10: Determinação da expansão por umidade. Rio de Janeiro: ABNT, 2017.

ASSOCIAÇÃO BRASILEIRA DE NORMAS TÉCNICAS (ABNT). *NBR ISO 10545-11*: Placas cerâmicas – Parte 11: Determinação da resistência ao gretamento de placas esmaltadas. Rio de Janeiro: ABNT, 2017.

ASSOCIAÇÃO BRASILEIRA DE NORMAS TÉCNICAS (ABNT). *NBR 11682*: Estabilidade de encostas. Rio de Janeiro: ABNT, 2009.

ASSOCIAÇÃO BRASILEIRA DE NORMAS TÉCNICAS (ABNT). *NBR 12655*: Concreto de cimento Portland – preparo, controle, recebimento e aceitação – procedimento. Rio de Janeiro: ABNT, 2022.

ASSOCIAÇÃO BRASILEIRA DE NORMAS TÉCNICAS (ABNT). *NBR ISO 13006*: Placas cerâmicas – Definições, classificação, características e marcação. Rio de Janeiro: ABNT, 2020.

ASSOCIAÇÃO BRASILEIRA DE NORMAS TÉCNICAS (ABNT). *NBR 13281-1*: Argamassas inorgânicas – Requisitos e métodos de ensaio – Parte 1: Argamassas para revestimento de paredes e tetos. Rio de Janeiro: ABNT, 2023.

ASSOCIAÇÃO BRASILEIRA DE NORMAS TÉCNICAS (ABNT). *NBR 13281-2*: Argamassas inorgânicas – Requisitos e métodos de ensaio. Parte 2: Argamassas para assentamento e argamassas para fixação de alvenaria. Rio de Janeiro: ABNT, 2023.

ASSOCIAÇÃO BRASILEIRA DE NORMAS TÉCNICAS (ABNT). *NBR 13438*: Blocos de concreto celular autoclavado – Requisitos. Rio de Janeiro: ABNT, 2021.

ASSOCIAÇÃO BRASILEIRA DE NORMAS TÉCNICAS (ABNT). *NBR 13528-2*: Revestimentos de paredes de argamassas inorgânicas – Determinação da resistência de aderência à tração – Parte 2: Aderência ao substrato. Rio de Janeiro: ABNT, 2019.

ASSOCIAÇÃO BRASILEIRA DE NORMAS TÉCNICAS (ABNT). *NBR 13749*: Revestimentos de paredes e tetos de argamassas inorgânicas – Especificação. Rio de Janeiro: ABNT, 2013.

ASSOCIAÇÃO BRASILEIRA DE NORMAS TÉCNICAS (ABNT). *NBR 13752*: Perícias de engenharia na construção civil. Rio de Janeiro: ABNT, 2024.

ASSOCIAÇÃO BRASILEIRA DE NORMAS TÉCNICAS (ABNT). *NBR 13755*: Revestimentos cerâmicos de fachadas e paredes externas com utilização de argamassa colante – Projeto, execução, inspeção e aceitação – procedimento. Rio de Janeiro: ABNT, 2017.

ASSOCIAÇÃO BRASILEIRA DE NORMAS TÉCNICAS (ABNT). *NBR 14081-1*: Argamassa colante industrializada para assentamento de placas cerâmicas – Parte 1: Requisitos. Rio de Janeiro: ABNT, 2012.

ASSOCIAÇÃO BRASILEIRA DE NORMAS TÉCNICAS (ABNT). *NBR 14323*: Dimensionamento de estruturas de aço de edifícios em situação de incêndio. Rio de Janeiro: ABNT, 2013.

ASSOCIAÇÃO BRASILEIRA DE NORMAS TÉCNICAS (ABNT) *NBR 14432*: Exigências de resistência ao fogo de elementos construtivos de edificações. Rio de Janeiro: ABNT, 2001.

ASSOCIAÇÃO BRASILEIRA DE NORMAS TÉCNICAS (ABNT). *NBR 14762*: Perfis estruturais, de aço, formados a frio: Padronização. Rio de Janeiro: ABNT, 2010.

ASSOCIAÇÃO BRASILEIRA DE NORMAS TÉCNICAS (ABNT). *NBR 14931*: Execução de estruturas de concreto armado, protendido e com fibras – Requisitos. Rio de Janeiro: ABNT, 2023.

ASSOCIAÇÃO BRASILEIRA DE NORMAS TÉCNICAS (ABNT). *NBR 14951-1*: Pintura industrial – Defeitos e correções. Rio de Janeiro: ABNT, 2018.

ASSOCIAÇÃO BRASILEIRA DE NORMAS TÉCNICAS (ABNT). *NBR 14974-1*: Bloco sílico-calcário para alvenaria – Parte 1: Requisitos, dimensões e métodos de ensaio. Rio de Janeiro: ABNT, 2003.

ASSOCIAÇÃO BRASILEIRA DE NORMAS TÉCNICAS (ABNT). *NBR 14992*: A.R. – Argamassa à base de cimento Portland para rejuntamento de placas cerâmicas – Requisitos e métodos de ensaio. Rio de Janeiro: ABNT, 2003.

ASSOCIAÇÃO BRASILEIRA DE NORMAS TÉCNICAS (ABNT). *NBR 15270-1*: Componentes cerâmicos – Blocos e tijolos para alvenaria – Parte 1: Requisitos. Rio de Janeiro: ABNT, 2017.

ASSOCIAÇÃO BRASILEIRA DE NORMAS TÉCNICAS (ABNT). *NBR 15486*: Segurança no tráfego – Dispositivos de contenção viária – Diretrizes. Rio de Janeiro: ABNT, 2007, 27 p.

ASSOCIAÇÃO BRASILEIRA DE NORMAS TÉCNICAS (ABNT). *NBR 15575-1*: Edificações habitacionais – Desempenho – Parte 1: Requisitos gerais. Rio de Janeiro: ABNT, 2021.

ASSOCIAÇÃO BRASILEIRA DE NORMAS TÉCNICAS (ABNT). *NBR 15575-2*: Edificações habitacionais – Desempenho – Parte 1: Requisitos Gerais. Rio de Janeiro: ABNT, 2021.

ASSOCIAÇÃO BRASILEIRA DE NORMAS TÉCNICAS (ABNT). *NBR 15575-4*: Edificações habitacionais – Desempenho – Parte 4: Requisitos para os sistemas de vedações verticais internas e externas – SVVIE. Rio de Janeiro: ABNT, 2021.

ASSOCIAÇÃO BRASILEIRA DE NORMAS TÉCNICAS (ABNT). *NBR 15577*: Agregados – Reatividade álcali-agregado: Parte 1: Guia para avaliação da reatividade potencial e medidas preventivas para uso de agregados em concreto. Rio de Janeiro: ABNT, 2018.

ASSOCIAÇÃO BRASILEIRA DE NORMAS TÉCNICAS (ABNT). *NBR 16143*: Cruzetas roliças de eucalipto preservado para redes de distribuição elétrica – Requisitos. Rio de Janeiro: ABNT, 2021.

ASSOCIAÇÃO BRASILEIRA DE NORMAS TÉCNICAS (ABNT). *NBR 16143*: Preservação de madeiras – Sistema de categorias de uso. Rio de Janeiro: ABNT, 2013.

ASSOCIAÇÃO BRASILEIRA DE NORMAS TÉCNICAS (ABNT). *NBR 16201*: Cruzetas roliças de eucalipto preservado para redes de distribuição elétrica – Requisitos. Rio de Janeiro: ABNT, 2021.

ASSOCIAÇÃO BRASILEIRA DE NORMAS TÉCNICAS (ABNT). *NBR 16202*: Postes de eucalipto preservado para redes de distribuição elétrica – Requisitos. Rio de Janeiro: ABNT, 2013.

ASSOCIAÇÃO BRASILEIRA DE NORMAS TÉCNICAS (ABNT). *NBR 16697*: Cimento Portland – Requisitos. Rio de Janeiro: ABNT, 2018.

ASSOCIAÇÃO BRASILEIRA DE NORMAS TÉCNICAS (ABNT). *NBR 16747*: Inspeção predial – Diretrizes, conceitos, terminologia e procedimento. Rio de Janeiro: ABNT, 2020.

ASSOCIAÇÃO BRASILEIRA DE NORMAS TÉCNICAS (ABNT). *NBR 16868-1*: Alvenaria estrutural – Parte 1 Projeto. Rio de Janeiro: ABNT, 2020.

ASSOCIAÇÃO BRASILEIRA DE NORMAS TÉCNICAS (ABNT). *NBR 16889*: Concreto – Determinação da consistência pelo abatimento do tronco de cone. Rio de Janeiro: ABNT, 2020.

ASSOCIAÇÃO BRASILEIRA DE NORMAS TÉCNICAS (ABNT). *NBR 16920-1*: Muros e taludes em solos reforçados – Parte 1: Solos reforçados em aterros. Rio de Janeiro: ABNT, 2021.

ASSOCIAÇÃO BRASILEIRA DE NORMAS TÉCNICAS (ABNT). *NBR 16920-2*: Muros e taludes em solos reforçados – Parte 2: Solos grampeados. Rio de Janeiro: ABNT, 2021.

ASSOCIAÇÃO BRASILEIRA DE NORMAS TÉCNICAS (ABNT). *NBR 16928*: Pastilhas cerâmicas – Classificação, características e marcação. Rio de Janeiro: ABNT, 2021.

ASTM, C309-19, Standard Specification for Liquid Membrane-forming Compounds for Curing Concrete. West Conshohocken, PA, 2019.

AZEVEDO, H. A. do. *O edifício até sua cobertura*: prática de construção civil. 2. ed. São Paulo: Blücher, 1997.

AZEVEDO, M. T. de. Patologia das estruturas de concreto. *In*: ISAIA, G. C. (org.). *Concreto*: ciência e tecnologia. São Paulo: IBRACON, 2011. v. 1. p. 1095-1128.

BARBOSA, M. V. R.; BARBOSA, M. G. T.; MOTA, N. M. B; CUNHA, E. P. V.; FRANÇA, D. C. Remediação de recalques em edifício em construção por meio de injeções de consolidação – estudo de caso. *In*: CONGRESSO BRASILEIRO DE MECÂNICA DOS SOLOS E ENGENHARIA GEOTÉCNICA GEOTECNIA E DESENVOLVIMENTO URBANO – COBRAMSEG, 19. Salvador. *Anais* [...]. Salvador: – ABMS, 2018.

BARTELSTEIN, R.; WEINER, E. Repairing industrial floors. *Concrete Repair Digest*, Illinois, p. 7-12, 1990.

BARTOLI, G. *et al.* XIV International Conference on Building Pathology and Constructions Repair, Florence, June 20-22, 2018. [*S. l.: s. n.*], 2018.

BASSO, A.; RAMALHO, M. A.; CORRÊA, M. R. S. Fissuras em paredes de alvenaria estrutural sob lajes de cobertura de edifícios. *In*: CONGRESSO IBEROAMERICANO DE PATOLOGIAS DAS CONSTRUÇÕES. Porto Alegre: [*s. n.*], 1997. p. 367-375.

BAUER, R. J. F. Patologias em alvenaria estrutural de blocos vazados de concreto. *Revista Prisma. Caderno Técnico Alvenaria Estrutural* – CT5, [*s. l.*], v. 5, p. 33-38, 2007.

BAUER, E.; SOUZA, J. S.; MOTA, L. M. G. Degradação de fachadas revestidas em argamassas nos edifícios de Brasília, Brasil. *Ambiente Construído*, v. 21, n. 4, 2021. Disponível em: https://doi.org/10.1590/s1678-86212021000400557. Acesso em: 17 ago. 2024.

BIMEL, C. Where did all that air come from?. *Concrete International Magazine*, Farmington Hills, v. 21, p. 54-59, 1999.

BJERRUM, L. Discussion, Proc. Of European Conference on Soil Mechanics and Foundation Engineering, Wiesdaden, 1963. v. 2, p. 135.

BLEVOT, J. Pathologie des constructions en béton armé. *In*: ITBTP, Paris, 1974. *Annales* [...]. Paris: [*s. n.*], 1974.

BLOOM, R.; BENTUR, A. Free and restrained shrinkage of normal and high-strength concretes. *ACI Materials Journal*, Farmington Hills, v. 92, p. 211-217, 1995.

BOLINA, F. L.; TUTIKIAN, B. F.; HELENE, P. *Patologia de estruturas*. [*s. l.*], Oficina de Textos, 2019. Disponível em: https://books.google.com.br/books?hl=pt-BR&lr=&id=g-bEDwAAQBAJ&oi=fnd&pg=PP3&dq=related:odMo-uFOhaUJ:scholar.google.com/&ots=1GEaB20_Nq&sig=AwW_xeaNkhT8194LI5sMBPwhE5s. Acesso em: 28 maio 2023.

BRANDÃO, A. M. da S. *Qualidade e durabilidade das estruturas de concreto armado*: aspectos relativos ao projeto. 1998. 137 f. Dissertação (Mestrado) – Escola de Engenharia de São Carlos da Universidade de São Paulo, São Carlos, 1998.

BRICK INDUSTRY ASSOCIATION. Volume changes: analysis and effects of movement. *Technical Notes on Brick Construction*, n. 18, 2019.

BRITISH STANDARD. *BS ISO 15686-1*: Buildings and constructed assets – Service life planning. Switzerland: BSI, 2011.

BUDHU, M. *Fundações e estruturas de contenção*. Rio de Janeiro: LTC, 2013.

BURLAND, J. B.; BROMS, B. B.; MELLO, V. F. B. Behavior of foundations and structures. *In*: INTERNATIONAL CONFERENCE ON SOIL MECHANICS AND FOUNDATION ENGINEERING, 9., 1977. *Proceedings* [...]. Tóquio, 1977, v. 2, p. 495-546.

BURLAND, J. B; WROTH, C. P. *Settlements of buildings and associated damage. proc. of conference on settlements of structures.* Cambridge/UK, 1974, p. 611-654.

CALLISTER, W. D.; RETHWISCH, D. G. *Fundamentos da ciência e engenharia de materiais*: uma abordagem integrada. 4. ed. Rio de Janeiro: LTC, 2014.

CAMACHO, J. S. *Projeto de edifícios de alvenaria estrutural.* Apostila. Ilha Solteira: [*s. n.*], 2006.

CAMBERFORT, H. *Inyección de suelos.* Barcelona: Omega, 1968.

CÁNOVAS, M. F. *Patologia e terapia do concreto armado.* São Paulo: Pini, 1988.

CARPER, K. L. Construction pathology in the United States. *Structural Engineering International*: *Journal of the International Association for Bridge and Structural Engineering* (IABSE), [s. l.], v. 6, n. 1, p. 57-60, 1996.

CARRETERO-AYUSO, M. J. *et al. Interrelations between the types of damages and their original causes in the envelope of buildings.* [*S. l.: s. n.*], 2021.

CASTRO, V. G.; GUIMARÃES, P. P. (org.). *Deterioração e preservação da madeira.* Mossoró: EdUFERSA, 2018.

CCANZ – Cement & Concrete Association of New Zealand. Abrasion resistance. *Information Bulletin IB 75.* 2004. Disponível em: https://cdn.ymaws.com/concretenz.org.nz/resource/resmgr/docs/ccanz/ccanz_ib75.pdf. Acesso em: 14 nov. 2024.

CCANZ – Cement & Concrete Association of New Zealand. Comparison of industrial floor slabs in the Auckland and Christchurch markets, *Technical Report*, 2001. Disponível em: https://cdn.ymaws.com/concretenz.org.nz/resource/resmgr/docs/conf/2001/s4_p3_-_cook_cato.pdf. Acesso em: 15 set. 2023.

CCANZ – Cement & Concrete Association of New Zealand. Surface delamination in slab on ground construction. *Technical Report*, 2002. Disponível em: https://www.nzconcretecontractors.org.nz/wp-content/uploads/2019/01/Surface-Delamination.pdf. Acesso em: 15 set. 2023.

CHAPLIN, R. G. The influence of cement replacement materials, fine aggregates and curing on the abrasion resistance of concrete floor slabs. *In*: International Colloquium on Industrial Floors. *Technische Akademie Esslingen*, 1987.

CHIARI, L. *et al.* Expansão por umidade – Parte I: O fenômeno. *Cerâmica Industrial*, v. 01, n. 1, 1996. Disponível em: https://doi.org/10.4322/cerind.2021.001. Acesso em: 15 set. 2023.

CHODOUNSKY, M. A.; VIECILI, F. A. *Pisos industriais de concreto*: aspectos teóricos e executivos. São Paulo: Reggenza, 2007.

CINCOTTO, M. A.; SILVA, M. A. C.; CARASEK, H. Argamassas de revestimento: características, propriedades e métodos de ensaio. *Boletim Técnico*, São Paulo: Instituto de Pesquisas Tecnológicas (Publicação IPT 2378), 1995.

COMITÉ EURO-INTERNATIONAL DU BÉTON. *Durable Concrete Structures* – CEB Design Guide n. 182. Lausanne: [*s. n.*], 1989.

COMITÉ EURO-INTERNATIONAL DU BÉTON. *Durable Concrete Structures* - CEB Design Guide n. 183. Lausanne: [*s. n.*], 1992.

CONCEIÇÃO, G. L. J. *Patologias em pilares e vigas de concreto armado.* [*s. l.*], 2022. Disponível em: http://dspace.unirb.edu.br:8080/xmlui/handle/123456789/494. Acesso em: 28 maio 2023.

COSTA, I. M. D.; AMORIM, M. A. B. de; FRAGA, Y. S. B. Patologia das construções: estudo de caso em condomínio residencial. *In*: TULLIO, F.B.M. (org.). *Força, crescimento e qualidade da engenharia civil no Brasil.* Ponta Grossa: Atena, 2020.

COSTA, A.; APPLETON, J. Case studies of concrete deterioration in a marine environment in Portugal. *Cement and Concrete Composites*, [*s. l.*], v. 24, n. 1, p. 169-179, 2002.

COTTA, A. C.; ROBERTO, P.; ANDERY, P. Avaliação do procedimento simplificado da NBR 15575 para determinação do nível de desempenho térmico de habitações. *SciELO Brasil*, [*s. l.*], 2014. Disponível em: https://www.scielo.br/j/ac/a/KtKYFm865hxXwPvpfMcBncH/abstract/?lang=pt. Acesso em: 28 maio 2023.

CUNHA, H. L. R.; MOTA, N. M. B.; DOMINGUES, V. R. *Execução e recuperação de muro em terramesh verde*: estudo de caso no Distrito Federal. REGEO 2015. Associação Brasileira de Mecânicas dos Solos e Engenharia Geotécnica (ABMS), 2015.

CURSINI, R. Trinca ou fissura? *Téchne*, São Paulo, n. 160, p. 56-61, 2010.

DANZIGER, B. R.; DANZIGER, F. A. B.; CRISPEL, F. A. A medida dos recalques desde o início da construção como um controle de qualidade das fundações. *In:* SEMINÁRIO DE ENGENHARIA DE FUNDAÇÕES ESPECIAIS E GEOTECNIA, SEFE IV, 4., *Anais* [...], São Paulo, 2000a, v. 1, p. 191-202.

DANZIGER, B. R.; DANZIGER, F. A. B.; CRISPEL, F. A. A medida dos recalques desde o início da construção como um indicador da interação solo × estrutura. *In*: Simpósio sobre Interação Solo-Estrutura, São Carlos, CD Rom, 2000b.

DANZIGER, F. A. B.; BARATA, F. E.; SANTA MARIA, P. E. L.; DANZIGER, B. R.; CRISPEL, F. A. Measurement of settlements and strains on buildings from the beginning of construction. *In*: INTERNATIONAL CONFERENCE ON SOIL MECHANICS AND FOUNDATION ENGINEERING, 14., Hamburg, 1997, v. 2, p. 787-788.

DE MENDONÇA, B. C.; MOUNZER, E. C. Court litigation of construction "pathologies". *Proceedings of the Institution of Civil Engineers: Forensic Engineering*, [*s. l.*], v. 174, n. 3, 2021.

DRYSDALE, R. G.; HAMID, A. A. *Masonry structures*: behavior and design. 3. ed. Boulder, Colorado: The Masonry Society, 2008.

DUARTE, R. B. Fissuras em alvenarias: causas principais, medidas preventivas e técnicas de recuperação. *Boletim Técnico*. Porto Alegre: CIENTEC, 1998.

ESTACECHEN, T. A. C.; CORMIN, K. W. Causas e alternativas de reparo da corrosão em armaduras para concreto armado. 2017. *Revista Construindo*, [*s. l.*]. Disponível em: http://revista.fumec.br/index.php/construindo/article/view/4550. Acesso em: 28 maio 2023.

FARNY, J. A. *Concrete floors on ground*. Skokie, Ill.: Portland Cement Association, 2001.

FENIX GRUAS. *Locação de equipamentos*. Disponível em: http:// www.fenixgruas.com.br. Acesso em 7 mar. 2023.

FERREIRA, C. V. *et al.* As patologias e a responsabilidade civil na construção. Breves considerações. *In*: CONGRESSO NACIONAL DE PATOLOGIA E RECUPERAÇÃO DE ESTRUTURAS, Sobral, v. 1, 2003. p. 121-129.

FERREIRA, J. B.; LOBÃO, V. W. N. Manifestações patológicas na construção civil. *Ciências Exatas e Tecnológicas*, [*s. l.*], 2018.

FIORITO, A. J. S. I. *Manual de argamassas e revestimentos*: estudos e procedimentos de execução. 4. ed. São Paulo: Pini, 1994.

FONSECA, R. P. da. *A estrutura do Instituto Central de Ciências*: aspectos históricos e tecnológicos de projeto, execução, intervenções e proposta de manutenção. 2007. 213 f. Dissertação (Mestrado) – Universidade de Brasília, Brasília, 2007.

FRANÇA, A. A. V. *et al.* Patologia das construções: uma especialidade na engenharia civil. researchgate. net, [*s. l.*], 2011. Disponível em: https://www.researchgate.net/profile/Marcelo-Medeiros-8/publication/342064783_Patologia_das_Construcoes_-_Uma_especialidade_da_Engenharia_Civil/links/5ee040e-b45851516e6658e83/Patologia-das-Construcoes-Uma-especialidade-da-Engenharia-Civil.pdf. Acesso em: 26 maio 2023.

FREITAS, J. G. *A influência das condições climáticas na durabilidade dos revestimentos de fachada*: estudo de caso na cidade de Goiânia-GO. 2012. Dissertação (Mestrado em Geotecnia, Estruturas e Construção Civil) – Universidade Federal de Goiás, Goiânia, 2012.

FRICKS, T. J. Cracking in floor slabs. *Concrete International Magazine*, Farmington Hills, v. 14, p. 59-63, 1992.

GARBER, G. *Design and construction of concrete floor*. London: Edward Arnold, 1991.

GAYLARDE, C.; RIBAS SILVA, M.; WARSCHEID, T. Microbial impact on building materials: an overview. *Materials and Structures/Materiaux et Constructions*, v. 36, p. 342-352, 2003.

GENTIL, V. *Corrosão*. 3. ed. Rio de Janeiro: LTC, 1996.

GOMES, N. S. *A resistência das paredes de alvenaria*. 1983. 190 f. Dissertação (Mestrado) – Escola Politécnica da Universidade de São Paulo, São Paulo, 1983.

GONZALES, F. D.; OLIVEIRA, D. L.; AMARANTE, M. DOS S. Patologias na construção civil. *Revista Pesquisa e Ação*, v. 6, n. 1, p. 128-139, 31 maio 2020. Disponível em: http://revistas.brazcubas.br/index.php/pesquisa/article/view/910. Acesso em: 26 maio 2023.

GRIMM, C. T. Masonry cracks: a review of the literature. *In*: HARRIS, H. A (org.). *Masonry*: materials, design, construction and maintenance. Philadelfia: ASTM, 1988. p. 257-280.

GUSMÃO, A. D. *Estudo da interação solo-estrutura e sua influência em recalques de edificações*. 1990. Tese (Mestrado) – COPPE, UFRJ, Rio de Janeiro, 1990.

HELENE, P. R. L. *Manual para reparo, reforço e proteção de estruturas de concreto*. [s. l.], 1992. Disponível em: https://repositorio.usp.br/item/000838449. Acesso em: 28 maio 2023.

HELENE, P. R. L. *Manual prático para reparo e reforço de estruturas de concreto*. [S. l.]: Pini, 1988.

HELENE, P. R. L. *Manual para reparo, reforço e proteção de estruturas de concreto*. [S. l.]: Pini, 1992.

HENDRY, A. W. Engineered design of masonry buildings: fifty years development in Europe. *Progress in Structural Engineering and Materials*, [s. l.], v. 4, n. 3, p. 291-300, 2002.

HERRERA CARDENETE, E.; MARTÍNEZ-RAMOS E IRUELA, R.; GARCÍA NOFUENTES, J. F. Methodological process in the study of construction pathology. *Opcion*, [s. l.], v. 32, n. Special Issue 9, 2016.

HOLANDA JR., O. G. *Influência de recalques em edifícios de alvenaria estrutural*. 2002. Tese (Doutorado) – EESC/USP, São Carlos, 2002.

HOVER, K. Air in concrete: how come and how much?, *Concrete Construction Magazine*, 2002. Disponível em: https://www.concreteconstruction.net/how-to/construction/air-in-concrete-how-come-and-howmuch_o. Acesso em: 15 set. 2023.

KIRTHIKA, S. K. *et al*. Review of untapped potentials of antimicrobial materials in the construction sector. *Progress in Material Science*, v. 133, 2023.

KOSMATKA, S. H.; WILSON, M. L. *Design and control of concrete mixtures: the guide to applications, methods, and materials*. 15. ed. Kokie, Ill.: PCA (Portland Cement Association). 2011.

LAPA, J. S. *Patologia, recuperação e reparo das estruturas de concreto*. 2008. 56 f. Monografia (Especialização em Construção Civil) – Universidade Federal de Minas Gerais, [s. l.], 2008.

LELIS, A. T.; BRAZOLIN, S.; FERNANDES, J. L. G.; LOPEZ, G. A. C.; MONTEIRO, M. B. B.; ZENID, G. J. *Biodeterioração de madeiras em edificações*. São Paulo: Instituto de Pesquisas Tecnológicas, 2001.

LEPAGE, E. S. *et al. Manual de preservação de madeiras*. São Paulo: IPT – Divisão de Madeiras, 1986. v. 1.

LIMA, I. L. B. *Manual de boas práticas para recuperação estrutural em peças submetidas à corrosão*. [s. l.], 2020. Disponível em: https://repositorio.faculdadearidesa.edu.br/bitstream/hs826/63/1/54b8740242b046a-838833d6c3236f2d8-Monografia-Ivana-versao-final-alterado.pdf. Acesso em: 28 maio 2023.

LOCAL, *Locação de guindastes*. Disponível em: http://www.localguindaste.com.br. Acesso em: 07 mar. 2023.

LOCASIM, *Locação de equipamentos*. Disponível em: http://www.locasim.com.br. Acesso em 07 mar. 2023.

LOPES, T. J. O. L. P. *Fenómenos de pré-patologia em manutenção de edifícios*: aplicação ao revestimento ETICS. [s. l.], 2005. Disponível em: https://repositorio-aberto.up.pt/bitstream/10216/11763/1/Resumo.pdf. Acesso em: 28 maio 2023.

LOTURCO, B. Capa cerâmica. *Téchne*, São Paulo, n. 109, p. 34-38, 2006.

MACHADO, J. Estudo comparativo de recalques calculados e observados em fundações diretas de Santos. *In*: CONGRESSO BRASILEIRO DE MECÂNICA DOS SOLOS E ENGENHARIA DE FUNDAÇÕES, 2.,1957. *Anais* […] Recife e Campina Grande, 1957, v. 1, p. 21-36.

MAGALHÃES, E. F. *Fissuras em alvenarias:* configurações típicas e levantamento de incidências no estado do Rio Grande do Sul. 2004. 180 f. Dissertação (Mestrado) – Universidade Federal do Rio Grande do Sul. Escola de Engenharia, [*s. l.*], 2004.

MASSETTO, L. T.; SABBATINI, F. H. Estudo comparativo da resistência das alvenarias de vedação de blocos utilizadas na região de São Paulo. *In*: CONGRESSO LATINO-AMERICANO TECNOLOGIA E GESTÃO NA PRODUÇÃO DE EDIFÍCIOS: SOLUÇÕES PARA O TERCEIRO MILÊNIO, 1998, São Paulo. *Anais* [...]. São Paulo: EPUSP, 1998. p. 79-86.

MEDEIROS, M. H. F. de; ANDRADE, J. J. de O.; HELENE, P. Durabilidade e vida útil das estruturas de concreto. *In*: ISAIA, G. C. (org.). *Concreto*: ciência e tecnologia. São Paulo: Ibracon, 2011. v. 1, p. 773-808.

MEHTA, P. K.; MONTEIRO, P. J. M. *Concreto*: microestrutura, propriedades e materiais. 2. ed. São Paulo: Nicole Pagan Hasparyk-IBRACON, 2014.

MEIRA, G. R. *Corrosão de armaduras em estruturas de concreto:* fundamentos, diagnóstico e prevenção. João Pessoa: Editora IFPB, 2017.

MEIRELLES, H. L. *Direito de construir.* 7. ed. São Paulo: Malheiros, 1996.

MELCHIADES, F. G.; BOSCHI, A. O. O gretamento de placas cerâmicas revisitado. *Cerâmica Industrial*, v. 25, n. 1, 2021. Disponível em: https://doi.org/10.4322/cerind.2021.001.

MELO, J. E.; CAMARGOS, J. A. A. *A madeira e seus usos.* Brasília: Ministério do Meio Ambiente/SFB/LPF. 2016.

MENEZES, R. R. *et al.* Aspectos fundamentais da expansão por umidade: uma revisão. Parte 1: Aspectos históricos, causas e correlações. *Cerâmica*, n. 52, p. 1-14, 2006.

MERRITT, F. S.; RICKETTS, J. T. *Building design and construction handbook.* 6. ed. New York: McGraw-Hill, 2000.

MILITITSKY, J.; CONSOLI, N. C.; SCHNAID, F. *Patologia das fundações.* 2. ed. São Paulo: Oficina de Textos, 2015.

MOHAMAD, G. (org.). *Construções em alvenaria estrutural*: materiais, projeto e desempenho. [*S. l.*]: Blucher, 2015.

MONTANA QUÍMICA S.A. *Biodeterioração e preservação de madeiras.* 2000.

MOTA, J. M. F. *et al.* Corrosão de armadura em estruturas de concreto armado devido ao ataque de íons cloreto. *In*: CONGRESSO BRASILEIRO DE CONCRETO, 54., 2012, Maceió. *Anais* [...]. Maceió: IBRACON, 2012.

MUCHETI, A. M.; ALBUQUERQUE, P. J. R. Influência da velocidade de execução nos deslocamentos de estruturas de solo grampeado de face vertical em áreas urbanas. *In: Solo grampeado no Brasil*: histórico, aplicações práticas e avanços nas últimas décadas (2003-2023). São Paulo: Associação Brasileira de Mecânicas dos Solos e Engenharia Geotécnica (ABMS – NRSP). São Paulo, 2023. p. 9-20.

MUCHETI, A. M.; ALBUQUERQUE, P. J. R.; FALCONI, F. F. *Rupturas de solo grampeado reflexões do contexto anterior a norma brasileira ABNT-NBR 16920/2021. In*: CONFERÊNCIA BRASILEIRA SOBRE ESTABILIDADE DE ENCOSTAS – COBRAE, 8., Porto de Galinhas, 2022. *Anais* [...].

NASCIMENTO, O. L. *Alvenarias.* Rio de Janeiro: IBS/CBCA, 2002. (Série Manual de Construção em Aço.)

NATTERER, J.; HERZOG, T.; VOLZ, M. *Atlante del legno.* Torino: Editrice Torinese, 1998.

NEGREIROS DA SILVA, L. *et al.* Analysis of pathologies caused by humidity in civil construction. *International Journal for Innovation Education and Research*, [*s. l.*], v. 11, n. 1, 2023.

NEVES FILHOS, C. S. De quem é a responsabilidade?. *Jornal do Ibape/SP*, [*s. l.*], 2000.

OHIO BASEMENT AUTHORITY. Don't settle for foundation settlement: piers can stabilize and lift settling homes. Disponível em: https://www.ohiobasementauthority.com/resources/foundation-repair/dont-settle-for-foundation-settlement-piers-can-stabilize-and-lift-settling-homes/. Acesso em: 6 maio 2024.

ORTIGÃO, J. A. R. *Ensaios de arrancamento em obras de solo grampeado*: solos e rochas. São Paulo: Associação Brasileira de Mecânica dos Solos e Engenharia Geotécnica – ABMS, 1997.

OTTMAN, R. E. High molecular weight methacrylates for portland cement concrete crack repair and sealing. *In*: INTERNATIONAL CONGRESS ON POLYMERS IN CONCRETE, IBRACON, Salvador, 1993. *Proceedings* [...].

PARSEKIAN, G. A.; SOARES, M. M. *Alvenaria estrutural em blocos cerâmicos:* projeto, execução e controle. São Paulo: O Nome da Rosa, 2010. v. 1.

PECK, R. B. Advantages and limitations of the observational method in applied soil mechanics. *Géotechnique*, v. 19, n. 2, p. 171-187, 1969.

PEREIRA, H. W. B. *Identificação das condições gerais de conservação nos reservatórios integrantes do sistema de abastecimento de água de Natal*. 2014. 154 f. Dissertação (Mestrado) – Universidade Federal do Rio Grande do Norte, Natal, 2014.

PERENCHIO, W. F. The drying shrinkage dilemma. *Concrete Construction Magazine*, 1997. Disponível em: https://www.concreteconstruction.net/how-to/the-drying-shrinkage-dilemma_o. Acesso em: 15 set. 2023.

PETERSON, C. O. Concrete surface blistering: causes and cures. *Concrete Construction Magazine*, 1970. Disponível em: https://www.concreteconstruction.net/how-to/materials/concrete-surface-blistering-causes-and-cures_o#:~:text=Blistering%20occurs%20when%20air%20gets, surface% 20seal% 20and%20creates%20blisters. Acesso em: 15 set. 2023.

PIANCASTELLI, E. M. *Patologias do concreto:* das manifestações às causas, as patologias do concreto exigem análise cuidadosa antes da escolha do tratamento ideal. [*S. l.*], 2012. Disponível em: https://www.aecweb. com.br/revista/materias/patologias-do-concreto/6160. Acesso em: 07 maio 2024.

PINHEIRO, A. C. F. B. *Estruturas metálicas:* cálculos, detalhes, exercícios e projetos. Rio de Janeiro: Blücher, 2008.

PINHEIRO, C. N. P.; BARBOSA, A. R. Analysis of pathological manifestations in buildings at the university city Prof. José da Silveira Netto, located in Belém-PA. *International Journal of Innovative Technology and Exploring Engineering*, [*s. l.*], v. 8, n. 9, Special Issue, 2019.

POLSHIN, D. E.; TOKAR, R. A. Maximum allowable non-uniform settlement of structures. *In: International Conference on Soil Mechanics and Foundation Engineering*, London, v. 1, p. 402-405, 1957.

PORRAS-ALFARO, D.; GARCIA-BALTODANO, K.; MENDEZ-ALVAREZ, D. Status of research on building pathology: a bibliometric analysis. *Tecnologia en Marcha*, [*s. l.*], v. 33, n. SI, 2020.

PORTLAND CEMENT ASSOCIATION (PCA). *Effects of substances on concrete and guide to protective treatment*. Skokie, 2007.

POSSAN, E.; DEMOLINER, C. A. Desempenho, durabilidade e vida útil das edificações: abordagem geral. *Revista Técnico-Científica do Crea _PR*, [*s. l.*], n. 1, p. 1-14, 2013.

RAMALHO, M. A; CORRÊA, M. R. S. *Projeto de edifícios de alvenaria estrutural*. São Paulo: Pini, 2003.

REAL DRY WATERPROOFING. *Repairs for compromised foundations* – bowing & bulging walls. Disponível em: https://www.realdrywaterproofing.com/foundations/bowing-bulging_files/bulging-walls.jpg. Acesso em: 20 abr. 2023.

RESENDE, C. *Estudo de grampos em cortinas em solos tropicais na cidade de Goiânia*. 2014. Dissertação (Mestrado) – Programa de Pós-Graduação em Engenharia Civil – Geotecnia, Estruturas e Construção Civil da Universidade Federal de Goiás (UFG), Goiânia, 2014.

RODRIGUES, R. M. S. C. O. R. *Construções antigas de madeira:* experiência de obra e reforço estrutural. 2004. Dissertação (Mestrado em Engenharia Civil) – Universidade do Minho, Portugal, 2004.

RUSSEL, P. *Efflorescence and discoloration of concrete*. Reino Unido: Taylor & Francis, 2005.

RUSSO NETO, L. *Interpretação de deformação e recalque na fase de montagem de estrutura de concreto com fundação em estaca cravada*. 2005. Tese (Doutorado) – EESC/USP, São Carlos, 2005.

SABBATINI, F. H. *Alvenaria estrutural*: materiais, execução da estrutura e controle tecnológico. Caixa Econômica Federal. [*S. l.: s. n.*], 2003.

SAMPAIO, M. B. *Fissuras em edifícios residenciais em alvenaria estrutural*. 2010. 122 f. Dissertação (Mestrado) – Escola de Engenharia de São Carlos, Universidade de São Paulo, [*s. l.*], 2010.

SANCHEZ-SILVA, M.; ROSOWSKY, D. V. Biodeterioration of construction materials: state of the art and future challenges. *Journal of Materials in Civil Engineering*, v. 20, n. 5, p. 352-365, 2008.

SANTOS, W. J. *et al.* Prescrições para construções de edificações residenciais multifamiliares com base nas patologias identificadas na cidade de Viçosa-MG. revistas.uepg.br, [*s. l.*], n. 2, 2014. Disponível em: https://revistas.uepg.br/index.php/ret/article/view/11543. Acesso em: 28 maio 2023.

SCALI, M.; SUPRENANT, B. A. Do pan floats cause blisters or delaminations?, *Concrete Construction Magazine*, 2000. Disponível em: https://www.concreteconstruction.net/how-to/materials/concrete-surface-blistering-causes-and-cures_o#:~:text=Blistering%20occurs%20when%20air%20gets, surface%20seal%20and%20creates%20blisters. Acesso em: 15 set. 2023.

SELMO, S. M. S. *Dosagem de cimento Portland e cal para revestimentos externos de fachadas e edifícios.* 1989. Dissertação (Mestrado em Engenharia de Construção Civil) – Escola Politécnica da Universidade Estadual de São Paulo, São Paulo, 1989.

SENA, G. O.; NASCIMENTO, M. L. M.; NABUT NETO, A. C.; LIMA, N. M. V. *Patologia das construções.* Salvador: 2B, 2020. 256 p.

SERIQUE, E. F. S.; PASCHOALI, F. A. *Análise do desempenho das fundações durante a construção do Instituto de Biologia da Universidade de Brasília*, Distrito Federal. 2008. 156 p. Monografia (Projeto Final do Curso II) – Universidade de Brasília. Faculdade de Tecnologia. Departamento de Engenharia Civil e Ambiental.

SHIRAKAWA, M. A. *Biodeterioração de argamassas por fungos:* desenvolvimento de teste acelerado para avaliação da bio-receptividade. 1999. Tese (Doutorado) – Universidade de São Paulo, São Paulo, 1999.

SILVA, D. A. *et al.* Theoretical analysis on the thermal stresses of ceramic tile coating systems. *Durability of Building Materials and Components*, v. 8, n. 1, p. 603-612, 1999.

SILVA, L. *et al.* Caracterização de danos em edifícios históricos: estudo de caso em quatro edificações do médio oeste do RN. *REEC – Revista Eletrônica de Engenharia Civil*, [*s. l.*], v. 16, n. 1, 2020.

SILVA, V. P. *Estrutura de aço em situação de incêndio.* São Paulo. Editora Zigurate, 2001.

SILVA FILHO, L. C.; HELENE, P. Análise de estruturas de concreto com problemas de resistência e fissuração. *In*: ISAIA, G. C. (org.). *Concreto:* ciência e tecnologia. São Paulo: IBRACON, 2011. v. 2, p. 1129-1174.

SITTER, W. R. Costs for service life optimization the "Law of Fives". Copenhague: Comité Euro International du Beton – CEB. Copenhague: 152, 1983. p. 131-134.

SKEMPTON, A. W.; MACDONALD, D. H. *Allowable settlements of buildings.* London: Institution of Civil Engineers, 1956. Part 3, v. 5, p. 727-768.

SOARES, R. C. *et al.* Verificação de manifestações patológicas em condomínios residenciais do programa "minha casa, minha vida" ocasionados por falta de manutenção preventiva da baixada... *researchgate.net*, [*s. l.*], 2014. Disponível em: https://www.researchgate.net/publication/309899636_VERIFICACAO_DE_MANIFESTACOES_PATOLOGICAS_EM_CONDOMINIOS_RESIDENCIAIS_DO_PROGRAMA_MINHA_CASA_MINHA_VIDA_OCASIONADOS_POR_FALTA_DE_MANUTENCAO_PREVENTIVA_DA_BAIXADA_CUIABANA. Acesso em: 28 maio 2023.

SOUSA, H. *et al. Defects in masonry walls guidance on cracking*: identification, prevention and repair. Rotterdam: CIB Commission W023- Wall Structures, 2014.

SOUSA, V. *et al.* Anomalies in wall renders: overview of the main causes of degradation. *International Journal of Archictetural Heritage*, v. 5, n. 2, p. 198-218, 2011.

SOUZA, V. C. M. de; RIPPER, T. *Patologia, recuperação e reforço de estruturas de concreto.* [*S. l.*]: Pini, 1998.

SOWERS, G. F. Shallow foundations. *In:* LEONARDS, G. A. (ed.). *Foundation engineering.* New York: Mac-Graw-Hill, 1962. p. 525-632.

SPRINGER, F. O.; NUNES, A. L. L. S.; SAYÃO, A. S. F. J., DIAS, P. H. V. Arrancamento de grampos em solo residual maduro de gnaisse. *In*: COBRAMSEG CONGRESSO BRASILEIRO DE MECÂNICA DOS SOLOS E ENGENHARIA GEOTÉCNICA, 2008, Búzios. *Anais* [...] 2008, p. 176-183.

SUPRENANT, B. Efflorescence-minimizing unsightly staining. *Concrete Construction*, [*s. l.*], v. 37, n. 2, p. 240-243, 1992.

SUPRENANT, B. A. Curing during the pour. *Concrete Construction Magazine*, 1997a. Disponível em: https://www.concreteconstruction.net/how-to/construction/curing-during-the-pour_o. Acesso em: 15 set. 2023.

SUPRENANT, B. A. Troubleshooting crusted concrete. *Concrete Construction Magazine*, 1997b. Disponível em: https://www.concreteconstruction.net/how-to/construction/troubleshooting-crusted-concrete_o. Acesso em: 15 set. 2023.

SUPRENANT, B. A. Why slabs curl. *Concrete International Magazine*, Farmington Hills, v. 24, p. 56-64, 2002.

SUPRENANT, B. A.; MALISCH, W. R. Beware of troweling air-entrained concrete floors. *Concrete Construction Magazine*, 1999a. Disponível em: https://www.concreteconstruction.net/how-to/beware-of-troweling-air-entrained-concrete-floors_o. Acesso em: 15 set. 2023.

SUPRENANT, B. A.; MALISCH, W. R. Don't use loose sand under concrete slabs. *Concrete Construcion Magazine*, 1999b.

SUPRENANT, B. A.; MALISCH, W. R. Diagnosing slab delaminations – Part III of III. *Concrete Construction Magazine*, 1998a.

SUPRENANT, B. A.; MALISCH, W. R. The true window of finishiability, *Concrete Construction Magazine*, 1998b. Disponível em: https://www.concreteconstruction.net/how-to/the-true-window-of-finishability_o. Acesso em: 15 set. 2023.

TABOR, L. J. The evaluation of resin system for concrete repairs. *Magazine of Concrete Research*, [*s. l.*], v. 30, n. 105, p. 221-225, 1978.

THOMAZ, E. *Trinca em edifícios:* causas, prevenção e recuperação. 2. ed. São Paulo: Oficina de Textos, 2020.

UFRGS – Universidade Federal do Rio Grande do Sul. *Manual básico para identificação de fissuras mais comuns em estruturas de concreto armado para engenheiros recém-formados.* [*s. l.*], 2019. Disponível em: https://www.lume.ufrgs.br/handle/10183/206056. Acesso em: 28 maio 2023.

USIMINAS, U. S. D. M. G. *Catálogo Técnico*. Belo Horizonte, 2015.

VALENTE, A. P. V. *Avaliação da eficácia de alguns processos de recuperação nas edificações do Tribunal de Justiça do Estado de Minas Gerais.* 2008. Dissertação (Mestrado) – Universidade Federal de Minas Gerais, Escola de Engenharia, [*s. l.*], 2008.

VALLE, A.; BRITES, R. D.; LOURENÇO, P. Uso da perfuração controlada na avaliação de degradação da madeira em edificações antigas – estudo de caso. *In*: X EBRAMEM, ENCONTRO BRASILEIRO EM MADEIRAS E EM ESTRUTURAS DE MADEIRA. São Pedro, 2006. *Anais* [...], 2006.

VERÁS RIBEIRO, D. *et al. Corrosão em estruturas de concreto armado:* teoria, controle e métodos de análise. [*S. l.*]: Elsevier, 2013.

VERÇOZA, E. J. *Patologia das edificações.* [*S. l.*]: Sagra, 1991.

VITÓRIO, A. *Fundamentos da patologia das estruturas nas perícias de engenharia.* Instituto Pernambucano de Avaliações e Perícia de Engenharia. Recife: [*s. n.*], 2003.

WATT, D. S. Building pathology: principles and practice. [*s. l.*], 2009. Disponível em: https://books.google.com.br/books?hl=pt-BR&lr=&id=63HsCQAAQBAJ&oi=fnd&pg=PR5&dq=pathology+of+construcions&ots=9Uou6mCDiZ&sig=Ae2T6UFPBiiqfD_m6fTtrQ7JJ6I. Acesso em: 26 maio 2023.

WAYNE, W. W.; HOLLAND, J. A. Thou shalt not curl nor crack... (hopefully). *Concrete International Magazine*, Farmington Hills, v. 21, p. 47-53, 1999.

YTTERBERG, R. F. Shrinkage and Curling of Slabs on Grade – Part I, II and III. *Concrete International Magazine*, April, May and June, 1987.

YTTERBERG, R. F. Shrinkage and curling of slabs on grade – Part I, II and III. *Concrete International Magazine*, Farmington Hills, v. 9, p. 22-30, 2002.

ZHANG, L.; NG, A. M. Y. Limiting tolerable settlement and angular distortion for build-ing foundations. *In*: *Geotechnical Special Publication n. 170, Probabilistic Applications in Geotechnical Engineering*, ASCE, 2006.

ÍNDICE ALFABÉTICO

A

ABNT

    NBR 6118, 76, 245

    NBR 6122, 169, 224

    NBR 7007, 123

    NBR 7190, 144

    NBR 7200, 40

    NBR 8545, 38

    NBR 11682, 232, 237

    NBR 12655, 29

    NBR 13281-1, 40

    NBR 13749, 40, 58

    NBR 13752, 15, 42

    NBR 13755, 50

    NBR 14081-1, 42

    NBR 14323, 127

    NBR 14432, 127

    NBR 14931, 264

    NBR 15575, 10, 25, 27, 91

    NBR 15575-4, 45

    NBR 16747, 4

    NBR 16868-1, 73

    NBR 16928, 42

    NBR ISO 10545-10, 56, 57

    NBR ISO 13006, 42

ABPM – Associação Brasileira de Preservadores de Madeira, 144

Absorção, 21

Aços

    propriedades gerais, 27

Acúmulo de sílica ativa, 288

Afloramento de brita, 290

Afloramento de fibras, 290

Agressividade ambiental, 29

316 | ÍNDICE ALFABÉTICO

Álcalis da matriz cimentícia, 25

ALCONPAT, 3, 4

Alterações mecânicas
 por deformação lenta, 34

Alterações mecânicas
 por perda de massa, 34

Alterações químicas, 32

Alvenaria aparente, 39

Alvenaria de vedação, 37, 38
 biodeterioração, 49
 componentes, 38
 degradação biológica, 49
 degradação mecânica, 45
 degradação química, 47
 degradação térmica, 46
 descolamentos, 57
 dilatação térmica, 47
 eflorescências, 58
 fissuras, 50
 manchas, 59
 pulverulência, 58
 umidade acidental, 48
 umidade ascensional, 48
 umidade do processo de construção, 48
 umidade por condensação, 48
 umidade por higroscopicidade, 48
 umidade por infiltração, 48
 variações de temperatura, 47
 vesículas, 60

Alvenaria estrutural
 argamassa de assentamento, 69
 armadura, 68
 autógena, 80
 blocos vazados de concreto, 72
 compressão de bloco, 70
 definições, 65
 deformação da laje, 76
 deformações excessivas, 68
 degradação dos materiais, 68
 deslocamentos, 68
 desplacamento de elementos, 68
 eflorescência, 68
 em bloco, 67
 fenômenos meteorológicos, 79
 fissuras, 69
 fissuras por retração, 80
 fissuras por sobrecarga de compressão, 70
 graute, 68
 infiltração de água, 69
 movimentações higroscópicas, 69
 movimentações térmicas, 69
 patologias, 65
 patologias em edifícios, 75
 pontos negativos, 67
 problemas de fundação, 69
 qualidade dos blocos, 69
 recalques diferenciais em fundações, 69
 retração de secagem, 80
 retração por carbonatação, 80
 retração química, 80
 umidade do ar, 79
 umidade do solo, 79
 umidade higroscópica, 79
 umidade resultante da produção dos componentes, 79
 umidade resultante do processo construtivo, 79

Alvenarias
 degradação, 43

Ancoragem do grampo ao paramento, 248

Anotação de Responsabilidade Técnica (ART), 17

Argamassa
 colante, 41
 de assentamento, 38
 projetada, 127

ART, 17

Associação Brasileira de Preservadores de Madeira (ABPM), 144

ASTM C67, 59

Ataques químicos, 287

B

Barreira tipo New Jersey, 257

Biodeterioração, 49

Blocos vazados de concreto, 72

Borrachudo, 274

C

CAA – Classes de agressividade ambiental, 93

CAF – Cota de Assentamento da Fundação, 224

Carbonatação, 33

Carregamentos, 138

Carreta padrão, 129

CBPAT, 5

Chapisco, 39

Cimento Portland, 27

CINPAR, 4

Classe de agressividade

    e qualidade do concreto, 30

Classe de agressividade ambiental (CAA), 29, 93

Classificação dos materiais, 26

COBREAP, 4

Cobrimento, 93

Código Civil, 16

Código de Construção, 2

Código de Defesa do Consumidor, 16

Código de Hamurabi, 2

Colapsos em construções

    história, 3

Combinações de carregamentos, 138

Compacidade, 20

Compressão das alvenarias, 70

Compressão de argamassa, 71

Compressão de bloco, 70

Concepção estrutural, 121

Concretagem a céu aberto, 294

Condições atmosféricas, 49

Condutibilidade térmica, 24

Condutividade elétrica, 25

CONPAT, 3

Construção

    desempenho, 10

    histórico, 1

    responsabilidades, 17

    vida útil, 10

Construções

    manutenção, 12

    patologia × terapia, 8

    vida útil, 10

Contaminações, 288

Contenção

    à gravidade, 233

    barreira tipo New Jersey, 257

    conceitos, 231

    correção da tela rompida, 259

    correção das ancoragens, 258

    correção das grotas, 258

    corrosão dos tirantes, 242

    desempenho, 235

    deslocamentos, 241

    em solo, 232

    fatores de segurança global, 237

    fatores de segurança parcial, 237

    fatores econômicos, 236

    fatores físicos, 236

    fatores geotécnicos, 236

    gabião de fechamento lateral, 257

    manifestações patológicas, 240

    patologia, 231

    patologias em cortinas ancoradas, 240

    patologias em taludes, 240

Controle tecnológico dos materiais, 28

Corpo humano

    e edificações, 5

Correção da tela rompida, 259

Correção das ancoragens, 258

Correção das grotas, 258

Corrosão

    das armaduras, 109

    eletroquímica, 108

    em estruturas de concreto armado, 107

    generalizada, 109

    química, 108

Corrosão dos tirantes, 242

Corrosão galvânica, 35

Corrosão, 33

Cota de Assentamento da Fundação (CAF), 224

CREA-SP, 7

Criptoflorescência, 58

Curling, 270

Curvas de isorrecalque, 190, 195, 202

D

Deformação
  da laje, 76
  na viga, 116
  térmica da laje de cobertura, 77
Degradação
  biológica, 49
  em alvenarias, 43
  em revestimentos, 43
  química, 47
  térmica, 46
Delaminação, 276
Delaminação do piso durante o acabamento, 295
Densidade, 20
Desagregação, 58
Descolamentos, 57
Desempenho
  queda natural, 13
Desempenho
  da fundação, 168
  das contenções, 235
  das edificações – *versus* manifestações patológicas, 10
Desgaste superficial, 283
Deslocamentos, 241, 249
Deslocamento da treliça, 140
Desplacamento de solo, 294
Deterioração estrutural
Deterioração por fungos apodrecedores, 147
Dilatação, 24
  higroscópica, 23
  térmica, 47
Drenagem e concreto projetado, 244
Drenagens, 242
Durabilidade, 32
  conceito, 10, 11
  em fundações, 168
  natural, 146
  versus desempenho, 99

E

Edificações
  contexto geral, 8

desempenho, 10, 11
durabilidade, 10
habitabilidade, 10
manutenção, 12
recuperação, 9
reforço, 9
segurança, 10
sustentabilidade, 10
vida útil, 10, 11
Eflorescência, 58, 112
  em estruturas de concreto armado, 112
Emboço, 39
Emendas de barras, 245
Empenamento, 270
Empuxos atuantes, 236
Engenharia legal, 15
Erros de projeto
  estruturas de aço, 128
Esborcinamento de juntas, 281
Esforços
  nas barras da treliça, 139
  por encaixes, 162
Estado Limite de Serviço (ELS), 168, 170, 237
Estado Limite Último (ELU), 168, 169
Estalactite, 24
Estratigrafia típica do solo, 200
Estrutura de contenção, 232
  ancorada, 234
  em solo grampeado, 234
  em solo reforçado, 234
  flexível, 232
  rígida, 232
Estrutura para coberturas, 159
Estruturas de aço
  caminhão *munck*, 130
  carreta padrão, 129
  concepção estrutural, 121
  erros de projeto, 128
  grua, 131
  guindaste de grande porte, 131
  içamento, 128
  ligação flexível, 125

ÍNDICE ALFABÉTICO | **319**

ligação rígida, 125

manifestações patológicas, 135

patologias, 121

proteções passivas contra incêndio, 127

tipos de ligação, 121

tipos de pintura, 126

transporte, 128

Estruturas de concreto armado, 89

classes de agressividade, 92

cobrimento, 93

corrosão, 107

desempenho com manutenção, 97

desempenho sem manutenção, 97

deterioração, 104

durabilidade, 90

eflorescências, 112

erro na dosagem do concreto, 103

erro na interpretação do projeto estrutural, 103

erro na montagem das armaduras, 103

falha na concretagem, 103

falta de fiscalização, 103

fissuração, 105

fissuras, 106

manchas, 112

manifestações patológicas, 101, 105

mecanismos de envelhecimento, 104

patologias, 89

rachaduras, 106

requisitos para o concreto, 94

trincas, 106

Estruturas de madeira, 143

acabamento, 153

apoio estendido, 161

beiral exposto, 156

cálculo de sistemas treliçados, 160

carunchos, 148

conceitos, 143

cupins de madeira seca, 148

cupins de solo, 148

deformação excessiva, 164

desafiando a gravidade, 164

descolamento de lamelas em arco, 155

durabilidade, 145

equívocos em projetos, 156

esforços por encaixes, 162

falta de contraventamento, 161

forro coberto com pintura, 154

fungo manchador, 146

fungos, 146

insetos, 148

manutenção, 153

prevenção induzida, 149

prevenção natural, 149

projeto, 153

roliça com tinta acrílica, 154

sistemas treliçados, 160

tratamento, 145

tratamento com preservativos, 151

Evolução das cidades, 1

F

Falta de contraventamento, 161

Fator de eficiência, 70

Fenômenos meteorológicos, 79

Fissuração

em estruturas de concreto armado, 105

em painéis com vão, 74

higroscópica, 22

Fissuras, 50

de encunhamento, 52

de retração hidráulica, 265

de retração plástica, 263

em alvenaria, 203, 217

em alvenaria estrutural, 69

em elementos estruturais, 221

em pisos industriais, 262

estruturais, 50

inclinadas no canto da alvenaria, 78

métodos de reparação, 269

por ações laterais, 51

por atraso de corte, 266

por concentração de tensão, 265

por deformação da laje, 76

por dilatação higroscópica, 23

por gretamento das placas cerâmicas, 54

por movimentação de origem térmica, 54

por movimentação higroscópica, 54, 79

por movimentações térmicas, 77

por recalques diferenciais em fundações, 82

por ressecamento superficial, 275

por restrição de movimentação, 266

por retração, 80

por retração da argamassa, 53

por retração de secagem, 267

por retração plástica, 54

por sobrecarga de compressão, 70, 73

por sobrecargas nos componentes da alvenaria, 52

recalques em paredes autoportantes, 178

retração autógena, 80

retração de secagem, 80

retração por carbonatação, 80

retração química, 80

tratamento com epóxi semirrígido, 269

Flambagem

no banzo inferior, 137

no banzo superior, 137

no montante, 138

Floresta Nacional do Tapajós (FLONA), 146

Formação de estalactite, 24

Formação de sais, 22

Fundação

caracterização do terreno, 191

Fundações

desempenho, 168

distorção angular em edificações, 172

durabilidade, 168

Estado Limite de Serviço (ELS), 168

Estado Limite Último (ELU), 168, 237

etapas do reforço, 167

evolução dos recalques acumulados, 173

fissura na alvenaria, 176

movimentos, 171, 175

movimentos admissíveis, 172

patologias, 167

perfil geotécnico, 173

recalque absoluto para edificações, 172

recalque diferencial, 177

reforço, 196

reforço da sapata, 197

requisitos de projeto, 168

velocidades durante o reforço, 209

viga com apoios indeslocáveis, 177

Fungo manchador, 147

Fungos, 146

G

Gabião de fechamento lateral, 257

Gaetano Castelli, 3

Grua, 131

Guindaste de grande porte, 131

H

Habitações

uso inadequado, 2

Hamurabi

Código, 2

Henry Lossier, 3

Hidrofilicidade, 24

Hidrofugação, 24

I

IBAPE, 3

IBAPE-SP, 7

IBRACON, 4

Içamento de aço, 128

Incompatibilidade de materiais, 35

Injeções de consolidação, 225

Insetos, 148

Inspeção Predial, 4

Instituto Eduardo Torroja, 3

Interação Solo-Estrutura (ISE), 224

Interface entre estrutura e alvenarias, 133

ISE – Interação Solo-Estrutura, 224

J

Jacob Feld, 3

K

Kenneth Carper, 3

L

Laboratório de Produtos Florestais (LPF), 144
Lei de Sitter, 12, 91
Ligação entre solo natural e aterro, 240
Light Steel Frame, 35
Lixiviação de sais, 24, 33
LPF – Laboratório de Produtos Florestais, 144

M

Manchas, 59, 112
  causas, 60
  em estruturas de concreto armado, 112
  superficiais, 291
Manifestações patológicas
  em estruturas de aço, 135
  imperícia, 16
  imprudência, 16
  incidência no Brasil, 103
  negligência, 16
  por erro na dosagem do concreto, 103
  por erro na montagem das armaduras, 103
  por falha na concretagem, 103
  por falta de fiscalização, 103
  versus manutenção, 13
Mantas cerâmicas, 127
Manutenção, 12
  custo, 13
  não planejada, 12
  planejada, 12
  rotineira, 12, 13
  versus manifestação patológica, 13
Materiais
  absorção, 21
  aços, 27
  agressividade ambiental, 29
  alterações químicas, 32
  carbonatação, 33
  cimento Portland, 27
  compacidade, 20
  condutibilidade térmica, 24
  condutividade elétrica, 25
  controle tecnológico, 28

  corrosão, 33
  densidade, 20
  dilatação, 24
  dilatação higroscópica, 23
  durabilidade, 32
  eflorescência, 31
  estalactite, 24
  fissura por dilatação higroscópica, 23
  fissuração higroscópica, 22
  formação de estalactite, 24
  formação de sais, 22
  hidrofilicidade, 24
  hidrofugação, 24
  impermeabilização, 31
  incompatibilidade, 35
  lixiviação de sais, 24, 33
  madeiras, 28
  perda de massa, 23
  porosidade, 20
  propriedades, 19
  propriedades estruturais, 26
  propriedades físicas, 20
  propriedades mecânicas, 26
  propriedades químicas, 20
  qualidade, 28
  radiação ultravioleta, 26
  reações expansivas, 33
  resistência à alcalinidade, 25
  resistência aos ácidos, 25
  umidade, 31
Materiais de construção
  micro-organismos, 50
Mecanismo de desaprumo da estrutura, 196
Microfissuras tipo "pé de galinha", 268
Micro-organismos
  em materiais de construção,
Modelo de projeto de caminhamento, 185
Monitoramento de recalque, 180
Movimentações térmicas, 77
Movimentos da fundação, 171
  danos, 175
Muro de contenção com geogrelhas, 253, 256
Muro em solo reforçado, 250

Muros

de contenção à gravidade, 233

de flexão, 233

requisitos para estabilidade, 238

N

Norma de Inspeção Predial, 4

P

Patologia das construções

definições, 7

histórico, 2

no curso de engenharia, 4

princípio geral, 9

responsabilidade civil, 15

Patologia das estruturas

definição holística, 7

desempenho, 10

durabilidade, 10

recuperação, 9

reforço, 9

vida útil, 10

Patologias

acidentais, 7

causas, 14, 101

conceitos, 5

congênitas, 7

consequências, 14, 101

das contenções, 231

das estruturas de concreto, 100, 101

das fundações, 167

definições, 5

diagnóstico, 14

em alvenaria estrutural, 65

em alvenarias de vedação, 37

em cortinas ancoradas, 240

em edificações – origem da natureza, 6

em edificações – origem endógena, 6

em edificações – origem exógena, 6

em estruturas de aço, 121

em estruturas de concreto armado, 89

em paredes estruturais, 86

em pisos industriais, 261

em revestimentos, 37

em taludes, 240

em telhados, 132

estudo, 1

introdução, 1

mecanismo, 101

mecanismos, 14

origem, 14, 101

prognóstico, 14

responsabilidade civil, 15

sintomas, 14, 100

terapia, 14

Perda de massa, 23

Perfis formados a frio, 124

Pilares

deteriorados pela presença de alburno, 158

prevenção e recuperação, 157

tensões máximas, 204

Pinturas

em aço, 126

intumescentes, 127

Pisos industriais, 261

acúmulo de sílica ativa, 288

afloramento de brita, 290

afloramento de fibras, 290

ataques químicos, 287

borrachudo, 274

contaminações, 288

crusting, 274

delaminação, 276

desgaste superficial, 283

esborcinamento de juntas, 281

fissuras, 261

fissuras de retração plástica, 263

manchas superficiais, 291

pop out, 285

recalques, 285

Placas cerâmicas, 42

Placas de gesso acartonado, 127

Poluentes atmosféricos, 49

Ponto de costura na malha hexagonal, 254

ÍNDICE ALFABÉTICO | **323**

Pop out, 285

Porosidade, 20

Prevenção
  induzida, 149
  natural, 149

Prismas de alvenaria, 71

Problemas construtivos
  histórico, 2

Projeto de caminhamento, 185

Propriedades
  do concreto de cimento Portland, 27
  dos materiais, 19
  estruturais, 26
  físicas dos materiais, 20
  gerais das madeiras, 28
  mecânicas, 26
  químicas dos materiais, 20

Proteções passivas
  argamassas projetadas, 127
  contra incêndio, 127
  mantas cerâmicas, 127
  pinturas intumescentes, 127
  placas de gesso acartonado, 127

Pulverulência, 58

Q

Qualidade
  do concreto – e classe de agressividade, 30
  dos materiais, 28
  versus desempenho, 32
  versus durabilidade, 32

R

Radiação ultravioleta, 26

Reações expansivas, 33

Reboco, 39

Recalque, 285
  acumulado, 201
  cronograma, 187
  diferenciais em fundações, 82
  injeções de consolidação, 225
  instrumentos para medição, 179
  mira, 182

nível óptico, 180
pino de leitura, 183
planejamento, 184
posicionamento do nível, 189
procedimentos de leituras, 188
referência de nível, 181
relatório, 189

Reforço
  da sapata, 197
  das fundações, 196

Rejuntamento, 43

Requisitos para o concreto, 94

Resistência
  à alcalinidade, 25
  à compressão das alvenarias, 70
  aos ácidos, 25
  à radiação ultravioleta, 26

Responsabilidade civil, 15
  contratual, 16
  fundamentos, 16
  pela segurança da construção, 16
  pela solidez da construção, 16
  por danos a terceiros, 16
  prazos, 17

Responsabilidades da construção, 17

Retração
  autógena, 80
  de secagem, 80
  por carbonatação, 80
  química, 80

Revestimento argamassado, 39
  chapisco, 39
  controle de qualidade, 40
  emboço, 39
  reboco, 39

Revestimento cerâmico, 29, 41
  argamassa colante, 41
  camadas, 41
  placas cerâmicas, 42
  rejuntamento, 43

Revestimentos, 37
  biodeterioração, 49

324 | ÍNDICE ALFABÉTICO

criptoflorescência, 58

degradação, 43

degradação biológica, 49

degradação mecânica, 45

degradação química, 47

desagregação, 58

descolamentos, 57

fissuras, 50

manchas, 59

umidade acidental, 48

umidade ascensional, 48

umidade do processo de construção, 48

umidade por condensação, 48

umidade por higroscopicidade, 48

umidade por infiltração, 48

vesículas, 60

Revolução Industrial, 1, 3

Robert Stephenson, 3

S

Saponificação, 21

Sistema de vedação vertical, 44

Sistemas de vedação vertical interna e externa (SVVIE), 45

Sitter

Lei de, 12

Sobra de poliestireno expandido, 289

Sobrecarga de compressão, 70

Solo e/ou água contaminados, 246

Solo grampeado

manifestações patológicas, 244

Sondagem de reconhecimento, 191

SVVIE – sistemas de vedação vertical interna e externa, 45

T

Talude em aterros, 240

Telhado com perfis de alma cheia, 122

Telhado com sistema treliçado, 122

Telhados

fixação de telhas, 132

patologias, 132

Terapia

conceitos, 8

Terramesh Verde, 256

Tijolo à vista, 39

Transferência de esforços por encaixes, 162

Transporte de aço, 128

Tratamento com preservativos, 151

U

Umidade

acidental, 48

ascensional, 48

do ar, 79

do processo de construção, 48

do solo, 79

higroscópica, 79

por condensação, 48

por higroscopicidade, 48

por infiltração, 48

resultante da produção dos componentes, 79

resultante do processo construtivo, 79

V

Vedação vertical, 44

Vesículas, 60

Vida útil

de projeto (VUP), 27

de projeto mínima, 98

de projeto superior, 98

versus vida útil do projeto, 96

VUP – vida útil do projeto, 27

W

Wood Frame, 35